石油天然气工业人员保护和安全装备

Personnel Protection and Safety Equipment for the Oil and Gas Industries

[澳] Alireza Bahadori 著

张景山 谭川江 黄建敏 等译

石油工业出版社

内 容 提 要

本书是石油天然气工业人员保护和安全装备的选型、材料、使用与维护保养于一体的工具书，内容涵盖了石油天然气工业个人身体保护、呼吸保护、放射性保护和安全带、梯子的安全使用，以及急救、职业卫生和消防装备。

本书可作为从事石油天然气工业安全管理人员、技术人员、现场作业人员的参考书，也可作为安全装备制造商的参考书，也可供从事安全生产监督人员、质量技术监督人员和政府监管人员参考阅读，亦可供高等院校相关专业师生阅读参考。

图书在版编目（CIP）数据

石油天然气工业人员保护和安全装备 /（澳）阿里雷扎·巴哈多里（Alireza Bahadori）著；张景山等译 .
—北京：石油工业出版社，2023.3
ISBN 978-7-5183-5546-4

Ⅰ.①石… Ⅱ.①阿… ②张… Ⅲ.①石油工业 - 安全设备 ②天然气工业 - 安全设备 Ⅳ.①TE687

中国版本图书馆 CIP 数据核字（2022）第 150999 号

> **注意**
>
> 本书涉及领域的知识和实践标准在不断变化。新的研究和经验拓展我们的理解，因此须对研究方法、专业实践或医疗方法作出调整。从业者和研究人员必须始终依靠自身经验和知识来评估和使用本书中提到的所有信息、方法、化合物或本书中描述的实验。在使用这些信息或方法时，他们应注意自身和他人的安全，包括注意他们负有专业责任的当事人的安全。在法律允许的最大范围内，无论是思唯尔、译文的原文作者、原文编辑及原文内容提供者均不对因产品责任、疏忽或其他人身或财产伤害及 / 或损失承担责任，亦不对由于使用或操作文中提到的方法、产品、说明或思想而导致的人身或财产伤害及 / 或损失承担责任。

北京市版权局著作权合同登记号：01-2023-3519

出版发行：石油工业出版社
　　　　（北京安定门外安华里 2 区 1 号　100011）
　　网　址：www.petropub.com
　　编辑部：（010）64523710
　　图书营销中心：（010）64523633
经　　销：全国新华书店
印　　刷：北京中石油彩色印刷有限责任公司

2023 年 3 月第 1 版　2023 年 3 月第 1 次印刷
787×1092 毫米　开本：1/16　印张：28.5
字数：730 千字

定价：178.00 元
（如出现印装质量问题，我社图书营销中心负责调换）
版权所有，翻印必究

译者前言

发展绝不能以牺牲人的生命为代价，这是安全生产不可逾越的红线。国家历来高度重视安全生产工作，始终坚持安全发展。对于石油天然气工业来说，因其"易燃易爆、高温高压、有毒有害"的固有危险性，必须坚持安全发展的理念，始终把人的生命安全放在首位。近年来，在一些发生的事故中，因为人员安全防护不到位和安全装备不完善，加大了人员受到伤害的后果，因而必须对处于危险环境的作业人员加强保护，佩戴个人防护装备，完善现场安全装备，保护作业人员免受伤害。国外因其工业化进程较早，在个人安全保护和安全装备方面具有较长的实践，个体保护和安全装备也较为完备。契合我国对于个人保护和安全装备方面的需求，故引进本书，以资借鉴参考，不断完善我国个人保护和安全装备，更好地保护广大作业人员，实现安全发展。

本书全面系统地详述了石油天然气工业的个体保护和安全装备，涉及呼吸防护、头部、眼部等身体防护、放射性防护、急救、坠落防护安全带、梯子安全、消防安全等诸多内容，涉及个人防护装备的选型选材、制造、采购、使用、储存、维护保养等方方面面，并详细介绍了消防系统、梯子、安全带等安全装备的质量保证、使用维护等内容，还介绍了石油天然气工业各类伤害的急救知识和技能，并包括职业卫生健康的要求，基本涵盖了石油天然气工业员工保护的所有内容，对石油天然气工业作业人员的安全保护和现场安全装备的完善具有极强的指导和借鉴作用。同时，也可供其他具有危险性的工业保护作业人员借鉴。

译者在翻译的过程中尽量忠实于原文，但也不完全拘泥于原文，在准确表达本意的前提下，兼顾中国读者的阅读习惯，在一些术语、表达等方面参考中国的标准、用语，力求做到"信、达、雅"，以飨读者。同时，对原著中明显的错误进行了勘误，以求准确表述作者原意。

因本书主要是以国外的标准规范为核心内容，存在着中外差异。建议读者在执行我国标准的前提下，如果我国标准未涵盖或者需要提升防护等级，可在基于危害识别和风险评估的基础上，结合实际加以应用，以切实保护好作业人员的安全。

本书共分为 10 章。其中第 1 章、第 2 章、第 3 章由张景山、马曦、袁川、黄建敏翻译，第 4 章由张景山、翟志刚、梁林、何中恺翻译，第 5 章由张景山、贾海民、宋美华、任军平翻译，第 6 章由张景山、谭川江、宋美华、郭宗轲翻译，第 7 章、第 8 章由张景山、赵卫东、刘文东、隋志成翻译，第 9 章、第 10 章由张景山、孟波、谭川江、熊竹顺翻译。全书由张景山高级工程师统稿并校核。在本书的翻译过程中，还承蒙辽河油田丛玉丽、北京天泰志远科技股份有限公司唐金娟等的协助和指导，在此一并致谢。

限于译者水平，翻译不当之处在所难免，敬请读者批评指正，以便再版时修正。

前 言

石油、天然气和石化工业固有的个体安全和保护方法极其复杂多样，需要专业书籍来规范指导，本书概述了上述需求。

卫生和急救是两个关键因素，本书涵盖了保持工厂、工作场所和人员健康的最低要求。

石油、天然气和石化工业卫生条件不良和急救程序不足可能导致不安全工作环境、机械故障及人员健康欠佳等严重后果：

控制因吸入有害粉尘、雾气、烟雾、烟气、毒气、喷雾剂或蒸汽污染的空气而引起的职业病，首要的目标是防止大气污染，并通过公认的工程控制措施（例如，封闭或限制操作、通气和局部通风及替换毒性较低的材料）得以实现。

本书聚焦于保护呼吸系统免于吸入颗粒物、有毒气体、蒸汽和缺氧的最低要求并详细论证了影响呼吸装备选择的因素，这些呼吸装备包括防粉尘、防气体或者组合式呼吸器，自给闭路式和开路式呼吸器，软管、新鲜空气、压缩空气型呼吸器，防尘面具和套装（正压、自吸），水下呼吸器和通气复苏器等。

本书旨在帮助作业者选择防止大气污染物的呼吸保护装置。大气可能被粉尘或者气体污染，或者存在缺氧状况，这些危害可以单独存在，也可能同时存在。此外，每种污染物具有自己的防护特性，例如，放射性或腐蚀性的污染物需要使用特殊的防护服，可通过皮肤吸收的气体、液体和可溶性固体需要特殊的保护措施。

被污染的空气通常被认为是以下气体：一是令人生厌的气体，包括无毒或者不会危害健康的气体；二是有害气体，包括低毒性或者易造成早期可逆生物变化的气体；三是危险气体，包括高毒性或者严重危害健康的气体和立即危及生命的气体。

呼吸保护装备通过过滤被污染的空气或是提供适于呼吸的空气，并通过以下方式之一将空气供应至呼吸区域（呼吸器使用者的鼻和嘴）：咬嘴、鼻夹，罩住鼻和嘴的半面罩，覆盖眼睛、鼻和嘴的全面罩，覆盖从头到肩的面罩，以及覆盖从头部直到腰部及手腕的防护服。

密封放射源已被广泛应用，这就需要提供一种帮助指导使用的方法。安全性是在建立密封放射源使用标准时的首要考虑因素。但是，随着放射源应用的多样化，需要建立书面文本来明确放射源的特征、基本性能和基于特定应用的安全测试方法。

安全带和系带都是保护装备。当被正确使用时，它们会束紧在使用者身体上以防止使用者坠落并促进使用者产生自信心。在设计和选择适用任一特定工作的安全带和系带时，应注意保证在提供安全性的同时，为使用者提供最大程度的舒适性和移动自由度。当然，当使用者坠落时，它们能提供最大程度的保护。自锁器、安全绳和其他部件都属于防坠安全保护设备。在评估安全带和系带的性能时，焦点是装备的维护、检查和储存。

本书分几个章节详述了为各类工厂工人提供保护装备的类型、等级、材质、设计、物理和性能等信息的最低要求。

致谢

感谢爱思唯尔出版社的编辑和制作团队及海湾专业出版社的 Katie Hammon 女士和 Kattie Washington 女士的帮助。

目 录

1 人员安全和保护装备——呼吸器

1.1 引言

本章旨在帮助选择应对空气污染物的呼吸保护装备（RPDs）。空气可被粉尘、气体污染或者存在缺氧环境，这些危害可以单独存在或者同时存在。在本书中，粉尘包括雾气、烟气和水蒸气。

每种污染物都有其自身的特性。例如，放射性或腐蚀性物质需要配备特殊的防护服；一些气体、液体和可溶固体可通过皮肤被人体吸收，当然也需要特殊防护。

气体污染按危害程度可分为：一是无毒气体或者不会立即危害健康的气体；二是有害气体，包括低毒或者易造成早期可逆生物变化的气体；三是危险气体，包括高毒或者严重危害健康的气体和立即危及生命的气体。

呼吸保护装备（RPDs）通过过滤被污染的空气或是从其他来源提供适于呼吸的空气。呼吸保护装备通过以下方式之一将空气供应至呼吸区域（呼吸器使用者的鼻和嘴）：咬嘴、鼻夹，覆盖鼻和嘴的半面罩，覆盖眼睛、鼻和嘴的全面罩，覆盖从头到肩的面罩，覆盖从头部直到腰部及手腕的防护服。

在本章中，每种类型的呼吸保护装备都会给定一个额定保护系数，该系数是对装备正确使用时的过滤效率的衡量，它表示在呼吸区域内呼吸器能降低大气污染物的程度，因此，能降低污染物 10 倍水平的装备额定保护系数是 10，降低 1000 倍的装备额定保护系数是 1000。保护系数的选择应考虑与污染物的最大允许浓度或者极限阈值和污染物的实际浓度。一般地，污染物极限阈值为百万分之十、在大气中的浓度为百万分之一千的需要使用额定保护系数至少为 100 的呼吸保护装备。

呼吸装置使消防员能够进入充满烟雾或其他有毒气体的区域。该装置包括压缩空气气瓶、全面罩、气瓶压力表、消防员停止移动时启动的遇险信号报警装置和其他安全设备。气瓶可以提供 45 分钟的呼吸用气，但工作强度大和其他因素会减少气瓶的持续使用时间。呼吸器（BA）也可配置双气瓶以供长时间使用。

下列要求将在后续章节中更详细地讨论。

在预防因呼吸有害粉尘、烟雾、雾气、喷雾或蒸汽污染的空气引发的职业病时，首要目标是防止空气污染，防止空气污染可以通过公认的工程控制措施（例如：封闭或限制操作、全面和局部通风、用较少毒性的材料替代）来实现。

当需要使用这些设备来保护员工的健康时，企业应提供适用于该工作的呼吸器，并制定和维持一个能够满足普遍需要的呼吸防护计划方案。

员工应依照操作指南和接受的培训采用呼吸保护措施，并要留意防止呼吸器损坏，员工应及时报告呼吸器的任何故障。

1.1.1 最低可接受方案

应遵守关于呼吸器的选择和使用的标准操作指南，呼吸器的选择应基于使用者遭受的潜在危害，使用者应接受关于正确使用呼吸器和呼吸器使用限制的指导和培训。

所有类型的呼吸器应定期清洁消毒。员工专用的呼吸器应在每天使用后清洁，或者如有必要增加清洁次数。公用的呼吸器应在每次使用后彻底清洁消毒。应保持对工作区域状况和员工紧张程度进行适当的监督，应定期开展检查和评估以确定方案的持续有效。

公司的卫生、生理健康、安全工程或者消费部门应与公司的医疗部门紧密协作增加清洁次数管理该方案，方案的执行职责应分解到每个部门以确保方案得到落实。在一些小工厂，没有正规的卫生、生理健康、安全、防火或者医疗部门，气防方案应由高水平的主管、带班人员或者其他合格人员负责实施。方案的管理者应具备足够的知识以正确管理方案。

1.1.2 医学限制

仅在消防员证实能够使用呼吸保护装备的情况下，才可指派其执行需要使用呼吸保护装备的任务。耳膜穿孔的消防员应佩戴耳塞。由指定的医生确认消防员的健康、生理、心理等状况是合格的。每年应至少评估一次消防队员适宜使用呼吸保护装备的医学状态。

1.1.3 通信

全面罩会造成声音在一定程度上的变化，通常情况下，呼吸阀可以为语音的短距离传播提供通道。同样，大多数类型的全面罩内装有振膜式传声器，来提高语音的清晰度。此外，还配备有各种电子通信装置，在全面罩内置麦克风，直接与扩音器和扬声器、电话或者无线电发射器相连。麦克风的连接线从面罩穿出，如果连接线因某种原因被拆除，必须小心更换线缆或者封堵所有孔洞。

1.1.4 使用未经批准的呼吸保护装备

使用未经批准的自给式呼吸器有风险，不应购买或使用。

在低温下使用全面罩会产生一些诸如能见度不足和呼吸阀冻堵问题。所有全面罩的设计应使吸入的新鲜空气流过目镜内侧以减少结雾。应在目镜内侧涂覆防雾化合物，以减少目镜在室温下和温度接近 0℃时的起雾。全面罩内还可配置内部面罩，让湿气通过呼吸阀呼出，正确安装后可在低温下保证良好的能见度。

在极低的温度下，呼气阀因凝聚水汽可能冻结，造成使用者呼吸污染的空气，或者冻堵而不能正常呼吸。适合呼吸的干燥空气应在低温下应与自给式压缩空气长管呼吸器一起使用。呼吸气体的露点应适合环境温度。由于金属在低温下会收缩，自给式呼吸器的高压连接处可能会向外泄漏。

高温或高热辐射区域的工人处于受压状态，应尽量减少使用呼吸保护装备，避免造成任何额外的压力。在这种情况下，可以选用质量轻和低呼吸阻力的呼吸保护装备，例如，使用供应充足凉爽空气的呼吸器、面罩和工装。

1.2　呼吸保护装备的选择

呼吸保护设备（RPD）也称呼吸器，是一种用于个体保护的安全设备，其功能是防止吸入被污染的空气。呼吸器分为两大类：

（1）空气净化呼吸器：这类呼吸器用于过滤或清洁工作场所被污染的空气以防呼吸器使用者吸入。空气净化呼吸器可以一次性使用，也可以配合一次性使用过滤器。

（2）空气补给呼吸器：这类呼吸器将可呼吸的清洁空气从独立的来源输送给使用者。空气补给呼吸器通常用于高风险情形，例如缺氧和受限空间。

图 1.1　呼吸器

因给定的作业中存在的危害多种多样，因而要在小心评估后选择合适的呼吸保护装备，有时候这种选择会因可用的装备类型众多而极其复杂，每种呼吸器都有局限性、适用范围、操作维护要求。图 1.1 为一种呼吸器。

任何情况下选择正确呼吸保护装备都需要考虑：危害的性质、危害的严重程度、工作要求和条件及可用设备的特性和局限性。如果不能确定呼吸器的适用性，应考虑选择正压式呼吸器（BA）。要特别注意无色无味的气体，这些气体往往会毫无预警地出现。

一些面罩和呼吸器以稍高于环境压力向使用者输送空气，这样可以提供最大程度的保护，因为系统泄漏只能是向外泄漏气体，但要做到这一点，必须保证整个呼吸循环过程中口和鼻处保持正压。在使用正压式呼吸器时，如果泄漏率过大，供气持续时间将会减少。当取决于呼吸阻力的吸入压力降低后，首先要检查正压设备的性能和呼吸附加阻力是否正常。

1.3　危害的严重程度和位置

在缺氧环境中应使用能独立供气的呼吸保护设备，并且应使用自给式、新鲜空气长管或软管设备；也要考虑污染物的浓度和位置、需要保护的时长、进入和退出时间、呼吸用气补给的难易程度和当穿戴呼吸保护设备时使用或者自由移动长管的能力，同样，当存在

3

易燃易爆气体的可能时，呼吸保护设备也应适应此类状况。

1.3.1 危害性质

在选择呼吸保护装备时，应考虑危险物质的理化特性、毒性和浓度。

（1）直接危险空气：指消防员可能遭遇到的能够对生命或健康造成直接危害的气体，这类气体的危害性或是由于缺氧，或是含有高浓度的危险气体和水汽。

（2）缺氧空气：当缺氧或者可能缺氧时，应当使用自给式压缩空气呼吸器。

（3）独特的危害：独特的因素能导致危害情形增多，并应在选择呼吸保护装备时预见，包括以下实例：

① 通过皮肤吸收或刺激皮肤：一些空气污染物对皮肤（例如氨和盐酸）产生极大刺激，另一些空气污染物则能够通过皮肤吸收并进入血液，可能造成严重的致命后果。氢氰酸气体和许多诸如硫代磷酸酯杀虫剂和焦磷酸四乙酯（TEPP）的有机磷酸酯农药均能穿透完好的皮肤。呼吸保护装备对这类污染物起不到完全的保护作用。遇有此类物质，应在采取呼吸保护措施的同时，穿戴有效的全身防渗透服。

② 皮肤和全身的电离辐射：呼吸保护装备起不到保护皮肤或全身免受某些聚集在空气中的放射性物质电离辐射的作用。

1.3.2 保管

呼吸保护装备应存放在原始运输箱或原装箱中，或者挂在墙壁上，或者挂在专门设计用于快速取用和保护呼吸器的支架上。正压式呼吸器需存放时，主管道调节阀应打开，主气瓶阀和旁路调节阀关闭。面罩应小心正确存放以避免橡胶部件变形，头带等应完全伸展。

1.4 特殊考虑

1.4.1 全面罩矫正镜片

为佩戴矫正镜片的人员提供呼吸保护会存在一个严重的问题：镜片的支架穿过全面罩的密封边缘，面罩无法形成有效的密封。作为临时解决办法，可以把短支架或者无支架镜片绑在使用者头部。在污染空气中佩戴呼吸器时禁止佩戴隐形眼镜。

有些呼吸保护装备全面罩内可安装矫正镜片。当工人必须佩戴矫正镜片戴面罩时，应由专业人员安装面罩和镜片，以达到良好的视觉、舒适性和气密性。

1.4.2 带有半面罩的眼镜

如果需要矫正眼镜或护目镜，不应影响面罩的适用性。正确选择装备将尽可能减少或避免此问题。

1.5 呼吸保护装备的分类

现有两种有明显区别的为个人提供防护被污染空气的方法，这两种方法在下文讨论并如图 1.2 所示。

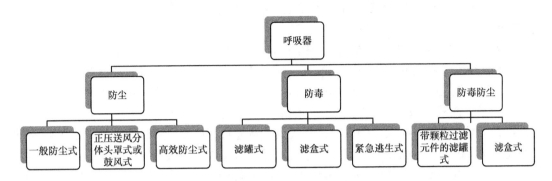

图 1.2　不同类型的呼吸器

1.5.1　通过净化吸入的空气

该设备的工作原理是吸入的空气通过过滤介质，去除造成污染的有害物质，具备这一功能的设备被称为防毒面具。

注意：除了防尘口罩之外，还有其他将过滤介质固定在口鼻上的设备通过简单的方法把吸入空气中的大颗粒有害粉尘去除，这种设备绝不能用于防护有害或有毒的粉尘。

1.5.2　通过从未被污染的来源补给空气或氧气

该设备的工作原理是通过管路将空气或者氧气从气瓶或其他危险时随身携带的容器中输送，供应吸入，具备这种功能的设备被称为呼吸器。主要类型的呼吸器如图 1.3 所示。

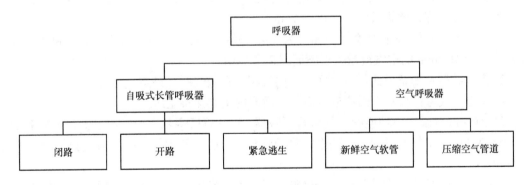

图 1.3　呼吸器的主要类型

与环境空气隔绝的可呼吸气体通过以下方式供给使用者：

（1）自给式呼吸器（SCBA）：供应空气、氧气或者使用者携带的制氧物质。一般情况下，配备全面罩，但有时配备咬嘴。

① 自给闭路式呼吸器（仅供氧气）。

a. 压缩氧气型或液态氧型：来自气瓶的高压氧气通过高压减压阀和低压进气阀（有时会这样设计）进入呼吸袋或容器，液氧转化为低压气态氧并输送到呼吸袋，使用者通过与咬嘴或面罩连接的波纹管和单向止回阀从袋中吸气。呼出的空气通过另一个止回阀和管路进入二氧化碳化学过滤器后重返呼吸袋。补充的氧气可连续进入呼吸袋，或等到呼吸袋内的氧气被充分消耗后，打开进气阀补充氧气。该设备应设计有释压系统、手动旁路系统和唾液捕集器。

b. 制氧型：呼气中的水蒸气与滤罐中的化学物质反应释放氧气到呼吸袋。使用者通过面罩上的波纹管和单向止回阀从袋中吸气，呼出的空气通过第二个止回阀呼吸管汇进入滤罐中。氧气释放速率由呼出空气的体积控制，二氧化碳通过滤罐中的填料去除。

② 自给开路式呼吸器（压缩空气、压缩氧气、液化空气或液氧）。

a. 供气型：在吸气时供气阀仅允许氧气或气流通过，呼出气体通过面罩上的呼吸阀排入大气，除了逃生型呼吸器外，应设计旁路系统，以防调节器失效。

b. 压力供气型（见下文的注意事项②）：仅配备全面罩，任何时候面罩都保持正压，使用者通常可以选择供气或压力供气操作模式。

（2）长管面罩和软管呼吸器。

① 长管面罩：配备全面罩、无缠绕呼吸软管、结实的安全系带和大口径重型无缠绕气源软管。呼吸软管和气源软管牢固地绑扎在系带上，止回阀只允许空气流向面罩，面罩配有呼气阀，系带配置附加安全线。

a. 带送风机的长管面罩：空气由电动送风机或手动送风机供应。

b. 无送风机的长管面罩：使用者需要克服阻力通过软管吸入空气。软管入口固定并制成漏斗或类似漏斗的形状，同时，入口处覆盖有细网筛以防止大颗粒物进入。如果条件允许，软管长度最长可达23m。

② 软管呼吸器：可呼吸空气通过压缩机或压缩空气气瓶的小直径供气管路供应。供气管路通过在紧急情况下可快速拆卸的背带束在使用者身上。使用者可以通过流量控制阀或孔板控制气流速率。呼出的气体通过阀门或外壳上的开口（面罩、头罩、装置）排入大气。如果条件允许，软管长度最长可达76m。

a. 连续气流：配备半面罩或全面罩或头盔（喷砂）或覆盖使用者头部和颈部的头罩，应提供至少 $4ft^3/min$ 的空气流量来保障面罩正常使用。

b. 供气类型：配备半面罩或全面罩，供气阀仅在吸气时允许空气通过。

c. 压力供气型：配备半面罩或全面罩，面罩内始终保持正压。

③ 空气供应服：一种连续空气软管呼吸器（见软管呼吸器），该套装由一段或者两段防渗材料制成，空气通过内部管路系统输送到头部、躯干和手足，空气通过套装设置的阀门排出。

（3）自给软管组合型呼吸器：正常情况下，供气或压力供气型软管呼吸器配有全面罩或半面罩，并配有一个小型压缩空气筒以便在正常供气失败时提供空气。如果正常供气失败，使用者应立即返回到可呼吸的大气环境。

注意事项：

① 吸气时，供气阀激活并允许呼吸气体流入面罩。呼气时，面罩的压力变为正值，供气阀停用。

② 通过弹簧式或平衡式调节器和呼气阀面罩内始终保持微正压。

（4）过滤式呼吸器：配有过滤装置的半面罩、全面罩或咬嘴的呼吸器，可在人体吸入前去除吸入环境空气中的气体、蒸汽和颗粒物质。一些过滤式呼吸器由送风机控制，并在微正压下为面罩（或头罩）提供可吸入的空气。

（5）防气体和蒸汽呼吸器：吸附剂填料床（筒或罐）通过吸收、吸附、化学反应或催化或组合方法去除单一气体或蒸汽（如氯气）、一类气体或蒸汽（如有机蒸汽）、两类或更多种类的气体和蒸汽组合（如酸性气体、有机蒸汽、氨和一氧化碳）

① 全面罩呼吸器（防毒面具）：配备单个大号下颚式滤毒罐或带呼吸管、吸气阀和呼气阀的线装滤毒罐。滤毒罐标有"大号""工业级"（合格）和下颚型。对于给定类型的滤毒罐，其使用寿命大约与罐的尺寸成正比。罐上以粗体字标有所过滤的污染物，并标有颜色代码以便快速识别。标签上标明了罐能安全使用的最大浓度。图1.4展示了一种全面罩呼吸器（防毒面具）。

图 1.4 全面罩呼吸器（防毒面具）

② 半面罩呼吸器（防化罐式呼吸器）：配备一个或多个滤罐、呼气阀和吸气阀。图1.5展示了一种典型的半面罩呼吸器。

图 1.5 一种典型的半面罩呼吸器

③咬嘴呼吸器：紧凑型设备，用于大气被危险物质意外污染时快速使用。通常该呼吸器包括一个带有咬嘴和单个滤毒罐的箱体、一个鼻夹、呼气阀、吸气阀和一个颈带。

（6）防颗粒物呼吸器：滤垫、滤芯或滤毒罐中的过滤介质可去除灰尘、烟气、雾气、烟雾或悬浮颗粒。过滤器能去除单一类型的颗粒（硅尘）或多种类型的颗粒（粉尘和烟雾）。过滤器可更换或成为呼吸器的永久部件。有些过滤器只能使用一次，另外一些过滤器可重复使用，并应按照制造商的说明进行清洁。

①全面罩呼吸器：通常配备高效过滤罐，过滤有害颗粒，并配备吸气阀和呼气阀。

②半面罩呼吸器：通常配备一个或两个防尘、防雾或防烟过滤器和呼气阀，以过滤有害物、低毒性粉尘、烟、雾等。有时会在防尘面罩上戴上针织罩，以减少不适感。

③咬嘴呼吸器：不常用作防颗粒物呼吸器。

（7）防气体、防蒸汽和防颗粒组合型呼吸器：一些罐和筒既装有过滤器又装有吸附剂以过滤污染物，一些过滤器被设计为预过滤器，然后再与吸附筒连接（如用于喷漆操作）。

（8）供气和净化组合式呼吸器：可供使用者选择两种不同的作业方式之一，它是一种附带空气净化装置的软管呼吸器，以应对空气供应失败情况，或者是附带一个小型空气筒的空气净化呼吸器，以防空气出现超过安全范围的意外。

（9）大气供应呼吸器：可防缺氧和大多数有毒气体，呼吸气体与周围大气条件无关。

一般限制：除供气服外，不能防护针对诸如氨和HCl之类的物质引起的皮肤刺激或者通过皮肤吸收诸如HCN、氰或有机磷酸酯杀虫剂之类的物质。面罩会给需要戴矫正眼镜的人员带来特殊的问题。

（10）自给式呼吸器（SCBA）：使用者自行携带呼吸空气，在空气环境能立即威胁生命和健康时使用。

限制：设备能提供保护的时间受设备中空气量或氧气量、环境大气压力（大气压力加倍，使用寿命减半）和工作负荷的限制。应设置警告系统，以告知使用者设备使用寿命已降至较低水平。一些SCBA设备的使用寿命短（几分钟），仅适用于从不可吸入气体环境中逃生（自救）。SCBA设备的主要限制是其重量、体积或者两者兼之、有限的使用寿命和其维护和安全使用所需的培训。

①闭路式SCBA：闭路式操作节省氧气并延长使用寿命。

②开路式自吸和动力SCBA：自吸式设备在吸气时面罩中产生负压，而动力式设备面罩中保持正压，并且不容易向内泄漏污染物。

（11）长管面罩或软管呼吸器：可呼吸空气供应不限于个人可携带的数量，设备重量轻且简单。

（12）限制：如使用者的移动受到长管或软管的限制，必须原路返回到可呼吸的空气环境中。长管或软管可能会被切断或夹断。

①长管面罩。

a.带送风机的长管面罩：如果送风机出现故障，虽然在吸入过程中面罩中存在负压，但该设备仍能提供保护。该设备在空气环境能立即威胁生命和健康时使用。

b.不带送风机的长管面罩：仅限于在没有呼吸器保护的情况下，使用者可以不受伤害地逃脱的空气环境中使用。

②软管呼吸器（连续流量式、自吸式、动力式）：自吸式呼吸器在吸气时面罩内产生

负压，而连续流量式和动力式呼吸器始终保持面罩内正压且污染物不易泄漏到呼吸器内。

限制：软管呼吸器限于在不会立即威胁生命或健康的空气环境中使用。如果供气失败，软管呼吸器不提供保护。

③供气服：可以防护影响皮肤或黏膜的气体。

限制：一些污染物（如氚）可穿透供气服且影响其防护效果，另一些污染物（如氟）能与供气服材料发生化学反应并损坏供气服。供气服限于在不会立即威胁生命或健康的空气环境中使用。

（13）自给式和软管组合呼吸器：装备有小型压缩空气筒的软管呼吸器，能在突遇危险空气环境中提供紧急空气供应。

（14）过滤式呼吸器：过滤式呼吸器不能用于缺氧空气环境，也不能防护空气污染物对皮肤的刺激或通过皮肤吸收。过滤式呼吸器所能过滤的最大污染物浓度取决于设计效率和滤毒筒、滤毒罐或过滤器的容量。对于气体和蒸汽以及阈值极限值（TLV）小于 $0.1mg/m^3$ 的颗粒，应在标签上标明过滤器设计处理的最大浓度。使用过程中应将面罩小心地贴合使用者的面部以防止污染物向内泄漏；否则，在面罩内无送风机保持恒定正压的情况下，呼吸器无法达到预定最大设计保护能力。呼吸器提供保护的时间取决于滤罐、滤筒或过滤器类型及污染物浓度和使用者的呼吸频率。应根据特定的气体和条件选择合适的滤罐、滤筒或过滤器。过滤式呼吸器一般会造成不舒适和增加呼吸阻力，这些问题可以通过设置送风机加以解决。呼吸器面罩会给戴矫正镜片的人员带来特殊问题。呼吸器设备在小型化、轻量化和简单化方面不断改进，更加方便使用。图1.6展示了一种典型的过滤式呼吸器。

图1.6 一种典型的过滤式呼吸器

（15）防气体和蒸汽呼吸器：通过升高罐体或筒体的温度去除吸入空气中的气体或蒸汽，这不是滤毒罐性能的可靠性指标。不舒适的高温会导致气体或蒸汽的浓度高，且需要立即恢复新鲜空气供应。

①全面罩呼吸器（防毒面具）：应避免在直接威胁生命或健康的空气环境中使用，如污染物缺乏足够的警示特性（即气味或刺激性）。

②半面罩呼吸器（防化罐式呼吸器）：不应在直接威胁生命或健康的空气环境中使用，应限制在低浓度气体和蒸汽环境中使用。面罩上不应覆盖织物，因为气体和蒸汽可以通过织物，对眼睛不提供任何防护。

③咬嘴呼吸器（防化筒）：不应在直接威胁生命或健康的空气环境中使用。口呼吸时可防止通过气味来检测污染物。鼻夹应牢牢固定，以防止鼻呼吸。眼睛无任何保护。

④自救咬嘴呼吸器：用于从含有气体和蒸汽的直接威胁生命或健康的空气环境中自救。口呼吸可防止通过气味来检测污染物。鼻夹应牢牢固定，以防止鼻呼吸。眼睛无任何保护。

（16）防颗粒物呼吸器：只能过滤非挥发性颗粒，无法防护气体和蒸汽。当因残留颗粒堵塞造成呼吸困难时，应更换或清洁过滤器。在喷丸和喷砂作业中不应使用这类呼吸器，应使用喷砂作业专用呼吸器。

①全面罩呼吸器：应避免在直接威胁生命或健康的空气环境中使用，如污染物缺乏足够的警示特性（即气味或刺激性）。

②半面罩呼吸器：不应在对生命或健康有直接危害的环境中使用。面罩上的布罩只允许在有粗粉尘和低毒雾的环境中使用。但眼睛无任何保护。

③咬嘴呼吸器（过滤器）：不应在直接威胁生命或健康的空气环境中使用。口呼吸可防止通过气味来检测污染物。鼻夹应牢牢固定，以防止鼻呼吸。眼睛无任何保护。

④自救咬嘴呼吸器（过滤器）：用于从含有毒颗粒的直接威胁生命或健康的空气环境中自救。口呼吸可防止通过气味来检测污染物。鼻夹应牢牢固定，以防止鼻呼吸。无法防护眼睛免遭刺激性气溶胶伤害。

（17）防颗粒、蒸汽、气体组合式呼吸器：组合式呼吸器的优缺点已在上文述及。

（18）供气和过滤组合式呼吸器：前文述及的操作模式的优缺点控制如何使用，虽然使用者因为需要改变操作模式，该设备的操作模式（最大限制模式是过滤模式）主要取决于呼吸器的整体性能和局限性。

1.5.3 自给式呼吸器（SCBA）

在使用呼吸器时应注意以下几点：

因为呼吸器重量会降低消防员执行指定任务的能力，所以有必要减轻其质量。消防员在使用自给式呼吸器时，使用时间应限制在 30min 内，且最大质量不应超过 11.4kg。建议购买者在购买规格中特别注明质量，而不考虑额定工作时间。

许多标准和法规要求涉及自给式呼吸器使用的空气质量。要提醒使用者气瓶中的空气质量是非常重要的，它应具有与使用环境温度相适应的露点。

需要有资质的认证组织认证：SCBA 虽为正压呼吸器，但具有在负压下向使用者供气的能力，自吸模式可能不符合标准要求。图 1.7 为一种典型的自给式呼吸器。

自给式呼吸器制造商应为每个自给式呼吸器提供操作指南和有关维护、清洁、消毒、存储和检查的资料，还要提供呼吸器的使用和操作的特殊说明、局限和培训材料。

图 1.7 一种典型的自给式呼吸器

自给式呼吸器主要由消防员在直接威胁生命或健康的空气环境中使用，但是无法预先确定危险状况、有毒物质浓度或火灾环境中空气中的氧气百分比及在大修（抢救）期间或其他紧急情况下，有害物质的溢出或泄漏。因此，在任何灭火、危险介质处置或大修作业中，自给式呼吸器都是必需的。

虽然符合标准的自给式呼吸器通过了比认证要求更严格的性能测试，但无法从根本上保证自给式呼吸器不发生故障或由此对消防员造成伤害。即使是最佳设计的自给式呼吸器也无法弥补滥用或培训和维护计划的不足造成的问题。这些测试的严苛性不应鼓励或纵容现场滥用自给式呼吸器。

为了确保在实际工作中正确使用设备，使用者应经过培训和指导后才能实际使用自给式呼吸器执行一系列任务，以体现从使用中获得信心的现实需求。

除了使用者努力程度之外，可能影响自给式呼吸器使用时间的其他因素还包括：

（1）使用者的身体状况。

（2）情绪状况，如恐惧或兴奋可能会增加使用者的呼吸频率。

（3）使用者对此类设备的培训或熟悉程度。

（4）在使用开始时气瓶是否充满。

（5）面罩适合性。

（6）在加压隧道或水下沉箱中使用（在两个大气压下，持续使用时间将是在一个大气压下持续时间的一半；在三个大气压下，持续时间将是在一个大气压下持续时间的三分之一）。

（7）自给式呼吸器的状态。

已使用过压缩空气的供气呼吸器或开路式自给呼吸器不应再用于压缩氧气供气，因为压缩空气中可能含有低浓度的油类，当高压氧气通过涂有油类或油脂的孔洞时，可能会发生爆炸或起火。

应从气瓶或空气压缩机向呼吸器供应呼吸空气，气瓶应按照适用的标准进行检测和维护。

压缩机的设计应能避免污染空气进入系统，并适于安装在线空气净化吸附床和过滤器，以进一步确保呼吸空气质量。

系统应设置足够储气容量的储罐使呼吸器使用者能够从有污染的气体环境中逃生，以应对压缩机发生故障的情况，且在压缩机故障和过热时发出警报。软管连接方式不应与其他气体系统的接口兼容，以防止维修时大意接错，使系统进入人体不可吸入的气体或氧气。

1.5.4 开路式逃生呼吸器

本节规定了两种类型的开路式逃生呼吸器的设计、结构和性能要求。类型 1 适用于剧烈的工作条件，如爬楼梯和跑步。类型 2 适合在不剧烈的条件下使用，如在平地上行走、下楼梯和爬几级台阶。

注意：类型 1 设备也可替代类型 2 设备使用。该设备的设计和构造应使使用者能够根据需要从高压气瓶或其他认可的容器呼吸空气，或通过人体肺呼吸用气定量供气阀或通过其他能充分控制空气供应的装置连接到面罩、头罩或咬嘴。呼出的空气应通过呼气阀从面罩、头罩或咬嘴或通过呼气阀或直接排放到大气。

（1）供气阀：在没有正压的情况下，以 10L / min 的连续恒定空气流速测定，当全部气瓶压力大于 50bar[1] 时，人体肺呼吸用气定量供气机构的开启压力不应超过 3.5bar。在正压情况下，以正弦 80L/min（2.5L$_{呼气量}$×32 次 /min）的空气流速测定，当全部气瓶压力大于 50bar 时，在面罩或头罩腔的最小压力不小于 0mbar 的情况下，供气阀应工作。所有设备的额定持续时间不得少于 5min。

注意：对于类型 1 设备，每分钟 40L 的供气量对于以 6.5km/h 稳定速度行走的工人的工作速度是合适的；对于类型 2 设备，每分钟 30L 的供气量对于以 5.5km/h 稳定速度行走的工人的工作速度是合适的。实际上，该设备的保护时间与额定持续时间是长还是短，取决于工作速度、紧张程度和使用者体质。

（2）吸入空气的状况：氧含量—吸入空气的氧含量不应低于 17%（以体积计），二氧化碳含量—吸入空气在整个额定持续时间内的二氧化碳最大含量不应超过与设备额定持续时间相对应的值。

（3）呼吸阻力：无正压—回路的吸气侧和呼气侧两侧的阻力不应大于 6mbar，有正压—回路的呼气侧阻力不应大于零呼吸流量时 6mbar 直线和呼吸流量 80L/min 9mbar 正弦波相交点的值。

1.5.5 闭路式逃生呼吸器

本节规定了两种使用压缩氧气或者化学生氧的闭路式逃生呼吸器的设计、构造和性能要求。图 1.8 展示了一种闭路式逃生呼吸器。类型 1 适用于剧烈的工作条件，如爬楼梯和跑步。类型 2 适合在不剧烈的条件下使用，如在平地上行走、下楼梯和爬几级台阶。类型 1 设备也可替代类型 2 设备使用。该设备的设计和构造应使呼出的气体从面罩、头罩或咬嘴进入呼吸回路，在呼吸回路中进行净化和添加新鲜氧气并通过呼吸袋返送给使用者。

注意：对于压缩氧气型呼吸器，罐中的化学药剂吸收呼出的二氧化碳，并向呼吸回路供应新鲜的氧气。对于化学法生氧型呼吸器，罐中的化学药剂与呼出的二氧化碳和水反应产生氧气。

（1）额定持续时间。

所有设备的额定持续时间应不少于 5min，使用呼吸模拟器，对于类型 1 设备，流量

---

[1] 1bar=0.1MPa。

为 40L/min ；对于类型 2 设备，流量为 30L/min。

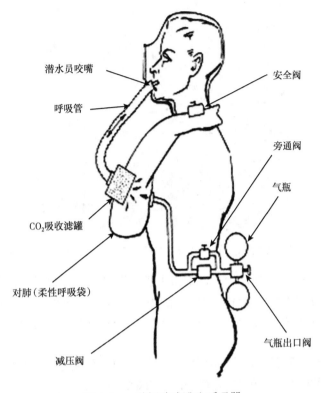

图 1.8　一种闭路式逃生呼吸器

注意：对于类型 1 设备，40L/min 的供气量对于以 6.5km/h 稳定速度行走的工人的工作速度是合适的；对于类型 2 设备，30L/min 的供气量对于以 5.5km/h 稳定速度行走的工人的工作速度是合适的。实际上，该设备的保护时间与额定持续时间是长还是短，取决于工作速度、紧张程度和使用者体质。

（2）吸入空气的状况。

氧含量—吸入空气的氧含量不应低于 17%（以体积计），二氧化碳含量—吸入空气在整个额定持续时间内的二氧化碳最大含量不应超过与设备额定持续时间相对应的值。

（3）呼吸阻力。

回路的吸气侧和呼气侧两侧的阻力不应大于 6mbar。

1.6　新鲜空气长管式呼吸器和压缩空气软管式呼吸器

本节介绍新鲜空气长管式呼吸器和压缩空气软管式呼吸器，此类呼吸器相比常规使用开路式和闭路式呼吸器能够延长工作人员在不可吸入或有害气体环境中的工作时间。该类呼吸器不涉及仅用于逃生目的设备。图 1.9 展示了一种新鲜空气长管式呼吸器和压缩空气软管式呼吸器的典型应用。

关于此类呼吸器选型应根据特定的条件和软管呼吸器合适的空气供应情况，并应参考相关标准。此外，在选择呼吸器本体时应特别小心，因为此类设备要在极高或极低的环境

13

温度下使用。

图 1.9　一种新鲜空气长管式呼吸器和压缩空气软管式呼吸器的典型应用

另外，一些气体中可能存在的有毒物质可被皮肤吸收。如果发生这些情况，单靠呼吸保护是不够的，而是全身都应得到保护。当此设备在对生命或健康有直接危害的空气环境中使用时，应佩戴全面罩。对于极重的体力工作，必须提供超过 120L/min 的气流。

这类设备包括：

（1）新鲜空气长管装置，包含无送风机（短距离）、手摇送风机和电动送风机。

（2）压缩空气软管装置，包含恒流型和供气阀型。

1.6.1　一般要求

（1）新鲜空气长管装置（不带送风机）：该装置由一个带鼻夹的全面罩或咬嘴组成并带有阀门系统。装置通过空气长管接通未被污染的空气，该长管直径大到足以通过流量为 120L/min 空气供使用者呼吸，长管长度通常不超过 9m。

（2）新鲜空气长管装置（带手摇送风机）：该装置由一个带鼻夹的全面罩或咬嘴组成并带有阀门系统。通过该装置，未被污染的空气由手摇送风机加压，通过直径足够大的长管，以最小 120L/min 的流量供气。且无论送风机是否运行，使用者都可以在紧急情况下通过该软管装置进行吸气。长管长度不应超过 36m。

（3）新鲜空气长管装置（带有电动送风机）：该装置由全面罩空气头罩或者供气服或半面罩组成并带有阀门系统。通过该装置，未被污染的空气由电动送风机加压，通过直径足够大的长管，以不小于 120L/min 的流量供气。无论送风机是否运行，使用者都可以在紧急情况下通过该软管装置进行吸气。长管长度不应超过 36m。

（4）压缩空气软管装置（恒流式）：该装置由全面罩、半面罩或空气头罩或者供气服组成，将可呼吸空气连续供应给使用者。气流由来自压缩空气源的流量控制阀调节，在规定的操作压力下，空气软管以不少于 120L/min 的流量为使用者供应新鲜空气。

1.6.2　压缩空气软管设备

该装置包括一个连接到供气阀的全面罩组成，当使用者吸气时，供气阀打开，给使用者供气；当使用者呼气时，供气阀关闭。一个软管与使用者相连以供应压缩空气。每个使用者可得的流量应满足供气阀的要求（压力 345~1035kN/m²）。

1.6.3 呼吸阻力

测试装置可以在供气系统设计压力和气流范围内选择任一流量对其进行测试，或使用送风机的方式，这样操作员在 30min 后不会过度疲劳；或单独使用新鲜空气导管（若干没有送风机或者风箱），为被批准的设备供气的最长的软管，其一半长度盘成直径 500mm 的圆形，或者，对于压缩空气呼吸器，另一半盘绕在制造商提供的滚筒上，如没有提供滚筒，则盘绕在直径不超过 300mm 的滚筒上，呼吸器的吸气侧和呼气侧的动态阻力都不应大于 50mm H_2O 水柱（1mm H_2O=10N/m²）。

如果任何列举的供气系统停止工作，使用者仍应能够通过软管吸气而不会过度痛苦。在供气系统不工作但未断开和呼吸器被核准使用最大长度的软管条件下，在以 85L/min 连续气流供气的情况下，必须满足总的吸气阻力不大于 50mm H_2O 水柱这一规定。

1.6.4 使用者的要求

对于带送风机的新鲜空气长管供气系统，手动送风机应具备一人持续操作至少 30min 而不产生疲劳状态的能力。旋转式送风机应具备向任一方向旋转或沿一个方向旋转都能保持正压的能力。在以前的实例中，应测试送风机在设计工作压力下输送最小体积的空气的运转方向。重要的是，在易燃易爆环境中使用电动送风机要考虑选用适于这种环境的设备。

注意：送风机上应有一个气流指示器来指示流量。

如果没有送风机，应在长管自由端安装过滤器以过滤异物。应牢固固定长管和过滤器的自由端，以免其被拖入污染的空气中。

1.6.5 压缩空气软管呼吸器的要求

对于压缩空气软管供气系统，供气压力应保持在 138~1035kN/m² 范围内。如有必要，应设置压力调节器。当由高压气瓶供气时，在压力大于 1000kN/m² 的情况下，恒流型压力调节器应能保证提供在设定流量的 10% 以内波动的持续气体流量。压力调节器应不用专用工具不能被调整设置。此外，由气瓶供气时，应在高压部位设置警报器，以警示空气供应接近耗尽。气动警报器不应大量消耗剩余气量。如果使用气瓶供气，在高压和低压部位应安装压力表。

1.6.6 高效防尘呼吸器

本节介绍用于防护剧毒颗粒物质（包括放射性物质）的呼吸器。

正压供气设备是最好的个体呼吸保护设备，但是，在许多现实情况下，使用正压供气设备是不可行的，这时高效呼吸器就是一种替代保护设备。高效呼吸器有明显的局限性（即不能防护缺氧危害），并应公布。高效呼吸器应由胜任该项工作的人和知道其使用条件的人来安装使用。

当在含有放射性粒子的气体中使用呼吸器时，这些放射性物质将会被过滤器捕集形成危险源并发出电离辐射，经过一段时间，过滤器的防护性能将会明显地下降。在没有专家建议的情况下，如果呼吸器每次使用一定时间后没有更换过滤器和监测面罩内侧的放射性，呼吸器就不应再用。因为使用者的健康依赖设备的状况，所以制定呼吸器必要的清洁保养、定期检查、正确存放和使用的监督等方面的规定显得尤为重要。

呼吸器的设计应考虑能防护固体颗粒，在某些情况下，如在没有有毒气体和蒸汽的地方，可防护水雾。呼吸器的面罩应能罩住眼睛、鼻子、嘴巴和下巴，并被头带牢固地固定。

呼吸器还应设计有吸入空气通过的过滤器或过滤器组。过滤器应能方便快捷更换，并确保更换后不会出现边缘泄漏或者过滤效率的降低。过滤器应能被压缩。就实用性来说应设置易于更换的预过滤器。

呼吸器还应设置各类阀，诸如使用者吸入通过过滤器空气的吸入阀、呼气直排大气的止回阀等。

呼吸器整体重量应尽可能低，并且对称平衡，以确保在脸部实现最大程度的密封和最小的肌肉劳损，特别是在剧烈运动情况下，这一点特别关键。

1.7　正压式动力送风防尘呼吸器

本节内容主要是典型半面罩和一些全面罩防尘呼吸器，发生脸部密封泄漏情况是不可接受的高。正压动力防尘呼吸器可提供舒适度，并将呼吸负荷降低至可忽略的程度，同时提供与高效防尘呼吸器（如使用高效过滤器）或使用有害粉尘和气体呼吸器（如使用标准过滤器）相同的综合防护标准。

本节讨论两种类型的呼吸器：一种使用高效过滤器，可以达到与高效防尘呼吸器相同的性能标准；另一种使用标准过滤器，其性能标准与广泛接受的标准中规定的防尘面罩相同。万一正压源失效，对使用者的保护等级降低，使用者应尽快脱离危险环境。该类呼吸器不应用在立即威胁生命的气体环境，并应定期检查过滤器以防堵塞。

此类设备不能防护缺氧危害，此外，有非常明显的局限性并应公布。该类呼吸器应由胜任该项工作的人和知道其使用条件的人来安装使用。在选择保护类型时，要考虑特殊情形并应参考相关标准。

本节涵盖了一种由动力单元通过过滤器给面罩供气的呼吸器，该动力单元隔绝环境（特殊危害）从而提供保护，同时降低呼吸器负荷。

1.7.1　设计

呼吸器的设计应考虑能防护固体颗粒，在某些情况下，在没有有毒气体和蒸汽的地方，可防护水雾。呼吸器应包括：

（1）面罩：罩住眼睛、鼻子和嘴巴的全面罩，或罩住鼻子和嘴巴的半面罩，通过头带固定。

（2）动力单元：通过柔性导气管直接将过滤后的空气供应到面罩。

（3）过滤器：所有空气通过过滤器供应到面罩，过滤器应当易于更换，并确保更换后不会出现边缘泄漏或者过滤效率的降低。就实用性来说应设置易于更换的预过滤器。

（4）阀门：使呼出的气体和过剩的气体通过止回阀排到周围大气环境。

1.7.2　动力单元

动力单元应能在不更换电源的情况下以最小 120L/min（4.24ft³/min）的流量向面罩供应空气 4h。如果使用可充电电池，应能在 14h 内完全充满，并且应是液体不可溢出型。如果电池不是密封型，应内装一个安全通风装置。

1.8　防护有害粉尘和气体的呼吸器

本节讨论有害粉尘和气体的呼吸器防护。

在选择保护类型时，要考虑特殊情形并应参考相关标准。此类设备不能防护缺氧危害，此外，有非常明显的局限性也应公布。该类呼吸器应由胜任该项工作的人和知道其使用条件的人来安装使用。请查询参考用于防护高毒性颗粒物质（包括放射性物质）呼吸器的相关标准。

本节涵盖了防护粉尘和其他颗粒物的呼吸器，也详述了防护有限浓度的见表 1.3 和表 1.4 所列的气体的防毒面具（罐式）和防护低浓度的相对无毒气体的防毒面具（筒式）。

就本节而言，术语"粉尘"包括其他微粒，如雾和烟雾；术语"气体"包括蒸汽。

1.9　防尘口罩

本节涵盖了两种类型的防尘口罩：A 型和 B 型。A 型防尘口罩是低阻力呼吸器，其测试要求施加 2mbar（20mm H₂O）的最大吸气阻力。该型防尘口罩旨在用于防护低呼吸阻力比较重要且工作场所粉尘低毒的情形。

B 型防尘口罩是较高阻力呼吸器，测试要求最大吸气阻力为 3.2mbar（32mm H₂O），该类防尘口罩比 A 型能更有效地过滤微小颗粒。

防尘口罩设计

防尘口罩的设计应考虑能防护固体颗粒或者在某些情况下，在没有有毒气体和蒸汽的地方，可防护水雾。防尘口罩应包括：

（1）面罩：通过头带固定。

（2）过滤器：所有空气通过过滤器供应到面罩，过滤器应当易于更换，并确保更换后不会出现边缘泄漏或者过滤效率的降低。就实用性来说应设置易于更换的预过滤器。

（3）阀门：使用者吸入的所有空气都通过过滤器，呼出的气体通过止回阀排到周围大气环境。

1.10　罐式气体呼吸器

1.10.1　设计

气体呼吸器（罐式）旨在保护使用者免受表 1.1 和表 1.2 所列的有毒气体的伤害。滤毒罐的保存期在表 1.2 中最大浓度下的暴露时间列出，但必须考虑面罩泄漏进行修正。气体呼吸器应是以下类型之一：

（1）全面罩通过呼吸管连接到一个滤毒罐或一个装有吸收剂和 / 或吸附材料的罐，通过呼吸管和阀使所有吸入的空气流过滤毒罐，呼出的气体应通过止回阀直接排入周围大气环境。

（3）与上述相似，但其滤毒罐或罐组直接与面罩相连。

表 1.1　滤毒罐功能展示清单

物质名称	容器类型	物质名称	容器类型
乙醛	C.C	硫化氢	S.H.C
丙酮	C.C	乙烯酮（烯酮）	C.C
丙酮氰醇	S.H.C	汞及其化合物	C.C
二苯并吡啶（吖啶）	C.C	甲醇	C.C
丙烯醛	C.C	甲基溴（溴甲烷）	O.
氨气	A.	亚硝酸盐烟雾	N.F
乙酸戊酯	C.C	微粒烟	C.C
戊醇	C.C	微粒烟	S.H.C
苯胺	C.C	微粒烟	N.F.C
砷化氢（砷烷）	C.C	石油蒸汽＊注释1	C.C
苯	C.C	苯酚	C.C
溴	C.C	碳酰氯（光气）	C.C
溴甲烷	O.	吡啶	C.C
二硫化碳	C.C	二氧化硫	C.C
四氯化碳	C.C	二氧化硫	S.H.C
氯气	C.C	氯化硫	C.C
一氯甲烷	O.	三氧化硫	C.C
氰化物粉尘	C.C	三氧化硫	S.H.C
氯化氰	O.	硫酸	C.C
重氮甲烷（偶氮甲烷）	C.C	硫酰氯	C.C
二氯甲烷	O.	含 TEL 和 TML 的烷基铅化合物	C.C
乙醚	C.C	亚硫酰氯（二氯亚砜）	C.C
二乙烯酮（双烯酮）	C.C	甲苯	C.C
环氧乙烷	C.C	三氯乙烯	C.C
甲醛	C.C	二甲苯	C.C
溴化氢	C.C 或 S.H.C	沸点高于 60℃以上的有机化合物	C.C
氯化氢	C.C 或 S.H.C		
氰化氢	D.		
氰化氢	S.H.C		
氟化氢	C.C 或 S.H.C		
硫化氢	C.C 或		

注：（1）呼吸器适用于石油蒸汽含量较低的场所；
　　（2）过滤式呼吸器不适用于防止煤气或其他含有一氧化碳的气体；
　　（3）O 形罐也可用于防止 C.C 罐中列出的气体和蒸汽，但颗粒过滤器除外；
　　（4）"C"表示颗粒过滤器。

表 1.2 滤毒罐的滤毒种类及颜色标识列表

滤毒罐类型	滤毒罐颜色（英制）	推荐使用范围	防护指标		吸收测试		
			最高体积浓度 %	最高浓度下的最大暴露时长 min	测试气体	测试体积浓度 %	最小暴露时长 min
A	蓝色	氨气	2	60	氨气	2	60
C.C	黑色+灰色条纹	沸点高于60℃以上的有机化合物、乙醛、丙酮、二苯并吡啶（吖啶）、丙烯醛、乙酸戊酯、戊醇、苯胺、砷化氢、苯、溴、二硫化碳、四氯化碳、氯、氰化物粉尘、重氮甲烷、乙醚、双乙烯酮、环氧乙烷、甲醛、联氨、氟化氢、硫化氢、异氰酸酯、乙烯酮、汞及其化合物（有机物和无机物）、甲醇、烟尘微粒、石油蒸汽、苯酚、光气、吡啶、二氧化硫、氯化硫、三氧化硫、硫酸、硫酰氯、一氯化硫、二氯亚砜、甲苯、三氯乙烯、二甲苯	1	30	（a）光气 （b）四氯化碳	1 1	30 30
D	白色		1	30	氰化氢	1	30
		氰化氢					
H	半黑		1	30	氨气	1	30
	半蓝	C.C 型均适用（除颗粒物）、氨气			四氯化碳	1	30
N.F.C	橙色+灰色条纹	亚硝酸盐烟雾、微粒烟尘	1	20	亚硝酸盐烟雾（NO$_2$、NO）	1	20
O	黑色+橙色条纹	C.C 型均适用（除颗粒物）、溴甲烷、氯乙烷、氯化氰、氯乙烯、偏氯乙烯	1	30	（a）氯甲烷或氯化氰 （b）关于C.C型相关物质	1	30
S.H.C	红色+白色条纹+灰色条纹	丙酮氰醇、氯化氢、溴化氢、氟化氢、二氧化硫、三氧化硫、硫化氢、酸性气体（包括氰化氢）、微粒烟尘	1	30	氰化氢	1	30

1.10.2 滤毒罐

罐应紧紧地连接到面罩上，使所有吸入的空气都通过罐过滤。罐应无需使用特殊工具即可方便快捷地更换。金属罐内部及外部应涂漆，或以其他方式使其具有抗腐蚀性，且如必要，应配备合适的背带。当罐放在背包中时，应标上醒目的颜色。如有颗粒过滤器应与罐组成一体，这样吸入的气体首先通过过滤器。该类型罐中使用的木炭应浸渍不少于0.01%（质量分数）的银（在干燥的木炭上）。

1.11 筒式气体呼吸器

设计

气体呼吸器（筒式）旨在防护某些低浓度相对无毒气体的危害。该类呼吸器有通过头带固定的面罩并连接到一个装有吸收剂和（或）吸附材料的滤毒筒（筒组），并配有阀门，这样使使用者吸入的所有空气流过滤毒筒。呼出的气体应通过止回阀直接排入周围大气环境。还应有颗粒过滤器，且就某些方面应用而言，也应有易于快捷更换的预滤器。滤毒筒应不使用特殊工具也能快捷容易地更换。滤毒筒应被设计成特殊结构或做特殊标记以防被错误地组装。表 1.3 展示了筒式呼吸器涉及的物质。

表 1.3　筒式呼吸器涉及的物质

类型	颜色	推荐值	最大体积浓度，%	最高浓度下的最长暴露 时长，min
筒式	黑色	规定物质的阈值限值超过百万分之一（0.01%）	0.1	20

表 1.4　气瓶气中杂质的最大限值

杂质	限值
CO	$11mg/m^3$
CO_2	$900mg/m^3$
油	$1mg/m^3$
水	$0.5g/m^3$

注意：在环境温度低于 4℃ 时，设备内部有冻结风险，在这种情况下应特别注意空气的干燥。在非常寒冷的条件下建议对空气进行化学干燥。众所周知，上述限值与实际并不完全一致，但对于水下呼吸器来说，这些限值可以从每天实际使用过程中得到。

1.12　正压动力防尘头罩及套装

对于正压条件下，动力防尘呼吸器是要预先准备的，但是通气头罩或者代替呼吸面罩的一体化通气头罩套装，在某些方面应用，可能提供更高的舒适性。本段介绍了一种既可以使用高效过滤器、又可达到与高效防尘呼吸器性能相同的呼吸器，又介绍了一种使用标准过滤器并可达到防尘面具相同的性能标准。

万一正压源失效，使用者应尽快脱离危险环境。此类设备不能防护缺氧危害；不应用在立即威胁生命的气体环境中，并应定期检查过滤器以防堵塞。通气头罩应仅提供给知道其使用条件的人和由胜任的人监督下安装使用。在易燃易爆环境中使用电动送风机要考虑选用适于这种环境的设备，同时确定保护类型以应对特殊情况。

本节讨论供应过滤后气体、防护不利环境条件（颗粒危害）的头罩和套装的要求，同时降低了呼吸器负荷。

1.12.1　设计

该设备的设计应考虑能防护固体颗粒，再某些情况下，在没有有毒气体和蒸汽的地方，可防护水雾。它的组成包括：

（1）头罩或头罩套装：有袖的服装，且具备在下肢处将所有呼出的和过剩的气体从头罩或套装的内部排至大气环境的设计功能。

（2）动力单元：直接向头罩提供过滤空气。

（3）过滤器：所有空气通过过滤器供应到头罩或套装，过滤器应当易于更换，并确保更换后不会出现边缘泄漏或者过滤效率的降低。就实用性来说应设置一个或多个易于更换的预过滤器。

1.12.2 头罩和套装

头罩应针对所有的成年人较适宜设计成万能型。头罩应有一个透明的区域以便观察且穿着舒适。头罩套装应为一体式，或是与头罩密闭组合的。套装应适合成人穿着，袖口和腰部开口应有松紧带或其他收紧的设计。

1.12.3 动力单元

动力单元应能在不更换电源的情况下以最小 120L/min 的流量向面罩供应空气 4h。如果使用可充电电池，应能在 14h 内完全充满，并且应是液体不可溢出型。如果电池不是密封型，应内装一个安全通风装置。

1.13 水下呼吸器

在任何时候都要严格注意所有类型水下呼吸器的保管和维护。出水后处理不当、不正确的维护和存储不当都会对水下呼吸器造成比实际潜水作业还要严重的损坏。在设备每次使用前后都要进行彻底地检查损坏或缺陷情况，所有的缺陷应在设备再次使用前被修复。

在下节提及的操作各种部件的建议应该仔细研究，制造商关于装配、调整、部件更换和维护的操作说明也应要获取和遵守。还要牢记，自给式呼吸器轻量化制造造成其易受到物质损伤。使用错误工具、粗心的操作不仅造成缺陷，还会造成进一步的操作无法进行或代价昂贵。

海水和水中污染物造成的腐蚀作用不应被轻视，如果设备使用后准备运走时不采取正确的预防措施清洁设备，设备的所有部件都会被造成严重的损坏。当时不明显的化学废弃物和石油废弃物值得及时清除，如果它们残留在呼吸器表面将会腐蚀设备。

1.13.1 气瓶

（1）使用正确的气瓶：使用水容量大约 5.4L 的气瓶，还是使用更大的气瓶取决于规定。

（2）储存：气瓶内应一直保持干燥状态，并充满干燥气体，绝不能将干燥气体完全排空，否则会导致水倒灌进气瓶造成污染。气瓶最好以垂直状态存放，并应储存在阴凉干燥的地方，以避免受到天气影响、过热和阳光直射。一旦气瓶投入使用，切勿将气体用尽，压力表应保持微正压显示。

（3）气瓶的保管：即使安装于气瓶的附件是电镀的或是不锈钢材质，也应通过适当方法保持与气瓶处于隔离状态，例如塑料、尼龙涂层或橡胶套。每次使用后，特别是在海水环境中使用后应将气瓶从背带和防护罩中取出，然后用干净的新鲜淡水仔细清洗，去除所有盐水和污垢残留，特别是缝隙处。气瓶和阀门应彻底干燥，为确保气瓶阀好用，在打开和关闭阀时应小心，一旦操作到位就不要过多用力，防止损坏阀的内部部件并因此导致阀门泄漏。

（4）在储存之前，或者气瓶已被完全排空而海水可能已经进入气瓶，应拆除气瓶阀门，并将气瓶内部和外部用清洁的新鲜淡水清洗和彻底干燥，这项工作应由专业人员完成。此外，气瓶不能被阀门向下存放。根据现行规定，气瓶还应定期进行再检测。

1.13.2　用于人体呼吸的压缩空气

（1）压缩空气瓶的准备：应清洁气瓶内部和外部，确保没有水垢或其他外来异物。

（2）空气压缩：应通过合适的压缩机对空气进行压缩，以达到期望的空气纯度和压力。应采取预防措施，确保只有未被污染的空气能进入压缩机进气口。应注意压缩机进气口的位置，并设置合适的进气口筛选或过滤。若压缩机由内燃机驱动，要格外留意，应延长发动机的排气口或压缩机的入口，避免压缩机吸入发动机的废气。应咨询压缩机制造商有关这种延伸部分的最大长度和最小横截面积，以避免降低发动机或压缩机的效率。当在其他机器附近使用压缩机时，应采取适当的预防措施以避免压缩机吸入其他机器排出的烟雾。压缩机的维护和操作应按照制造商的说明进行，特别要注意活塞环、干燥器、过滤器和附件的状况。除了压缩机制造商推荐的润滑油之外，不应使用其他润滑油。从压缩机排出的空气应进行必要的处理以达到标准规定的纯度。每隔一段时间（不超过 6 个月）或在大修之后，应对压缩机输送的压缩空气进行取样分析，以检查压缩空气保持纯度标准。

（3）呼吸空气的纯度：从气瓶取出的空气样品所含杂质不应超过表 1.4 给出的限值。空气应无任何异味，无灰尘、污垢或金属颗粒的污染物，并不应含有任何其他有毒或刺激性成分。

注意：如果没有特殊的仪器，压缩空气的气味和清洁度难以精确检测。一种粗略的检测方法是，微开气瓶阀，闻逸出的气体，并留意观察空气缓缓流过试纸或滤纸后是否有变色或是否有水汽。充满的气瓶如有如上所述的明显的气味或者显示了变色或水汽的现象，其不能使用。

1.14　通气复苏器

本节讨论的各种规格通气复苏器（在下文提及意指人工呼吸器）的性能和安全要求，包括人工和气动两种复苏器。电动复苏器，自动压力循环气动复苏器，仅用于向患者输送适于呼吸的空气，或者为患者的通气量延长时间周期提供辅助或供应，这已经超出了本书范围。

1.14.1　分类

应根据超过 40kg 的患者体重范围对适用的复苏器进行分类，该范围是基于复苏器应输送 15mL（潮气量）/kg 体重得到的。对体重超过 40kg 的患者，复苏器应能输送 600mL及以上潮气量才是合适的，此类复苏器应被分为成人复苏器。

注意：输送 20~50mL 潮气量的复苏器通常适用于新生儿。

1.14.2　物理要求

（1）尺寸：带气囊（如有）的复苏器应能穿过尺寸为 300mm×600mm 的矩形开口，以便在难以接近患者的地方（如爬行空间和穿过人孔）使用。

（2）复苏器重量：除为新生儿危重护理系统设计的气动复苏器外，复苏器容器和内容物（包括所有充满的气瓶）的重量不应超过18kg。

（3）操作简便性：复苏器的设计应有助于实际操作，方便一人就可以使用面罩给患者提供足够的肺呼吸用气量（由此被定义为人工呼吸器）。除非制造商在使用说明书中另有使用规定，否则本节中复苏器的所有性能特征应能满足一人复苏的要求。

（4）清洁和灭菌：与患者呼吸物接触而造成的污染物应进行灭菌或者标记"仅单独使用"（一次性使用）。推荐的清洁和灭菌方法应通常被认为是有效的。应仔细研读制造商的关于灭菌或消毒的说明以确认通常能够满足所述的方法的要求。

（5）拆卸和重装：设计可以拆卸（如清洁等）的复苏器也应设计为当所有部件齐全时可以以最小错误概率重装。既然复苏器能够拆卸，制造商应提供复苏器拆卸和重装的说明书，并应以简图展示正确的重装步骤。重装后，操作者应执行制造商推荐的测试程序以保证复苏器功能正常。通过检查和测试以保证复苏器的正确操作。

（6）限压系统显示：如复苏器需要设置超压限制系统，应设置当限压系统动作时，可听见的或可明显可见的警报以警示操作者。

（7）人工复苏器：依据复苏器分类条件，人工复苏器应能从氧气供应源以不超过15L/min，速度输送最小含氧浓度40%（体积分数）的气流，并应具备输送至少85%（体积分数）浓度氧气的能力（见注意事项）。制造商应说明有代表性流量（如2L/min、6L//min、8L/min）的浓度范围。如果复苏器设计为手动操作，则仅用一只手就应能压缩可压缩装置，执行测试的人的手的尺寸不能超过图1.10给出的尺寸。虽然在一些状况下，含氧浓度40%（体积分数）就足够了，但含氧浓度85%（体积分数）或者更高对于在复苏期间救治严重缺氧患者效果更好。这个浓度应能在15L/min补充氧气流速下达到或者稍小，因为流速超过15L/min将会超过用于成人的流量计的正常标准刻度，并可能导致氧气流控制不准，进而卡住患者吸入阀使其不能正常工作。

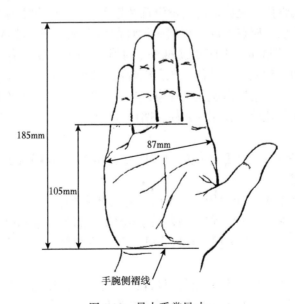

图1.10 最大手掌尺寸

注意：85%（体积分数）的氧气浓度需要由附加装置完成。

（8）潮气量：适用于体重达到40kg的婴儿和儿童使用的复苏器应根据其适合的体重范围进行分类。该体重范围应依据每1kg体重需15mL潮气量的需求。输送600mL及以上潮气量的复苏器应归为成人复苏器。规定的潮气量应在测试条件下达成，而不用限压系统中的超驰机构。

注意：20~50mL潮气量的复苏器通常适用于新生儿。对于成人，潮气量约为600mL。这里给出的遵从性和抗拒性是需要复苏器的成人和儿童可能出现的典型的数据。15mL/kg潮气量需求要比普通的高，通常用于复苏期间允许面罩泄漏的情况。通气频率是关于儿童和成人复苏器的有代表性的数值。

（9）压力限度（手动复苏器）：婴儿复苏经验表明，最大吸气压力为4.5kPa（约等于45cmH$_2$O）不会产生的肺损伤，可提供足够的潮气量给大多数10kg以下的患者。设计用于体重超过10kg患者的手动复苏器未明确规定要设置限压系统，但是，极其重要的是，带有限压系统的复苏器要在不用超驰机构的情况下满足规定的潮气量需求。当气道压力被限制在6kPa（约等于60cmH$_2$O）以下，为了对患者以低肺遵从性和（或）高气道抗拒性通气，超驰机构就显得完全有必要了。

（10）限压系统：所有的气动复苏器限制最大供气压力是极其重要的。气道压力在4.5kPa（约等于45cmH$_2$O）被认为对于肺通气是足够的，并不大可能产生气压损伤。为了解决临床疑难问题而选择较高气压会增加气压损伤的风险。

1.14.3 气动复苏器

持续供气时间：装有340L气体的单独的装置（气瓶长457mm，外径102mm），复苏器以10L/min（或最接近该流量）输送气体，以至少85%（体积分数）含氧浓度和制造商选择的不小于85%（体积分数）含氧浓度（若复苏器要输送这一浓度）。

高氧浓度对于复苏极度低氧血症的患者很重要，低百分比的氧气将延长氧气供应的持续时间。混气装置的性能受复苏器的流量设置及患者的遵从性和抵抗性的影响。

（1）压力限制系统：应在气动复苏器中设计限压系统。当复苏器以270kPa到550kPa范围的压力供气时，气道压力不应超过6kPa（约等于60cmH$_2$O）。超驰机构可让操作人员能够选择更高的压力，但是，自动的、压力循环的气动复苏器不应配置任何类型的超驰机构。如果设有锁定机构，则压力超驰机构应设计如"开""关"等操作模式。并通过设计明显的控制位置、标识等让使用者能够方便、明白地操作。

注意：

① 对于某些患者来说，限压系统的设置应高于6kPa（约等于60cmH$_2$O），尽管选择这样的设置需要医学建议。

② 当限压系统运行时，应向操作员发出可听或可视警报。

（2）呼气阻力：在缺乏正压呼气末设备的情况下，患者连接端口产生的压力不应超过0.5kPa（约等于5cmH$_2$O）。为了促进呼气，呼气阻力应被最小化，除非有特殊的临床诊断要求。

（3）吸气阻力：复苏器应具备这样的设计：当复苏器连接到患者的气道但没有被操作员激活时，患者可以自主地呼吸而不会形成极端低压。在大气压下，患者连接端口的压力不应超过 0.5kPa（约等于 5cmH$_2$O）。

（4）吸气流量：当采用相关标准中规定的方法进行测试时，所有气动复苏器应能在背压 2 kPa（约等于 20cmH$_2$O）的情况下提供 40L/min±10% 的气流。

注意：具有固定流量的设备应设置此值。操作人员可调节的流量值应在设备调节范围内。为了让胃胀的风险最小，当使用面罩复苏时，考虑使用的最大流量应为 40L/min。这符合美国心脏协会（CPR 和 ECC 的 AHA 标准）的建议，并且这些建议在全世界被普遍接受。由于胃胀风险的降低，插管患者可能使用更高的气流量。

（5）自动压力循环气动复苏器：压力循环复苏器应符合标准要求的性能，但对于低肺遵从性和/或高气道抗拒性的患者使用有局限，因为循环压力无法达到足够的供气量。不应使用"负压"段，因为它与功能残气量（FRC）和动脉氧分压（p_{O_2}）的下降有关。

（6）启动压力：重要的是，患者无需通过产生大负压的方式来启动流经供气阀的气流，以让呼吸行为最小化，其中负压为 -0.2kPa（约等于 -2cmH$_2$O）生理上是可接受的。

（7）峰值吸气流量：当出口压力不超过 0.8kPa（约等于 8cmH$_2$O）时，最小峰值吸气流量应为 100L/min，且能持续至少 10s。为了满足典型患者的吸气需求，应确保能提供上述的峰值流量；不应通过大负压来产生气流，因为这会造成自主呼吸患者疲劳。

（8）终止压力：正压表明足够的潮气量已经送达。当压力处于微正压时，表明患者应呼气，因此流量应停止。

1.14.4　供气

（1）气瓶、钢瓶阀门和轭架连接件：气瓶、气瓶阀和轭连接件应符合国际标准化组织（ISO）407"小型医用气瓶—轭型、阀门连接件"的要求。

（2）供气持续时间：小型便携式气瓶通常与复苏器一起使用。在模拟使用条件下，操作人员了解氧气供应量是至关重要的。

1.15　额定保护系数

现在，有一系列涉及防毒面具和呼吸器的设计结构和性能的标准规范。为了明确规定设备不同的内漏特性，就如果通过规定的测试程序确定一样，标准规范确定了设备能提供防护吸入有害物质的不同程度。在特定环境下，选择最适合的设备类型时需要了解可用设备的保护限制，就如同要了解需要防护的危险因素一样。

作为选择呼吸保护设备的规范之一，本节介绍了针对每类设备的"额定保护系数"术语，它源于"最大允许内漏"数据，并被定义为例如当佩戴防毒面具或呼吸器时，在最大允许内漏的情况下，环境大气中污染物的浓度与面罩内计算的浓度的比率。

当装备按照设计来操作时，环境大气内漏发生部位是防毒面具或者呼吸器的面密封位置，这样面罩内的压力在吸气时降至大气压力之下，同时通过呼气阀也有小的内漏，对于防尘面具，通常过滤器本体会有显著的渗漏。内漏能发生在正压头罩的颈部束带位置或者正压套装的束腰带和腕部位置。

每类设备允许的最大泄漏量或渗透量的总和称为"最大允许内漏量"，以百分比表示。

注意：获取的防尘呼吸器面密封泄漏测试数据低于 5%，可以咨询单个制造商以得到满意的最高标准。其他情况下，最大允许内漏量在 A 型防毒面具 15％和自给式呼吸器 0.05％之间。正压呼吸器的内漏是持续的，当然也是可以忽略的。

应注意的是，面罩的面密封泄漏数据和部分额定保护系数是基于一项试验，其中被测设备明显不适合的将被排除在外。不合适的面罩会引起异常的面密封泄漏。当可用的防毒面具或呼吸器有多种尺寸时，佩戴最适合个人尺寸的设备是很重要的。

对于防毒面具额定保护系数的估算，过滤器渗透数据推荐采用机械型。这样，在储存期间，其他类型的过滤器性能可能退化。过滤器的负载量过大会增加呼吸阻力，从而导致面密封泄漏增加。在某些情况下，通过过滤器的粉尘泄漏量增加必然降低设备提供的保护作用。

在任何有潜在危害的环境中，应依据现有的最佳信息进行事先评估，评估人预期能够在其中呼吸而不生病的空气污染物的最大浓度。必须牢记，估算的额定保护系数只适用于被正确维护的呼吸保证装备。

为了实际应用额定保护系数，就必须知道可能遭受的空气中有害污染物的浓度和呼吸保护装备使用者吸入空气中的最大允许浓度。通过浓度比对，就会明确需要的保护系数，并由此确定呼吸保护装备的类型。

关于吸入超过时间延长期的空气中物质的最大允许浓度根据其公布的阈值（TLV）提供。一种物质的 TLV 被定义为按照一天工作 7h 或 8h，一周工作 40h，几乎所有人都会遭受而未产生有害后果的该物质在空气中的浓度。绝大多数 TLV 取时间加权平均浓度，即超出限值的偏移被容许通过在工作日期间低于极限的偏移进行等效补偿。在某些情况下，TLV 是不能超过的上限值，并应在标准中注释后果。

在没有上限值的情况下，当暴露是短期的孤立事件，如紧急情况，容许空气中物质的浓度要比密集重复或持续时间延长时高得多。

2 面具和呼吸装备材料

2.1 引言

呼吸防护设备或是过滤被污染的空气，或是从其他来源供应清洁空气。以下设备用于呼吸：

（1）咬嘴和鼻夹。

（2）罩住鼻子和嘴巴的半面罩。

（3）罩住眼睛、鼻子和嘴巴的全面罩。

（4）覆盖从头部到肩部的头罩，或覆盖头部和至腰部和手腕的防护服。

为选择合适的设备，必须考虑以下几点：

（1）工艺操作过程的固有危害因素。

（2）空气污染物的类型包括其物理性质，对身体的生理影响及其浓度。

（3）必须使用呼吸设备保护的时间段。

（4）考虑危险区域的位置与未受污染的呼吸区域之间的距离。

（5）相关人员的健康状况。

（6）呼吸保护设备的功能和物理特性。

主管人员应知道核准使用的呼吸器要与危险等级相匹配，而不应用于防护其未设计防护的危害。雇员必须认识到未佩戴合适的呼吸设备会危及自身生命。那些被确认生理受限的雇员禁止使用呼吸保护设备和禁止进入存在呼吸危害的环境。设备操作和维护的培训是至关重要的。

2.2 面罩和呼吸设备（呼吸器）

2.2.1 呼吸设备的分类

有两种不同的方法可以提供个体防护被污染的空气：

（1）通过净化呼吸的空气；

（2）通过从未受污染的来源提供清洁的空气或氧气。

2.2.2 环境分类

环境可能受到颗粒、气体和蒸汽的污染。缺氧情况也可能发生。温度和湿度也应要考虑，如图 2.1 所示。

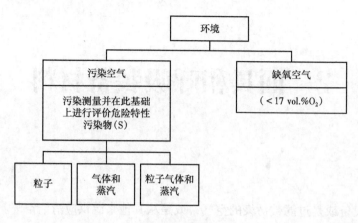

图 2.1　环境的分类

2.2.3　呼吸保护装备的分类（图 2.2）

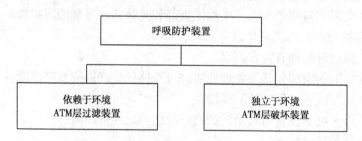

图 2.2　呼吸保护装备的分类

有两种不同的方法可以提供个体防护被污染的空气：

（1）通过过滤器净化空气。

（2）通过洁净气源供应空气或氧气（呼吸器）。

2.2.3.1　过滤器（图 2.3）

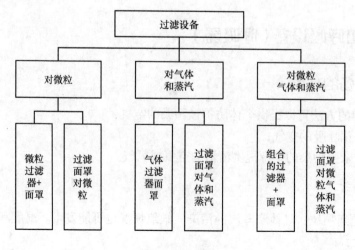

图 2.3　过滤器

吸入的空气通过过滤器去除污染物。过滤设备可以是独力的或助力的。颗粒过滤器被分为以下几类：

（1）低效过滤器。

（2）中效过滤器。

（3）高效过滤器。

中效和高效过滤器根据其去除固体和体液或仅去除固体颗粒的能力进行分级。气体过滤器分为以下几类：

（1）小容量过滤器。

（2）中容量过滤器。

（3）大容量过滤器。

2.2.3.2 呼吸器

呼吸器的主要类型如图 2-4 所示。

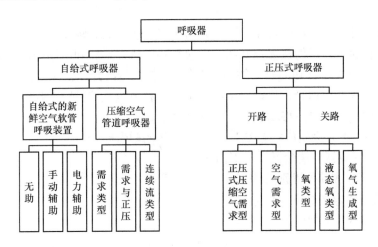

图 2.4　呼吸器类型

2.3　呼吸器的选择

呼吸设备应被看作一种应急设备或者只能偶尔使用的设备。空气污染物的范围包括从相对无害到有毒的粉尘、蒸汽、雾、烟和可能剧毒的气体。在购买呼吸设备之前，必须确定化学物质和其他烦人的物质，并评估危害程度以确定最佳选择。图 2.5 列举了一些呼吸保护设备类的型。

过滤呼吸器　　　　防毒面具　　　　供气式呼吸器　　　压缩软管面罩　　　软管面罩送风机

图 2.5　呼吸保护设备类型图样

2.4 防尘和防毒呼吸器

防尘和气防毒呼吸器是依赖于环境大气的过滤设备，有三种类型：

（1）过滤颗粒（防尘呼吸器）。

（2）过滤气体和蒸汽（防毒面具）。

（3）过滤颗粒、气体和蒸汽。

2.4.1 过滤式防尘面罩呼吸器

过滤式防尘呼吸器要求面罩至少罩住鼻和嘴，并由全部或部分由呼气通过的滤料组成或者呼气通过的呼气阀组成。头带可能可调，也可能不可调，其将面罩紧紧地固定在头部位置。

（1）结构：使用的材料在设计使用寿命期间应能够承受触碰和穿戴，不应使用硝酸纤维素等类易燃性材料。可能接触皮肤的材料应是不染色、柔软和柔韧的，也不应对皮肤造成伤害，且也不应使用已知的有毒物质（如石棉）作为过滤介质。当按照制造商的说明书组装后，整套呼吸器应适合正确戴安全帽、护听器和眼镜或护目镜。呼吸器应轻量化，对视野影响最小化，能够自由移动，且能够舒服穿戴。

（2）执行要求：呼吸器应符合 BS 6016 规定的测试要求。

（3）标识：呼吸器应清楚标示以下内容：

① 名称、商标或其他识别方法；

② 使用符合法定的标准的编号；

③ 规格（如有多个规格）；

④ 类型；

⑤ 生产年月及可能的保存期。

2.4.2 高效防尘呼吸器

（1）性能要求：组装好的呼吸器应能通过呼吸阻力测试。

① 吸气阻力：将呼吸器以气密方式连接到适合的试验头模，并且从大气中引入的空气以 85L/min 流量通过过滤器吸入，呼吸器施加的阻力不应超过 50mmH$_2$O 水柱。

② 呼气阻力：将组装好的呼吸器以气密方式连接到适合的试验头模，并且以 85L/min 流量将空气吹入前者，并通过呼吸器，呼吸器施加的阻力不应超过 12.5mmH$_2$O 水柱。

③ 阀门泄漏测试：当以 25mmH$_2$O 水柱的恒压抽吸时，在干燥情况下，阀组泄漏不应超过 30mL/min。

（2）面罩：呼吸器应清楚地标明以下内容：

① 名称、商标或其他识别制造商的方法；

② 使用符合法定的标准的编号；

③ 生产年份。

2.4.3 正压式防尘呼吸器

（1）结构：呼吸器应采用能够承受正常使用和暴露于极端温度和湿度环境的材料。每个部件［电池除外（如用）］所用的材料如在正确存放和维护条件下有效保存期至少为5年。不应使用硝酸纤维素等类易燃性材料。可能接触皮肤的材料应是不染色、柔软和柔韧的，也不应对皮肤造成伤害，且也不应含有造成皮炎的物质。除了过滤器外，所有的外表面和末道漆都不应残留有毒和放射性颗粒。

（2）面罩：面罩的部件应能承受 1.7kN/m² 气压下的水下测试，并且无泄漏。面罩的制作规格是"万能"的，以适合成年使用者佩戴。面罩的设计应满足正常操作条件的需要并根据 BS 2091 进行测试。面罩应对视野影响最小化且能够自由移动。全面罩应有一个合适的、最好是可更换的眼罩，并应允许使用者佩戴眼镜。呼吸器应具备承受按照制造商指定的方法清洁和消毒的条件。呼吸器的重量应尽可能轻，并对称平衡，以确保最大限度地维持面部密封并尽量减少肌肉劳损，特别是在头部运动剧烈的情况下穿着该设备工作。应尽可能降低可在面罩内呼出的可再呼吸的气体的比例。

2.4.4 过滤器

（1）高效过滤器：使用 BS 4400 中描述的方法或相当的方法评估时，过滤系统给出的初始保护的有效性应是在 120L/min 的流量下渗透不应超过 0.1%，对于树脂、羊毛和树脂毡过滤器，渗透不应超过 0.05%。

（2）标准过滤器：与高效过滤器进行类似的评估时，过滤系统给出的初始保护的有效性应是在 120L/min 的流量下渗透不应超过 5%，对于树脂、羊毛和树脂毡过滤器，渗透不应超过 2%。某些物质（如石棉）不应被用作过滤介质。过滤器设计应是不可逆转的。过滤器应当易于更换，并确保更换后不会出现边缘泄漏或者过滤效率的降低。呼出的气体应能直接或通过止回阀排到周围的大气环境中。

图 2.6 和 2.7 表示不同类型的过滤器。

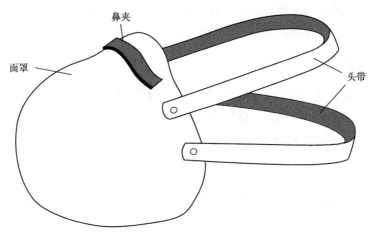

图 2.6　过滤面具

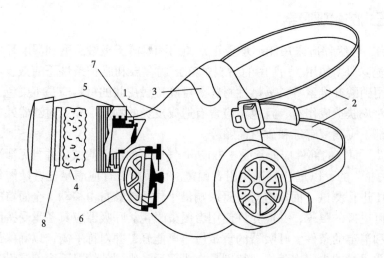

图 2.7　过滤设备

1—面罩；2—头带；3—鼻夹；4—过滤器；5—过滤器壳体；6—呼气阀；7—吸入阀；8—预滤器

2.4.5　头带

头带应能将面罩牢固且舒适地固定在头部位置。头带安装和调整操作应简单，且易于清洁和去污。头带如果仅由带子构成，应是可调整的，并且在与头部接触处的标称宽度不小于 19mm，头带的设计应具有在移除时处于完全松弛状态的功能，以确保使用者在每次使用之前必须重新调整带子。半面罩的头带（如果仅由带子组成）在与头部接触处的宽度不应小于 19mm，并且调整位置不会影响安全帽的舒适度或适合度。调整后，头带应允许将面罩移到面罩周围的位置，并允许在面部进行更换，最好不要失调。

2.4.6　连接件

呼吸器部件应被设计成能够通过简单的方法连接，每个部件易于更换，而无须使用专门的工具。同时也应设计和标识防止错误组装。

2.4.7　性能要求

呼吸器应具备满足 BS 2091 要求的性能：呼吸阻力、防尘、阀门泄漏、抗灰尘和污泥堵塞和抗粗暴使用。应根据 BS 7355 EN 136 对全脸面罩进行测试，应根据 BS 7356 EN 140 对半面罩和四分之一面罩进行测试。

2.4.8　标识

所有同型号的设备应具有通过标识与安全性有重大关系的零部件来识别类型。制造商应通过名称，商标或其他识别方式进行识别。如果零件可靠的性能受到老化的影响，应给出确切的生产日期（至少是年份）。

标识应提供以下内容：

（1）序列号。

（2）生产年份。

（3）标识应清晰可见和耐用。对于无法标识的部件，相关信息应在使用操作手册中说明。

2.5　正压式动力防尘面罩和套装

2.5.1　制造

头罩和套装应采用能够承受正常使用和暴露于极端温度和湿度环境的材料。每个部件［电池除外（如用）］所用的材料可靠有效保存期至少为 5 年。不应使用硝酸纤维素等类易燃性材料。可能接触皮肤的材料应是不染色、柔软和柔韧的，且也不应含有造成脱皮的物质。除了过滤器外，所有的外表面和末道漆都不应残留有毒和放射性颗粒。

设备应紧凑，并应对佩戴人员的视野和行动自由的干扰可能最小。设备的质量应尽可能轻，并对称平衡，以确保舒适度并使肌肉劳损最小化，特别是在涉及运动剧烈的情况下穿着该设备工作。

2.5.2　头罩和套装

面罩应以适合成人的"万能"规格制造。它应有一个透明的观察区域且穿着舒适。套装应或是整体结构，或与头罩密封，且应以适合成人穿戴的规格制造，其袖口和腰部开口是有松紧带的或者别的开口设计。头罩和套装应具备承受使用 BS 2091 中描述的方法或按制造商规定的具有等效的方法进行重复处置的性能，而不会有可以察觉的变化。

2.5.3　动力单元

动力单元应具备以最小流量 120L/min 为头罩持续供气 4h 的能力，而无需更换电源。如果使用可充电电池，应在 14h 内完全充满，并且电池应是液体不可溢出型。如电池为非密封型，应在动力单元内安装一个安全通风装置。

2.5.4　性能要求

设备应按照 BS 2091 或等效方法进行测试。应根据 BS 7355 EN 136 和 BS 7356 EN 140 对全面罩、半面罩和四分之一面罩进行测试。

2.5.5　标识

设备应标记如下：

（1）头罩和套装上的标识：制造商名称、商标或其他识别制造商的方法和使用符合法定的标准的编号。

（2）包装箱上的标识：头罩和套装的制造年份。

（3）过滤器上的标识：制造商名称、商标或其他识别制造商的方法；使用符合法定的标准的编号；制造年份。

2.5.6 罐式气体呼吸器

（1）结构：气体呼吸器（罐式）的设计目的是保护使用者免受某些气体的伤害。罐体的保存期应依据在最大浓度下的暴露时间而定，且要考虑面罩泄漏进行修正。

（2）性能要求：应根据 BS 2091 测试气体呼吸器（罐式），测试包括面罩、阀门泄漏、罐抗粗暴使用性和性能。应使用测试气体按照测试浓度和最小暴露量对罐进行测试。

（3）标识：本节涵盖的标准范围内的呼吸器应标注以下事项。

① 面罩上的标识：制造商名称、商标或其他识别制造商的方法；使用符合法定的标准的编号。

② 包装箱上的标识：生产月份和年份。

③ 呼吸长管上的标识：符合法定的标准的编号。

④ 罐体上的标识：制造商名称、商标或其他识别制造商的方法；使用符合法定的标准的编号；相关标准用带颜色的字体显示，条带或条纹宽度至少为 25cm；防护的气体清单；充装月份和年份；警告包括限制使用条件（即最大浓度百分比和最大暴露时间）和警告：“不可当静力罐用，封闭的地方或任何可能出现高浓度气体或缺氧的环境”。

2.6 气体呼吸器（筒式）

2.6.1 设计和制造

气体呼吸器（筒式）的设计和结构应能防护某些相对无毒的低浓度气体。呼吸器应包含一个面罩，用头带固定在适当的位置，并连接到装有吸收剂或吸收材料的筒上，并配有阀门，以便使用者吸入的所有空气通过滤毒筒进行过滤。呼出的气体应通过止回阀直接排到周围的大气环境中。应装设颗粒过滤器，对于实用来说，可加装易于更换的预过滤器。

滤毒筒应不用专门工具就可容易快捷的更换，并应有设计或标识以防错误装配。测试时，呼吸器应能确保在面罩和使用者面部之间的测试污染物泄漏量 10 测试项目的平均值不超过 5%。呼吸器具备符合 BSI 2091 规定的或等效的性能要求。

2.6.2 测试和认证

（1）制造商应对呼吸器进行测试和认证。根据 BSI 2091 测试应涵盖以下内容：

① 出口阀静态泄漏；

② 粉尘堵塞阻塞测试；

③ 面密封泄漏试验；

④ 材料和结构的灭菌试验；

⑤ 粗暴使用测试。

（2）本节涵盖的呼吸器应标记以下项目：

① 面罩上的标识：制造商名称、商标或其他识别制造商的方法；使用符合法定的标准的编号。

② 包装箱上的标识：生产月份和年份。

③ 滤毒筒上的标记：制造商名称、商标或其他识别制造商的方法；使用符合法定的标准的编号；防护的气体清单；充装月份和年份；警告：明确使用条件，如"使用低浓度有毒物质"。

④ 滤毒筒容器上的标记：警告："不可用于静态容器、封闭的地方、任何可能存在高浓度气体的环境中或缺氧的环境"。

2.7 复合式呼吸器

复合化学和机械过滤式防毒面具使用防尘、雾或烟的带有化学药筒过滤器进行双重或多重过滤。通常情况下，化学过滤筒耗尽前，粉尘过滤器会先堵塞，因此，最好使用带有独立可更换过滤器的呼吸器。复合式呼吸器非常适合喷涂和焊接。

注意：在紧急情况下，建议不要使用化学滤毒筒和滤毒罐。

2.8 新鲜空气长管和压缩空气软管呼吸器

以下是五种操作方法：

（1）不带送风机的使用者；

（2）带手动送风机的使用者；

（3）带电动送风机的使用者；

（4）压缩空气软管呼吸器（恒流式）；

（5）压缩空气软管呼吸器（供气型）。

所有上述呼吸器均由带鼻夹的全面罩或咬嘴组成。

2.8.1 使用者

使用者通过阀系统将长管连接到未受污染的空气气源处，使用者通过呼吸作用将空气吸入适当直径的软管。长管长度不应超过 9m，直径不得超过 3/4in。

（1）使用者（带手动送风机）：该装置连接有长管，未受污染的空气经手动送风机强制压入适当直径的软管，使用者可通过该软管吸入空气，且在紧急情况下，无论风机是否运行，使用者都有机会离开污染区域。长管长度不应超过 35m（图 2.8）。

当导气管中的气流由机械辅助加压时，受污染空气向内泄漏量将大大减少。如果长管相对较短，则会限制使用者移动，并且需要原路返回可呼吸的空气环境。长管的规格应为长 9m，直径 DN-20（3/4in）。必须小心以防损坏长管。

（2）不带送风机的新鲜空气长管：适合呼吸的空气由使用者呼吸吸入。长管应固定并装有合适的设备以防止飞流颗粒进入。

2.8.2 使用者（带电动送风机）

在呼吸器中，未受污染的空气通过电机驱动的送风机以最小 120L/min 的流量通过具有适当直径的软管，并且在紧急情况下使用者可以通过长管吸入空气。在这类呼吸器中，适合呼吸的连续气流被电动送风机压入长管。全面罩、半面罩或者咬嘴和鼻夹可能被用到。长管长度不应超过35m。如果使用面罩且送风机失效，在吸气期间面罩中会形成负压，但是当使用者离开危险区域时，呼吸器将继续提供一定的保护作用。

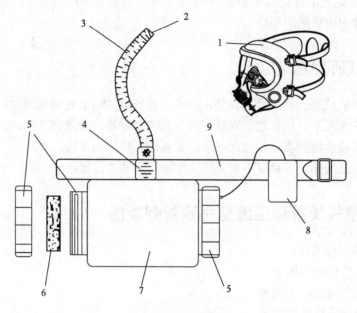

图2.8　动力过滤器

1—面罩；2—设备连接器；3—呼吸软管；4—接头；5—过滤壳体；6—过滤器；7—送风机；8—电池；9—背带或皮带

2.8.3　连接到可呼吸带压空气的长管面罩

这种呼吸器通过连接到压缩空气线的柔性长管提供适于呼吸的压缩空气。空气管路中可能包含一个过滤器以去除污染物，并使用合适的阀门来控制空气供应。该呼吸器仅能用在从压缩机系统或气瓶获得合适的连续清洁压缩空气供应的场合。柔性长管不应超过90m，这种让使用者具有更好的移动性能，但其限制基本相同。应谨慎选择在极端高或低温环境下使用的管道。如果供气失败，则不提供保护，除非做好特殊准备。

2.8.4　压缩空气软管呼吸器（恒流式）

这种呼吸器由连接到可呼吸供应气源的头罩或套装组成，可持续给使用者供应空气。气流由来自压缩空气源的流量控制阀调节。大多数需要使用呼吸器的极端情况是，救援和紧急抢险工作必须在对皮肤和黏膜有极强腐蚀性的大气环境下进行，而且实际上对人是有毒的，会立即危及生命。当遭遇到高温环境或体温逐步升高时，供气长管管路应被连接到套装本体，对头盔也一样，且应使用利用涡流管的个体空调。

2.8.5　压缩空气软管呼吸器（供气式）

呼吸器由一个连接到肺动阀门的全面罩组成，当使用者吸气时，该肺动阀准许可呼吸的空气送给使用者，当使用者呼气时，肺动阀关闭。一条空气管路连接到使用者提供压缩空气。

2.8.6 材料

所有制造新鲜空气长管和压缩空气软管呼吸器的材料应具有足够的机械强度、耐用性和抗热变质性、抗盐水腐蚀性。这些材料应不起静电且耐火。设备暴露的部分不应由镁、钛、铝或含有这些金属的合金制成，因为当它们受到撞击时会产生点燃易燃气体混合物的火花。

可能会与皮肤接触的材料应不染色、柔软、柔韧且不含有导致皮炎的已知物质。呼吸器应足够坚固以承受在服役期可能遇到的粗暴使用。

2.8.7 部件拆卸

呼吸器的设计和结构应让部件易于拆卸，以便于进行清洁、检查和测试。接口应尽可能采用手动连接和固定，在正常维护期间，断开的接头和接口应采取适当密封措施。使用者需要操作的所有部件都应当易于触及并且容易通过触摸彼此区分。使用过程中所有可调的部件和控制装置的调整不会发生意外的变化。

2.8.8 泄漏密封性

呼吸器的设计和构造应能防止除新鲜空气入口以外的任何地方的外部大气在本章阐述的限制范围内出现缺口。

2.8.9 清洁和消毒

设计时应考虑呼吸器清洁的便利性，所有暴露的表面应能够经受冲击、腐蚀等处置而不产生明显的变化。

2.9 面罩

面罩的设计应符合下列要求。有关密封性，参见 BS 4667。

（1）面罩应罩住眼睛、鼻子和嘴巴，无论使用者皮肤是干燥或是潮湿、头部是否移动或是否在讲话，面罩都应提供足够的密封性。

（2）面罩应适合脸部轮廓，以便在测试时，面罩和使用者面部之间的测试污染物向内泄漏量不应超过 10 名测试对象中任何一名吸入空气量的 0.05%，留胡子或戴眼镜的使用者不太可能满足这一要求。

（3）面罩质量应轻，长时间佩戴舒适性好，面罩重量对称平衡以最大程度确保面部密封和肌肉损伤最小，特别是穿戴面罩需要剧烈运动的环境下。

（4）面罩应有合适的、最好是可更换的目镜或眼罩。

（5）应使用可调节和可更换的头带固定面罩；当不穿戴时，有一个带子悬挂面罩。

（6）语音传输装置应一体化。

（7）制造商应提供一种减少目镜或眼罩雾化的方法，以免视野受到干扰。

2.10 半面罩

使用半面罩时，应符合 BS 7356 中规定的要求，除此之外，半面罩不应遮住眼睛，应以 120L/min 的气流量进行内泄漏测试。

2.11　咬嘴

如果呼吸器配有咬嘴，其设计应确保嘴部有可靠的密封，并且应使用可调头带固定，以防意外位移。建议不使用时用塞子或盖子封闭咬嘴的孔口。

2.12　鼻夹

如果使用咬嘴，则应提供鼻夹。设计时应考虑防止最大程度的意外位移。当鼻子因出汗变得潮湿时，鼻夹不应滑动，并有合适的方式将其附着到呼吸器上以防丢失。

2.13　头带

头带应能将面罩、半面罩或咬嘴牢固且舒适地固定在位。头带应易于安装、调整和能被清洁、灭菌。制造头带的任一织物材料应具有抗收缩性。头带应能调节，如果头带仅由带子组成，应确保它们是可调节的，并且在与头部接触处的宽度不小于 19mm（标称），头带应设计成使用者每次使用之前必须重新调节的型式且具备防滑性。

2.14　空气头罩或空气服

空气头罩或空气服应质量轻、穿着舒适，可以长时间佩戴。它应有一个透明区域，提供清晰的视野。制造商应规定最小供气量（其应不小于 120L/min），并且外部大气向罩或服内的泄漏量不应超过 0.1%（图 2.9 和图 2.10）。

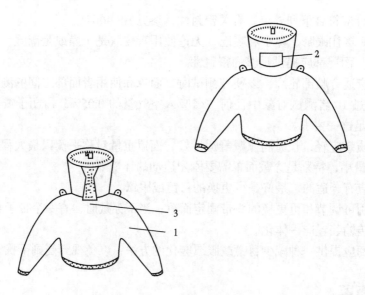

图 2.9　上装示意图

1—上装；2—护目镜；3—连接器

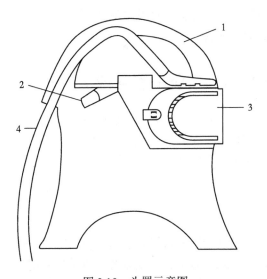

图 2.10　头罩示意图

1—头罩；2—头带；3—护目镜；4—送风软管

2.15　吸气阀和呼气阀

在新鲜空气长管呼吸器（自动或手动送风机）中，应将吸气阀尽量安装在能使呼出气被再呼吸最低程度的位置。如果安装了呼吸袋或其他柔性贮存器，吸气阀应位于袋或贮存器与咬嘴或面罩之间。

除了空气罩或套装外，所有呼吸器都应配备呼气阀，以使呼出气体和来自气源的多余空气排出，并且应具备通过呼吸回路中的压力实现自动操作的功能。当湿润的呼气阀被测试时，外部大气向内泄漏量不超过 0.0025%。呼气阀应注意防尘和防机械损伤。

对于这类呼吸器，当可能发生面罩内的压力降至正常使用空气压力之下时，呼气阀应被关闭或包含在附加止回阀或其他装置。

阀组的设计应考虑阀盘、组件能够容易更换，且不可能出现将吸气阀组件安装在呼气回路或呼气阀组件中的情况。

（1）供气阀：供气阀应直接连接或通过不打结的长管连接到面罩。供气阀应能在入口压力为 345~1035kN/m² 工作，并具备供应最小 120L/min 的气流量。

（2）流量控制阀：应将流量控制阀安装在腰带或背带位置以方便调节。它应在规定的供气压力下为面罩或头罩提供足够的气流量，处于完全关闭位置的流量控制阀应能在规定的最小供气压力下至少通过 57L/min 的气流。

（3）呼吸管：如果供气长管为低压型，则应使用柔性不打结的呼吸管（管组）将其连接到面罩的咬嘴，并允许头部自由移动。

2.16　背带或腰带

应提供背带或腰带，防止呼吸管、咬嘴、面罩或空气头罩被拉拽。一旦搭扣安装调好就应不会滑动。连接长管和背带或系带的附件应在所有的方向上承受 1000N 的拉力。任何制成身体背带的织物应能抗收缩。

2.17　吸入空气的状况（二氧化碳含量）

测试有咬嘴的呼吸器时，吸入空气中二氧化碳含量（包括死腔效应）不应超过 1.0%（体积分数）。当以小于 120L/min 气流量测试有面罩半面罩呼吸器时，吸入空气中的二氧化碳含量（包括死空间效应）不应超过 1.5%（体积分数）。

2.18　呼吸阻力

测试装置可以在供气系统设计压力和气流范围内选择任一流量对其进行测试，或使用送风机的方式，这样操作员在 30min 后不会过度疲劳；或单独使用新鲜空气导管（若干没有送风机或者风箱），为被批准的设备供气的最长的软管，其一半长度盘成直径 500mm 的圆形，呼吸器的吸气侧和呼气侧的动态阻力都不应大于 50mm H_2O 水柱（1mm H_2O=10N/m^2）。

如果任何供气系统停止工作，使用者仍应能够通过软管吸气而不会过度痛苦。在供气系统不工作但未断开和呼吸器被核准使用最大长度的软管条件下，在以 85L/min 连续气流供气的情况下，必须满足总的吸气阻力不大于 125mm H_2O 水柱这一规定。

当进行呼吸器测试时，使用者佩戴时不会觉得不舒适，不会出现因佩戴呼吸器而导致的过度劳累迹象，且在蹲着或受限空间工作时，呼吸器对使用者的妨碍应尽可能小。

在低温条件下使用，呼吸器应能令人满意地工作。

2.19　新鲜空气长管呼吸器的要求

新鲜空气长管供应系统

（1）有送风机：具备由一名工人操作手动送风机至少 30min 不会产生过度疲劳的功能。旋转式送风机应能在任一方向上保持正压，否则只能在一个方向上运行。前一种情况下，在设计工作压力范围内使用送风机测试适用于在操作方向上输送较少空气的情形。如果在可能出现易燃环境的地方使用电动送风机，则必须考虑设备在这种环境中的适应性。图 2.11 展示了一种典型的辅助新鲜空气长管动力辅助型呼吸器。

注意：建议在送风机上设置气流指示器来指示气流量。

（2）没有送风机：应在长管自由端安装滤网以过滤异物。应牢固地固定长管和过滤器的自由端，避免其被拖入污染的空气环境中。

（3）新鲜空气供应低压软管：低压供气软管应符合 BS 4667 或等效要求。

（4）高压长管：高压长管应满足 BS 4667 或等效要求。

（5）标记：面罩、半面罩、头罩和套装的标记：制造商名称、商标或其他识别制造商标识；头罩和套装设计流量（LPM）；是否设计用于低温条件。

①软管上的标记：制造商名称、商标或其他识别制造商标识；头罩和套装设计流量

（LPM）；耐热标识；高压软管工作压力。

②流量控制标志（最大工作压力）。

（6）在送风机上标识：制造商名称、商标或其他识别制造商标识；头罩和套装设计流量（LPM）；送风机空气软管的最大设计长度。

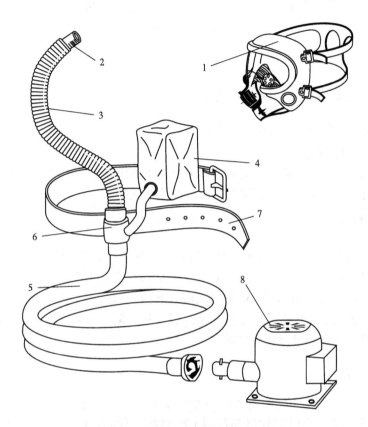

图 2.11　辅助新风软管呼吸器动力辅助型

1—面罩；2—设备连接器；3—呼吸软管；4—呼吸袋；5—供气软管；6—接头；7—头带；
8—送风机（电机驱动）或压缩空气喷射器

2.20　说明书

呼吸器应附带使用和维护说明书，应包括以下信息：

（1）面罩、半面罩、头罩或套装的规格（如果不止一种规格）；

（2）对于头罩和套装，设计的最小空气流量（LPM）；

（3）是否设计用于低温；

（4）关于面罩佩戴的指导，及相关的面部密封调整；

（5）新鲜空气软管呼吸器的软管设计的最小空气流量（LPM）；

（6）软管是否有词语"耐高温"；

（7）高压软管的工作压力；

（8）流量控制阀的最大和最小工作压力；

（9）对于送风机，设计的最小空气流量（LPM）；

（10）送风机空气软管的最大长度；

（11）警告：在某些剧毒环境下可能无法提供足够的保护，指南在 BS 4275 中；

（12）警告：可能受眼镜、鬓角或胡须的影响而产生面部贴合问题；

（13）警告：如果呼吸频率很高，面罩内的压力可能会在吸气峰值时变为负值。

制造商应以书面形式确认所有新鲜空气软管和压缩空气软管呼吸器均经过认可的国际组织的测试和认证。

2.21　自给式呼吸器（SCBA）

SCBA 分类为：闭路（再循环）和开路（供气）。

有两种闭路式呼吸器：

（1）产生氧型，其中容器中产生氧的化学物质被使用者呼气中的水分激活；

（2）压缩空气或液氧型，其利用含有或压缩或液化的氧气。

2.21.1　闭路式 SCBA

闭路式 SCBA 能够让工人在不可吸入的空气环境比常规使用开路式 SCBA 工作更长时间，且可以通过使用许可的空气线形式给予更大的移动自由度。呼吸器被设计和制造成让呼出的空气从面罩或咬嘴通过呼吸管进入吸收呼出二氧化碳的化学净化器。氧气从压缩氧气瓶或液氧/液化空气容器进入呼吸回路。氧气和净化气体混合物通过呼吸袋被使用者吸入，同时多余的气体通过泄压阀释放。

2.21.2　材料和设计

（1）身体背带：应设计成使用者在不需要帮助的情况下能够快速、轻松地将其穿戴上，且应能调整。安装在腰部和肩部背带上的搭扣一旦调整好就不会滑动。任何用于制造身体背带的织物应能够抗收缩。对于某些应用场合，身体背带应能够拆卸且允许浸水试验，或者这些部件应是防水的。如果身体系带附有救生索，则系带和安全钩应能承受 75kg 重物从 1m 高度跌落的试验

（2）吸气阀和呼气阀：阀瓣、组件等阀组件应能够易于更换。吸气阀组件不应安装在呼气回路或呼气阀组件中。

2.21.3　泄压阀

闭路式呼吸器应配备泄压阀，由呼吸回路中的压力自动操作，其设计应确保在测试潮湿阀门时，外部大气的向内泄漏量不超过 0.0025%。带有一个附加止回阀的泄压阀应注意防尘和防机械损坏。还应有一种泄压阀允许泄漏的测试方法。

泄压阀的性能特征：

（1）在以 1L/min 恒定流量试验时，在任何位置，湿润的泄压阀的开启压力在 15~40mmH$_2$O 之间。

（2）当泄压阀和呼吸袋之间的呼气回路恒定流量为 300L/min 时，其流动阻力不应大

于泄压阀的最小开启压力。

（3）在使用液化空气或液氧的呼吸器中，在100L/min流量下，在任何位置，泄压阀对气流的阻力不应超过50mmH$_2$O。

（4）在使用压缩氧气的呼吸器中，在50L/min流量下，在任何位置，泄压阀对气流的阻力不应超过50mmH$_2$O。

2.21.4　减压阀或减压器

在单独使用减压阀或减压器的呼吸器中，在没有肺动供氧的情况下，在呼吸器有效的持续供气时间内，氧气流量不应低于2L/min。除了带减压器的呼吸器外，储备期间的氧气流量不应低于1.8L/min。当所有气瓶压力高于10个大气压时，来自恒流减压阀的氧气流量应恒定保持在预设流量的10％以内。如果可调节的话，减压阀应配备合适的锁定装置防止意外改变氧气供应。

2.21.5　肺动供氧（肺动阀）

当以10L/min恒定流量下试验时，肺动供气机构的开启压力不应超过35mm H$_2$O。以低于2.0L/min流量运行的肺动恒定供气呼吸器应具有自动清除装置，能将来自呼吸回路的充足"空气"去除排到外部以保持不低于21％的氧含量。

2.21.6　旁通阀

配有减压器、减压阀和（或）肺动阀的呼吸器应配备能手动操作的自动关闭型旁通阀，凭此，当所有气瓶压力超过5000kN/㎡时，使用者不依靠减压阀或肺动阀就可以获得流量在60L/min和300L/min之间的氧气供应。

2.21.7　压力表

使用压缩氧的呼吸器应配有压力表。压力表应配有适当的吹扫释放装置，以便在压力表的压力元件发生爆炸或破裂时，爆炸将远离前部。压力表的视窗应采用安全玻璃或透明塑料材料制成。应设置一个有效的阀门将仪表及其连接件与回路的其余部分隔离。压力表的位置应使使用者能够方便地读取气瓶压力。压力表还应有合格期限警示标签。这将根据使用者的需求而定。

2.21.8　警报装置

使用压缩氧气的呼吸器应当设置声音报警装置，当气瓶压力下降到预定水平时发出报警声，警告使用者必须立即撤回到新鲜空气环境中，该装置应具有以下特征：

（1）如果使用压缩氧气，平均消耗流量不超过2L/min；

（2）使用气瓶时应确保充装量不超过完全容量的80％；

（3）频率介于2500~4000Hz之间；

（4）压力表指针达到表上警告区域上限前，使用者和邻近人员都能听到清晰的报警声。

2.21.9 软管

高压系统的软管和接头应能承受（不损坏）最大设计工作压力两倍的试验压力。不应将低压导管或软管安装到回路的高压部分。

2.21.10 气瓶和阀

气瓶应符合公司批准的规范。这种批准可能涉及对申请的限制。主阀的设计应确保气瓶内的全部压力不能迅速施加到呼吸器的其他部件。阀门的设计应确保在阀门正常操作时，阀轴不能从总成上完全拧下。阀门应能锁定在打开位置，或设计成不会因意外触碰而关闭。

2.21.11 供氧

可用氧气的总量应足以达到在呼吸器有效持续供气时间内不少于 2L/min 流量的平均消耗量。在没有辅助肺动供氧装置的情况下，应具备额外提供 10% 气流量的能力以允许可能的旁通阀使用。

2.21.12 呼吸袋

呼吸袋应由坚韧的柔性材料制成，并应能防外力挤压或损坏。呼吸袋应可靠和严密地连接到接头。吸入侧接头的开口形状应使其不被呼吸袋自身封闭。在使用压缩氧气的呼吸器中，在正确安装且外壳关闭时呼吸袋的容量至少应为 5L。

2.22 测试和认证

闭路式呼吸器应进行测试和认证，制造商应提供设备的测试证书。测试应涵盖以下内容：
（1）呼吸袋的容量和功能。
（2）吸入空气的状况。
（3）呼吸的空气阻力。
（4）舒适性。
（5）被清洁和去污时材料的耐久性。
（6）面罩向内泄漏量。
（7）实用性能。
（8）实验室性能测试。
（9）低温测试。
（10）测试泄压阀向内泄漏量。

2.23 标记

符合标准制造的呼吸器应注明以下内容：
（1）面罩上的标识。

① 制造商名称、商标或其他识别制造商标识。

② 使用符合法定的标准的编号。

（2）设备上的标识。

① 制造商名称、商标或其他识别制造商标识。

② 使用符合法定的标准的编号和成分。

③ 工作持续时间。

a. 有警报装置。

b. 无警报装置。

2.24　说明书

根据标准生产的呼吸器应同时提供有关使用和维修的说明书，应包括以下合适的内容：

（1）持续工作时间。

（2）面罩贴合和面罩调整指南。

（3）警告：在某些高毒性的环境下，可能不会提供足够的保护。

（4）应考虑眼镜、鬓角或胡须可能会造成的不良影响。

（5）二氧化碳吸收剂的粒径。

2.25　开路式 SCBA

自给式开路压缩空气呼吸器是一种独立于周围大气环境的供应压缩空气的轻便设备。压缩空气呼吸器的设计和制造应能让使用者从高压气瓶（气瓶组）呼吸需要的空气，或者通过减压阀和肺动阀，或者通过连接到面罩的肺动阀。呼出的气体不经面罩回流，而通过呼气阀排至周围大气环境。

压缩空气呼吸器在 1bar 绝对大气压、20℃条件下，按照下列有效空气体积分类：

至少	600L
至少	800L
至少	1200L
至少	1600L
至少	2000L

2.25.1　要求

呼吸器的结构应简单可靠和尽可能紧凑，而且便于进行可靠性检查。呼吸器应足够坚固以承受服役过程中可能遭遇的野蛮使用，并应设计成在自带的气瓶空气耗尽前完全浸没在 1m 深度的水中时仍能持续达到令人满意的功能。该设备不适合在水下长时间使用。设计时应考虑设备在水下狭窄通道中的通过性能，确保设备没有被钩住的突出边缘或部件。

呼吸器的设计应确保使用者将其从身上移除后戴着面罩可以继续从呼吸器中呼吸到空

气。呼吸器在任何方向上都应具有完整的功能，使用者在佩戴时可对气瓶（组）的主阀进行操作。

2.25.2 材料

制造使用的所有材料都应具有足够的机械强度、耐久性和抗变质性，如能经受加热或与海水接触。这些材料在实用中应抗静电。暴露部件（不包括气瓶，如在穿着期间可能受到撞击的部件）不应由镁、钛、铝或含有一定比例的金属合金制作，避免在撞击时产生能够点燃易燃气体混合物的火花。

2.25.3 清洁和消毒

所用材料应能经受制造商推荐的清洁和消毒剂的侵蚀，清洁和消毒过程应经检测机构批准。在使用面罩和满充的气瓶时，设备的质量不得超过 18kg。

2.25.4 连接件（接头）

设计、制造设备时应考虑其部件易于拆卸以便进行清洁、检查和测试。可拆卸的部件尽可能不使用工具而是用手来连接和固定。当断开连接正常维护期间，所使用的任何密封方式应保持在适当的位置。面罩和装置之间的连接件可以是永久的或特殊类型的连接，或者也可使用螺纹连接。

2.25.5 身体背带

身体背带应允许使用者在无需协助的情况下能够实现快速、容易地佩戴和取下呼吸器，且应可调节。所有调节装置应在调整后不会出现意外差错。在实际性能测试中，系带不会让佩带者不舒服。佩戴该设备不应让使用者染色，并且在蹲着或在受限空间工作时，呼吸器对使用者的妨碍应尽可能小。除正常测试外，设备还应在实际条件下进行实际性能测试。该设备应在 −30~60℃的温度范围内操作而不发生故障。超过这些温度限制范围而特别设计的呼吸器也应同样进行相应的测试和标记。

2.25.6 颗粒物防护

供应压缩空气呼吸器的部件应能可靠地防护压缩空气中的颗粒物质渗透。

2.25.7 高压部件

金属高压管、阀门和接头应能承受 1.5 倍最大充装压力的测试压力。非金属部件应能承受两倍气瓶最大充气压力的测试压力。

2.25.8 气瓶阀

气瓶阀应有足够的安全性能，阀门应设计成在正常操作时阀轴不能从总成上完全拧下的型式。并通过下列方式之一确保气瓶阀不会因意外触碰而关闭：

（1）阀门应设计成至少需要旋转两圈手轮才能完全打开。

（2）阀门应能锁定在开位。

装有多个气瓶的装置可以在每个气瓶上安装单独的阀门。

2.25.9   气瓶阀连接件（阀出口）

避免将具有较高充装压力［例如300bar（4350psi）］的气瓶连接到较低最大充装压力［例如200bar（2900psi）］的呼吸器。

注意：仅当气瓶与呼吸器具有相同的最大充装压力，才能将呼吸器连接至多个气瓶。

2.25.10   减压器

在中压阶段，任何调节都应可靠以防意外改变且保持足够的密封性，确保任何未经批准的调整都能被察觉。如果呼吸器达不到充满的气瓶压力，则应设置减压安全阀。如果安装减压安全阀，其应在制造商设计参数范围内运行。

在减压安全阀的最大操作压力下，设备仍然能够保障呼吸。肺动阀入口处的最大压力应满足使用者继续呼吸。当供气阀在中压下打开时，只要符合前述要求，就无需安装减压安全阀。

2.25.11   压力表

该设备应配备一个可靠的压力指示器，当打开阀门（阀组）时能读取气瓶（气瓶组）中的压力，以确保能分别测量单个充装介质压力或混合介质的平衡压力。压力表的安装应方便就地读取压力。压力表引压管应足够坚固以承受被粗暴使用。如果引压管有保护护套，受到护套的保护，形成的封闭空间应有排气通风孔连接到大气环境。

压力表应防尘、防水，应能够承受在1m水深中浸泡24h的测试，测试完成后，设备中不应见水。压力表应从零值开始逐级升高压力，直至比气瓶最高充装压力高出50bar。压力表读数精度应在10bar内。在气瓶最大填充压力下拆卸压力表和引压管时空气流量不应超过25L/min。

2.25.12   警报装置

该设备应配备一个合适的报警装置，当气瓶压力下降到预设水平时向使用者发出警报。警报装置最迟在总呼吸空气量还剩1/5（容差+50L）但至少仍200L可用时发出警报。警报装置发出声音后，使用者应能够毫无困难地继续呼吸。

如果警报装置要听得见，声压等级最小90dB（A），并应持续发出间歇性警报。警报声音频率范围应为2000~4000Hz之间。警报信号可能造成的气源损失平均不应超过5L/min（对应10bar压力损失），或者对于不连续运行的警报装置，其不应超过50L/min。连续发出的90dB（A）的报警信号持续时间应至少为15s，对于间歇性信号，持续时间应至少为60s。

2.25.13   软管

软管是可伸展的或可压缩的，但不应塌陷，并且临时伸长率应至少为20%。肺动阀（包括连接件）软管应承受减压安全阀工作压力的两倍或至少30bar的压力至少15min，以较高者为准。任何连接到面罩的软管或管子应允许头部自由活动。在实际性能测试期间不应限制或关闭下巴、手臂下的气源。

2.25.14　肺动阀

（1）可呼吸空气供应：当气瓶压力高于 20bar 时，可呼吸空气供应的流量应至少为 300L/min；气瓶压力为 10bar 时，流量应至少为 150L/min。

（2）无正压：当以 10L/min 连续流量，从最大充气压力降至 10bar 时，打开肺动阀的负压范围应在 0.5~3.5mbar 之间，肺动阀不应在负压小于 0.5mbar 时发生自动开启。在 300L/min 的流量下，当所有压力落至 20bar 以下，开启负压不应超过 10mbar。

（3）补充空气供应：当所有气瓶压力高于 50bar，无正压的设备应配置一个人工操作装置，以保障无论肺动阀是否正常运行都能独立地供应至少 60L/min 空气流量。具有正压的设备可以配备这种装置。

需要使用者操作的所有部件都应易于触及并且容易通过触摸彼此区分。所有可调节部件和控制装置都能保证在使用过程中的调节不会产生意外改变。

2.26　呼吸阻力

2.26.1　吸气阻力

（1）无正压：当所有气瓶压力从全充满压力落至 10bar，无面罩呼吸器的吸气阻力不应超过 4.5mbar。当肺动阀永久地连接到全面罩时，负压不应超过 7mbar。

（2）有正压：在 300L/min 的流量下，呼吸器毗邻脸密封的面罩密封腔内保持正压，这需要所有气瓶压力在 20bar 以上方能实现。

2.26.2　呼气阻力

（1）无正压：有面罩呼吸器置的呼气阻力不应超过 3mbar。

（2）有正压：呼气阀的开启阻力不应超过 6mbar，连续流量为 160L/min 时，阻力不超过 7mbar，连续流量为 300L/min 时，阻力不应超过 10mbar。在平衡条件下，面罩腔（内罩，如果适用）中的静压不应超过 5mbar。

2.27　测试和认证

开路式呼吸器应由测试机构进行测试和认证，测试证书应由制造商随设备提供。测试应根据 EN 137 或等效标准［例如美国国家消防协会（NFPA）附录 2 规范 1981 第 1 章至第 4 章（1991）］涵盖外观检查、实际性能测试、耐温性能、减压器测试、警报器测试、软管测试、肺动阀和呼吸阻力等内容。

2.28　维护和存储说明书

（1）在交付时，每个设备都应附带说明书，使接受过培训的和合格的人能够使用。

（2）说明书应包含正确安装、保管、维护和存储所需的技术数据、应用范围和必要的说明。

（3）说明书应说明供应气体符合呼吸气体的要求。

注意：为确保设备的可靠运行，气体含水量不应超出表 2.1 中给出的数据。

表 2.1　最大含水量

满充压力，bar	水分，mg/m³
200	50
300	35

（4）供应商乐于提供的任何其他信息。

（5）如果子配件太小而无法标记，则应在维护清单中给出这些子配件。所有相同型号的装置都应提供同一种识别标志。对安全性有重大影响的子配件和组件应做标记，以便识别它们。制造商必须通过名称，商标或其他识别方式进行识别。如果组件的可靠性能可能会因老化而受到影响，则应对性能的日期（至少到年份）进行标记。设备的标记应提供以下内容：

（1）序列号。

（2）生产年份。

（3）减压器应标有永久序列号。标记应能够确定生产年份。另外，应按规定标记最后一次测试的日期（年和月）和测试标记。

2.29　开路式逃生呼吸器

开路式逃脱呼吸器由一个压缩空气瓶，一个供气阀（或其他有效控制供气的设备）和连接到面罩、头罩、咬嘴或鼻夹的呼吸管组成。呼出的气体排向大气。该设备仅适用于从不可吸入的气体环境下紧急逃生使用。

2.29.1　要求

材料、设计和结构应符合 SCBA 的规格，但以下列外：

（1）根据 BS 4667：第 4 部分或等效标准，使用设定流速为 40L/min 的呼吸模拟器测试呼吸器起作用的时间，呼吸器规定的持续工作时间不得少于 5min。

（2）如果使用空气管路这种类型的设备，则设备应设置防漏止回阀和连接器，并且如果不止一个呼吸器连接到空气管路，则通过最长空气管路为每个供气阀提供的气体流量不应小于 40L/min。

2.29.2　说明书

应提供该设备有关存放、维护和使用的最新说明，包括：

（1）额定持续时间。

（2）组装和使用指南。

（3）警告：在某些情况下或某些剧毒环境中，设备可能无法提供足够的保护。

（4）警告：如果使用者佩戴眼镜或有鬓角、胡须时，可能会影响面罩的面部贴合。

（5）设备上清晰应标记以下内容：名称、商标或其他制造商标识方式、官方标准编号、制造年份和额定持续时间。

2.29.3 测试和认证

制造商应公布来自测试机构的认证书以说明所有的测试已按照 BS 4667 附录 A 至 G 的第 4 部分的要求完成，并报告设备未发生故障。

2.30 通气复苏器

本节规定了用于不同体重患者的通气复苏器的性能和安全要求，涵盖了人工复苏器和气动复苏器，也涵盖了那些对于复苏器使用必不可少的设备（可作为便携式设备的一个独立部件），如氧气供应系统和携带箱。

2.30.1 尺寸

复苏器（包括携带箱或支架）应能穿过尺寸为 400mm×300mm 的矩形开口。

2.30.2 质量

复苏器连同携带箱或支架和组件包括气瓶（对于气动复苏器）的质量不应超过 16kg。

2.31 性能要求

2.31.1 通气性能

（1）潮气量：测试时，复苏器应能提供符合其分类范围标准的潮气量（患者体重不超过 40kg）。

（2）压力限制。

① 人工复苏器：体重超过 10kg 的患者使用的复苏器中设有压力限制系统，患者连接端口的压力不应超过 6kPa。

② 气动复苏器：氧气复苏器中设置压力限制系统，患者连接端口的压力不超过 4.5kPa。不应提供超越限压系统的机制。

2.31.2 补充氧气和输送氧气的浓度

（1）人工复苏器：应提供一个用于补充氧气的接头，能连接内径为 6mm 的橡胶管。人工复苏器输送的氧气浓度至少为 40%。如果安装附加装置提高输送的氧气浓度，复苏器应输送氧气浓度至少为 85%。

（2）患者阀失灵：具有补氧功能的人工复苏器不应无法从吸气到呼气循环。

2.31.3 抵抗自主呼吸

对于呼气阻力而言，患者连接端口处的压力不应超过 0~5kPa；对于吸气阻力而言，患者连接口处的压力不应下降超过低于大气压 0~5kPa。

2.31.4 气动复苏器的氧气供应

（1）氧气瓶、气瓶阀和连接件：氧气瓶连接应在氧气设施之间不可互换。每个连接复苏器的气瓶都应设置压力表或信息指示器。如果提供可拆卸装置打开气瓶，则应使用固定链或类似附件将其关闭，该固定链或附件可承受不小于 200N 的静载荷而不会断裂。

（2）气瓶压力调节器：除了复苏器被设计成通过调整压力调节器控制外，气瓶压力调节器应预先设定且不应被操作员调整。调节器应安装一个泄压阀，其开启压力不超过其输出压力的两倍。

（3）过滤器：压力调节器的烧结过滤器孔径指数不应大于 100μm。

（4）容器容量：气动复苏器携带箱或支架应容纳一个或多个氧气瓶，以确保复苏器能够至少供应 180L 浓度为 85% 的氧气或更多氧气。气动复苏器应能输送浓度至少 85% 的氧气。

（5）测试和认证：制造商应提供官方检测机构的鉴定书，表明所有依照 BS 6850 或 ISO 8382 附录 A 至 K 的测试均在发货前完成。

（6）标记：

① 操作说明书：应在复苏器、携带箱或支架上提供基本操作说明。

② 在复苏器上标记：下列信息应被标记在复苏器上：分类（成人的体重范围）、官方标准编号和日期、限压系统的公称压力设定值、批次或制造商日期的标识参考、气动复苏器气体供应压力的推荐范围。

（7）气瓶连接：每个气瓶连接处都应该有清晰的永久性标记它所容纳的气体的名称和化学符号。

2.31.5 制造商提供的信息

制造商应提供操作和维护说明书。这些说明手册的尺寸和形状应能够被装入或附着在携带箱或框架上。该手册应包括以下内容：

（1）警告：只能由经过培训的人员使用复苏器。

（2）关于在所有预期的操作模式下如何使复苏器的说明。

（3）规范处理以下内容：

① 复苏器适用的体重范围；

② 频率范围；

③ 可达到的输送压力；

④ 操作环境限制；

⑤ 贮存环境限制；

⑥ 正常使用时呼气压力大于 0.2kPa；

⑦ 对于患者需求阀，如果高于大气压则终止流动的压力；

⑧ 有关压力限制系统的细节和覆盖它的机制（如果有的话）。

（4）组件拆卸和重新组装说明（如适用），包括正确位置的零件说明。

（5）在正确位置对零件进行清洁、消毒或灭菌的推荐方法。

（6）操作员在使用点进行的复苏器功能测试。

（7）操作员可更换的部件清单。

（8）在危险或爆炸性环境中使用复苏器的建议，包括警告是否会夹带或允许患者吸入大气中的气体。制造商应说明如何防止夹带或吸入。

（9）警告：在氧气浓度高的情况下，操作人员不应吸烟或将复苏器放在明火附近，也不应将油与复苏器一起使用。

（10）故障查找和纠正程序。

2.31.6 气动复苏器

除上述信息外，氧气复苏器手册还应包括以下信息：

（1）氧气瓶的大致持续时间：单个氧气瓶长457mm，外径102mm，含340L氧气，当复苏器输送的氧气量为10L，且氧气浓度至少为85%或制造商选择的氧气浓度小于85%时。

（2）输送氧气浓度：如果复苏器输送的氧气浓度小于85%（体积分数），当设定为最大和最小潮气量时。

（3）泄漏压力为1.5kPa和3kPa时，来自患者连接端口的流量。

（4）氧气供应压力和流量的推荐范围。

（5）给定条件下，给复苏器供气的氧气瓶的持续时间。

3 呼吸保护装备的选择、检查和维护

3.1 引言

给定操作中可能存在的危害数量需要仔细评估，然后理智选择防护设备。由于可供选择的设备种类繁多，每种设备都有其局限性、应用领域以及操作和维护要求，因此这种选择变得更加复杂。

为任何特定情况选择正确的呼吸防护设备需要考虑危害的性质、危害的严重性、工作要求和条件以及可用设备的特性和限制。如果对呼吸器的适用性有任何疑问，应使用呼吸器（BA）。如果是无味气体或烟雾，则需要特别小心，因为这些气体或烟雾不会对其存在发出警告。

一些呼吸器和 BA 以略高于环境压力的压力向使用者输送空气。这样可以提供更大的保护，因为通过系统泄漏的任何气流都将流向外部。然而，要做到这一点，压差必须足以确保口鼻内的压力在整个呼吸循环过程中保持正压。对于 BA 来说，如果泄漏率过大，BA 持续工作时间将缩短。由于吸入压力的降低取决于呼吸阻力，因此应经常在呼吸接通的情况下检查正压装置的性能。

3.2 危害的严重程度和位置

在缺氧的环境中，只有适合呼吸的独立于大气环境的保护装置才适于使用，并且应使用独立的空气管路或新鲜空气软管呼吸器。应考虑污染物的浓度及其物理位置，还应考虑需要保护的时间长度、进出时间、适合呼吸的空气供应的可及性，以及佩戴防护装置时使用空气管路或自由移动的能力。如果可能出现易燃或易爆气体，选用的设备应适合在这种情况下使用。

3.3 工作要求和条件

3.3.1 工作持续时间

工作时间的长短通常决定了需要呼吸保护的时间长短，包括进入和离开污染区域所需的时间。对于自给式 BA 和罐式或筒式呼吸器，保护时间是有限的，而压缩空气管路和新鲜空气软管呼吸器提供保护与给面罩提供足够的适合呼吸的空气的时间一样长。防尘呼吸器提供的呼吸保护通常在过滤器负荷过大时将失效。一些罐式呼吸器有一种通过罐内窗口指示剩余时间的方法。应根据制造商的说明更换滤毒罐和滤毒筒。警报装置有时安装在自给式 BA 上。使用者应了解每种报警装置的操作和限制。

3.3.2　使用者的活动

正压式呼吸器的尺寸和质量有可能造成佩戴人员在通过狭窄空间或攀爬作业时不能顺利通过。在选择呼吸防护设备时，应考虑使用者在进行工作时需要覆盖的工作区域、工作速度和行动能力。罐式、筒式和防尘口罩对运动的干扰最小，但在繁重工作的条件下，呼吸器内的高呼吸阻力会导致呼吸困难。压缩空气管路和新鲜空气软管装置严重限制了使用者能覆盖的区域，并在拖曳管路和软管时可能与机械接触造成潜在的危险。自给式 BA 会在尺寸和质量方面有影响，可能会限制在受限空间内和攀爬时的移动。

使用者的工作强度决定了每分钟的呼吸通气量、最大吸气流速、吸气和呼气的呼吸阻力。对于由气瓶供气的自给式和压缩空气管路呼吸器，每分钟呼吸通气量具有重要意义，它决定了呼吸器的持续工作时间，如在中等工作条件下的供气时间可能仅是休息状态下的三分之一。

所有的面罩都会在一定程度上限制视野，并且应在培训使用者时应考虑这些限制。其他使用面罩的问题包括佩戴眼镜和头发浓密。

在紧急情况下，当只能使用立即可用的保护装置时，承受极端温度引起的压力的能力尤为重要。佩戴半面罩、咬嘴和鼻夹时，可能需要眼睛保护。在这种情况下，护目镜应与呼吸防护设备兼容。

3.3.3　使用者的接受性和面罩贴合性

使用者的接受性和面罩贴合性是设备选择中最重要的因素。使用者对特定设备的接受程度取决于面罩不适程度、视觉干扰程度、质量、呼吸阻力及个人身体状况和心理因素。贴合性取决于面罩设计、面部特征和头发。面罩贴合性通常是获得适当保护的最重要因素，尤其是对于半面罩类型。图 3.1 和图 3.2 分别展示了全面罩和半面罩。

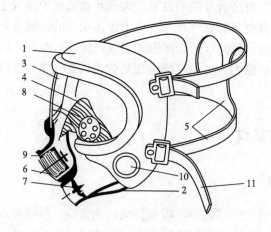

图 3.1　全面罩

1—面罩；2—面罩密封；3—遮阳板；4—内罩；5—头带；6—连接器；
7—呼气阀；8—止回阀；9—吸入阀；10—语音隔膜；11—颈带（背带）

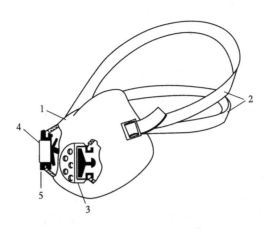

图 3.2 半面罩

1—面罩；2—头带；3—呼气阀；4—吸入阀；5—连接器

3.4 呼吸防护设备的使用

3.4.1 操作程序

应制定标准程序，程序应参考制造商说明和建议中给出的所有信息和指南。应对呼吸防护设备的所有可能紧急和常规使用及具体详细的程序进行预测。若在正常操作时或紧急情况下可能遇到危险的大气环境，应制定有关呼吸防护设备安全使用的书面程序。使用者应熟悉这些程序和可用的呼吸保护设备。

3.4.2 设备的发放

应为每项工作指定适当的呼吸保护设备，并由管理呼吸保护计划的合格人员在工作程序中详细说明。应负责发放设备的人员接受足够的训导，以确保发放适当类型的设备。配给个人的每个设备都应永久性地标记其姓名，但标记不应影响设备性能。还应记录发放日期。

3.4.3 在罐、容器等受限空间和有毒或缺氧环境中工作

如果呼吸保护设备需要在一个没有呼吸保护设备保护使用者就无法逃生的气体环境中佩戴，在可行的情况下，使用者应使用救生索，并由另一人监护。在可能的情况下，使用者应在未受污染空气中的人员的监护下能立即得到监护人提供的合适的呼吸设备，监护人应接受包括给氧、紧急情况下呼叫援助等复苏方法的指导。

3.4.4 正确使用呼吸器的培训

为了安全使用任何呼吸防护装备，必须对使用者进行彻底的使用和维护方面的训导。主管和工人都应接受合格人员的训导。最低程度的培训应包括：

（1）关于危害性质的说明，以及如果不使用设备可能发生的情况的彻底评估；

（2）说明特定装置适用于危害的原因；

（3）设备功能和限制说明；

（4）对设备的实际使用进行指导和培训，并持续监督，以确保其继续被正确使用；

（5）消毒。

使用者应定期练习操作设备、正确安装设备、测试面罩配合度并逐渐熟悉设备。

3.4.5 面罩贴合度测试

面罩的贴合度非常重要，用户说明应包括如何安装的演示和练习，以及如何确定安装是正确的。除非为佩戴眼镜而进行了专门的制造，否则可能无法达到全面罩令人满意的预期效果。络腮胡子和连鬓胡子也可能对贴合度产生不利影响。为了确保得到适当的保护，每次戴上面罩时，使用者都应检查其安装是否贴合，可按如下方式对其进行负压测试。

关闭设备的入口。轻轻吸气，使面罩轻微凹陷，并屏住呼吸 10s。如果面罩保持轻微折叠状态并且没有检测到向内漏气，则面罩的密封性可能令人满意。如果使用者检测到泄漏，他应该重新调整面罩，然后重复测试。如果泄漏仍然存在，可以判定该面罩不能保护使用者。使用者不应为了实现面部气密贴合而持续束紧头带导致不舒服。

注意：某些类型的呼吸器可能无法进行这种方式的测试，在这种情况下应咨询制造商。

3.4.6 在低温下使用

在低温下使用全面罩时出现的一些主要问题是视野差和呼吸阀的冻堵。所有全面罩都应该设计成使进入的新鲜空气扫过面罩内侧，以减轻雾化。可在目镜内侧涂覆防雾化化合物，以减少在室温下和温度接近 0°C 时的雾化。全面罩配有内面罩，直接通过呼气阀呼出潮湿的空气，则正确安装可以在低温条件下获得足够的能见度。

在非常低的温度下，呼气阀可能汇集水汽并冻结打开，使使用者呼吸到外部被污染的空气，或者可能冻结关闭，阻止正常呼气。在低温下，自给式和压缩空气管路 BA 应使用适于呼吸的干燥空气。呼吸气体的露点应适应环境温度。由于低温下金属收缩，自给式呼吸器上的高压接头可能会泄漏，不过，唯一的风险可能是向外泄漏。

3.4.7 在高温下使用

在环境温度或辐射温度高的区域工作的工人承受压力，应尽量减少因使用呼吸防护设备而产生的任何额外压力。这可以通过使用低呼吸阻力的低重量设备来实现。建议提供空气呼吸器、面罩和套装，并提供充足且凉爽的呼吸空气。

3.4.8 滤毒罐和滤毒筒呼吸器的使用

在进入受污染的大气环境之前，应采取措施确保使用者不会缺氧，并且污染物水平适合于保护。防尘呼吸器的过滤器在使用一段时间后，会逐渐被截留的颗粒物堵塞，使用者的呼吸可能会变得越来越困难。使用者应在污染大气环境之外的地方更换过滤器。

使用滤毒罐或滤毒筒呼吸器时，必须根据给定的危害选择合适的滤毒罐或滤毒筒。在使用前应一直阅读滤毒罐的说明书，如果可能，使用者应确定滤毒罐的剩余使用寿命，并确保他在受污染大气中的停留时间不会超过该时间；如果不能确定滤毒罐的剩余寿命，则应更换滤毒罐。

一些类型滤毒罐的空气入口处设有密封，必须将其移除才能呼吸。必须谨记，密封破损后，滤毒罐内的物质可能会变质并失效。

更换滤毒罐应由了解其保存期限和用途的合格人员负责。滤罐的使用寿命非常有限，应根据使用情况定期更换。如果面罩泄漏或滤毒罐耗尽失效，使用者通常通过气味、味道或眼睛、鼻子或喉咙的刺激来知晓，并应立即返回新鲜空气环境。

如果滤毒罐用完，则不应将其仍连在呼吸器上，而应拆下，并安装一个新的滤毒罐。则建议每次进入有毒环境时使用新鲜滤毒罐。当在一氧化碳等几乎没有或没有警告性质的气体或蒸汽环境中佩戴呼吸器时，建议每次有人进入有毒大气环境时使用一个新的滤毒罐。

注意：不应在密闭空间内使用盒式呼吸器和筒式呼吸器。

3.4.9　空气管路呼吸器的使用

（1）空气管路和空气软管：在投入使用前，应外观检查是否有缺陷，并测试是否无堵塞。新鲜空气软管的进气端应固定在可吸入干净新鲜空气的位置。可能还需要采取预防措施，防止车辆和移动设备干扰它们和污染供应的空气。应采取预防措施，防止空气管路或软管被障碍阻塞或损坏。

（2）压缩空气供应：有三种供应呼吸空气的方法：

① 单独的呼吸空气服务。

一个独立于正常空气服务的空气服务是提供个人保护空气的最佳方法，并且应始终考虑在新工程中或在进行重大改造时建设（要设备用供气或两路供气，译者注）。

② 一般工程空气服务。

呼吸空气服务可能来自一般工程的空气供应，但必须仅在采取特别预防措施防止任何污染后使用该空气服务。

③ 便携式空气供应装置。

如果不经常需要呼吸空气，或在紧急情况下，或在偏远的地方，应使用便携式供气装置。

3.4.10　对空气管路呼吸器的压缩空气全系统的要求

（1）空气纯度：供应给使用者的空气不应含有超过以下限制的杂质：

一氧化碳	百万分之五（5.5mg/m³）
二氧化碳	百万分之500（900 mg/m³）
油雾	0.5mg/m³

（2）气味和清洁：空气必须没有任何异味和粉尘、污垢或金属颗粒的污染，且不应含有任何其他有毒或刺激性成分。

注意：如果没有专门设备，压缩空气的气味和清洁难以准确检查。一种粗略的检查方法是，当空气缓缓地通过一层薄纸或滤纸时，可通过闻闻输送的空气并注意是否有任何变色或潮湿。可能需要一个吸收过滤器来去除异味。供应的空气中不应有游离水。

（3）压缩机：压缩机，尤其是排气阀应得到良好的维护，不得过热，因为润滑油分解可能会产生危险的一氧化碳或其他有毒物质。图 3.3 展示了一种连续流动型压缩空气管路呼吸器。

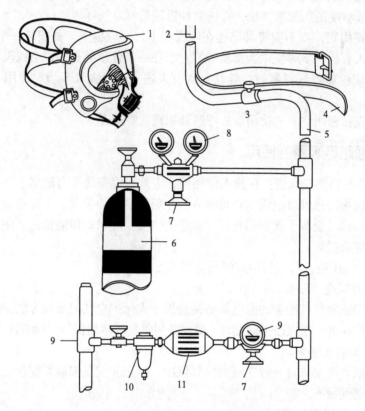

图 3.3　连续流动型压缩空气管路呼吸器

1—设备连接器；2—呼吸软管；3—接头和连续流量阀；4—背带或身体系带；5—压缩空气供应管；6—压缩空气气瓶；
7—带报警装置的减压器；8—压力表；9—压缩空气管线；10—分离器；11—过滤器

（4）空气供应：任何用于个人防护的供气服务的容量应按 120L/min 的最低要求计算。进入与个人防护装置相连的抗扭结管道的空气压力应在管道的安全工作压力范围内，且不得低于 345mbar（5psi）。

（5）空气温度和湿度：供给面罩、头罩或其他装置的能舒服呼吸的空气温度通常应处于 15~25℃范围内，使用者的舒适度受呼吸空气湿度的影响，建议不要超过 85％的相对湿度。

（6）进气口：任何提供呼吸空气服务的进气口的位置和构造应避免被污染空气进入系统，并确保足够的适合呼吸的空气供应。在任何进气口上使用过滤器应比上述要求更为重要。

（7）气瓶充气：当使用空气压缩机给气瓶充气时，应严格遵守制造商的说明。在气瓶开始充气之前，压缩机在排放阀打开的情况下运行几分钟，充气时保持排放阀处于开启状态直到充气完成。使用后，应及时将压缩机泄压，避免其长期处于压力下。

（8）紧急情况下的空气供应：所采用的每一个供气系统应设有一个容量足够的接收器，以便在供气设备发生故障时，人们能够从不可呼吸的空气环境中逃生。

（9）警报装置：当气压降至最低安全工作水平时，应警告使用者。

3.5　使用自给式呼吸器

气瓶提供的空气和氧气应符合标准，在大气压下，露点温度最好不超过 –50℃。对于每种类型的自给式呼吸器，必须遵守制造商的说明，并将设备置于适合呼吸的空气中。在进入受污染的大气环境之前，应即刻检查呼吸器。

气瓶一旦投入使用，无论使用时间长短，都应尽快充气。空瓶气的阀门应一直保持关闭直到气瓶被充气。谨记呼吸器的持续使用时间有限，应注意在达到适合呼吸的空气环境前留出足够的时间。咬嘴、鼻夹或面罩不应移除，直至使用者确认没有危险以后再移除。

3.6　呼吸保护设备的保管和维护

设备的保养和维护计划应适用于设备类型、工作条件和涉及的危害因素，并应确保设备得到适当维护，以保持原始性能标准，计划安排应包括检查缺陷、清洁和消毒、修理、存储和发放。

在使用许多呼吸防护设备的地方，最好应在合适的指导监督下建立一个维护保养的中心站。

3.6.1　清洁和消毒

定期使用的设备应尽可能经常性打扫、清洁和消毒，以确保为使用者提供适当的保护。阀门上的水分会干扰阀门的正常工作，因此，每次使用后应尽快清洁。

清洗前应将面罩和呼吸管从呼吸器上拆下，并用肥皂和温水清洗，然后彻底清洗。另外，用消毒剂的稀溶液冲洗擦拭面罩，可以让不同的使用者更容易接受并使用该设备。清洗后的设备应放在阳光下进行干燥。清洁和去污时应小心谨慎，并遵守制造商的说明；去污的温度绝不应超过 85℃。许多的清洁剂通常会刺激皮肤，如果清洁剂没有通过冲洗从面罩上彻底的清除，可能引起皮疹。每位员工都应接受清洁程序的培训，并确信自己将始终获得清洁和无污染的设备。

呼吸保护设备可能被有毒物质污染，如有机磷酸盐、杀虫剂和放射性核素。如果污染较轻，正常清洁应能提供令人满意的去污效果；如果污染严重，可能需要在清洁前进行单独的去污处理。

3.6.2　维修

只能由有经验的人员使用为特殊呼吸防护装置设计的部件进行维修。不得试图更换部件或进行超出制造商建议的调整或修理。阀门和调节器应交给合格人员进行调整或修理。

呼吸阻力一旦增加，应立即更换过滤器。按照制造商的规定，气体呼吸器滤毒罐和滤毒筒应在最长使用寿命（假设暴露于最大浓度）到期日之前更新。

刚使用后的、用过的和部分用过的自给式 BA 上的压缩空气或氧气气瓶或其他容器应更换为全充满气瓶，对于闭路式呼吸器，更新吸收剂。使用有机基油和润滑脂润滑安装在氧气装置上的钢瓶阀、压力表、减压阀或其他此类配件是危险的。

3.6.3　储存

在检查、清洁和任何必要的修理之后，呼吸防护设备应存放在合适的固定盒中，以防受到灰尘、油、阳光、酷热和寒冷、过多的水分和有害化学物质的侵害。设备应妥善存放，以免挤压变形。

准备应急使用的呼吸器应存放在有特别明显标记的柜子内，也可装入塑料袋中，以保护其免受腐蚀性环境的影响。

为防止滤毒罐被篡改，可将滤毒罐存放在标记最后使用日期的密封容器中。在超过保存期之前，应注意更换储存罐。应对空气管路的末端进行密封，以保持管路内部清洁。

每个呼吸防护设备都应有识别号，并应保存清洁、检查和维护记录。还应保存每个罐和筒的记录，显示何时打开及使用的持续时间和条件。

3.7　特殊问题

3.7.1　胡须

佩戴符合规定标准面罩的男性不能有胡须或侧须，否则干扰面部密封。

3.7.2　矫正眼镜和护目镜

当佩戴眼镜时，除非眼镜是经过特制或改装的，否则不能期望其被满意地安装在全面罩内。作为一种解决方案，无眼镜腿或眼镜腿短的眼镜可以用胶带粘在使用者的头上。如果有必要戴上带半面罩的护目镜，则在选择时应注意避免相互干扰。

3.7.3　通信

正常的面罩会在一定程度上扭曲声音，但呼气阀通常在相对安静的条件下提供短距离的语音传输。但是，说话可能会导致面罩或组件泄漏，应加以限制，尤其是戴半面罩时。

机械式语音传输装置是一些呼吸器的组成部分。它们由谐振腔和振膜组成，振膜在对语音清晰度最重要的频率范围内放大声音。隔膜起到阻挡周围大气的作用，应小心处理，并用盖子保护，以防刺穿。

通过面罩以电子方式传输语音的各种方法都是可用的，通常使用连接到电话或无线电发射器的麦克风。通常，麦克风安装在面罩上，放大器、电源组、扬声器或发射器连接在面罩外部，装在身体上，或放在远处。如果要在易燃或易爆环境中使用，带有电气或电子语音传输装置的面罩（带有一体式电源或连接在身体上的电源）应被证明为本质安全型或防火型。语音传输装置可与用于自给式 BA 和空气管路 BA 的全面罩组成一体。

3.8 呼吸设备的检查、保管和维护

严格注意所用各类呼吸设备的保养和维护，对使用者的安全至关重要。与实际工作操作相比，不正确的维护和储存可能会造成更多的损坏。同样重要的是，在每次使用呼吸设备之前和之后，都要彻底检查呼吸设备是否有损坏和缺陷，并在再次使用呼吸设备之前消除所有缺陷。应被检查的设备包括空气净化呼吸器、空气供应呼吸器、空气管路呼吸器和自给式 BA。

应仔细地遵守以下各章节中有关各种部件处理的建议，并应获得和遵循制造商关于部件组装、调整、更换和维护的说明。

3.8.1 呼吸设备

主管应负责日常检查，特别是呼气阀和滤芯等功能部件的检查。他们应该确保阀门边缘没有卷曲及阀座光滑干净。吸气阀和呼气阀的隔膜损坏时应更换。

除日常检查外，每周应检查一次呼吸器。在每周检查期间，应轻微拉伸橡胶件，以检测细微裂纹。橡胶应偶尔进行工作测试，以防老化硬脆。开裂的原因之一和要检查的头带拉伸是使用者没有拉伸它以确保舒适贴合。

对于员工在过滤器、橡胶面罩或其他部件上打孔减少呼吸阻力的危险做法必须禁止。

在清洁呼吸器时，应首先使用压力不超过 1.5bar 的压缩空气，通过指向排风罩的固定喷嘴，将污垢和灰尘吹出；不得用刷子清洁滤尘器。

如果呼吸器上沾有油漆或其他异物，应取下过滤器、屏幕、头带和棉质面罩。它们应在 1kg 市售碱性碱清洗剂和 30L 水的清洗液中浸泡 3h。可以用蘸有酒精的干净抹布擦掉新鲜的油漆。

无可见异物积聚的呼吸器应在温肥皂水中擦洗、冲洗、消毒，然后再次冲洗并干燥。

脏的或油性的弹性头带应在温肥皂水中清洗并漂洗。过滤器的清洁取决于设计。带有可更换过滤器的呼吸器可以清洗和重复使用。清洗方法因过滤器的组成和设计而异。只能使用制造商推荐的清洁方法。

应告知员工在收集头带和呼吸器其他部位时擦掉油、油脂和其他有害物质，还应被告知不要使用溶剂来清洗塑料或橡胶部件。

大多数呼吸防护设备的面罩和咬嘴都是由橡胶或类似橡胶的化合物制成的。通常用手洗或在肥皂水中搅动就足以清洁它们。可使用水溶液或温水溶液中的任何其他消毒剂对零件进行消毒。然后用清水冲洗零件并迅速干燥。不应使用热水、蒸汽、溶剂和紫外线来清洁和消毒橡胶部件，因为它们会导致橡胶变质。

储存呼吸器之前，应使用湿布仔细擦拭并干燥。储存时不得有尖锐褶皱或油脂。绝不能用弹性头带悬挂或放在会拉伸面罩的位置。

由于热、空气、光和油会导致橡胶变质，呼吸器应存放在阴凉、干燥的地方，并尽可能避免光和空气进入。许多呼吸器被存放在木制容器、防尘容器或金属容器中。呼吸器应密封在干净的塑料袋中。

3.8.2　滤毒罐和滤毒筒

虽然一年通常是一个滤毒罐的最大有效寿命，但一个未使用的滤毒罐有可能在不到一年的时间内变质到无法使用的程度。因此，应在开封后的 1 年内更换滤毒罐。保存密封完好的罐应在推荐使用期或之前更换并或在每个罐上盖上日期标记。

（1）储存：在干燥的地方储存的非窗口指示器通用面罩滤毒罐的安全储存寿命为 5 年，因为即使是密封罐在储存期间也会吸收一些水分。试验表明，一个密封的滤毒罐在重量增加了 45g 之后，它对一氧化碳的过滤功能就大幅降低了。因此，建议从制造商处收到密封罐（窗口指示器类型除外）后立即对其进行称重，并在每个罐上永久标记质量。储存的罐应不时重新称重，当质量增加到 45g 时，罐应丢弃。应为每个面罩设置一张卡片，标明最近一次检查和更换滤毒罐的日期以及滤毒罐的使用量。在每次紧急使用后更换滤毒罐是明智的。

（2）筒式呼吸器：筒式呼吸器仅在非紧急情况下使用，即仅在长时间暴露后在有害的环境中使用。如果因残留颗粒堵塞过滤器而导致呼吸困难，则应更换过滤器。

3.8.3　空气管路呼吸器

在戴上面罩之前，空气管路和通气管应用空气吹干净，以清除可能积聚在面罩内的粉尘和烟雾。应测试软管管路中的接头的密封性。每次使用前，都需要检查拉动软管管路所需的身体系带。系带部件应能承受至少 120kg 的拉力。应检查必须使用的部件是否有磨损和变质迹象。应了解连续流量型或供气型空气管路呼吸器的局限性。必须在面罩上游的压缩机管路中安装疏水阀和过滤器，以从气流中分离油、水、水垢或其他异物。如果压缩机管路中的压力超过 1.5bar，则需要安装带有压力表的压力调节器。应安装一个预先设定的泄压阀，如果调节器失效，泄压阀将会运行。供应的空气中必须没有一氧化碳或其他气体污染物。为了使用者的安全，在每次使用前，应对所有类型的软管呼吸器的部件进行检查。供气设备首选不使用内部润滑剂的低压送风机。使用压缩空气气瓶的空气管路呼吸器的部件也应在每次使用前检查。空气中必须没有污染物。

3.8.4　自给式 BA

自给式 BA 需要严格的检查和维护，因为它通常在最不利的情况下使用。应定期检查并保存记录。应检查所有连接阀和软管，以确保在需要时能正常工作，并应遵循制造商的说明。BA 的预防性维护计划是设备在需要时正常运行的唯一保证。重要的是要切记，与实际工作操作相比，不正确的维护和储存可能会造成更多的损坏。

使用不恰当的工具进行暴力操作可能导致付出更高的维护费用。BA 的组件包括气瓶、阀门、供气调节器、减压阀、歧管、压力计、柔性软管及橡胶、织物或塑料组件。应仔细遵守以下章节中关于这些部件的保养和维护的建议，并应获得和遵循制造商关于组装、调整、更换部件和维护的说明。使用不当的工具或不当操作也可能导致进一步的维护费用昂贵。

3.8.5　气瓶

（1）处理：气瓶应小心处理，不应掉落或粗暴处理；运输时应固定牢固，以免移动。

（2）储存：气瓶内部的状况可以通过始终保持干燥来保持。气瓶应充满干燥空气，绝不能完全排空。气瓶应储存在阴凉、干燥的地方，最好是垂直放置，同时有效防止天气影响，避免过热和阳光直射。一旦气瓶投入使用，就绝不应让它完全排空。压力表应始终显示轻微的正压力。

（3）维护：防腐很重要。油漆、金属喷涂底漆（如适用）和配件应保持良好状态。应避免划伤气瓶。不建议采用电镀方法进行保护。不得使用加热或化学脱漆剂去除任何类型钢瓶上的旧漆，并且在任何情况下都不应改造气瓶，因为这可能导致气瓶严重弱化并导致事故。不得以任何方式改变气瓶颈部的螺纹。不得使用衬套或适配器。如果长时间（如6个月）不需要气瓶，建议由负责的员工准备好，以便排放、拆卸阀门、抽取残余油或水、干燥和重新安装阀门。然后再将气瓶充至微正压。如果不立即给气瓶充电，应保持阀门关闭。检验不合格的气瓶应由负责的人销毁。

（4）充气：只能使用适当的设备进行充气，以确保压缩空气不含水分、油和其他杂质，适合呼吸。在对气瓶重新充气之前，主管有责任确保对气瓶进行液压重新测试，除非已在规定的重新测试期限内进行。应进行外观检查和液压试验。每次测试后应获得证书。小心缓慢地给气瓶充气，防止过度充注。气瓶冷却到环境温度后充气压力不应超过气瓶的额定压力。重新充气之前，应打开阀门，以吹净阀门通道中的灰尘或湿气。气瓶瓶体上应印出15°C时的额定工作压力。应该指出的是，如果一个气瓶受到任何热源的加热，它内部的压力就会增加。

（5）气瓶的识别：每个储存的气瓶必须涂上"空气"的识别颜色，即在阀门端灰色瓶体长度的四分之一处标识黑色和白色，并将"呼吸空气"字样应清楚地以不同颜色印在或涂在气瓶上。

（6）气瓶阀门：只能使用设备制造商推荐的润滑剂对气瓶阀进行润滑。其他润滑剂不应应用于阀门任何部件或连接配件，因为这可能会导致爆炸，或者污染空气，影响呼吸。

（7）阀门故障：永远不要使用损坏的阀门。如果阀门泄漏，应该修复。阀门泄漏可分为两类，这两类可通过水下气泡测试来确定。

a.阀座泄漏：如果看到充满的气瓶阀门在水下发出气泡，则表示阀座泄漏。如果拧紧手轮不能阻止气泡流动，则应将气瓶排空并送至负责的人处进行修理。

b.压盖泄漏：如果测试结果显示阀座是气密良好的，则应仔细干燥瓶口，然后通过安装在其上的调节器或用合适的高压塞堵塞出口，将阀门再次浸入水中，打开手轮。如果阀杆进入主阀的位置处形成气泡表示压盖泄漏，这种情况下，应排空气瓶并送到负责人处进行维修。

（8）修理：不应试图拆除阀门。如果发现阀门主轴弯曲、破损或损坏以及在操作中阀门过紧，则应将带阀门的气瓶返回给负责人进行维修或更换。

（9）使用后注意事项：使用后立即关闭阀门。建议在气瓶保持微正压的状态下关闭阀门。

（10）维护：气瓶阀门的维护和安装只能由授权人员进行。为安全起见，必须以正确的扭矩将阀门装入气瓶颈。安装好阀门后，应对气瓶进行充装空气至满充工作压力测试，以检查泄漏和正确的阀门功能。

3.9 供气调节器、减压阀和歧管

3.9.1 使用前检查

使用前应执行以下程序：

（1）阅读制造商的手册。

（2）在将供气调节器或减压阀安装到气瓶或歧管上之前，检查密封件是否有缺陷，如果损坏或磨损严重，则更新密封件。

（3）检查过滤器（如安装）是否干净、状况良好。如果发现状况不佳，应更换。

（4）检查机械空气储备阀（如安装）是否可以自由操作并确保其恢复到"正常"或"主电源"。

（5）在将供气调节器安装到气瓶之前，固定气瓶使阀门位于底端，并打开阀门吹净所有污垢。

（6）进行如下的高压测试：

① 打开气瓶阀门，检查是否有可听见的泄漏声音。

② 检查气瓶压力。建议气瓶充满气。在没有足够空气供应的情况下，任何时候都不得在密闭空间内进行任何紧急工作。应立即再次检查气瓶压力。打开阀门时应小心。

③ 关闭气瓶阀门，检查高压系统中的压力是否在 1min 内下降超过 10bar。

④ 将装置浸入水中，找出泄漏点。

（7）进行如下的低压测试：

① 从呼吸器呼吸 1~3min，并通过几次深呼吸检查呼吸是否有限制。

② 关闭气瓶阀继续呼吸，直到管中的所有空气都耗尽。

③ 如果可以吸入任何空气，则应找到低压泄漏并处置。

3.9.2 清洁

清洁应按照制造商的说明进行。如果设备在非常脏或油性条件下使用，建议拆下调节器隔膜以便于清洁。应用温和肥皂水去除油污。请勿使用溶剂或清洁剂。应特别注意止回阀密封表面，确保它们清洁、干燥且无沉积物。

3.9.3 维护

非金属部件，如止回阀、调节阀、隔膜等，容易变质，这可能会干扰设备的运行。应特别注意遵守制造商的说明。供气调节器应由授权人员定期提供维护服务，间隔不超过 1 年。

3.10 压力表

使用前的检查

使用前应执行下列程序：

（1）检查是否有明显损坏的迹象，例如玻璃破碎，指针弯曲，零读数，套管进水损坏等。

（2）将压力表连接到呼吸调节器和高压空气源。缓慢打开气瓶阀门，检查压力表针是否移动平稳，指示气瓶压力；应保持稳定。

（3）关闭气瓶并观察压力表指针。如果指示的压力下降，并且设备的高压侧已经按照10.6.1中提及的 BS 5155 中（f）（3）和（4）中的规定进行了测试，则检查压力表或压力表管道是否有泄漏。

（4）如果步骤（3）的测试符合要求，则从关闭的气瓶阀的下游吹嘴侧排出空气，并检查压力表读数是否平稳地归零。

执行上述操作后，任何可疑的压力表在使用前应由合格人员进行检查。压力计应定期进行精度和水密性测试，测试间隔不超过 1 年。

3.11　软管

应确保软管适合其使用目的。软管容易受到阳光直射、含油、高温、潮湿和海水的侵蚀。软管上的任何长期张力都会增加裂纹、开裂和损坏的可能性。应经常仔细检查软管，并在使用前检查是否有裂纹或破裂的迹象；如果表面出现这种情况，弯曲软管可用于观察开裂的深度。如果裂纹穿透加强层，则应更换软管。

3.11.1　存储

软管不用时，应尽可能将其存放在阴凉、干燥、通风的环境中。存放软管时建议留有松动空间，使用后用淡水漂洗并干燥。如果软管储存期超过 1 个月，建议在储存之前用干净、干燥的空气吹干，下次使用前再次吹干。

3.11.2　末端配件

建议定期注意金属端部配件及其与软管的连接。螺纹和密封面应保持清洁，检查并更换任何密封垫圈（如有故障）。应注意防止水进入软管内部。软管应每隔不超过 2 年进行检查和压力测试。

3.12　橡胶、织物和塑料部件

呼吸装置和系带的橡胶、织物和塑料部件易受到阳光直射、高温、潮湿和油污染侵蚀。

3.12.1　检查

橡胶、织物和塑料劣化的外部迹象是龟裂、开裂、黏性、缺乏弹性、颜色变化或磨损迹象。出现一个或多个上述症状意味着部件的使用寿命即将结束，应予以更换。应特别注意横截面较薄的部件。

3.12.2　存储

储存前，所有橡胶、织物和塑料部件在使用后应在干净的淡水中冲洗，特别是在遇到脏污（油或污水污染）的情况下。应特别注意扣环、孔眼等污染物容易滞留的地方。橡胶化合物应按照制造商的建议进行轻度灰尘处理。

储存条件应凉爽、干燥、阴凉，并有流动空气。橡胶组件上的任何长期张力都会增加出现裂纹、开裂和腐烂的可能性；因此，建议尽量避免起皱。

应定期仔细检查所有织带的磨损情况，特别注意缝合、扣环及快速释放装置等处的情况。

3.13 水下呼吸器

不应低估海水和水性污染物的腐蚀作用，如果在使用后不采取预防措施对设备进行适当的清洁，则在存放设备时可能会对设备的所有部件造成严重损坏。值得记住的是，即使在表面上看是淡水中潜水，其中也可能有腐蚀性物质，如当时不值得注意的化学废物和石油废物，但如果与设备接触，这些物质将开始腐蚀作用。

气瓶

（1）气瓶的保养：安装在气瓶上的附件，即使是电镀的或是不锈钢的，也应通过适当的方式与气瓶绝缘，可以是塑料或尼龙涂层，也可以是橡胶套。使用水下 BA 后，尤其是在海水中，应将气瓶从背带和固定背夹上取下，然后在干净的淡水中仔细清洗，以清除所有盐水和污垢痕迹，尤其是接缝处。气瓶和阀门应彻底干燥。为确保气瓶阀门的良好使用，在打开和关闭气瓶阀门时应小心，以确保一旦达到止动位置，不会施加过大的力，因为这会损坏阀门的内部部件，并可能导致阀门泄漏。在储存前，或当气瓶已完全排空且海水可能已进入气瓶时，应拆下气瓶阀门，并用干净的淡水清洗气瓶内部和外部，并彻底干燥。此操作通常应由授权人员执行。储存气瓶时，阀门不得朝下。气瓶应按照制造商的建议定期重新测试。

（2）潜水后的注意事项：应用干净的清水彻底清洗供气调节器（高压进气口关闭）、减压阀和相关组件，然后自然风干。不应使用人工加热或阳光直晒来加速干燥过程。

3.14 人体呼吸用压缩空气

（1）压缩空气气瓶的准备：应对气瓶内部和外部清洁，并且没有水垢或其他异物。

（2）大气的压缩：可通过适当的压缩机压缩大气，以达到所需的空气纯度和压力。应采取预防措施，确保只有未污染的空气进入压缩机进气口。应注意压缩机入口的位置，并提供适当的入口筛分或过滤。如果压缩机由内燃机驱动，则应通过延长发动机的排气口或压缩机的进气口，尽可能小心地避免压缩机吸入发动机的废气。应向压缩机制造商咨询此类延伸段的最大长度和最小横截面积，以避免降低发动机或压缩机的效率。当压缩机在其他机器附近运行时，应采取适当的预防措施，以避免吸入这些机器的烟气。压缩机的维护和操作应按照制造商的说明进行，特别注意活塞环、干燥器、过滤器和附件的状况。除压缩机制造商推荐的润滑油外，不得使用其他润滑油。从压缩机排出的空气应经过必要的处理，以达到纯度。定期（不超过 6 个月）和大修后，压缩机输送的压缩空气样品应由实验室仔细检测。图 3.4 至图 3.6 展示了不同的 BA 系统。

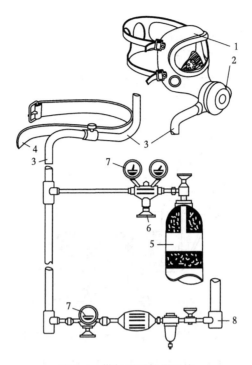

图 3.4 供气型呼吸器系统

1—面罩；2—供气阀（肺动）；3—中压连接管；4—背带或身体系带；5—压缩气瓶；6—减压器；
7—压力表；8—压缩空气管线；

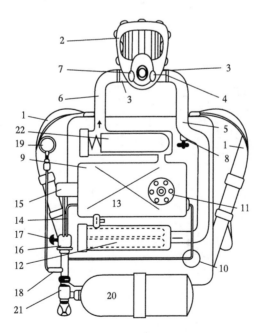

图 3.5 自给式闭路压缩氧气型呼吸器

1—身体背带；2—面罩；3—设备连接器；4—呼气阀；5—呼气软管；6—吸入软管；7—吸入阀；8—唾液套；
9—呼吸袋；10—警报器；11—安全阀；12—再生盒；13—冲洗装置；14—供氧管；15—供气阀（肺动）；
16—减压器；17—辅助供氧阀；18—压力表管；19—压力表；20—氧气瓶；21—气瓶阀；22—冷却器

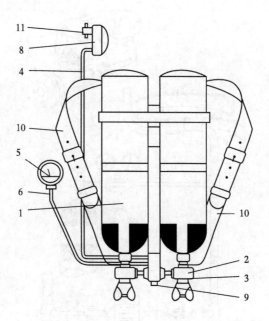

图 3.6　自给式开路供气型压缩空气呼吸器

1—压缩气瓶；2—气瓶阀；3—减压器；4—中压连接管；5—压力表；6—压力表管；
8—供气阀（肺动）；9—警报器；10—身体背带；11—设备连接器

4 个体安全保护装备

消防人员个人防护装备（PPE）是指用于保护消防人员或救援人员免受伤害的防护头盔、面罩、靴子或其他服装。消防人员个人防护装备技术先进，能够满足消防和救援的需要。PPE解决了来自物理、电力、热量、化学物质、生物危害和空气颗粒物的危害。个人防护装备也被救援和应急小组用于搜救。

消防员的靴子或防火靴的设计旨在满足消防员完成急难险重任务的要求，同时提供舒适和高水平的保护。消防员的靴子通常是防水的，并具有透气性，同时确保消防员在恶劣的环境下的穿戴安全。

消防员的专用手套需为消防员提供良好的耐热性，并防止其他风险，包括掉落碎片的伤害和潜在的有害化学品危险。消防员手套还应具备为消防服务提供柔韧性、灵活性和整体舒适度。

消防员头盔由坚韧的玻璃纤维制成，具有耐热性和耐磨性，应用在灭火或救援工作场合。消防头盔可以保护消防员的头部不受坠落物体或低矮横梁的撞击。消防员头盔前方有一个面罩可向下移动，可以保护消防员的脸部不受高温和火焰的影响。

防火织物也被称为阻燃织物，用于制作消防员的防火服，主要用在灭火时保护消防员免受火焰、热和热应力的影响。防火织物必须严格符合国际安全标准。

PPE储存产品包括箱子、柜子和架子，这些都有助于在不使用PPE设备时保护PPE设备。法律要求雇主提供合适的仓库，以保护个人防护装备不受损坏、污染或丢失，个人防护装备条例对此做了规定。因此，PPE储存对于任何使用PPE的公司来说都是必不可少的。

4.1 头部保护

一般来说下，必须在以下情形佩戴安全头盔：

（1）坠落物砸中头部。

（2）头部撞击固定物。

（3）无意中接触到电气危险。

4.1.1 附件

头盔上可以安装多种多样的附件以使它们更适于多样的工作条件，例如包括：

（1）颏下或颈背的固定带。

（2）用于安装头灯的托架和电缆夹 。

（3）护目镜、面罩或焊接护罩。

（4）宽边设计，可在炎热气候下提供额外遮阳效果。

（5）用于防护天气、熔融金属飞溅物、热物质的颈部披肩。

（6）寒冷条件下的衬里。

（7）耳罩。

应注意确保附件及其附件系统不会降低头盔的安全性，也不会对头盔的平衡性和舒适性产生不利影响，尤其应注意电阻。

4.1.2 选择

应考虑以下内容：

（1）工作的性质和位置。

（2）舒适度的调整范围。

（3）附件必须与所用头盔的制造兼容。

（4）防汗带。

（5）头盔的颜色，白色头盔能提供更好的热反射，在光线不好的情况下容易被看到。

4.1.3 不安全的行为

以下做法对头盔的安全工作寿命和性能有害，必须避免：

（1）靠近窗户存放或放置头盔，特别是机动车辆的后窗，后窗可以透过较多的热量。在发生事故或突然刹车时，存放在机动车辆后部的头盔也可能成为危险的导弹。

（2）未遵循制造商的清洁说明。头盔可能被石油和石油产品、清洁剂、油漆和黏合剂等化学品损坏并失效，且这些损害对于使用者来说不太显而易见。

（3）变形、扭曲、损坏系带或壳体，如裂口和裂纹。

（4）将安全头盔用于其他用途，如座椅、液体容器或车轮垫等。

4.1.4 清洁

建议定期清洁安全头盔。通常，使用温水和肥皂正常洗涤就能达到清洁的目的。不建议使用溶剂、非常热的水或粗颗粒的研磨剂。

4.1.5 检查和维护

所有安全头盔组件和附件在使用者使用之前都应进行目视检查确定是否存在由于碰撞、粗暴处理或未经授权的变更而导致的凹痕、裂纹、刺穿或其他损坏迹象，这些损坏或改变可能会降低头盔的安全等级。肉眼可见外壳损坏或变形的头盔应立即退出使用并弃置（完全销毁）。有完整外壳但部分损坏或系带组件有缺陷的头盔应退出使用，并更换完整的系带和支架。

4.1.6 工作寿命

外壳颜色过度变色或表面风化可能表明强度损失。使用超过 3 年的头盔应彻底检查，必要时更换。在恶劣的使用条件下，系带的塑料部件可能会更快地劣化，在这种情况下，系带的更换间隔应不超过 2 年。

4.1.7 头盔类型

（1）类型 1：这类头盔有完整的帽檐；

（2）类型 2：这类头盔没有帽檐，但可能包括一个帽舌。

4.1.8　头盔等级

（1）A 级：这类头盔的功能主要在于减轻坠落物体的撞击力并降低与暴露的低压导体接触产生的危险。具有代表性的样品外壳放置在 2200V（相对大地）下进行测试。

注意：这个电压不是用来表征头盔保护使用者的电压。

（2）B 类：这类头盔的功能主要在于减轻坠落物体的撞击力并降低与暴露的高压导体接触产生的危险。具有代表性的样品外壳放置在 2000V（相对大地）下进行了验证测试。

注意：这个电压不是用来表征头盔保护使用者的电压。

（3）C 类：这类头盔的功能主要在于减轻坠落物体的撞击力。本类型头盔不提供电气保护。与使用者头部接触的所有材料应是通常已知的且对正常皮肤没有刺激性的材料。

4.1.9　制造

头盔应具有硬质壳体的结构形式，外表光滑，并且配有系带。外表面应平滑完整。所有的边缘应光滑圆润。外壳可以设计加工形成帽檐或帽舌。如果壳体上穿孔的目的不是为了连接能量吸收装置，则任何此类孔的内弦都不应超过 4mm，每侧孔的总面积不应超过 160mm²，两侧孔的总面积不超过 320mm²。

4.1.10　物理要求

每个头盔应由一个外壳和一个吸收外壳能量的装置组成。系带应牢固地连接到外壳上。头带和外壳之间应具备通风能力。外壳通常应为圆顶形。A 级和 B 级头盔的外壳上不应有孔洞，这会导致头盔无法通过电气绝缘测试。用于 B 级头盔外壳上的识别标记应固定，不要在外壳上打孔，也不要使用任何金属部件或金属标签。帽檐的顶部或前部下方的区域可以覆盖有不导电的防眩光材料。

4.2　头带、防汗带、冠带和防护垫

头带、防汗带、冠带和防护垫应由合适且舒适的材料制成。

头带应至少以 1/8 帽子的尺寸增量进行调整。可容纳的近似尺寸范围应以永久清晰的方式标在头盔上。当头带调节至最大指定尺寸时，外壳与头带之间应有足够的可提供通风的间隙。头带应可拆卸和可更换。

防汗带应是可拆卸和可更换型，并可以与头带集成在一起。防汗带应至少覆盖头带的前额部分。

在组装时，冠带应当形成将头盔支撑在使用者头部上的支架，调整头部顶部与头盔外壳下面之间的距离，不能小于制造商列出的对该特定头盔的距离要求。防护衬垫可以与冠带一起使用或代替冠带。

质量：不包括配件的 A、B、C 类头盔单件的质量不得超过 0.44kg。

4.2.1　附件

（1）颏带和颈背带：颏带和颈背带应用宽度不小于 12.7mm 的合适材料制成。

（2）冬季衬里：冬季衬里应用合适的材料制成。有颜色的材料应满足不褪色，外表面可防水，用于 B 级头盔的冬季内衬不应有金属部件。

（3）灯支架：配备灯支架的头盔应在低矮的天花板区域具有低冠部间隙，并且应由轻质坚韧的聚碳酸酯塑料材料制成。

（4）说明：每个头盔应附有说明，说明调整系带的正确方法。

（5）标记：应在符合标准要求的每个头盔外壳内部标明制造商名称、标准名称和头盔等级。

（6）贴标签：每个头盔上应贴上一张标签，上面标注"为了得到足够的保护，这个头盔必须适合或根据使用者的头部大小进行调整"的信息。

头盔用于吸收来自对外壳、系带或保护垫造成破坏的能量，有时这种损伤或破坏是隐蔽的，不容易被发现。应更换所有受到严重撞击的头盔。

使用者应注意更改或去除头盔原装部件有一定风险，不安装、使用头盔制造商未推荐的附件。

不应使用头盔制造商说明以外的油漆、溶剂、黏合剂或自黏标签。

4.2.2　性能

制造商应根据 BS 5240 或 ANSI Z89-1 对头盔进行下列测试。禁止销售未经过减震性、抗穿透性、电绝缘性、耐燃性和吸水性测试的头盔。

4.3　关于头盔材料和结构的建议

制造头盔所用的材料应耐用，特性不应在头盔正常使用环境的影响下（例如，暴露在阳光、雨水、寒冷、灰尘、振动、与皮肤接触、汗液或应用于皮肤或头发的产品的影响）发生重大变化。对于与皮肤接触的系带部件，不应使用已知会引起刺激的材料。

对于一般不常用的材料，应在使用前寻求适宜性的建议。设计时应明确意外事故时安装在头盔上的任何装置不得对使用者造成伤害。特别注意，头盔内部不应有金属或其他坚硬的突起。

头盔的任何部分都不应有尖锐的突出边缘。如果使用缝线将系带固定到外壳上，应防止磨损。减震装置的任何部分都应不易被使用者修改。颏带应具有足够的强度，以便在头盔固定不可靠的情况下将头盔固定在使用者的头上。如果其他防护设备设计用于特定的工业头盔，当与设计的设备一起佩戴时，该头盔仍应符合本标准。

4.4　测量穿着高度、垂直距离、水平间距以及有关头盔使用、维护和测试的注意事项

4.4.1　人头模型

这些测量的人头模型符合 BS 6489 要求，尺寸为 B、D、F、J、L 和 N。

4.4.2　步骤

将头盔安装在适当尺寸的人头模型上，保持水平，并处于正常佩戴位置。如果安全系

带的尺寸可调节到头盔可容纳多个人头模型尺寸的程度，则应进行两次测量，在人头模型适当尺寸范围的每个极端进行一次测量。测量磨损高度、垂直距离和水平间隙。

4.4.3　涂色

如果需要给外壳上漆，应格外小心，因为部分油漆和稀释剂会破坏或减弱外壳保护强度。对于油漆或清洁材料的使用问题应咨询制造商。

4.4.4　定期检查

应每天目视检查所有部件，包括外壳、悬架、头带、防汗带和附件（如果有），看是否有凹痕、裂纹、穿透及因冲击、粗暴处理或磨损而可能降低原始安全等级的迹象。在磨损或损坏状况得到纠正前任何需要更换、磨损、损坏或有缺陷部件的工业头盔都应停止使用。

注意：所有由聚合材料制成的物品都容易受到紫外线和化学降解的伤害，安全帽也不例外。应定期检查所有安全帽，尤其是长期佩戴或存放在阳光下的安全帽。紫外线降解首先表现为表面光泽的丧失，称为粉化。进一步退化时，表面会开裂或剥落，或两者兼而有之。出现后两种现象中的一种或两种时，应立即更换壳体，以确保最大安全性。

4.4.5　清洁

壳体应该用温和的洗涤剂擦洗，然后用约 60℃ 的清水冲洗，应仔细检查外壳是否有任何损坏迹象。去除焦油、油漆、油和其他材料可能需要使用溶剂。由于许多溶剂可能会腐蚀和损坏壳体，因此应咨询制造商是否有可接受的溶剂。

4.4.6　注意事项

因为头盔可能会损坏，所以不应该滥用。它们应保持无磨损、擦伤和刻痕，不得掉落、抛掷或用作支撑。这尤其适用于旨在提供电气危险防护的头盔。

工业防护头盔不应存放或携带在汽车后窗处，因为阳光和极热可能会导致性能退化，从而对其提供的防护等级产生不利影响。此外，在紧急停车或事故的情况下，头盔可能成为危险的导弹。

在头盔上添加的附件可能会对原始防护等级产生不利影响，制造商应提供预防措施或限制要求，将其告知使用者应注意严格遵守此类预防措施和限制要求。

4.5　冲击系统校准程序

4.5.1　介质校准

该校准步骤应使用导向坠落系统和安装在 3.64kg 坠落质量上的加速度计进行。加速度计应具有以下特性：

最小范围	0~125	g's
最大分辨率	1	g
最小响应频率（±0.5dB）	0.1~2000	Hz
最小共振频率	20	kHz
线性度	1%	全刻度
重复性和稳定性	0.5%	全刻度

根据制造商的说明，加速度计应安装在坠落重物真垂线5°范围内。需要合适的放大器和峰值计（或等效装置）；建议使用存储示波器，但不是必需的。在称重传感器上安装校准介质。将重物从至少915mm处施放以撞击介质。称重传感器、介质、重物和加速度计的中心必须共线。应使用一种方法来验证撞击时的速度。

两个峰值仪上显示的值的读数应读取为加速度值 a（单位：g/s）乘以坠落重物质量 m 的力值 F（$F=ma$，误差在2.5%以内）。这种精度必须至少在五次撞击中可重复。

4.5.2 仅系统校准

根据A.3.1进行试验的校准介质可在没有加速度计或引导质量的情况下使用。应记录根据A.3.1测试介质时获得的力值，并将此信息与校准介质一起提供。校准介质安装在称重传感器上，使两者的中心对齐。然后重物直接落在介质的中心。测得的力值应在试验期间达到力值的2.5%以内。校准介质应每年至少重新测试三次，如果力发生明显变化，则应更频繁地进行测试。

4.5.3 静态校准

系统校准的粗略测定如下：
（1）使用至少45kgf已知的重力。
（2）将峰值计和放大器归零。
（3）如果放大器的时间常数可调，请将其移至可用的最大处。
（4）慢慢增加重力，注意不要加速。

峰值计应指示重力。这个方法应在每个系列测试之前使用。重力错误表明可能需要更复杂的校准检查。

4.6 安全帽和帽子的应用

主要用于工业环境的帽子应有一个完整的帽舌，需要额外保护后部和侧面免受坠落物体和天气（雨水）侵袭（图4.1）。没有完整帽舌的安全帽，主要用于狭小或狭窄的区域。安全帽配置时应最大限度地考虑并减少帽子从头部意外脱落的可能性。

这种帽子不仅可以保护头部不受工作的冲击危害，同时还可以戴上保护听力的设备、面罩或焊接头盔。它们广泛应用于建筑业、政府、公用事业和制造工厂等领域（图4.2）。

图 4.1 半帽舌安全帽

图 4.2 全帽舌安全帽

帽子和软帽为可能遇到电接触和碰撞危险的人员提供头部保护，例如线路工人、电力公司、维修人员和电工。因对颈部和背部的保护更为完整，特别适合于线路工人和公用事业人员（图 4.3）。

图 4.3 适用于线路工作和公共服务人员的帽子

铝制安全帽用于多种行业的头部保护，特别适用于暴露在高温天气条件下的工人，例如石油、林业和建筑行业的工人（图 4.4）。冬季衬垫可以单独穿着，也可以在外部戴上防护帽和帽子，在寒冷的天气里为人员提供温暖（图 4.5）。

(a)全帽舌

(b)半帽舌

图 4.4 铝帽

带有头戴式灯具支架的安全帽适用于作业人员在低矮的天花板区域工作（图 4.6）。

图 4.5　冬季衬里　　　　　　　　　　图 4.6　带灯架的帽子

4.7　眼睛保护

眼睛保护装置必须被视为光学仪器，它们应该是舒适的，应仔细选择、安装和使用。为了提供尽可能宽的视野，护目镜应尽可能靠近眼睛，而不使睫毛接触镜片。本节详述了工业用个人护目镜的材料、设计和性能要求，包括以下内容。

（1）用于防冲击、灰尘、气体和液体飞溅及这些组合。

① 带或不带塑料、钢化玻璃镜片护罩的眼镜。

② 护目镜类型：

处方镜片（眼镜）;

太阳镜。

（2）面部防护包括用于焊接和类似操作的护目镜和背衬镜片。

4.7.1　材料

（1）耐腐蚀性：受过培训的检查员通过肉眼观察护目镜时，样品所有使用的金属部件不应出现腐蚀迹象，并且处于可用状态。

（2）可燃性：在测试时，除头带和纺织品帽舌之外，在点燃棒接触时护眼器的任何部分都不应点燃或继续燃烧。

（3）清洁：使用制造商推荐的方法进行清洁时，护目镜应无明显退化。

（4）皮肤刺激：所有与使用者皮肤接触的材料应不引起皮肤刺激反应。

（5）塑料材料：塑料材料应具有适合使用的强度和弹性，且不应如纤维素般易燃。

4.7.2　设计和制造

护目镜应有完全的专利权。护目镜不应有锋利的边缘，并且不应有可能导致佩戴不适的突出物或其他特征。头带或系带（如提供）的宽度应不小于 9.5mm。护目镜中的可调节部件或组件应易于调节和更换。如果提供，通风装置的设计应防止任何颗粒从护目镜正面向前的任何角度直接进入眼睛。如果护目镜的边缘由一个或多个螺钉固定，则应将其钉住，涂上黏合剂，或进行其他处理或设计，以确保其在使用中不会松动。

4.8　镜片

透镜外观应具有光滑的表面，并且没有可见的缺陷、条纹、气泡、波浪和其他异物。镜片既能提供工作所需的视力，又能在进行特定活动时保护眼睛。同时满足这两组需求是有限制的。由于护目镜的使用总是涉及一定程度的运动限制不便，为了保证可靠的保护，在使用过程中镜片的性能必须没有实质性的改变。

镜片应由塑料材料、钢化玻璃或夹层玻璃或这些材料的任何组合或未经处理的玻璃制成。

4.8.1　光学性能

（1）调节：镜片应根据 BS 2092 进行调节。

（2）透光率：透镜的透光率应不低于可见光谱内光能的 80%，除非是抗冲击组件和双层透镜，在这种情况下，透光率应不低于 70%。这些限制不应适用于声称是有色镜片。

注意：有色镜片包括涂有金属涂层的镜片。

（3）质量：当佩戴护目镜时，镜片边缘的 3mm 范围内不应存在使用者可以观察到的固有缺陷。使用者应将眼睛聚焦在工作中可能遇到的各种焦距上进行故障检查，即使用者不应试图聚焦在镜头本身上。当模具或折痕是透镜的设计特征时，它们不应出现在最小尺寸内。

4.8.2　结构和尺寸

眼部防护一般应符合以下要求：

（1）佩戴的眼睛保护装置不应让使用者过度劳累。护目镜的镜片不应轻易从镜框中脱落，也不能改变其曲率。

（2）护目镜的每个部分都应容易更换。

与眼镜类似的护眼装置：这种类型的护眼装置应由两个透镜、镜框和两个蝴蝶结 / 弓弦组成。

带侧护罩的护眼装置：这种类型的护眼装置与通常的侧护罩相似，并且不会过度阻碍使用者的视线。

4.8.3　镜片尺寸

镜片的最小尺寸应如下所示：

（1）对于圆形镜片：直径 48mm，最小光圈直径为 40mm。

（2）对于成形镜片：42mm 水平基准长度 × 35mm 之间。基准垂直深度，使用 BS 3199 中描述的测量系统。

（3）对于整体式矩形镜片：105mm×50mm。

（4）对于整体成形的镜片：使得直径为48mm的两个圆可以围绕护目镜的垂直中心线对称地间隔开，中心相隔66mm，在佩戴护目镜的水平前平面上测量。根据BS 2092用望远镜测量焦距透镜的折射、像散和棱镜功率。护目镜应符合表4.1中给出的公差。

在距测试点25mm范围内的透镜上的所有点上，球镜度和散光度应在规定的限值内。具有单独目镜的眼镜或护目镜的单独镜片应符合表4.2的要求。对于抗冲击护目镜，对于处方镜片的屈光度、散光度和棱镜度，垂直方向上的组合棱镜不平衡度不应超过0.30。处方镜片应符合相关标准。

表4.1　护目镜的公差

保护类型	球面效应度	散光度	棱柱效应
冲击	±0.12	±0.12	0.25
其他护目镜	±0.06	±0.06	0.15

注：功率单位是屈光度（符号）（见BS 3521）。棱镜功率的单位是棱镜屈光度。

表4.2　太阳镜的分类和使用

分类	使用
化妆眼镜	浅色眼镜主要用于时尚特性不打算提供明显的防晒保护
通用眼镜	太阳镜旨在减少明亮环境下的阳光眩光，包括白天驾驶机动车
特殊用途	旨在减少异常环境条件下的太阳眩光的太阳镜，例如，靠近大片的水域、雪地和山地高度，或者由于医疗及其他原因可能对眩光异常敏感的人。具有4.1的色调值的非光致变色滤光器不适合驾驶机动车辆的人们使用
折射1级	类似处方镜片质量，建议连续日间佩戴
折射2级	适合间歇性佩戴
防破损太阳镜	适用于机械故障，可能但不严重的情况，例如驾驶、骑自行车、散步、野营或划船

4.8.4　性能

护目镜应接受测试。当安装在适当的外壳中时，更换镜片应接受相关测试。测试前，护目镜应按照BS 2092的规定进行调节。

4.8.5　结构坚固性

按BS 2092中所述进行测试时，护目镜不应出现以下任何缺陷：
（1）晶状体断裂。
（2）透镜变形。
（3）透镜壳体或框架失效。
（4）横向保护失效。

4.8.6　冲击防护

（1）护目镜类型：1级冲击式护目镜仅为护目镜或面罩。注意：眼镜被排除在1级之外。

（2）冲击式护目镜：当按照 BS 2092 所述的方法进行测试时，等级 2 的冲击速度为45m/s，等级 1 的冲击速度为 120m/s，冲击护目镜不应出现以下任何情况：

① 晶状体断裂；

② 透镜变形；

③ 透镜外壳或框架失效。

（3）冲击护目镜的横向保护：冲击护目镜的横向保护应符合 BS 2092 6.6.4.2 中 1 级或2 级或 BS 2092 6.6.3 中结构坚固性的要求。如果任何护目镜的侧面防护比其镜片的抗冲击性小，则应相应地标记护目镜。当根据 BS 2092 对横向保护进行试验时，如果其显示出BS 2092 6.6.3.（d）中列出的任何缺陷，则应认为其未达到相关透镜的特定冲击等级或一般坚固性要求。

4.8.7　防护熔融金属和热固体

（1）护眼装置的类型：熔融金属护目镜应为非金属护目镜，或应进行处理，以防止熔融金属黏附在镜片或护目镜其他部件上，如 BS 2092 所述。护目镜应包括护目镜和面罩。

（2）眼部区域（面屏）：面屏应覆盖 BS 2092 中规定的眼部区域。当采用 BS 20926.6.4.1 中描述的方法进行评估时，面屏应仅适用于为眼部区域提供保护的面罩部分。

（3）热固体穿透：当按照 BS 2092 所述进行试验时，镜片、护目镜或护眉罩外壳以及面罩头盔支架的完全穿透不应在 7s 内发生。面罩的完全穿透不应在 5s 内发生。

4.8.8　液体防护

（1）液滴：当按照 BS 2092 进行测试时，如果代表眼部区域的纸张没有着色，则防液滴护目镜应视为符合本标准。

（2）液体飞溅：当按照 BS 2092 所述进行试验时，如果护目镜覆盖了所述的眼部区域，则应视为符合本标准。

4.8.9　防尘

当按照 BS 2092 进行测试时，如果白色试纸的反射率不低于试验前的 80%，则应认为防尘护目镜符合标准。

4.8.10　气体防护

当按照 BS 2092 进行测试时，如果在护目镜所包围的区域上未出现超出允许范围的染色情况，则应视为符合本标准。

注意：对防止液滴、灰尘和气体进入的护目镜进行了阻力测试。对熔融金属和液体飞溅的面罩进行评估，以确定头部模型的覆盖范围，该模型不试图覆盖所有头部尺寸。应特别小心，以确保适当的适合或充分覆盖个人使用者。

4.9 标记

符合本标准的护目镜应进行清晰且永久地标记。标记不应放置在可能与其他信息混淆的位置。如果使用胶粘剂标签，不应轻易去除。制造商的名字或其缩写应在镜片表面上以永久的方式标记，但不影响使用者的视线。应标明下列内容：

（1）制造商名称。

（2）日期及使用标准。

4.10 防眩光眼部防护

太阳眩光滤光片的主要目的是保护眼睛免受过多的太阳辐射，从而减少眼睛的疲劳，增加视觉感知，以确保视觉无疲劳，特别是在长时间使用时。滤光片的选择取决于周围的光线水平和个人对眩光的敏感度。表 4.2 展示了太阳镜的分类和用途。

4.10.1 透光率

一般要求如下：

（1）阴影数和透射率值：滤光片的阴影数和透射率值应符合 BS 2724 的规定。透射率值应根据 BS 2724 确定。

（2）光谱透射率：380nm 至 500nm 波长范围内的平均光谱透射率根据 BS 2724 确定时，500nm 不应超过 $1.2\tau v$。

注意：根据 BS 2724 测定时，滤光片在该光谱范围内的平均光谱透射率应小于 450nm 至 650nm 波长范围的光谱透射率应小于 $0.2\tau v$。

（3）透光率的均匀性：除 5mm 宽的边缘区域外，当根据 BS 2724 确定滤光片上任意两点之间的透光率差异时，不应大于较大值的 10%。

注意：对于渐变滤光片，此要求适用于垂直于渐变的截面。对于安装的滤光片，右眼和左眼视觉中心滤光片的透光率之间的差异不应超过较大值的 20%。

（4）信号灯和颜色的识别：根据 BS 2724 的规定，每个有色滤光片的相对视觉衰减系数不应小于 0.8。

4.10.2 特殊滤光片的附加要求

（1）光致变色滤光片：当根据 BS 2724 进行试验时，光致变色滤光片应根据其在透明状态下的光透射率 τ_0 和在黑暗状态下的光透射率 τ_1 进行分类，其光谱透射率值应如 BS 2724 6.9.2 所示，式中，τ_1 使滤波器在明暗状态下符合 c 和 d。透光率 τ_0/τ_1 的比值应大于 1.25。当根据 BS 2724 对光致变色滤光片的代表性样品进行试验时，透光率 τ_1/τ_2 的相对变化对于透明状态的测定值不应超过 5%，对于变暗状态的测定值不应超过 20%。

（2）偏光滤光片：当按照 BS 2724 进行测试时，装有偏光滤光片的太阳镜与镜框中滤光片偏光平面的垂直偏差不应超过 ±5°。左右滤光片的偏振面之间的不对中不应大于 6°。平行和垂直于滤光片平面或偏振的偏振光测定的透光率值之比应大于 20:1。

（3）渐变滤光片：渐变滤光片的阴影数应根据在非安装滤光片的滤光片中心或安装滤

光片的可视点上方和下方 15mm 距离内的最高和最低透射率值确定。

（4）红外滤光片：如果声称滤光片能衰减与日光有关的红外辐射，则根据 BS 2724 测定时，平均红外透射率不应超过 τv。

4.10.3 折射特性

未安装的滤光片：当按照 BS 2724 进行测试时，未安装滤光片的折射率、像散和棱镜功率值应符合 BS 2724 的规定。当按照 BS 2724 进行检查时，1 级未安装滤光片在滤光片边缘 2mm 范围内不应出现局部失真效应。

已安装的滤光片：当根据 BS 2724 进行试验时，安装滤光片的值应如 BS 2724 表 4-2 和表 4-3 所示，以确定每对安装滤光片的棱镜功率之间的差异。当按照 BS 2724 进行检查时，1 级已安装滤光片应在滤光片的全净孔径内不显示局部失真效应。

4.10.4 滤光材料及表面的质量

无可见缺陷：当根据 BS 2724 检查滤光片时，在可视点周围 15mm 半径范围内，滤光片应无影响其适用性的缺陷，例如气泡、条纹、夹杂物、划痕、凹痕、模痕和由于表面不规则而产生的变形。

光散射：根据 BS 2724 进行测试时，未使用滤光片的亮度系数降低不应超过 0.5cd/（m²·lx）。

4.10.5 稳定性

热稳定性：按照 BS 2724 处理后，滤光片的性能不应有任何变化。对于阴影数 1.1~3.1，光透射率的相对变化应小于 5%，阴影数 4.1，相对变化应小于 10%。

辐射稳定性：按照 BS 2724 进行辐射照射后，滤光片应符合标准。对于阴影数 1.1~3.1，光透射率的相对变化应小于 5%，对于阴影数 4.1，相对变化应小于 10%。

可燃性：根据 BS 2724 进行试验时，塑料滤光器从烘箱中取出时，既不应点燃，也不应继续发光。

4.10.6 眼镜框

设计和制造：眼镜框应无明显缺陷，并应光滑，没有可能对使用者造成不适或伤害的锋利边缘或突出物。

材料：所有与使用者接触的材料都不应造成皮肤染色或出现刺激症状。

易燃性：当按照 BS 2724 进行测试时，眼镜框从烤箱中取出时不应被点燃也不应继续发光。

滤光片的安全性：滤光片应牢固地安装在眼镜框架上。如果眼镜框架安装在滤光片周围，那么除设计要求外，滤光片边缘和框架之间不应有大于 0.1mm 的间隙。

4.10.7 防碎、坚固和抗冲击太阳镜的机械强度

防碎太阳镜：当按照 BS 2724（未安装的滤光片）或（已安装的滤光片）进行测试时，滤光片的厚部位不应超过两片或更多，并且超过 30mg 的过滤材料不应从远离负载的一侧或凹面（视情况而定）分离。

坚固的太阳镜：当按照 BS 2724 进行测试时，太阳镜不应出现滤光片位移，滤光片不应将其厚部位冲破成两个或多个碎片，并且超过30mg的滤光材料不应从远离球体撞击的一侧脱落。

抗冲击太阳镜：当按照 BS 2724 进行测试时，太阳镜不应出现滤光片位移，滤光片不应将其厚部位冲破成两个或更多的碎片，并且超过 30mg 的滤光材料不应从远离球体撞击的一侧脱落。太阳镜的侧片不应允许球穿过侧片的材料，也不应在其厚度范围内断裂或产生可能损坏眼睛的侧片材料的锯齿状突起。

镜框：当按照 BS 2724 进行测试时，防碎、坚固和抗冲击太阳镜的镜框和镜桥不应出现任何断裂、撕裂、发纹裂纹、锐边或尖点。

4.10.8　信息和标签

（1）信息：太阳镜的制造商或供应商应在包装上使用有以下信息的标签或小册子作为包装单：

① 制造商或供应商的识别标志。

② 建议用途和阴影数（数组）或标称光透射率（s）。

注意：

a. 关于透射率值的附加信息是推荐提供的，但不是强制性的。

b. 对于梯度或光致变色滤光片，推荐由透光率较低的值决定折射质量和机械强度的分类。

在适当的情况下，应注意与使用有关的警告，例如，如果镜片太黑不适用于驾驶活动，或者太阳镜不适合在日光浴室使用。

（2）太阳镜标签应标记以下内容：

① 官方标准编号和年份。

② 制造商或供应商的名称，商标或其他标识。

③ 推荐用途的分类。

④ 折射质量的分类。

⑤ 机械强度分类。

4.10.9　性能和质量保证

防眩光护目镜制造商应书面证明防眩光护目镜已按照本标准或 BS 2724 的相关规定进行以下测试：

（1）测试所有太阳眩光滤光片的透射率，偏振滤光片的偏振轴和光致变色滤光片的疲劳标准。

（2）折射能力，棱镜度数的测试。

（3）测试滤光材料和表面的质量。

（4）测试滤光材料的稳定性和机械强度。

4.11　处方安全镜片眼镜

使用棱镜、散光和折射处方镜片的员工在一个区域内工作，并执行需要眼睛保护的任何类型的工作，如化学处理、切削、焊接、研磨、实验室、机加工、点焊、熔炉操作，以及存在紫外线、红外线和激光束有害影响的风险，应该用安全处方护目镜或安全翻转式镜片或护目镜来保护，护目镜要戴在普通处方镜片上。

4.11.1 光学测试

应佩戴矫正镜片眼镜的员工应接受眼科医生的检查和处方。眼镜应按照 ISO 4855 中的规范配备规定的镜片。供应商应以书面形式证明安全眼镜按照规定进行了测试，并满足所有冲击防护要求。

4.11.2 分类

根据眼镜框形状，处方眼镜分为常规类型眼镜和带侧护屏的眼镜两类。

4.11.3 材料

除钢化玻璃镜片外，眼镜材料应符合以下要求：
（1）它们应具有适合预期用途的强度和弹性。
（2）与皮肤接触部件的材料应不产生刺激性且能够进行消毒。
（3）金属部件应由耐腐蚀材料制成或经耐腐蚀处理后。
（4）塑料材料不应快速燃烧。

4.11.4 结构

眼镜的结构一般应满足以下要求：
（1）处理应简单，且不会轻易被破坏。
（2）不应给使用者带来明显的不适。
（3）不应有可能会导致使用者割伤或划伤的锋利边缘或凸起。
（4）眼镜的每一部分应很容易被移除和替换。
（5）处方类型的眼镜应由两个镜片、一个框架和边撑构成。
（6）带侧护罩的眼镜应采用处方型的眼镜，并用侧护罩固定，侧护罩应尽可能少地阻挡视野。

4.11.5 质量

眼镜如果接受抗冲击性测试时，镜片边缘不应出现缺口，镜片也不应因冲击而从镜框上移位。

4.11.6 镜片

镜片应无任何可见缺陷、条纹、气泡、波浪和异物，两面应抛光良好。在发放给员工之前，眼科医生应检查镜片是否符合规定。当按照 BS 2738 规定进行试验时，透镜不应断裂。镜片成对提供，两个镜片的形状、大小和形式应合理匹配。

4.11.7 护目镜

普通的处方镜片眼镜可以固定有摆动式罩盖的安全镜片或员工使用的处方镜片。眼镜可以用全塑料软边护目镜进行保护，护目镜带有屏蔽通风口或适当的面罩。

4.11.8 用于护目镜的玻璃和塑料出现的缺陷描述

（1）热塑性塑料。

透明热塑性塑料中可能存在以下缺陷：

①气泡：这可以完全在板材内，也可以完全在表面上。如果气泡破裂，塑材表面会出现凹坑状。

②灰尘：表面涂层中的细小夹杂物有时被称为雾状物。

③凝胶：片材中不均匀的区域，通常为不溶解的聚合物。在表面涂层中，通常为不溶性漆等。

④夹杂物：这是一种外来颗粒，通常存在于板材中；通常"黑色物种"是降解聚合物的小颗粒。

⑤线：通常在挤压方向上的一个标记，表面没有破损；也称为挤出线或发际线。

⑥器官皮：表面具有描述所示的外观；与模具表面光洁度差有关的术语。

⑦脊状：这是一种通常与板材方向成直角的起伏，它可能与局部厚度变化有关。

⑧运行：这是一个涂层运行在涂层板。

⑨刮痕：在板材生产阶段，通常沿挤压方向运行时，由于机械损伤而形成的开放性表面标记。

⑩表面凝胶：没有共同的描述。这是薄板表面的一小块熔融聚合物。

⑪水印：这是一个不太常见的错误与挤压表。通常是与挤压方向成直角的重复图案，总是在原始挤压宽度的边缘区域。

（2）玻璃：玻璃中可能存在以下缺陷：

①气泡：这是一种尺寸通常超过 0.25mm 的大型气体包裹体。

②裂纹：这是一个穿透表面以下的"小骨折"，长度一般小于 1mm。

③碎片：这是从表面断裂的小碎片的证据。

④画线：在拉制平板玻璃中出现的直线。

⑤逃逸：这是一个像支票一样的"骨折"，但穿透一般超过 1mm。

⑥内含物：这是玻璃中的非黏性颗粒。这可以使用以下术语进一步识别：气泡、种子或石头。

⑦器官剥离：一个与未完全抛光的玻璃有关的术语，使其表面具有描述所示的外观。

⑧种子：一种小的气体包裹体，通常小于 0.25mm。

⑨色调：不透明的固体夹杂物。

注意：石头是由未熔化的玻璃原料或用于建造熔化池的耐火材料碎片造成的。它们逐渐溶解到玻璃状混合物中，有时它们可能完全溶解，但在玻璃状混合物中留下一个透明的囊。这种夹杂称为结。

⑩纹理：纹理是玻璃内部的玻璃不均匀性，通常具有与形成特定玻璃产品的方法相关的方向特性。

（3）光学材料中使用的通用术语。

以下通用术语用于光学材料中的缺陷：

①凹坑：这是抛光表面上的一个小缺陷，可能是由于夹杂物破坏表面，也可能是由于一些过度损坏。

②擦伤：这是由于一个或多个硬颗粒的磨损而导致抛光表面破裂。

③波浪：这是透镜表面的局部几何变形，偏离了透射光的光线。表4.3显示了护目镜的种类和类型。

表4.3展示了护目镜的种类和类型。图4.7和图4.8分别展示了护目镜的种类和类型及不同类型的安全眼镜。

表4.3 护目镜的种类和类型

性质	类型			图4.7符号
防护眼镜	眼镜类型	无侧护板	普通眼镜式	A1
			单摆式	A2
			双摆式	A3
			安全帽安装型	A4
		有侧护板	普通眼镜式	B1
			单摆式	B2
			双摆式	B3
			安全帽安装型	B4
	前型		固定型	C1
			摆动型	C2
	护目镜式		箱式	D1
			杯式	D2

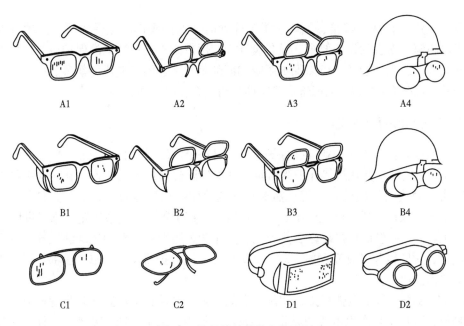

A1　　　　A2　　　　A3　　　　A4

B1　　　　B2　　　　B3　　　　B4

C1　　　　C2　　　　D1　　　　D2

图4.7 护目镜的种类和类型

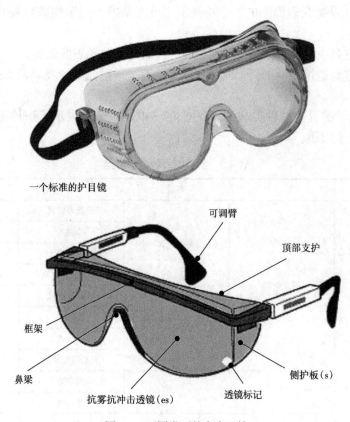

一个标准的护目镜

可调臂

顶部支护

框架

鼻梁

抗雾抗冲击透镜（es）

透镜标记

侧护板（s）

图 4.8　不同类型的安全目镜

4.12　眼部、面部和颈部屏护的要求

本节规定了在从事焊接、切割和类似作业时，保护操作员免受肩部上方的有害飞溅物、飞尘和辐射伤害的设备要求。设备设计为使用带或不带过滤罩的保护滤器。如果员工使用并佩戴了适当的设备，可以保护眼睛和面部免受上述因素造成的伤害。针对有害液体飞溅和其他危险（如喷砂）的面部和颈部防护将包含在身体防护中。

4.12.1　保护要求的分类

就本标准而言，焊接作业应按保护要求的升序分为以下几类：

（1）第 1 类：包括在焊接作业附近进行的除实际焊接以外的工作，在这些工作中，需要对有害辐射进行一些防护，但也需要良好的总体视觉，例如，监督人员和安装工的工作。对于 1 级操作，通过眼镜、护目镜、面罩、手部护罩、头盔或固定护罩提供保护。

（2）第 2 类：包括直接暴露于热、光、火花和金属颗粒辐射的气焊和气割，需要适当减少透射、紫外线和可见光辐射。对于 2 级操作，通过护目镜、面罩、手部护罩、头盔或固定护罩提供保护。

（3）第 3 类：包括电弧焊接、切割和类似工艺，涉及直接暴露于高强度辐射、火花和金属颗粒，以及工具产生电弧的风险。在这项工作中，大幅度减少紫外线、红外线和可见光辐射是必要的。对于3级操作，防护由面罩、手部护罩、头盔或固定护罩提供。颈部防护罩也可能是必要的。

（4）第4类：包括暴露于大量紫外线、红外线和可见光辐射的气体保护电弧焊和切割，包括直接辐射和反射以及从电弧区域喷出的金属颗粒。对于4级操作，与3级操作一样，由头盔提供保护，但提供辅助吸热滤光器。颈罩有时也是必要的。

图4.9显示了用于焊接和切割的眼睛保护类型，图4.10显示了电弧焊头盔。

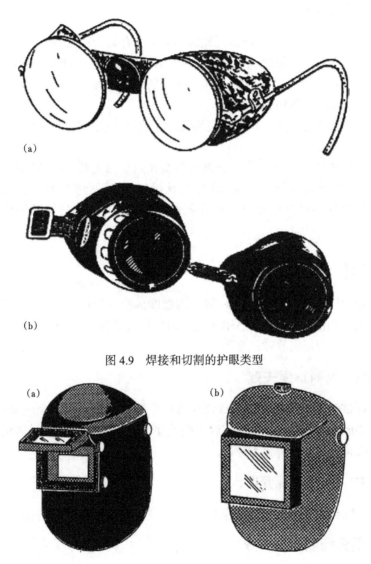

图4.9　焊接和切割的护眼类型

图4.10　电弧焊头盔

4.12.2　光学性能

滤光片、覆盖镜片和背衬镜片的边缘应在5mm范围内，不存在磨损时用户可观察到的固有故障。用户应将眼睛聚焦在工作中可能遇到的各种焦距上进行故障检查。不要试图聚焦在滤光片盖透镜或背透镜本身上。

4.12.3　防辐射

（1）滤光片和背衬镜片：与设备一起使用的每个滤光片和背衬镜片应符合 BS 679。

（2）更换：除整体式护目镜外，过滤器和过滤器盖应能在不使用专用工具的情况下进行更换。

4.13　设计和结构

视野不应受到阻挡，除非滤光器支架的边界（如有）。设备的所有部件应对用户不能造成伤害，或不应有不适的锐边或突出物。如果设备设计为可更换滤光器，所提供的外壳应采用相关标准中规定尺寸之一的滤光器。滤光器外壳，如果是玻璃、框架和侧面保护，应至少提供与滤光器相同的辐射防护。

注意：这一要求的结果是，用户在更换比原来安装或供应的滤光器颜色更深的滤光器时应小心谨慎。

对于 4 级负荷的设备，应提供一个滤光器盖和两个滤光器，后者用厚 1mm 的垫片隔开。设备的设计不应允许任何粒子或杂散辐射从设备后缘平面前方的任何角度直接进入内部。所有在使用过程中可能暴露于辐射的金属配件以及与操作员接触的金属配件都应绝缘，以降低导热系数。

4.14　坚固性

所有设备的设计和构造应能承受一般结构强度试验，包括以 12.2m/s 的速度移动的直径 6.35mm 钢球的冲击。该试验应适用于通常出售的配有滤光片和背衬透镜的设备。这样测试时，设备不应出现任何故障或变形。

4.14.1　滤光片／背衬透镜失效

如果最靠近试验人头模型眼睛的目镜在其整个厚度上裂开成两个或多个单独的碎片，或者如果超过 30mg 的材料从最靠近试验人头模型眼睛的滤光镜或背衬透镜表面脱落，则应认为滤光镜或背衬透镜不符合本标准。

4.14.2　滤光片／背衬透镜变形

当白纸上出现与球的击球面相适应的标记时，应认为滤光片或背衬透镜已变形。

4.14.3　滤光器外壳或框架失效

如果滤光器外壳或框架断裂，如果其部件分离，或者如果滤光器外壳或框架允许最靠近测试人头模型眼睛的滤光器或背衬透镜从其外壳或框架上撞击，则应认为滤光器外壳或框架不符合本标准。

4.14.4　眼镜架失效

当钢球在耳弓的铰链销上投射三次且在桥和透镜支架的连接处投射三次时，如果框架断裂或其部件分离，则应视为不符合本标准。

4.15 面罩和头盔

如果使用可移动滤光器，例如顶部铰接的滤光器，则设计应确保设备发生故障时，应保护用户免受辐射，即应为"故障安全型"。

可变阴影观察透镜

除焊接滤光片外，还采用可变阴影观察透镜。

可变阴影观察透镜可使焊工在头盔或护手罩就位的情况下开始焊接操作，但视野将通过高阴影过滤器获得，但不应用于查看焊接操作。

表 4.4 阴影数和允许响应时间

在黑暗状态阴影数	最大响应时间，ms
3~10	100
11~12	10
13~14	1
15~16	0.1

设备上应注明观察镜在变暗状态下的阴影数，并警告不得在设备中使用比该阴影数更高的焊接滤光片。在发生故障的情况下，可变阴影观察透镜应恢复到其变暗状态，即在断电或传感装置受阻的情况下，装置应为"故障安全型"。

响应或激活时间，即达到最大弧光强度 50% 水平所用的时间与可变阴影观察透镜达到暗状态下 0.5 的视觉密度范围内的密度所用的时间之间的时间，可变阴影观察透镜从亮到暗的状态不应超过表 4.4 中给出的值。

可变阴影观察透镜的透射特性应如下：

光或暗状态下的非视觉密度应大于或等于 BS 679：1977 中规定的设备暗状态阴影的最小值。暗状态下的视觉密度应大于或等于表 4.4 中给出的该阴影数的最小值。光照状态下的视觉密度不应小于 3 号滤光片的视觉密度。

4.16 滤光器支架和滤光器的尺寸

滤光器支架应牢固地固定适当尺寸的滤光器和滤光器盖。滤光器的最小尺寸应为105mm×50mm（公称尺寸）。

注意：滤光器的首选公称尺寸为 108mm×51mm 和 108mm×82mm，实际切割尺寸不应与公称尺寸相差超过 1mm。

注意：应注意尽量减少尺寸之间的混淆。

（1）手部防护罩的手柄：手部防护罩应配备一个手柄，该手柄应固定在防护罩内或配备其他手保护装置。

（2）电气绝缘：当按照 7.12.（3）所述使用 500V 直流测试电压进行测试时，外部任何金属部分和内表面任何部分之间的电气绝缘值不应小于 500000Ω，屏蔽的系带附件除外，头部系带结构中使用的金属部件应免除此要求。

（3）颈罩：颈罩应符合 BS 679 附录 A 至 E 中所述的试验。

（4）固定防护罩：固定防护罩用于特殊需要，应免除 7.4.3 和消毒的要求。表 4.5 显示了各种阴影数的视觉密度。

表 4.5　视觉密度

阴影数	视觉密度	
	最小值	最大值
1.2A	0.00	0.13
1.2	0.00	0.13
1.4	0.13	0.24
1.7	0.24	0.36
2.0	0.36	0.54
2.5	0.54	0.75
3	0.75	1.07
4	1.07	1.49
5	1.49	1.92
6	1.92	2.36
7	2.36	2.80
8	2.80	3.21
9	3.21	3.64
10	3.64	4.07
11	4.07	4.49
12	4.49	4.92
13	4.92	5.36
14	5.36	5.80
15	5.80	6.21
16	6.21	6.64

表中表示阴影数或如果为可变阴影滤镜，则是在浅色和黑暗状态下的阴影数。如果使用双阴影滤镜，则是每个区域的阴影数。如果阴影可变，则出现以下警告：不要使用可变阴影观察镜来观察焊接操作。

注意：在焊接和类似操作过程中使用的滤光片、覆盖镜片和背衬镜片应符合 BS 679-1989 或 ISO 4850、4851 和 4852 的要求。

（5）标记：所有设备应清楚并永久地标记以下内容：

① 制造商名称、商标或其他制造商识别标识；

② 物品适用的最高等级号；

③ 标准号；

④ 滤光器应将以下内容进行永久标记：制造商的名称和商标。

（6）消毒：使用者应将每台设备浸入 1%（体积分数）的十二烷基（脱氨基乙基）甘氨酸或类似的自来水溶液中消毒 10min。

（7）测试：制造商应书面证明已进行以下测试：

① 金属部件抗腐蚀性试验（BS 1542）；

② 可燃性（加热棒）测试（BS 1542）；

③ 头盔和手套的电气绝缘测试（BS 1542）；

④ 滤光测试附录 A 至 E（BS 679）或等效（BS 1542）。

4.17 手部防护

本节详述了材料制造细节的最低要求和手套的性能要求，这些手套在进行石油和天然气工业工作场所常见的手动操作时，可保护手和手腕（视情况而定）。在本标准中，工业手套分为表 4.6 中给出的类型。图 4.11 展示了皮革和织物手套的附加设计特征。表 4.7 展示了不同的危害因素分类。

表 4.6 手套类型

型号	描述
1	皮裂皮手套、手套、露指手套和单指手套
2	粗面皮革手套、手套、露指手套和单指手套
3	皮掌手套
4	织物织成的手套和内缝手套
5	皮革外缝装甲手套和手套
6	粗糙表面轻质 PVC 支撑手套
7	光滑表面轻质 PVC 支撑手套
8	光滑表面标准重量的 PVC 支撑手套
9	粒状饰面 PVC 支撑手套
10	植绒内衬无支撑 PVC 手套
11	未加衬垫，亚光饰面，无支撑 PVC 手套
12	无衬里橡胶手套或手套
13	羊毛衬里橡胶手套或手套
14	织物衬里橡胶手套或手套
15	橡胶手套或护腿、织物或植绒或衬里，在整个或部分手上加橡胶加固

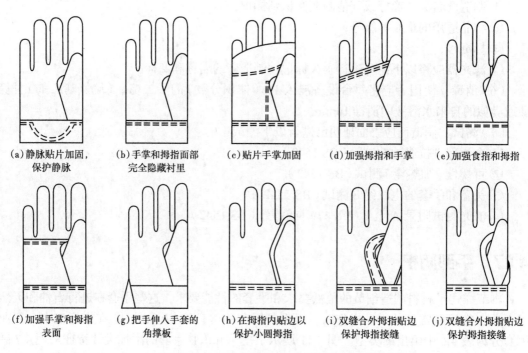

(a)静脉贴片加固，保护静脉　(b)手掌和拇指面部完全隐藏衬里　(c)贴片手掌加固　(d)加强拇指和手掌　(e)加强食指和拇指

(f)加强手掌和拇指表面　(g)把手伸入手套的角撑板　(h)在拇指内贴边以保护小圆拇指　(i)双缝合外拇指贴边保护拇指接缝　(j)双缝合外拇指贴边保护拇指接缝

图 4.11　皮革和织物手套的附加设计特征

表 4.7　危害因素的分类

危害因素	典型操作	适用的手套类型	手套型号
高温，无严重磨损	冲压、铸造、锻造热处理	耐热皮革手套 耐热皮革内缝手套 耐热皮革长手套 有帆布袖口的耐热皮革护手，或手掌表面 有帆布或耐热皮革 环桩手套（loop-pile）或长手套	1.2 1.2 1.2 1.2 3.4 4
高温，磨损	切割、热切割	耐热耐磨皮革手套 手心用帆布或热敷制成的织物手套	1.2 3.4 1.2
加热时灵敏度很高的，有熔融金属飞溅或有飞溅的可能性	焊接、铸造、镀锌	耐热内缝皮革手套 耐热皮革长手套 带袖口的耐热皮革内缝手套	1.2 1.2 1.2
锐边材料和物体	金属切削，金属切割、冲裁，金属板（金属片）处理操作，未修整的铸件处理	内缝皮革手套和长手套 手掌面有帆布或皮革的织物手套 表面有颗粒附着的 PVC 手套 超重型强化橡胶手套	1.2 3.4 9
碱性脱脂槽中的锐边材料或物体	玻璃制品的处理、软木的处理，建筑拆除	表面有颗粒附着的 PVC 手套 超重型强化橡胶手套	15 9
边缘有裂痕碎屑的玻璃或软木	喷砂操作	皮手套、连指手套 环桩手套 表面有颗粒附着的 PVC 手套 超重型强化橡胶手套	15 1.2，3 4

危害因素	典型操作	适用的手套类型	手套型号
非常严重的磨损	处理修整过的铸件或锻件、砌砖、混凝土浇筑、铁砧操作、重型包装	超重型强化橡胶手套 耐磨皮革手套 手掌为耐磨颗粒手套背皮面内接缝手套	9 15
严重的磨损	普通的包装操作 普通操作	圆环手套 掌心为双层耐磨皮革手套 表面附着颗粒 PVC 手套 加强天然橡胶手套	15 1.2 2
轻微磨损	脱脂,印刷,化工制造,喷漆	皮革手套 布手套 皮制掌心布手套 环形手套 PVC 手套 橡胶手套	4 5 9 15
有机溶剂腐蚀	涉及酸、碱性物质作业,不涉及染料和一般化学伤害	轻便、粗糙的 PVC 手套(不包括背部敞开及连接手腕型) 含有颗粒的光滑表面 PVC 手套(不包括背部敞开及连接手腕型) 天然及合成橡胶手套 标重型 PVC 手套 表面有颗粒物的 PVC 手套(不包括背部敞开及连接手腕型) 橡胶手套	1 4 3 4 6, 7, 8, 9, 10, 11 12, 13, 14, 15
化学毒物 油脂	涉及与油脂相关的化学伤害作业	标重 PVC 手套 表面有颗粒物的 PVC 手套(不包括背部敞开及连接手腕型) 天然及合成橡胶手套	0.7 7, 8, 9, 10 12, 13, 14, 15 8 9 12, 13, 14, 15 8 9 12, 13, 14

4.18 材料

已知可能引起皮肤刺激或对使用者健康产生任何不利影响的材料不应视为制造材料。

4.18.1 皮革

皮革不应含有切口、孔洞或纹理损伤。粒面革在双折面皮外侧时不应开裂。第二次折叠应与第一次折叠成直角。皮革应采用全铬鞣制、半铬鞣制或混合鞣制。试验时,皮革的撕裂强度不应小于 108N(11.0kgf)。样品干燥时,皮革的油脂含量不应低于 5%,也不应高于 25%。

当皮革样品干燥并随后进行试验时,以无脂肪为基础计算的皮革的氧化铬、氧化锆和氧化铝含量应符合以下要求:

全铬革应含有不少于 3.5% 的氧化铬（Cr_2O_3），半铬革应含有不少于 2% 的氧化铬。

不含有机鞣剂的复合鞣革应含有不少于 3.5% 的金属氧化物，这些金属氧化物来自矿物鞣剂，即氧化铬、氧化锆和氧化铝。当矿物鞣剂与有机鞣剂结合使用时，皮革中的金属氧化物总量应不少于 2%。

磨碎的皮革水提取物的 pH 值不得低于 3.2。

当两个皮革试样在 90℃ 的温度和 1min 的试验时间下进行试验时，两个试样的收缩率均不应超过其原始面积的 10%。

当测试皮革的水性提取物样品时，不应检测到铬酸盐。

4.18.2 机织织物

机织织物的断裂强度应符合表 4.8 的规定。

4.18.3 环绒织物（毛圈织物）

试验时，中等质量的可逆环绒织物手套和手套的布的单位面积最小质量应为 670g/m²，加重质量的可逆环绒织物手套和手套的最小质量应为 930 g/m²，使用尽可能大的样本，并相应地调整程序和结果计算（如 BS 2471 方法所述）。织物的结构应为每厘米 5.5~7 层，3~4 层 /cm。织物的耐磨性应确保质量损失不大于 0.18 g。

表 4.8 机织织物的断裂强度

方向	断裂强度，N	
	未提高的	凸起的
经纱	1100	980
纬纱	580	350

4.18.4 缝纫线

皮革和织物手套（1 至 5 类）的缝纫线应为涤纶和棉包芯纱，或应为具有同等抗拉强度的棉线或亚麻线。

4.18.5 缝线

所有缝线应为锁线或双线链式缝线，织物手套每 10cm 应缝 27~35 针，全皮手套每 10cm 应缝 23~31 针。

4.19 结构和设计

4.19.1 类型 1 肉裂皮革内接缝手套、长手套、连指手套和单指手套

款式：1 型手套和长手套应为 clute 或 gunn 样式，与手套背部分开，可以是内缝，也可以是外缝。

材料：皮革应为符合第 8.2.1 要求的肉面剖层皮。手套厚度不小于 1.2mm，不大于 1.6mm。单指手套和连指手套的厚度不应小于 1.4mm。标有"耐热"标志的手套、长手套和连指手套的皮革应符合 BS 1651 的规定。缝纫线应符合 8.2.4 的规定。

设计：对于 clute 图案手套和单指手套，手掌和覆盖第一个手指背面和所有手指前面的皮革应从一块皮革上切下。袖口皮革应从不超过两块皮革上切下，并应通过双排缝线与手套相连。

注意：

（1）如有需要，可通过在侧缝处安装三角形皮革角撑板，为手套提供更大的开口。

（2）对于 gunn 手套和内接缝手套，手掌、第一和第四个手指的前部以及拇指皮革应从一块皮革上切下。第二和第三个手指的前部皮革应该从一块或两块皮革上切下来。后背皮革应该从一块皮革上剪下来。

（3）如果使用大拇指，则允许沿第一个手指和手掌之间的连接部分或全部缝合。

4.19.2　类型 2 皮革内缝手套、长手套、连指手套和单指手套

款式：2 型手套和长手套，内缝手套和单指手套，应为 clute 或 gunn 样式，内缝与背部分开，可以是内缝或外缝。

材料：皮革应符合 8.2.1 的要求。在 clute 样式中，手掌、手指前部和整个拇指应由不小于 1.2mm 且不超过 1.7mm 厚的粒面皮革制成。手指的背面应该是粒面革或肉裂革。

在 gunn 图案中，手掌和手指前部应为不小于 1.2 mm 且不超过 1.7 mm 厚的粒面革。背部应为肉裂皮革，从一块切下，并应覆盖至少三个手指的背部到袖口。缝纫线应符合 8.2.4 的规定。

设计：袖口应由不超过两片皮革制成，并应通过双排缝线与手套相连。如图 9 所示，在安装由半圆形粒面皮革组成的静脉贴片时，应将其缝在袖口接缝处手套的手掌中间，并缝在袖口上。贴片直径不应小于 75mm。

注意：如有需要，可通过在侧缝处安装三角形皮革角撑板，为手套提供更大的开口。

4.19.3　类型 3 带皮革手掌的织物手套

款式：3 型手套应为 clute 或 gunn 样式，背面和袖口为织物，内缝。

材料：皮革应为厚度不小于 1.0mm 的肉皮或厚度不小于 1.2mm 的粒面革，并应符合 8.2.1 的要求。机织物应符合 8.2.2 的要求。环绒织物除针织防皱织物外，应符合 8.2.3 的规定。缝纫线应符合 8.2.4 的规定。

设计：clute 图案手套应为以下三种设计之一：

（1）皮革手掌和拇指及全部四个指背采用纺织面料。

（2）皮革手掌，拇指和部分环绕第一个手指。第二、第三和第四个手指由织物制成，手掌上的皮革应覆盖第一个手指的拇指侧，没有接缝，第一个手指的其余部分由织物制成。

（3）手掌、拇指和第一个手指之间没有接缝。第二、第三和第四个手指应该由纺织物制成。如果使用编织袖口，缝纫后的长度应不小于 50mm。边缘应包边或锁边。

在 gunn 图案中，背部应为纺织面料，并应至少覆盖背部的三个手指直至袖口。

4.19.4　类型 4 织物手套

（1）款式：4 型应是完全由织物制成的内缝手套。

（2）材料：4 型手套应由分别符合 8.2.2 或 8.2.3 要求的编织或环绒织物制成。缝纫线应符合 8.2.4 的规定。

（3）设计：手套的内接缝应该是闭合的，如果是机织物的话，袖口边缘应包边或锁边。袖带的制作方法如下：

① 与手套材质相同；

② 帆布材料单位面积的质量不低于 $320g/m^2$；

③ 使用织物制作最小长度为 50mm 的双罗纹袖口。手腕的单位面积质量应不小于 $230g/m^2$。

4.19.5　类型 5 皮革外缝手套和长手套

款式：5 型手套或长手套应为 clute 或 Montpelier 图案。手指和拇指的接缝应该用金属丝缝合。手套背面的缝应采用线缝。

注意：手指和拇指还可以用线缝合。缝线还可以用金属丝缝合。

材料：皮革应为符合 8.2.1 要求的肉面剖层皮。手掌 / 手指的厚度不应小于 1.4mm，不应大于 2.0mm。缝纫线应符合 8.2.4 的规定。

设计：手套手掌、手指和拇指工作面应采用镀锌钢钉加固。闭合钉宽度不小于 2.5mm，厚度不小于 0.5mm，长度不小于 8mm。

吻合器应对角或水平地应用于手掌、手指和拇指正面，并应包括从指尖到袖口接缝的一排订书钉。每只手套上应有 130±15 个钉书钉，以便为使用者提供最大程度的保护。所有订书钉都应牢固地合上。手掌应该有衬里，以确保钉书钉不会接触到手。

注意：为此，衬里应为适当厚度的皮革或重型织物。

4.19.6　尺寸和规格

尺寸：皮革和织物手指手套应适合放置在手套熨斗上，男士手套的最小手掌周长为 254mm。

规格：皮革和织物手套的最小外形尺寸见表 4.9 至表 4.11 和如图 4.12 所示。长手套袖口长度不应小于 100mm，也不应大于 250mm。

注意：如果合适，尺寸 C 与尺寸 G 和 H 一起适用于袖口，尤其是当袖口是手套或连指手套不连的延伸部分时。

表 4.9　1–4 型手套的最小外形尺寸

测量的位置	参照图 4.10	男士尺寸，mm
从第二指端到袖口顶部	A	225
从第二指端到袖口底部	B	205
袖口长度	C*	50

续表

测量的位置	参照图 4.10	男士尺寸，mm
从食指尖端到拇指胯部	D	125
从拇指尖端到胯部	E	75
拇指胯部手掌	F	125
袖口底部	G	125
袖口开口	H *, †	125

注：* 仅适用于手腕手套；

　　† 不适用于针织袖口。

表 4.10　cute 样式 5 型手套的外形尺寸

测量的位置	参照图 4.10	男士尺寸，mm
从第二指端到手套顶部	A	225
从食指尖到拇指裆	D	135
从拇指末梢到拇指裆	E	75
拇指胯部手掌	F	135
袖口开 97 口	H*	135

注：* 仅适用于手腕手套。

表 4.11　5 型手套的最小外形尺寸

测量的位置	参照图 4.10	男士尺寸，mm
从第二指端到手套顶部	A	225
从食指尖到拇指裆	D	135
从拇指末梢到拇指裆	E	75
拇指胯部手掌	F	135
手套顶部开口	H*	135

注：* 仅适用于手腕手套。

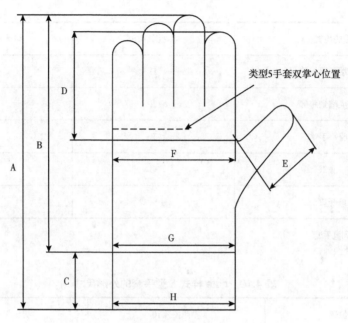

图 4.12　皮革和织物手套的尺寸。

注意：如果合适，尺寸 C 与尺寸 G 和 H 一起适用于袖口，特别是当袖口是手套或连指手套不连的延伸部分时。

4.20　聚氯乙烯手套（表 4.6 的 6~11 型）

手套应由符合相关标准的 PVC 塑性溶胶或有机溶胶通过浸渍工艺制造。

4.20.1　材料

PVC 涂层应为纯天然均质 PVC 增塑化合物。

注：可能引起皮肤刺激或对使用者健康产生任何不利影响的物质不应包含在制造手套的材料中。

4.20.2　结构和设计

外观：防止液体进入的手套应无修补区域、嵌入异物、穿孔、气孔、水泡和手套外表面的外露纤维。

手指：手指应完全分开，不应以任何方式通过 PVC 互连。

4.20.3　支撑 PVC 手套

（1）分类：支撑 PVC 手套应按表 4.12 分类。

（2）设计：应符合如下要求：

①尺寸：支撑 PVC 手套的尺寸、手套的最小长度及手腕的最大宽度和长度（如适用）见表 4.13。

② 长手套：所有长手套的尺寸最小长度应为 260mm。

③ 衬垫：衬垫的有效表面不应有接缝。

④ 拇指：拇指的胯部区域不应有三联接缝。

表 4.12 支撑 PVC 手套的分类

类型	重量、描述	风格图案	平均手掌厚度 *，mm
6	轻质、粗加工	针织手腕、手套手掌背面开口	不小于 0.75，不超过 1.2
7	轻质、光洁度好	针织手腕、手套手掌背面开口	不小于 0.75，不超过 1.2
8	标准重量、清洁光滑	针织手腕、手套全涂层	不小于 1.2，不超过 1.7
9	颗粒面	针织手腕、手套手掌背面开口	不小于 1.1

注：* 用 BS 1651 中描述的方法测量的平均掌厚度。

表 4.13 支撑 PVC 手套的尺寸标识

尺寸	最小长度，mm	最大手腕宽度 *（如果需要），mm	最小手腕宽度 *（如果需要），mm
6、6½、7	215	85	50
7½、8、8½、9	240	90	55
9½、10、10½	255	95	55

注：* 以腕部为基础测量。

接缝：除了手腕 / 手的背面和手掌涂层的开放式手套拇指对面的部分侧缝，所有缝线都应该用 PVC 涂层覆盖。

涂层：涂层应无 PVC 渗入手套内部导致结节的迹象，这可能导致使用者皮肤磨损。

平均手掌厚度：测量时手套的平均手掌厚度应符合表 4.13 的规定。

4.20.4 无支撑 PVC 手套

分类：无支撑 PVC 手套应按照表 4.14 进行分类。

表 4.14 无支撑 PVC 手套的分类

类型	描述	风格图案	平均手掌厚度 *，mm
10	绒里	长手套	不小于 0.70
11	无罩哑光表面	长手套	不小于 0.076

注：* 通过 BS 1651 中描述的方法测量。

尺寸：所有尺寸的无支撑 PVC 手套的最小长度应为 230mm。

平均手掌厚度：测量手套的平均手掌厚度时应符合表 4.14 的规定。

4.21 橡胶手套（表 4.6 中的 12~15 型）

4.21.1 材料

手套应由天然橡胶（NR）、氯丁橡胶（CR）或丁二烯 / 丙烯腈（NBR）或这些材料的混合物的天然或合成硫化弹性体制成。

注：已知可能引起皮肤刺激或对使用者健康造成不利影响的物质不应掺入制造手套的材料中。当手套由聚合物混合物制成时，所用的主要聚合物应符合 BS 1651 的要求。衬垫的缝纫线应为 50/2 棉绳或同等强度的线。

4.21.2 结构与设计

外观：防止液体进入的手套应无修补区域、嵌入异物、穿孔、气孔、水泡和手套外表面的外露纤维。

分类：手套的类型和厚度应按照表 4.15 和表 4.16 进行分类。每种类型的最小长度和壁厚应如表中所示。应按照 BS 903 第 A38 部分方法 A1 的规定，使用直径为 5±0.1mm 的圆底量规测量厚度。

设计：橡胶手套的尺寸和手套的手掌周长应在手套内侧周围测量，从拇指裆部开始和结束（表 4.16）。

表 4.15　橡胶手套厚度的分类

类型	重量	符号	单壁厚 *, mm
12 和 13	超轻	U	不大于 0.5
12 和 13	轻质	L	超过 0.5 不大于 0.9
12 和 13	中等质量	M	超过 0.9 不大于 1.3
12 和 13	重量级	H	超过 1.3
14	轻量级	L	超过 0.5 不大于 1.0
14	中量级	M	超过 1.0 不大于 1.5
14	重量级	H	超过 1.5

注：* 对于 14 型手套，规定的厚度是弹性体加织物的厚度。

表 4.16　橡胶手套尺寸指定

尺寸命名	数值尺寸指定 *, in	内部手掌周长（公差嵌入 +10mm）-6
小（S）	6½	165
中（M）	7½	191
大（L）	8½	216
超大（XL）	9½	241
特大（XXL）	10½	267

注：* 此列中给出的数字与以英寸表示的手掌内周数值相同。

4.22 性能要求

（1）手套应按照 BS 1651 的附录 A 至 K 进行测试，包括以下内容：

① 可溶性铬酸盐的检测方法；

② 圈绒和 PVC 手套耐磨性试验方法；

③ 皮革和织物手套的附加设计特征；

④ 皮手套耐磨性试验方法；

⑤ 根据 BS 3144 计算试验后的面积损失百分比；

⑥ 试样制备和试验条件；

⑦ 热接触试验；

⑧ 聚氯乙烯手套厚度测定的试验方法；

⑨ PVC 手套胶化度试验方法；

⑩ 聚氯乙烯手套弯曲开裂试验方法；

⑪ 聚氯乙烯橡胶手套透气性试验方法。

表 4.17 显示了橡胶手套的型号名称。

表 4.17　橡胶手套的类型名称

类型	描述	风格	最小长度，mm
12	无衬里	手腕	265
13	绒里	长手套	305
		手腕	265
14	面料衬里	长手套	305
		手腕	265
15	无衬里，羊绒	长手套	305
		手腕	265
	衬里或织物	长手套	305
	附加线		
	橡胶加强		
	整个或部分手掌		

（2）标记：手套或其直接包装上应清楚标记以下内容：

① 手套型号；

② 如适用，定义所用弹性体类型或其全名的代码字母；

③ 如适用，橡胶手套应注明"超轻""轻""中重"或"重量级"字样或表 415 中给出的符号字母；

④ 如适用，对于皮革和织物手套，应注明"耐热"字样；

⑤ 如适用，对于皮革和织物手套，应注明"耐磨"字样；

⑥ 如适用，对于 PVC 和橡胶手套，应注明"压力试验"字样。

4.23　电气用橡胶手套

额定电压

系统中任何导体和接地之间的额定电压（交流有效值或直流）不超过以下值：650V、1000V、3300V、4000V。

手套应由优质天然生胶或合成生胶制成，或由这些生胶或合成生胶的混合物与适当的配合剂制成。

4.24　制造

手套应该由整体式工艺制成，或者由片材制成。手套应无修补区域、嵌入异物、水泡（浅破水泡除外）和其他可能因手套材料缺乏物理均匀性或连续性而产生的物理缺陷，在光线充足的区域用指定人员的肉眼（如有必要，可借助眼镜确保正常视力）检查。

注：不会对质量或寿命造成危害或严重退化的轻微表面不规则可不予考虑。

长度：从第二个手指尖到袖口边缘的最小内部长度，如图 4.13 所示，手腕型应为 265mm，护腕型应为 355mm。

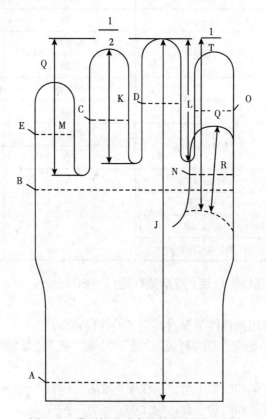

图 4.13　典型标准手套的外形（内部尺寸）

4.25 典型尺寸

在制造橡胶手套时，可使用两种成形器，即扁平型和成形型。在成形型上制成的手套一般比较舒服。表 4.18 给出了均匀手套主要内部尺寸的典型值。外部尺寸取决于所用橡胶的厚度。

表 4.18　典型的内部尺寸

详情	内部尺寸			
	8mm	9mm	10mm	11mm
周长，mm				
A	218	236	254	271
B	218	236	254	271
C*	58	62	67	72
D*	60	65	70	75
E*	57	60	65	69
N*	72	78	84	90
长度				
J（最低）†手腕	265	265	265	265
长手套	355	355	355	355
K	67	70	74	78
L	75	80	84	88
M	57	60	63	67
P	110	116	122	128
Q	28	31	31	33
R	57	59	62	65
T	8.5	9	9.5	10

注：* 周长是在裆部和尖端之间的中间测量；
　　† 尺寸 J 的值是最低要求。

注：如有需要，可在腕式橡胶手套手腕的背面安装一个用于悬挂目的的加强延长件，但延长件应由买方和制造商协商确定。

4.26 颜色代码

如果手套的颜色编码表明额定电位，则使用的颜色应符合表 4.19 的规定。

表 4.19　颜色代码

额定电位，V	颜色
650	白
1000	红
3300	绿
4000	蓝

4.27　性能

（1）电气用橡胶手套应由制造商进行试验，随后由用户根据 BS 697 进行以下试验：

① 测量厚度。

② 电阻。

（2）说明：每副手套应附有说明书，并应包括以下信息：

① 储存和清洁建议（包括最大洗涤和干燥温度）；

② 检查和再测试程序的适当细节。

（3）标记：每只手套应标记如下：

① 相关标准编号和日期；

② 制造商的名称、商标或其他识别方法；

③ 制造年月；

④ 额定电压后接括号中的"工作"一词；

⑤ 尺寸。

标记应耐久，不应损害手套的性能和特性。

4.28　关于橡胶手套的维护、储存、检查、重新测试和购买后使用的指南

储存：手套应存放在容器中，置于干燥、黑暗、温度介于 10~21℃ 之间的地方，已发放但未使用的手套应保存在仅用于此目的的容器中，或存放在不会受到机械或化学损伤的地方。

发放：为线路工和其他户外工人准备的手套应放在不含油脂和油的保护容器中，并适合其将要使用的工作类别。系在司线员皮带上的帆布包或皮包适用于架空线路的工作。当手套需要存放在工具箱中时，纤维盒是合适的。仅用于紧急情况的手套应保存在防水容器中。

使用前检查：每次使用前，应对手套内外进行检查。如果任意一副手套被认为是不安全的，应该重新测试。

4.28.1　使用中的注意事项

应注意避免磨损或锐边造成机械损伤。手套应尽量避免暴露在热或光下，或接触溶

剂、油或其他化学试剂。如果其他防护手套与电气用橡胶手套同时使用，则应将其戴在橡胶手套上。如果外层防护手套变得潮湿、油腻或油腻，则应将其取下。不使用橡胶手套时，也应将其从橡胶手套上取下。

当橡胶手套变脏时，应在不超过手套制造商建议的温度下用肥皂和水清洗，彻底干燥并洒上滑石粉。如果绝缘化合物（如焦油和油漆）继续粘在手套上，应立即用合适的溶剂擦拭受影响的部位，并按上述说明进行清洁，避免过度使用。如有困难，应向制造商寻求建议。在使用或清洗过程中变湿的手套应彻底干燥，干燥时温度不应超过65℃。

4.28.2　手套的检查和重新测试

经常使用的手套应每隔不超过6个月重新测试一次。偶尔使用的手套应在使用后重新测试，在任何情况下，间隔不超过12个月。存放的手套应每隔不超过12个月重新测试一次。

使用过程中可能会出现表面缺陷，这是由于橡胶中的气泡破裂或异物穿透表面造成的。如果手套在返回仓库时出现任何此类缺陷，则应销毁或使其无法使用。每只手套的每一个手指都应该用手拉伸，以确定其机械强度是否足够。应按照标准中规定的适当试验电压（即根据额定电压）和BS 697中所述的方式，通过进行一次电气试验，对那些看起来状态良好的手套进行重新试验，手套不得破裂或泄漏超过BS 697表1或表3中规定的最大值（视情况而定）。只有通过重新测试的手套才应被视为合格。其他手套应拒收并销毁，或使其不能用于电气用途。

配对：当一对手套中只有一只被废弃时，另一只手套，在可能的情况下，可以与相同尺寸和品牌的类似手套配对使用；重新测试后，所得到的一对手套可被放入可用库存中。不应为了配对使用而把手套翻过来。

4.29　焊工防护皮手套

4.29.1　类型

根据材料、形状和用途，手套的类型见表4.20。

表4.20　手套类型

类型		材料		形状	用途
1级	1	掌背	牛皮	2指	主要用于电弧焊
	2	袖口	后剖牛皮	3指	
	3			5指	
2级	1	掌背	后剖牛皮	2指	主要用于气体焊接、熔融切割
	2			3指	
	3		后剖牛皮	5指	
		袖口			

4.29.2　皮革的结构、规格和厚度

手套的结构：手套的构造应为 2 指、3 指和 5 指类型，适用于 1 级和 2 级，手掌和背部之间的接缝用贴边皮革缝合在一起。贴边采用铬鞣牛皮或牛皮后分条。镶嵌和加强革应使用与手掌和背部相同的皮革，加强革的宽度不应小于 15mm。手套上使用这些附加件的部位应符合表 4.21 的规定，手套分类形状如图 4.14、图 4.15 所示。

表 4.21　手套中需要使用附加件的部位

类型		适用部分		
		皮革衬里	皮革加强	嵌入皮革
1 级和 2 级	1	掌背缝	拇指胯部边界	—
	2	掌背缝	拇指胯部边界	食指和中指间测
	3	中指、无名指和拇指分叉处的接缝	—	—

注：为便于制造，根据结构可省略镶嵌皮革。

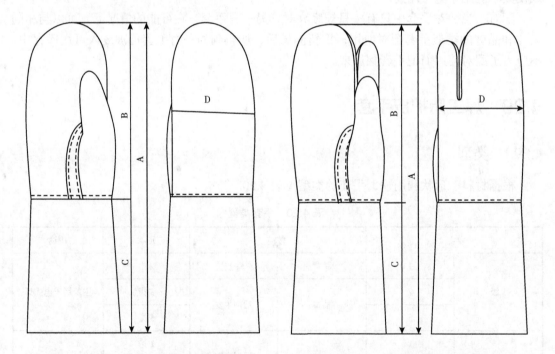

图 4.14　1 级 1 号和 2 级 2 号（双指式）　　　图 4.15　1 级 2 号和 2 级 2 号（三指式）

规格：手套的最小标准尺寸应符合表 4.22 的规定。表中 A 为中指尖至袖口底部的外长，B 为中指尖至袖口顶部的外长，C 为袖口长度，D 为食指与小指交叉处手掌宽度。结构如图 4.17 所示。

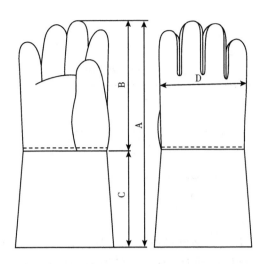

图 4.16 1 级 3 号和 2 级 3 号（五指式）

表 4.22 手套最小的标准尺寸 单位: mm

类型		长度			宽度
		A	B	C	D
1 级和 2 级	1	350	200	150	130
	2	350	200	150	130
	3	350	200	150	130

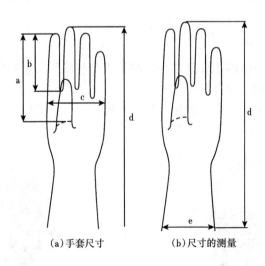

(a)手套尺寸　　　　(b)尺寸的测量

图 4.17 皮革和织物手套的尺寸

107

4.29.3 厚度

皮革的厚度应符合表 4.23。

表 4.23 皮革厚度 单位：mm

适用部分	皮革种类	厚度
手掌和背部	牛皮	最小 1.5
	后剖牛皮	最小 1.5
袖口	后剖牛皮	最小 1.0

4.29.4 材料

皮革：手套的主要材料应为铬鞣牛皮及其后片，应符合表 4.24 的规定。特别是手套的手掌和背部，应使用厚度接近均匀、无不均匀劈裂、柔韧结实的皮革，袖口的皮革应具有适度的弹性。

表 4.24 手套的主要材料 单位：mm

条项	牛皮（铬鞣）	后剖牛皮（铬鞣）
抗拉强度，kgf/ mm²/ MPa	最小 2.0 /19.16	最小 1.0 /9.81
延伸率，%	最小 40	最小 30
撕裂强度，kgf/mm/N/mm	最小 5.0 /49.03	最小 3.0 /29.42
油脂含量，%	最小 6.0	最小 2.0
铬含量（Cr2 或 Cr3），%	最小 2.5	最小 2.5

缝纫线：用于缝制手套的缝纫线应为尼龙、涤纶、维纶等合成纤维的纺制线，20 支或相当数量，无扭曲、裂纹等不规则现象，其抗拉强度应不低于 22.56N（2.3kgf）。

4.30 听力防护

本节详述了在高噪声级的工作环境中保护员工免受噪声有害影响的护听器。护听器包括耳罩、耳塞和声波耳阀三种类型。

耳罩的设计是为了减少工厂、机场和使用空气压缩机、风镐和涡轮机的地区的过度噪声的影响（图 4.18、图 4.19）。

图 4.18 耳罩

图 4.19 头戴式听力保护装置

耳塞由柔软的弹性材料制成，有五种尺寸；尺寸标注在每个插头上。这些小的、羽量级的塞子有效地密封了外耳道的四分之一。模制的凸耳便于插入和拆卸。用温和的肥皂和温水很容易清洗塞子［图 4.20（a–c）］。

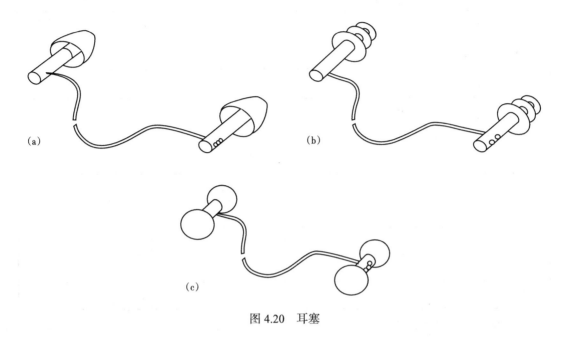

(a)

(b)

(c)

图 4.20　耳塞

4.30.1　耳罩材料

可清洁的耳罩材料不应使用已知有害健康的物质。可能与皮肤接触的垫子材料应无污染、柔软、柔韧，并且不能引起皮肤刺激或对健康产生任何不利影响。按照制造商规定的方法清洗后，所有材料应明显无损伤。根据 BS 6344 进行测试时，耳罩的可燃性（加热棒）指数应为 P。金属部件应进行适当的防锈处理，并应能够消毒。

4.30.2　耳罩结构

所有部件的设计和结构应确保在按预期使用时不会对使用者造成物理损坏。所有与塑料垫接触的边缘都应该是圆角，表面光滑，没有可能损坏衬垫的锐边。如果衬垫不能在耳罩的使用寿命内使用，则应可在不使用专用工具的情况下更换罩杯垫。如果耳罩不适合戴在头上，则应提供头带。

4.30.3　调试和尺寸

可调节性和尺寸：表 4.25 和表 4.26 中给出了耳罩分类。除非提供使用者信息，否则耳罩的可调节性应符合 BS 6344 7.2.3（3）7.2.3（4）的要求。

（1）头戴式耳罩：对于表 4.25 中所示的头戴式耳罩的每个头部尺寸组合，头带和罩杯垫之间宽度的调整范围应使耳罩能够安装在设备上（见 BS 6344）。

（2）头后耳罩：对于表 4.26 中所示的头后耳罩的每个头部尺寸组合，头带和罩杯垫之间宽度的调整范围应使耳罩能够安装在设备上（见 BS 6344）。

表 4.25　头部尺寸（头戴式耳罩）

头部高度，mm	头部宽度，mm		
	130	150	160
150	×	t	×
130	t	t	t
140	×	t	×

注：t 表示适合这个尺寸的耳罩；

×表示不需要安装此尺寸。

表 4.26　头部尺寸（头后耳罩）

头部高度，mm	头部宽度，mm		
	130	150	160
90	×	t	×
105	t	t	t
115	×	t	×

注：t 表示适合这个尺寸的耳罩；

×表示不需要安装此尺寸。

注：选择表 4.25 和表 4.26 中引用的尺寸是为了涵盖工业人口 5%、50% 和 95% 的头部宽度与头部高度或头部深度的适当组合。

（3）通用耳罩：头带和罩杯垫之间宽度的调整范围应能使耳罩安装在设备上（见 BS 6344）。

（4）头带：头带（如提供）应连续可调，应适应表 4.25 和表 4.26 中的头部尺寸范围，并且在正常头部运动下不应分离。

（5）旋转：每个耳罩杯应能够围绕两个正交轴（其中一个是水平的）移动 ±10°，这两个正交轴位于耳罩杯所在的平面上，头带的宽度、高度或深度与耳罩杯的宽度、高度或深度相适应。在整个范围内，罩杯垫和试验安装板之间的接触应是连续的。

罩杯开口尺寸：耳罩杯开口的最大长度（在罩杯平面或平行于罩杯表面的平面内测量）应不小于 50mm，开口的最大宽度，沿杯面所在平面或平行于杯面且与定义长度的线正交的平面内的轴测量，不得小于 35mm。

4.30.4　舒适性

总质量大于 400g 的耳罩应标明其总质量。当头带按照 BS 6344 9.2.4.4 进行测量时，如果适用于表 4.27 中规定的宽度、高度或深度，头带力不应大于 16N。用头带组测量罩杯垫压力时，罩杯垫压力不应大于 4000Pa。如果耳罩声称是通用的，则应根据头顶耳罩和头后耳罩的要求进行试验。

表 4.27　用于测量耳罩杯旋转、头带力和缓冲压力的耳罩

分类	类型	仪器和耳罩的相应设置（见 BS 6344：第 1 部分）	
		头部宽度，mm	头部高度或深度，mm
按照 BS 6344 进行测试时，符合表 4.25 和表 4.26 中给出的头部尺寸的耳罩	头戴式耳罩	150	130
	头后耳罩	150	杯部调整范围的中点
在按照 L-BS 6344 测试时，不符合表 4.25 和表 4.26 中给出的头部尺寸的耳套	头戴式耳罩	制造商根据 9.5.1 （f）规定确定头部尺寸范围的中点	
	头后耳罩		

4.31　性能测试

制造商应书面证明已进行以下测试：
（1）取样、调节和测试顺序；
（2）可燃性（加热棒）测试；
（3）测量耳罩杯转动的方法；
（4）头带测试的测试方法；
（5）缓冲压力测试［见注（1）］；
（6）跌落试验［见注（2）］；
（7）振动测试；
（8）头带耐久性测试；
（9）插入测量的客观方法；
（10）耳罩脱落；
（11）罩杯垫渗漏试验；
（12）可调性测试。
注：
（1）首次打开耳罩时出现的罩杯垫变形应在使用耳罩后 30min 内消失。
（2）衰减。根据本标准评估的耳罩类型，应提供按照 BS 5108 所述程序测量和呈现的耳罩衰减值。如果是通用耳罩，则应提供两种使用模式的衰减值。

4.32　测试结果

对于以下测试：
（1）跌落时的抗损伤性；
（2）振动时的抗损坏性；
（3）头带耐用性。
耳罩不应开裂、破裂或受到其他可能影响性能的损坏。
在对耳罩的性能进行评估后，头带力的变化不应超过测量值的 ±25%。

在一个以上的测试频率下，对指定样品的每个杯进行性能测试后测得的插入损耗变化不应大于 4 dB。

如果是充液或充气的罩杯垫，则安装在耳罩上的罩杯垫在测试时不应泄漏。

4.33 信息

4.33.1 使用者信息

制造商应为使用者提供耳罩的以下信息：

（1）装配／调整方法。

（2）禁止使用已知对使用者健康有害的清洁剂或清洁方法。

（3）维护方法。

（4）可获得进一步背景资料的地址。

（5）声明：听力保护垫可能会随着使用而变质，然后需要更换。

（6）测试时，如果头部尺寸不包括表 4.25 和表 4.26 中给出的尺寸范围，则耳罩应设计成适合头部尺寸。

（7）按 BS 5108 中给出的程序测量的各频率下的列表平均衰减和各频率下衰减的列表标准偏差。

4.33.2 标记

每对耳罩都应用永久标记以下信息：

（1）制造商或商标名称；

（2）制造遵循的参考标准；

（3）制造年月或其缩写；

（4）隔音性能；

（5）BS 9241 对耳罩质量的要求。

如果制造商有意确定耳罩的特定方位，则应在耳罩（罩杯）顶部或前部贴上标签。

4.34 耳塞

4.34.1 制造材料

耳塞与使用者皮肤接触部位的所用材料应符合下列要求：

（1）材料应无污染；

（2）在使用耳塞期限内，不应是已知的导致皮肤刺激、皮肤紊乱或对健康产生任何其他不利影响的材料；

（3）在使用耳塞期限内，当接触汗液、耳垢或耳道内可能发现的其他材料时，不应是已知的导致发生变化的材料，这会导致：

① 在检查耳塞是否符合相关标准时需要评估的耳塞性能发生重大变化；

② 预期会对衰减特性造成显著改变的变化。

4.34.2　设计

耳塞的所有部件的设计和制造应确保在按照制造商的说明佩戴和使用时不会对使用者造成物理损坏。当按照制造商的说明佩戴时，耳塞的任何部分可能会伸出耳道外，其结构应确保与耳塞的机械接触不会对耳朵造成任何伤害。当按照制造商的说明插入时，耳塞应能够由使用者在不使用特殊设备的情况下，轻易地完全从耳道中取出。耳塞应与耳朵紧密接触，不易脱落。

耳塞的尺寸应确保耳塞至少具有表 4.28 中给出的一个公称尺寸名称，并且在使用时不应有明显的不适感。耳塞在耳道内的总长度，包括插头、塞片等（两个耳塞之间的连接件除外），不得超过 35mm。

表 4.28　耳塞公称尺寸

公称尺寸标志	5	6	7	8	9	10	11	12	13	14
量规圆孔直径，mm	5±0.1	6±0.1	7±0.1	8±0.1	9±0.1	10±0.1	11±0.1	12±0.1	13±0.1	14±0.1

4.34.3　储存

如果耳塞标有"可重复使用"，则应以适当的包装提供，以确保使用期间的卫生储存。

4.34.4　清洁

如果耳塞标有"可重复使用"，则不应存在：
（1）对所需耳塞初始特性的任何重大改变；
（2）清洁耳塞时，任何可能导致衰减特性显著改变的变化。

4.34.5　可燃性

按照 BS 6344：P.2 附录 A 和 B 中的说明进行测试时，耳塞的可燃性（加热棒）指数应为"P"。

4.34.6　假定保护

在 500Hz、1kHz 和 2kHz 的霍尔测试频率下，耳塞假定保护的代数平均值应大于或等于 12dB。

4.34.7　信息

使用者信息：应给耳塞使用者提供以下信息：
（1）每个频率下的平均衰减和每个频率下衰减的标准偏差列表确保耳塞的正确安装指南。
（2）如果耳塞上有"可重复使用"标记，则清洁方法应不需要使用已知对使用者健康有害的清洁剂。

（3）如果耳塞上有"可重复使用"的标记，则说明可以清洁耳塞的次数。

4.35 声波耳阀

声波耳阀是插入式护耳器，可衰减高噪音级噪声，同时允许低噪声级环境噪声和空气通过。它们对冲击或重复性冲击噪声特别有效，如落锤、风镐、冲床、活塞发动机、铆接冲压和切削操作产生的噪声（图 4.21）。

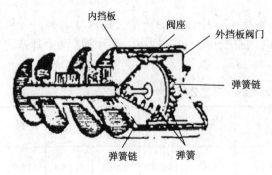

图 4.21 声波耳阀

4.35.1 结构和设计

（1）材料应无毒性、无过敏性。

（2）尺码应为小—中—大，并分别标有字母 S—M—L。

（3）声波耳阀应提供至少与常用耳罩一样多的保护。

（4）空气应该很容易通过声波耳阀进行正常循环。

（5）声波耳阀应能使连续的高频噪声衍射和衰减，阻止声能中有害成分的通过，以便使用者在佩戴时能与他人沟通交流。

（6）硅橡胶装置内的精密金属结构允许正常对话，同时防止枪炮、工厂、飞机、拖拉机、建筑设备、摇滚乐、交通、汽车和摩托车的巨大有害噪声以及其他高频脉冲冲击型噪声。

（7）过滤噪声而不是堵塞：声波耳阀使耳道保持健康、舒适的空气循环和压力平衡。与传统耳塞不同，声波耳阀不会产生"堵塞"的感觉。

4.35.2 标记

（1）耳塞。耳塞、即时包装或分配器应带以下信息：

① 制造商的名称、商标或其他制造商识别标识；

② 制造商标记的标准编号；

③ 型号名称；

④ 耳塞是一次性的还是可重复使用的；

⑤ 安装和使用说明，应说明如何正确安装；

⑥ 耳塞的公称尺寸标识；

⑦衰减图。

（2）声波耳阀。声波耳阀应以 12 个一包的形式提供，每对配有携带盒和链绳。携带盒载有以下信息：

①制造商的名称、商标或其他制造商识别标识；

②遵循的标准编号；

③安装和使用说明；

④规格；

⑤衰减图。

4.36　足部保护

本节标准规定了职业鞋的最低防护要求，职业鞋主要用于保护使用者的脚免受伤害。本标准中引入的防护鞋包括安全鞋（一般要求）、导电安全鞋、电气安全鞋、橡胶安全鞋和抗穿刺鞋等。

防护鞋旨在通过使用能够符合本标准要求（图 4.22）的防护鞋头部来保护脚趾免受外力的影响。鞋应该感觉舒适，适合使用者的工作。鞋应由具有良好平衡形状的材料牢固地制成，鞋面皮革、外底等应仔细修整。鞋头部内侧应衬布、皮革、橡胶、塑料等，后端部分内侧应加固。鞋舌应该尽可能是鞘状的。鞋头盒应在制作过程中与鞋体结合在一起，并应成为鞋体整体的一个组成部分。

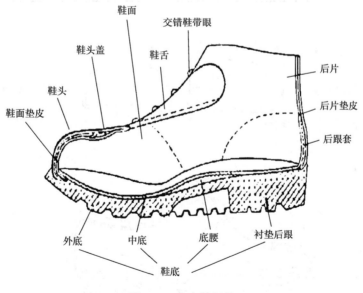

图 4.22　安全鞋组件

4.36.1　材料和工艺

（1）鞋体材料：防护鞋应采用适合其预期使用防护环境的材料制成，并应提供保护、舒适和耐磨性。

（2）部件的结构和尺寸。

①鞋面革：鞋面革厚度均匀，无瑕疵，厚度为 1.5mm 以上。

②趾帽：趾帽应表面光滑，棱角圆滑，钢趾帽表面应进行防锈处理。

③趾帽尺寸：趾帽尺寸（图 4.20）应如下：

a. 足弓上中心至趾尖"a"的水平距离应为 40~60mm；

b. 趾帽"b"最高点的高度应至少为 33mm；

c. 翻边底边应弯曲成几乎水平的程度，水平底边"c"的宽度应至少为 3mm；

d. 鞋底、鞋跟、腿部、鞋面等粘在一起或缝合在一起的部位应完整，以免出现漏水、脱胶、脱布、浮胶等缺陷；

e. 不应出现疤痕、裂纹、泡沫、气泡、异物混入等不利于使用的缺陷。

外底、腿和鞋面厚度：应测量外底、腿和鞋面的厚度，结果应符合表 4.29 的规定。外底（包括鞋跟）应有有效防止打滑的花纹，最薄处的厚度至少为 3.5mm。外底（包括鞋跟）应为适用于使用目的的均质合成橡胶。图 4.23 显示了鞋头和安全鞋组件。

表 4.29　外底、腿和鞋面的厚度　　　　　　　　　　　单位：mm

局部	外底		腿	上部
分类	无螺纹部分	螺纹主要部分（包括凸起）		
靴子	最小 2.8	最小 8.0	最小 1.2	—
鞋子	最小 2.5	最小 7.0	—	最小 1.2

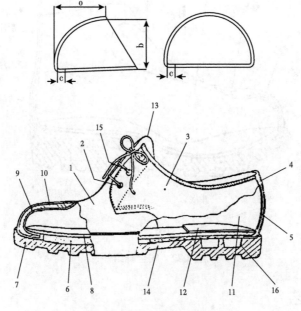

图 4.23　鞋头和安全鞋组件

1—上皮（鞋面）；2—鞋带眼；3—鞋腰；4—后贴片；5—鞋后踵；6—鞋底填料；7—橡胶外底（含鞋跟）；8—中底；
9—钢鞋头；10—鞋面垫皮；11—鞋腰垫皮；12—中底垫皮；13—鞋舌；14—中板垫皮；15—鞋带；16—钢芯

4.36.2 类型

不同类型的安全鞋如图 4.24 所示。

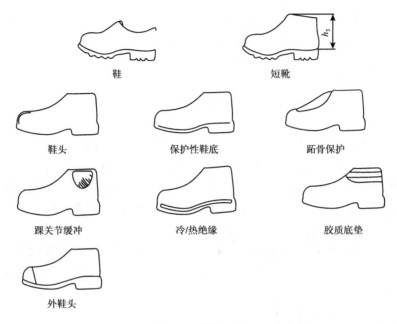

图 4.24 保护功能

4.36.3 安全鞋的尺寸

安全鞋的公制尺寸应为 36~45in，最小鞋头尺寸见表 4.30。

尺寸, in	脚趾头大小
38 以下	6
39~40	7
41~42	8
43~44	9
超过 44	10

4.37 导电安全鞋

导电鞋旨在保护使用者免受积聚在使用者身上的静电的影响。这种鞋的设计主要是为了消散静电。当身体接触到材料时，体内的静电积聚会引起火花。

4.37.1 分类

导电保护鞋头应分为两种类型，命名为类型 1 和类型 2。类型 1 鞋类的要求适用于旨在保护使用者和身体上静电积聚构成危险的环境的导电鞋。1 型鞋的设计可将静电消散到地面，并防止敏感爆炸性混合物着火。在开路电路附近工作的人员不得使用这些鞋。

2 型鞋的要求适用于线路工人或在高压线路上操作的人员使用的导电鞋，其中人员和带电部件的电位必须相等。2 型导电鞋设计用于保护在法拉第型屏蔽架空升降机设备上工作的人员，或在高压线路上类似设备上工作的人员，以及遇有感应电压问题的人员。

1 型和 2 型导电保护鞋头应符合标准中给出的要求。类型 1 和类型 2 的鞋应该是任何有助于稳定导电路径的结构。所有外露的外部金属部件应为有色金属。

4.37.2　材料和工艺

鞋头盒：鞋头盒应在制作过程中与鞋体结合在一起，并应成为鞋体整体的一个组成部分。鞋头盒应符合 ANSI Z 41。

鞋帮、内衬和外底：鞋帮、内衬和外底的材料应符合本节规定的性能要求。

鞋跟：鞋跟应为非金属半跟或全跟，由导电橡胶或任何材料和结构的组合组成，以便于导电和将电传递到地面。胎面应光滑。不得使用垫圈式鞋跟。与地面接触的导电表面面积应为 256mm² 或更大。鞋跟应固定，以确保永久导电性。钉头应低于胎面，并用橡胶（盲钉）覆盖，且不可见。

系带连接器：当需要时，2 型鞋应该包含一个系带连接器，环系在使用者的小腿上。系带连接器应与鞋的后部形成电气连接，并应便于通过鞋跟和鞋底形成电气连接以泄放静电。

4.38　电导（电阻倒数）

4.38.1　类型 1：鞋类

测量时，新的或未磨损的 1 型鞋的电阻应在 0~500000Ω 之间。应参考 BS 5145。

4.38.2　类型 2：鞋类

测量时，每个导电部件和袜子衬里的 2 型鞋的电阻不应超过 10000Ω。

4.38.3　性能

导电安全鞋应根据 JIS-T 8103、ANSI Z 41 或 BS 5451 进行测试。出于防静电目的（低电压），穿过产品的放电路径在其整个使用寿命内的任何时候的电阻通常应小于 $10^8\Omega$。新产品的电阻最低限值为 $5\times10^4\Omega$。在使用过程中，由导电或抗静电材料制成的鞋（靴子、鞋子和套鞋）的电阻可能会因弯曲和污染而发生显著变化，因此，有必要确保该产品能够在其整个寿命期内实现其设计的消散静电的功能，并提供一切保护。要求使用者定期和频繁地进行电阻测试。

4.39　电气安全鞋

本节中描述的电气安全鞋也应符合 ANSI Z 41 中给出的要求。其结构应提供一个总成，以确保在测试时对电进行长时间绝缘。鞋底或鞋跟不得有金属部件。在制作过程中，应将保护性鞋头盒纳入鞋内，并应成为鞋或靴整体的一个组成部分。

4.40　材料和工艺

鞋帮和鞋垫：鞋帮和鞋垫应由任何合适的材料制成。

外底和鞋跟：外底和鞋跟应由符合 10.2.6.5 要求的合适材料制成。

电气性能：每只鞋应能承受 14000V（均方根，有效值）的 50Hz 电压作用 1min，测试时无超过 5.0mA 的泄漏电流。

设备：应使用 0.5kVA（500VA）或更大的变压器，测量系统的阻抗值不应超过 280000 欧姆。

4.40.1　程序

《吸墨纸（实验室）》中规定的吸墨纸应切割至覆盖鞋垫 65% 或以上，但当纸插入鞋内时，不得接触鞋面。将切纸浸入 1% 的氯化钠溶液中 15~30s 或直至完全饱和。将湿纸插在鞋垫上，避开鞋帮和鞋帮衬里，5min 后测试有无漏电。

应将鞋安装在金属底座（宽度和长度均大于测试鞋外底）电极上，并在鞋内放置 2.265kg 的金属箔电极，使其与鞋垫至少 65% 的表面（包括湿吸墨纸）接触。根据 10.4.3 施加电压。

4.40.2　橡胶安全靴

胶靴有脚踝型、膝盖型和大腿型三种类型，如图 4.25 所示。

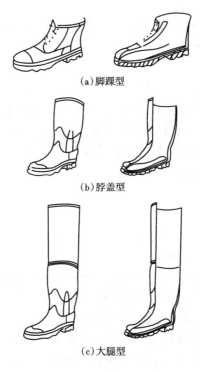

(a) 脚踝型

(b) 膝盖型

(c) 大腿型

图 4.25　典型的工业硫化橡胶靴：脚踝，膝盖和大腿类型

4.40.3 主要材料和部件

（1）橡胶：橡胶应制成均匀的成分，以便适合使用。

（2）布料：用作鞋垫布衬垫的针织、法兰绒等布料和衬里产品的衬布应具有均匀的密度、适合使用的成分，测试时撕裂强度应达到 0.39MPa（3.9bar）或以上。

（3）鞋头：鞋头的材料应具有适合使用的强度。

4.40.4 结构

橡胶安全靴的设计应确保在生产过程中通过在鞋头盒上安装鞋头来保护使用者的脚趾免受挤压和冲击，并应符合以下要求：

（1）应舒适，易于使用者工作；

（2）应由原材料制成，结构坚固，形状平衡；

（3）鞋底、鞋跟、腿部、鞋面等粘在一起、硫化或缝合在一起的部位应完整，以免出现漏水、脱胶、脱布、浮胶等缺陷；

（4）鞋头内侧应衬上布、橡胶或塑料，特别是后部内侧应加固；

（5）不应出现疤痕、裂纹、起泡、中空、异物混入等不利于使用的缺陷；

（6）外底形状应能防滑；

（7）石油生产过程中使用的胶靴应由耐油材料制成。

4.40.5 防刺鞋

本要求的目的是减少可能穿透鞋底的尖锐物体造成刺伤的危险。防刺穿鞋（保护性中底）不应从底部移除，并应符合 ANSI Z 41。

4.40.6 保护设备要求

保护设备应覆盖鞋结构允许的最大内底，并应至少从脚趾延伸至与脚后跟的隆起部位重叠。测试时，鞋靴应能承受每个设备上不小于 150kgf 的平均穿透力。制造商应书面证明所提供的足部保护类型已根据本标准进行了测试。

（1）标记：鞋应清楚永久的标记：

① 尺码；

② 制造商标识；

③ 标准编号；

④ 防护类型（导电—防电击穿）。

对于导电鞋，每只鞋都应该有一个标有"导电"字样的红色标签，粘贴或以其他方式牢固固定在每只鞋外部的适当位置，"定期测试"应该标在鞋上或标签附近。图 4.25 显示了典型的工业硫化橡胶靴（脚踝、膝盖和大腿类型）。

对于防静电鞋，每只鞋都应该有一个黄色的背条和一个带有"防静电"字样的黄色标签，粘贴或以其他方式牢固地固定在鞋外的适当位置。"定期测试"字样应该标在鞋上或标签附近。

（2）标签：每双导电或电气安全鞋应提供信息标签。标签上应注明："弯曲、污染、损坏和磨损可导致电阻变化（定期测试）"。

4.41 身体保护

本节讨论了一般工业工装规范、湿作业防护围裙和高可视性服装和配件等种类的人员身体保护。

4.41.1 一般工业工装规范

本小节详细说明了一般工业部门使用的工装的材料、制造标准、尺寸和标记要求，并给出了轻薄的两件式工装的要求。

（1）制作。

接缝：所有可见接缝（即表面或衣服内部可见的接缝）应为以下之一：

① 缝型过边，一次或多次缝合（见 BS 3870）；

② 粘结接缝，例如接缝类型（见 BS 3870）；

③ 有两行或更多行缝的重叠缝，例如缝型（见 BS 3870）。

不应该有毛边，每一个单一的缝合线的边缘是镶边行。应使用（BS 3870）中所示的隐藏接缝（如内圈）接缝类型。所有织物的最小接缝余量应为 8mm。

（2）缝线：对于服装，除了轻薄的两件式工装，缝线应为以下之一：

① 多线程链式缝合（见 BS 3870）；

② 锁缝（见 BS 3870）。

每厘米不少于 3.2 针，不超过 4 针。对于轻薄的两件式工装，对于侧袖头、袖、肩、过肩、内侧腿和座椅接缝、侧袋和口袋的缝合应为以下之一：

a. 多线程链式缝合（见 BS 3870）；

b. 组合缝合（见 BS 3870）；

c. 六线安全缝合。

（3）缝纫线：缝纫线应采用聚酯纤维或聚酯纤维素包芯纱或 100% 聚酯包芯纱。

（4）贴面：在缝合外套和夹克贴面的地方，应使用 BS 3870 第 2 部分所述的 5.31.01 型缝线将内边缘缝合到前部。缝线距离边缘不应超过 0.5cm。

（5）正面：如果使用钉和纽扣，夹克和外套的正面应采用不小于 20mm 的钮门搭位。

（6）封口和扣件：封口和扣件应适用于服装的护理和维护过程，并应正确登记。纽扣、扣眼和扣钉应通过至少两层织物或一层织物和一块熔合补片固定。纽扣孔不得小于 2mm，且不得超过所用纽扣直径的 4mm。拉链（如使用）应位于中心位置，且为开口式。它应该有一个锁定滑块，应该由聚酰胺制成。

（7）口袋：所有的口袋都应用固缝、背缝、三角缝或铆接固定。

（8）衣架：所有衣服都要有衣架。衣架强度不应低于用于制造服装的织物的经向断裂强度的 30%。

（9）服装外观：服装应干净整洁，无多余线头。

（10）接缝强度：使用标准方法测量时，承重接缝的最小强度应为 185N，其他所有接缝的最小强度应为 135N。

（11）裙子半身围：对于 100cm 长的外套，半身围应等于使用者的胸围加上 37cm。长度每变化 8cm，该余量应增加或减少 3cm。对于长度为 74cm 的夹克，半身围应等于使用者的胸围加上 20cm。服装的所有测量应按照标准方法进行。

（12）标记：标签应贴在每件衣服上，缝在衣领下方 2cm 的内侧，标签应经久耐用，经过适当的清洗工艺。标签应提供以下信息：

① 供应商的名称、商标或其他标识方式；

② 人体测量指标。衣服要合身，就要指定尺码。衣服要适合的人的身高应该标明。专为矮小、正常、高或非常高的人设计的服装应分别用后缀 S、R、T 或 XT 来表示；

③ 保养和清洗说明。

4.41.2 轻薄两件式工装的特别要求

轻薄两件式工装（图 4.26）由夹克和裤子组成。夹克通过位于前部中央的拉链系紧。除标准要求外，轻薄工装还应符合本节的要求。

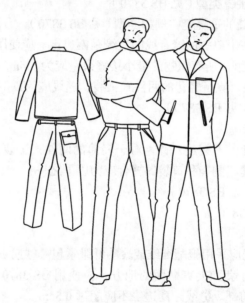

图 4.26 轻薄两件式工作服：接缝和口袋细节的例子

（1）夹克。

夹克应为单排扣，长度达到臀部，具有前过肩、中间拉链、两个斜口袋和胸贴口袋。过肩应从颈部开始测量 22cm 深。前面应有两个倾斜的口袋，口袋开口的总尺寸为 18cm。口袋开口的底部应离下摆 13cm。口袋开口的顶部应离下摆 30cm。口袋应是全包形式。拉链应位于中心位置且为开口式。它应该有一个锁定滑块，并且应该由聚酰胺制成。

在夹克上有一个带有方形闭合袋盖的胸贴口袋（或多个口袋），口袋的顶部紧靠过肩。口袋应深 14cm、宽 13cm。口袋应用匹配颜色的聚酯线进行顶部缝合，应力点应采用固缝，下缘应整齐。拉链上方的前襟顶部应向后压（翻领式）。

衣领应为一件式，驳头缝入串口（无叶缘接缝，但缝入衣领端）。衣领的底领制成 3cm 宽，翻领制成 4cm 宽，后领应为 7cm 宽。领面内侧应向内翻转并规整。

前襟、衣领、补丁口袋和下摆的边缘应采用自彩聚酯线进行顶部缝合。底部和袖子的上翻部分应整平至 2cm，并进行机械加工。衣架应缝合在衣领底部，在中后颈位置内。前襟、衣领、贴袋和下摆的边缘应采用自彩色聚酯线顶部缝合。底部和袖口的向上翻转应修整至 2cm，并通体加工成型。挂环应缝合在衣领底部，在后颈部中心位置内。

（2）裤子。

裤子应有 2 个侧缝袋和 1 个带有纽扣翻盖的后袋。

（3）裤头。

一件式外裤头应为 4cm 宽。裤头里应为白色聚酰胺材质，带有衬衫夹持器，宽度应为 5cm。裤头的收口应该是一个 30mm（19mm）的四孔纽扣，与主面料的颜色相匹配。纽扣孔应通过外裤头加工并固定。

（4）祥带。每个裤腰应布置六个祥带，每个祥带宽 1cm。

（5）调节片。应在侧缝前 3cm 设置成品尺寸为长 9cm、宽 2cm 的调节片，将其翻过来并缝合穿过腰带，距离褶缝 15mm。每个凸耳应配备镀镍钢腰部调节扣。

（6）口袋。侧兜的顶部和底部以及后袋的每个顶角都应固定。后袋应深 14cm、宽 13cm，位于右臀部，距腰带顶部 9cm。如果需要，襟翼应位于距离腰带顶部 7cm 的位置，且应为 7cm 深。襟翼应通过一个 19mm 匹配颜色的纽扣固定在襟翼上有一个孔的贴片上。

（7）前裆开口。所有裤子都应配有聚酰胺前裆拉链，并带有锁定滑块。门襟的成品宽度应为 5cm，里襟的成品宽度应为 4cm。拉链胶带应插入门襟下的中心前缝之间，顶部缝合，并过边。门襟飞边上的拉链胶带边缘应通过两行缝线与飞边相距 3cm，间隔 5~6cm。里襟应为单厚度，并将臂锁定在边缘。

（8）镶边。裤腿底部向上的部分应修整至 4cm，并通体加工成型。

（9）标记。标签是纤维制品，缝在里面，夹克标签缝在后颈部。

4.42 湿作业防护围裙

4.42.1 材料

围裙应由涂层织物制成，材料由两层或多层组成，其中至少一层为纺织材料（机织、针织或非织造），且至少一层为基本连续的聚合物膜，通过添加粘合剂或通过一个或多个组件层的粘合特性紧密粘合在一起。材料可指定为单面涂层或双面涂层织物，但以下情况除外：

（1）PVC 涂层织物的单位面积总质量应不小于 140g/m²；

（2）不应使用硅涂层织物；

（3）孔眼和压钉紧固件应为有色金属、镀镍或 PVC 材质。

4.42.2 尺寸

围裙长度不得小于 900mm，围裙宽度不得小于 750mm。围兜顶部宽度不得小于 250mm，延伸至围裙全宽，深度不得小于 200mm，也不得超过 300mm。

注：围裙的最小尺寸和样式细节如图 4.27 所示。当围裙附带系带时，从围裙边缘开

始，系带的最小长度应为：

腰带	500mm
肩	750mm
颈环（带）	500mm

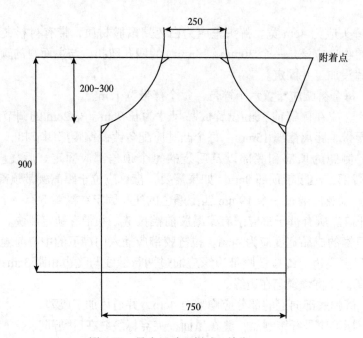

图 4.27 最小尺寸和样式 单位：mm

4.42.3 缝制

围裙本体不得有接缝或接点。为了固定系带或孔眼，应使用缝合或熔接的三角形自钎片加固围兜和腰部的边角，除非使用可熔接孔眼或单位面积的织物质量大于 270g/m²。

每 10mm 的缝纫针数不得少于四针，也不得超过五针。缝纫线应适合所使用的织物。如果提供，用于系带的孔眼应设置在围兜和裙体的上角，且应远离任何缝线。如果安装，系带（永久固定或带有快速释放紧固件）的成品宽度应至少为 10mm，并进行完工处理以防止磨损。

4.42.4 标贴

符合本标准的围裙应标注以下信息：

（1）制造商的名称、商标或其他识别手段；

（2）所用织物的标准参考；

（3）围裙的长度和宽度；

（4）清洁和洗涤说明。

4.43 高可视性服装和配件

这类身体防护包括反光服装和配件，主要用于为在道路或其他工业场所工作的使用者提供醒目性的效果。

4.43.1 分类

服装和配件分为三类：

（1）A 级：高可见性辅助装备提供最高级别的醒目性。

（2）B 级：高可见性辅助装备提供中等水平的醒目性。

（3）C 级：高可见性辅助装备提供最低水平的醒目性。

材料性能：服装和配件可能由不同性能的材料或组合性能材料制成。材料的性能应符合 BS 6629（1985）的规定。

4.43.2 服装和配件的结构

对于服装和配件的结构，应参考 BS 6629。

4.43.3 标贴

（1）制造商的名称或标识；

（2）清洁说明；

（3）根据情况，使用以下三种文字形式中的一种来确定醒目程度：

①A 级：高可见性辅助，这类衣服提供最高级别的醒目性。

②B 级：高可见性辅助，这类衣服提供了中等级别的醒目性。

③C 级：高可见性辅助，这类配件提供最低级别的醒目性。

4.43.4 测试

制造商应书面证明使用的材料已按照 BS 6629（1985）进行了测试。

4.44 化学防护服

当工作区存在化学危害时，重要的是评估暴露于化学物质的风险是否可以最小化或避免。相关方法是：

（1）在发生事故时使用替代设备或化学物质；

（2）采用适当的工作方法和工作制度，对可能的暴露情况能够给出早期预警。

在采取所有合理措施消除或最小化危害后，（如果需要）应考虑在工作区域选择和使用 PPE。谨慎选择防护服将确保得到正确使用和保护。购买化学防护服前应咨询供应商或制造商。

4.44.1 材料

防化服应由 BS 3546 中规定的一种或多种涂层织物制成。防化服的主要功能是防止或减少皮肤暴露于化学危害，或将其降低到可接受的水平。当危害性质不明或无法立即采取措施减少危害时，可暂时建议在常规条件下使用提供更高防护等级的防化服。

防化服材料大致分为透气材料和不透气材料。这两种材料有不同的应用，在 12.2.2 和 12.2.7 中分别考虑。虽然可以制定一般规则，说明可能针对不同类别化学品提供适当保护的织物和材料，但只能通过实际试验确定材料对特定化学品的防护性，如 12.2.2 和 12.2.3 所述。

不透气材料：一般而言，可选择具有抗化学品渗透性的固体材料来制作防护手套、靴子和外衣，这些材料可能会暴露于有机溶剂、有害物质的液体制剂、有毒粉尘、未稀释酸，以及其他腐蚀性或侵蚀性介质和配制产品。

4.44.2 制造材料的类型

涂层纺织品：柔软的非吸收性片材，无孔隙，可防止液体或气体渗透。相关材料由轻质、紧密编织的织物（通常为聚酰胺）制成，并带有适当的聚合物涂层。织物使复合材料具有稳定性、强度和耐久性是可以接受的。如果织物的两面都有涂层，则屏障更有效。涂层应无针孔，且表面上不应有可通过毛细作用提供液体渗透路径的外露织物。

聚合物片板：无支撑的塑料薄膜（如聚乙烯）或橡胶片板可用于制作围裙或类似服装，特别是指定为"一次性"的衣物。意外刺穿或撕裂此类薄膜的可能性大于纺织材料，不太适合可能对衣物产生重大机械应力的高风险应用。

液体渗透：即使没有任何表面缺陷或孔洞，涂层也可以吸收某些液体化学物质，这些化学物质能够通过材料的渗透扩散。这个过程大致分三个阶段进行：

（1）聚合物膜或涂层对化学物质的初始吸收；

（2）化学物质溶解在聚合物膜或涂料中；

（3）从材料的相对表面解吸到服装的内部环境中。

4.44.3 根据抗渗透性对不透气材料进行分类

化学品通过不透气材料的渗透速率不仅取决于化学品和聚合物的性质，还取决于保护涂层或薄膜的厚度以及温度。在实验室中，在相对人工的条件下对穿透时间和渗透速率的测量不应作为风险的精确指标，也不应作为被污染产品的"安全"穿戴期或在用制造产品的有效寿命的精确指标。此类测量的主要应用在于从一组可供测试的材料中选择最有效的材料。在特定工作情况下，只有在适当考虑工作场所内影响化学品潜在暴露的影响因素后，才能确定可接受的穿戴时间。

当有化学品接触皮肤的风险时，应穿戴不透气的防护服。可通过表 4.30 中所示的措施将风险最小化。

表 4.30　与应用类型有关的穿透时间分类

穿透时间	如果受到污染	应用
最多 12min	尽快移除	紧急使用或一次性衣服
12min~2h	立即清洗	短期保护
2~6h	工作结束时清洗	日常工作
超过 6h	工作结束时清洗	长时间连续暴露

4.44.4　使用年限

涂层和聚合物膜在一段时间（或重复时间）的暴露过程中可能容易受到特定化学品的侵蚀，从而导致保护层退化，并最终因脆性开裂而失效。使用中的损坏可能会降低抗渗透性。应寻求服装制造商和化学品供应商的指导，如有必要，应在代表性清洁处理和其他处理后进行测试，以模拟继续使用的效果。必须确认屏障材料在其预期寿命内保持有效（见BS 903）。关于使用年限的各个方面应参考 BS 3424、BS 3546 和 ASTM D2582-67。

4.44.5　透气材料

通常选择多孔或半渗透性质的材料（例如，机织物和纺纱粘合织物、含有微孔膜或涂层的层压板）来制作外套，以便在可接受防护效率和舒适性兼顾的情况下穿着。这种防护服不适合防护危险的未稀释液体化学品和配方产品，除非在明确规定的情况下，污染仅限于偶尔的液滴或小液滴。它们的主要用途是为防喷雾、粉尘、小液滴或稀释化学品飞溅提供可接受但有限程度的防护，通常被评定为低至中度化学危害。

纺织面料：防护服中使用的透气性材料的作用是：以最小的吸收和渗透力排出液体，充分延迟渗透，以便使用者撤退到安全的地方并脱掉衣服；或者，在防尘面料的情况下，通过防止固体颗粒的渗透。

织物是紧密编织或纺织的，允许空气和水汽通过，提高使用者舒适度。它们只能提供有限的液体和粉尘防护，不能提供令人满意的气体屏障（一些含有活性炭的特殊吸收性材料对许多气体和蒸汽有效，而吸收性层保持不饱和）。

半渗透材料：半渗透性或微孔材料，如经过特殊处理的聚四氟乙烯薄膜或聚氨酯涂层织物，允许空气和水蒸气在其中扩散，同时对液体的通过形成障碍。它们可被低表面张力和分子大小的液体穿透。通常适用于不透气材料的试验也可适用于半透气材料。

4.45　类型和结构

4.45.1　局部防护服装

仅当身体的某一部位存在特定危险时，一定要确保对该部位的局部保护是足够的。例如：

（1）面部保护：面部、眼睛和呼吸道可能需要适当的保护；

（2）手部防护：为保护手部，需要合适的手套，材料和接缝应防所涉及的化学品；

（3）鞋类：应考虑鞋类的类似因素；

（4）如果只有身体前部存在明显的化学伤害的危险，则应佩戴围裙和围兜。

衣袖应为管状结构，并应设计为覆盖前臂或上臂，以适合其他工作服（如手套延伸至手腕的部分）。如果袖口是弹性的，则弹性部分应被衣袖的褶皱延伸部分覆盖，并配有可调节的袖袢。闭合时，上部闭合应足够紧密，以便夹紧下面的衣服。

注：

① 所需的弹性可通过使用固有弹性的织物或通过单独使用弹性材料（连接或夹入衣袖

结构材料内）获得。

②图 4.28 给出了一个适用于衣袖的设计示例。

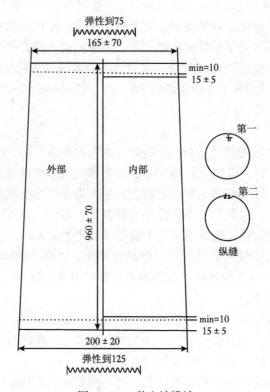

图 4.28　一种衣袖设计

4.45.2　夹克和外套

特殊要求：夹克和外套应能合拢衣领。

注：

（1）夹克和外套可能有一个完整的兜帽，并应设计为与裤子重叠至少 20cm。

（2）如果合适，应提供双袖口，袖口长度应足以佩戴长手套。内袖口和外袖口都应具有弹性，或配备其他方式，以确保紧密贴合。

（3）可在防护服的外侧背部缝制一块作为加强件的双层镶片，以覆盖从肩部到腰部的区域，从而在佩戴呼吸器时保护防护服免受损坏。

（4）衣服可以配有加强的肘部和膝盖。

①衣领：衣领（如有）应与衣服材料一样，翻领的最小深度为 7cm，立领的最小深度为 4cm。

②口袋：口袋会削弱基础织物在接缝处的防护力，存在被钩挂破的风险，并可能集存破裂泄漏或飞溅的化学品。不应该有外部口袋。

③衣架：应提供自挂式衣架。当衣服悬挂在衣架上时，不应造成永久变形或损坏。

④面罩：布质面罩应配备能够根据用户轮廓进行调整并保护喉部的装置。沿着头冠测量时，从一个肩部的颈部接缝到面罩另一个肩部的颈部接缝的距离不得小于 70cm。沿

着头部后部与眼睛水平的位置测量，面罩边缘到边缘的距离不得小于48cm。

注：

a. 面罩旨在为头部和颈部提供防化学品保护。

b. 为了调整适应用户的轮廓，可以在衣服中加入一条抽绳或一个松紧带。

c. 如果暴露在化学品中可能会对弹性性能产生不利影响，则应使用合适的覆盖物保护弹性部分。

d. 如果装有面罩的服装设计为与工业安全头盔一起穿着，则需要将尺寸增加到最小值以上，以使服装的重量能够承载在肩部而不是头部。

e. 面罩的设计不应对眼镜、耳罩和呼吸防护装备的佩戴产生影响。

4.45.3　裤子

裤子应该是有支撑的、自支撑的，或者是围兜式和背带式的。裤腿的设计应允许使用防护鞋进行密封或重叠，以防止液体进入。

注意：舒适的设计应能确保裤子在使用者双腿、踝部留有足够的长度，以便穿着合适的鞋子。裤腿的里面和外面都可以是带有弹性的材质。两件式工装要求上衣与裤子的重叠应足以确保在使用者可预见的关节和运动范围内保持对身体的保护。

4.45.4　全封闭防护服

全封闭防护服可与某种形式的面罩、呼吸器或呼吸装置一起穿戴，以保护眼睛和面部，防止吸入化学品。如果对皮肤的危害很小，在处理粉末状化学品时，可接受透气服装和经批准的呼吸保护装置。否则，应采用不透气组件，包括一件或两件塑料或弹性体涂层工作服、手套、靴子和完整的头部保护。面罩应足够大，以舒适地容纳护目镜等，并且（如果连接到类似外套的衣服上）允许衣服的重量由使用者的肩膀而不是头部承担。对于不涉及特别危险的化学物质防护，并且也没有标明呼吸保护措施的，通常戴上手套、护目镜、靴子和可透气的工作服就足够了。

4.45.5　空气供给服

由独立气源供气的全封闭防护服（图4.29）对化学品侵入具有双重屏障作用。在织物中可能存在的任何小孔或气孔处，附加压力都会将污染物向外推。然而，使用者的运动所引起的抽气动作仍然可以通过颈部、手腕和脚踝的开口或通过针孔将气体或颗粒吸入衣服中。因此，通过最小化空气供给服中的孔径，增加了空气供给服提供的保护性能。由于该系统不能消除溶剂和气体渗透穿过织物的可能性，因此仍然需要评估衣服材料对化学渗透的防护性。

气流（可能处于受控温度）将提供呼吸空气，并在使用者周围保持可承受的温度和湿度。任何通过渗透或穿孔进入防护服的化学品都有可能被吸入。如果穿着防护服的时间超过了已知的渗透穿透时间，则化学品进入防护服的速率应足够低，空气流量应足够高，以将化学品浓度降低到远低于职业接触限值。应适当考虑供气服装内的噪声水平。

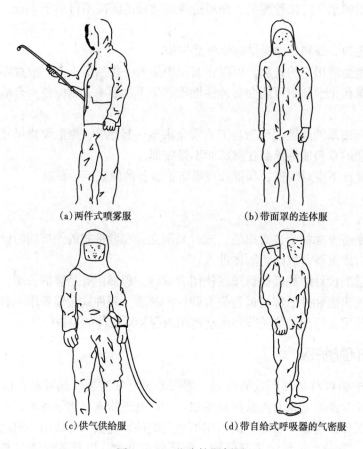

(a)两件式喷雾服　　　　　　　　(b)带面罩的连体服

(c)供气供给服　　　　　(d)带自给式呼吸器的气密服

图4.29　一些防护服例图

4.45.6　气密服

为了将使用者与环境完全隔离（例如，与有毒气体隔离），全封闭式防护服应无针孔，并防止气体通过膜中的溶解液（图4.29）。如果呼吸器与防护服内部隔离，则防护服实际上是一个密封容器。任何通过渗透进入的化学物质都无法被清除，并且会形成比空气供给服更高的浓度。显然有必要使用呼吸器（可在防护服内或防护服外）。可能需要加固与装置接触的防护服部分，以提供额外的支撑，并降低防护服磨损的风险。一种气密、供气的防护服的内部由外部气源净化和调节，而呼吸空气由单独的呼吸器或自给式呼吸器供给，以为皮肤和肺部提供最大的保护。

注意：当在防护服外部佩戴呼吸器时，应提供加固以防止呼吸器造成防护服损坏。

4.45.7　装备组合

当防护服与其他形式的个人防护装备（如呼吸防护装备、护目镜、防护头盔和/或听力保护装置）一起穿戴时，其主要功能不是保护皮肤，应考虑以下因素：

（1）应注意不引入新的或额外的危害；

（2）无论每件防护服或个人防护装备的主要功能是什么，个人防护装备作为一个整体

都应为皮肤提供适当的保护;

（3）在可行的情况下，个人防护设备作为一个整体应适合使用者，并且使用舒适。

4.45.8 接缝

接缝的结构和密封（通过使用双重叠类型的接缝或其他适当的设计）应防止液体通过缝合孔，或通过接缝的其他组件通过或渗入。接缝在这些方面的性能不应低于所用材料的性能。当按照 BS 2576 进行测试时，接缝的强度应不小于 150N。如果使用胶带接缝，当按照 BS 3424：第 7 部分：1982 的方法 9B 进行测试时，胶带的剥离连接强度应不小于胶带宽度的 5N/cm。

4.45.9 封闭

纽扣和孔眼应适合所用纽扣的尺寸，且至少应穿过两层织物。孔眼边缘与饰面边缘的距离不得小于 1.5 cm。

注意：应特别注意扣眼的环边。锁边和五线锁边应足以满足其用途。

封闭组件的设计和结构应确保液体不会通过封闭处渗入服装内部（图 4.30）。构成封闭部分的任何接缝应符合 12.3.9 的要求。由于扣件（拉链等）是弱点，因此在设计（扣件的设置、门襟面、重叠）时需要小心，特别是在高性能服装中，以确保充分密封。请注意 BS 3084：1981（代码 C、D、E）。所有扣件应能承受对衣服的清洁操作。

注：有时可能需提供二次和三次封闭。

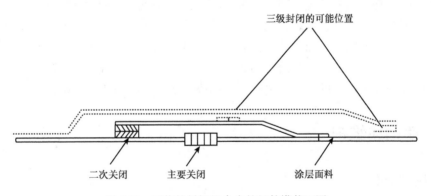

图 4.30 可能的封闭组合中的组件横截面图

4.45.10 开口

衣服开口的位置应尽可能方便穿脱，不会对材料造成过度的用力，也不会将污染转移给使用者。在这方面，在脱掉上衣和斗篷等衣服时应特别小心，因为化学品可能因此容易转移到使用者面部和头部。服装的主要封闭可由次要或进一步的封闭补充，以防止液体进入。

4.45.11 孔缝

如果单独的衣服组合在一起包裹身体，则需要在结合处有良好的设计，以避免化学品直接进入，特别是液体喷射，结合处如呼吸防护面罩和头罩（或连体服）之间的接合处、手套和袖子接口处、夹克和裤子重叠处、裤腿和靴子连接处。预计危害的方向将决定哪些部件应为外部部件（例如外套在裤子外面，以防液体掉落）。弹性袖口和弹性裤脚可有效防止液体流到袖子和裤腿上，但也可能会使液体接触到皮肤。交叉双重叠接合处可提供进一步保护，尤其是当两个部件可通过拉索等固定在一起或紧贴身体时。

4.45.12　防范其他危害

防范除暴露或接触化学品以外的其他危害：

注意：当要求主要设计用于保护皮肤避免接触化学品的防护服提供一定程度的对其他危害的防护时，必须考虑相关标准中给出的建议。应记住，如果某些危险化学品溅到某些类型的材料上，可能无法立即检测到，并且可能在随后的某个时间发生危险。

（1）爆炸：可燃气体或粉尘与空气的混合物可能被火花点燃。在这种情况下，应选择防静电的衣服和鞋子，避免静电积聚和被放电点燃。

（2）热应激：人体在休息时产生约100W的热能，剧烈运动时可能会增加到700W。必须通过对流或其他方式将热量散发到周围环境中。虽然出汗是身体对高温的反应，提供了有效的蒸发冷却来调节体温，但所有包裹身体的布料限制了对流和蒸发的散热，并导致体内储存的热量增加。热应激会导致不适（如潮湿的内衣）、嗜睡、疲劳、注意力丧失，最终导致无意识。虽然这种危险对衣服来说是最严重的，比如不透气的衣服和其他不完全包裹的衣服，在这些衣服里身体的水汽无法逸出，但是员工有可能在昏倒之前不知道危险。因此，即使使用者不是重体力劳动的情况下，在温暖的天气穿PVC工作服也会给使用者带来困扰。对于此类服装，尤其是在体力消耗较大的情况下，工作时间应限制在规定的最长时间内，并应包括强制休息。如果不可能达到这样的要求，则应使用带有外部空气供应通风的防护服。为了克服潜在的热应力问题，在允许空气流动良好的同时仍然能防止被液体淋湿的服装接口设计可能会有一些优势，如背带裤和叠层夹克。

4.46　使用和维护

4.46.1　限制条件

应让各级员工熟悉防护服的功能和限制，并鼓励他们穿戴防护服。

4.46.2　存储

应在干燥、通风良好、温度适中的房间内提供足够的空间，以便存放衣物。防护服应与个人服装和化学品分开存放，并远离明亮的阳光和可能产生紫外线或臭氧的任何设备。服装应整齐存放，尽可能避免褶皱或其他可能导致开裂的变形。

不同类型和结构的服装应分开存放，以避免混淆。新衣服应与旧衣服分开存放。如果可能的话，每个员工都应配备自己单独的衣服，以便于管控、卫健和鼓励个人承担责任。在可行的情况下，应对新旧服装的发放和储存制定规定，并保存每件服装的接收、检查和使用记录。

4.46.3 检查

服装应在接收时、使用前后以及维修后进行检查。衣服不应有损坏或污染的迹象（例如针孔、磨损、切口、开裂、变色和开缝）。

4.46.4 防护服的使用

使用者应在穿上衣服之前检查衣服是否有损坏或脏污。应检查所有密封和扣件是否正确关闭。衣服应按设定的顺序脱掉，以尽量减少污染使用者的机会，必要时可在助手的帮助下脱掉。

注意：由于手上或衣服上的污染可能会转移到食品、饮料、烟草或化妆品中，然后被摄入，因此不应在食用食品和饮料或允许使用化妆品或吸烟的地方穿着污染的衣服。

使用防护服后，使用者应严格遵守个人卫生，在至少洗过脸和手并移动到无化学品区域之前，不得吸烟、进食、饮水、使用化妆品或使用厕所。

4.46.5 清洁

最好是处理受污染的衣服，而不是清洗。无论是在工作场所还是场外进行处理或清洁，都应提供安全处理防护服污染物品的信息。

（1）清洁设施。根据工作性质和所涉及的化学品，应考虑以下建议：

① 清洁站应宽敞、通风良好，并配备自来水和经批准的排水系统；

② 清洁站应该有一个明确的工作流程系统，以防止交叉污染；

③ 应考虑提供单独的"干净"和"脏"房间，并提供中间区域，在此使用者能穿上或脱下衣服，且在离开受污染房间时通过淋浴。

（2）清洁站应尽可能靠近工作区域。

① 尽量减少污染和清洁之间的时间；

② 尽量降低污染物通过衣服转移到未受保护人员工作的标称清洁区域的风险。

（3）清洁操作。服装应按照制造商的说明进行清洁。应安全处置任何受污染的废物。一些可能的清洁操作顺序如图 4.31 所示。

注：静态浸泡仅用于重新分散污染物，应避免。可能导致服装材料膨胀或开裂，或可能渗出某些成分（如增塑剂）的溶剂不应用于清洁。

注：① 应以安全的方式处理受污染的抹布或布。② 处理受污染的废水和去污或处理清洁设备时需要小心。③ 使用不影响服装材料的溶剂。

负责清洁的员工应经过良好培训，并熟悉所用化学品和衣物的性质。如果由单独的机构进行清洁，则应告知清洁人员建议的程序和与衣物相关的任何化学危害，并应要求其证明已按照建议进行清洁。

（4）修理。不建议对损坏的衣服进行维修，但如果损坏较小，则应按照制造商的说明进行维修。每次使用前，应检查和测试修复后的衣物。渗透试验应参考 ISO 6530，穿透时间试验应参考 BS 4724 第 1 部分和第 2 部分。

（5）处理。如果衣服损坏严重或重度污染，应视为无法使用并立即销毁。服装因磨损、污染和清洁而缓慢劣化，应与制造商协商，估算服装的使用寿命，并在可能出现事故之前将其销毁。

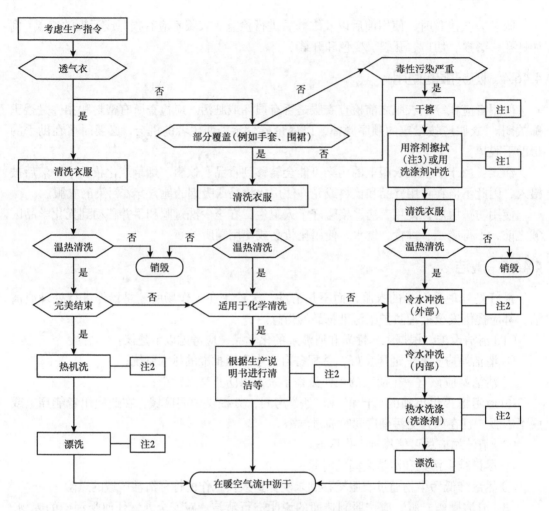

图 4.31　可能的清洁程序顺序流程图

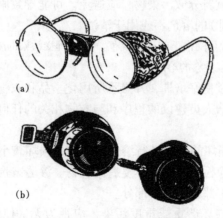

(a)

(b)

图 4.32　焊接和切割的护眼类型

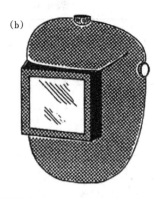

图 4.33 电弧焊头盔

4.46.6 使用记录

在适当的情况下，根据所考虑的危险类型，应保留以下防护服使用记录：在适当情况下，根据所考虑的危害类型，应在以下项目下保存防护服使用记录：

（1）服装类型和规格；

（2）购买和出厂日期；

（3）检查记录；

（4）以前使用者的姓名；

（5）以前的使用记录（包括化学品暴露的适当细节，特别是当衣服被用于防止化学品呈现高度危险时）；

（6）清洁；

（7）最终处置。

这些记录应采用易于更新的形式。

4.47 夹克、外套、外裤和连体服的尺寸

夹克、外套、外裤和连体服的成衣尺寸不得小于表 4.31、表 4.32 和表 4.33 中给出的尺寸。夹克和外套的最小长度应为 86cm。所有尺寸的外裤裤脚周长应至少为 53 cm。

说明和标记

说明：每件衣服都应附有说明，或者制造商应在单独的文本中提供说明，并应包括以下信息：

（1）用料的特性。

（2）如果衣服上的标记表明衣服对特定化学品的防护程度，则：

① 如果这种化学物质是液体，按 BS 4724：第 1 部分或第 2 部分确定如果此类化学品为液体，则按照 BS 4724：第 1 部分或第 2 部分所述对施工材料进行的试验结果；

② 如果此类化学品不是液体，则应详细说明暴露于此类化学品时衣物的相关特性。

表 4.31　夹克和外套的尺寸明细

穿戴者胸围，cm	尺码（标识）	扣紧服装的胸围测量值，cm	衣袖*长度，cm	袖口周长，cm
92	小号（S）	115	77	33
100	中号（M）	123	81	33
108	大号（L）	131	85	33
116	加大号（XL）	139	89	33
124	特大号（XXL）	147	93	33

注：*袖子长度应沿中线从肩线到袖口测量。

表 4.32　外裤的尺寸明细，包括"围兜和背带"

穿戴者胸围，cm	尺码（标识）	扣紧服装的腰围测量值，cm	裤腿长度，cm	裤腿周长，cm
80	小号（S）	106	70	104
92	中号（M）	118	74	109
104	大号（L）	130	77	113
116	加大号（XL）	142	78	115
128	特大号（XXL）	154	79	117

表 4.33　连体服的尺寸明细

穿戴者胸围，cm	尺码（标识）	后颈到胯部测量值，cm	扣紧衣服胸围测量值 cm	衣袖*长度 cm	裤腿长度 cm	袖口周长 cm	脚踝周长 cm
92	小号（S）	91	115	77	67	33	53
100	中号（M）	95	123	81	71	33	53
108	大号（L）	99	131	85	75	33	53
116	加大号（XL）	103	139	89	79	33	53
124	特大号（XXL）	107	147	93	83	33	53

注：*袖子长度应沿中线从肩线到袖口测量。

（3）标记。衣服上应贴上以下信息的标签：

①制造商的名称、商标或其他识别信息；

②遵循的标准编号和日期；

③制造年月；

④制造商的分类号、识别号或型号；

⑤在适当情况下，服装要适合使用者的腰围、胸围或头围测量值，以及符合尺寸命名法，例如适合胸部 100cm 的中等尺寸；

⑥如果合适，应说明气密服靴配备有保护中底；

⑦如适用，应提供一份声明，说明衣物对特定化学品的防护程度，并解释暴露于此

类化学品时衣物相关特性的详细信息应参考以下信息来源：

a. 生产厂家；

b. 制造商的说明；

c. 适当的测试证书。

注：应考虑适当的附加标记：

⑧ 防护服的哪些设计是防止固体气体进入服装的；

⑨ 防护服哪些部位是由具有特殊特性的材料制成的，请注意 BS 3424、BS 5438 和 BS 6249；

⑩ 在寒冷地区，至少每个月都应进行上述的定期检查。

4.48 面部保护

表 4.34 提供了各种色调滤光镜的透射率和透射率公差。

表 4.34 不同色调滤光镜的透射率和透射率公差

遮光号	光密度			透光率			最大红外透过率	四波长透镜的最大光谱透射率和活性区，mμm			
	最小	标准	最大	最小	标准	最大		313	334	365	405
							百分比				
1.5	0.17	0.214	0.26	67	61.1	55	25	0.2	0.8	25	65
1.7	0.26	0.300	0.36	55	50.1	43	20	0.2	0.7	30	50
2.0	0.36	0.429	0.54	43	37.3	29	15	0.2	0.5	14	35
2.5	0.54	0.643	0.75	29	22.8	18.0	12	0.2	0.3	5	15
3.0	0.75	0.857	1.07	18.0	139	8.50	9.0	0.2	0.2	0.5	6
4.0	1.07	1.286	1.50	8.50	5.18	3.16	5.0	0.2	0.2	0.5	1.0
5.0	1.50	1.714	1.93	3.16	1.93	1.18	2.5	0.2	0.2	0.2	0.5
6.0	1.93	2.143	2.36	1.18	0.72	0.44	1.5	0.1	0.1	0.1	0.5
7.0	2.36	2.571	2.79	0.44	0.27	0.164	1.3	0.1	0.1	0.1	0.5
8.0	2.79	3.000	3.21	0.164	0.100	0.161	1.0	0.1	0.1	0.1	0.5
9.0	3.21	3.429	3.64	0.061	0.037	0.023	0.8	0.1	0.1	0.1	0.5
10.0	3.64	3.857	4.07	0.023	0.0139	0.0085	0.6	0.1	0.1	0.1	0.5
11.0	4.07	4.286	4.50	0.0085	0.0052	0.0032	0.5	0.05	0.05	0.05	0.1
12.0	4.50	4.714	4.93	0.0032	0.0019	0.0012	0.5	0.05	0.05	0.05	0.1
13.0	4.93	5.143	5.36	0.0012	0.00072	0.00044	0.4	0.05	0.05	0.05	0.1
14.0	5.36	5.571	5.79	0.0004	0.00027	0.00016	0.3	0.05	0.05	0.05	0.1

注：给出的值适用于 I 级过滤玻璃。对于 II 级滤光镜，透射率和公差相同，另外要求 589.3μm 的透射率不应超过光透射率的 15%。

电弧焊产生的人造紫外线会损坏人员的角膜。损害发生缓慢而确实。这叫闪光灼伤。图 4.32（a）是一种老式的焊接和切割时保护眼睛的方法。他们除了使用焊接头盔外还使用了其他工具。使用者翻转焊接头盔镜头，以便在不损坏眼睛（如切割）的情况下执行其他工作。

图 4.32（b）展示了另一种老式的保护眼睛的方法，除了这些眼罩式护目镜用于气割和焊接作业之外。还应加装一个滤除气焊有害射线（红外线）的透镜。当进行电弧焊或切割时，头盔需要安装合适类型的透镜。图 4.33 中的焊接头盔具有翻转窗口，实际上是滤除焊接和切割产生的紫外线的透镜。

第一个头盔图［4.33（a）］有一个较小的镜头。它是 2in×4.25in。这是一个较小的开口；

第二个头盔图［4.33（b）］有更大的镜头。它的尺寸为 4.5in×5.25in。更大的镜头就像有一个更大的窗口向外看，它非常方便，因为使用者可以看到更多，但它们通常不会翻转，因为它们太大了；这就是为什么小窗口是一个受欢迎的选择，因为能够翻转可以为使用者提供更多的空气，让使用者更清楚地看到工况。

但是，重要的是，使用者还应在下方佩戴闪光式护目镜，以防附近有另一名焊工，这样使用者就不会受到电弧焊闪光的影响。如上所述，闪光护目镜还能保护眼睛免受金属屑和熔渣的伤害。优质头盔和一些护目镜具有可拆卸镜片，包括滤光镜和透明防护镜。过滤器透镜前面有一个保护透镜，可防止火花和飞溅物损坏过滤器透镜。表 4.35 展示了不同焊接项目的镜头遮光号，表 4.36 给出了更先进的焊接和切割镜头遮光号表。

表 4.35 不同焊接项目的镜头遮光号

遮光号	操作
低于 4	轻型电点焊或用于防止附近焊接产生的杂散光
5	轻气切割和焊接
6~7	气割、中型气体焊接和最高 30A 的电弧焊
8~9	重气焊、弧焊和切割，30~75A
10~11	弧焊和切割，76~200A
12	电弧焊和切割，201~400A
13~14	电弧焊和切割，超过 400A

表 4.36 更先进的焊接和切割镜头遮光号表

焊接和切割用滤光罩		
焊接或切割操作	焊条尺寸、金属厚度或焊接电流	滤光罩个数
火焰软钎焊	—	2
火焰钎焊	—	3 或 4
氧气切割		
光	1in 以下，25mm	3 或 4
媒介	1~6in，25~150mm	4 或 5
质量	＞ 6in，150mm	5 或 6

焊接和切割用滤光罩		
焊接或切割操作	焊条尺寸、金属厚度或焊接电流	滤光罩个数
气焊		
光	＜1/8in，3mm	4 或 5
媒介	1/8~1/2in，3~12mm	5 或 6
质量	＞1/2in，12mm	6 或 8
屏蔽金属	＜5/32in，4mm	10
焊接（棒）	5/32~1/4in，4~6.4mm	12
电极	＞1/4in，6.4mm	14
惰性气体保护焊（MIG）		
有色金属	全部	11
黑色金属	全部	12
非熔化极惰性气体保护电弧焊（TIG）	全部	12
原子氢焊	全部	12
碳弧焊	全部	12
等离子弧焊	全部	12
碳弧气刨		
光	—	12
质量	—	14
等离子切割		
光	＜300A	9
媒介	300~400A	12
质量	＞400A	14

使用滤光镜头的两个理由：

（1）使用者需要一个滤光透镜来降低光的强度，以便消除焊接时的眩光，从而可以看到熔池。如果使用者看不到熔池或正在焊接的区域，则无法焊接。

（2）预防紫外线伤害。如果使用者没有滤除电弧焊接产生的紫外线辐射的镜头，他会被闪光灼伤或受到更严重伤害。

关于焊接头盔的提示：

如果使用者不确定用于焊接作业的透镜遮光号，请尝试此操作：将镜头安装在头盔内，然后让他看一个相当亮的灯泡（已打开）。如果他能看到灯泡的轮廓，那么他需要一个更暗的镜头。用深色镜头再试一次，直至使用者看不到灯泡的轮廓，则这个镜头选择正确。

不要在家里或办公室进行此测试，而是在焊接区域进行，因为照明不同。如果在室外进行焊接，使用者可以尝试观察反射太阳区域内的明亮物体进行测试。

4.49　防护服接缝强度的测定方法

BS 2576 中所述的恒定拉伸速率拉伸试验机，但该试验机不需要指示（或记录）拉伸的装置。

试样的制备

如图 4.34（a）所示，从包括接缝的双层织物上切下试样，使接缝位于两端之间的中间，并垂直于试样的长轴。

切割宽 5cm 和长度的试样，以提供 100mm 的标称标距长度。从衣服的每个主要承重接缝（最多五条）切下一个样本，确保包括以下接缝：

（1）对于有袖子的衣服：袖窿缝；

（2）对于带裤子的衣服：后档缝；

（3）对于两件式背部服装：背缝；

（4）对于围兜和背带工作服：腰缝。

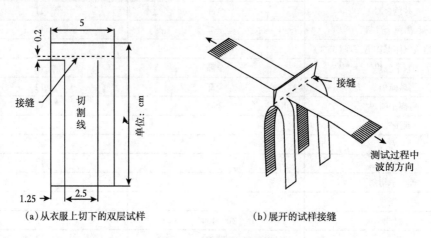

（a）从衣服上切下的双层试样　　　　（b）展开的试样接缝

图 4.34　接缝强度试样

从衣服的非承重缝（最多 5 条）上剪下一个样品。

程序：根据 BS 2576 第 7.1 条进行试验，另外确保接缝位于钳口之间的中间位置，并垂直于图 4.34（b）所示的拉力方向。

结果表述：记录每个承重接缝的接缝强度（单位：N），并计算平均值。将承重接缝的平均强度表示为 0.1N 或强度的 1%（以较大者为准），单位为牛顿。

4.50　身体保护的测量和尺寸

身高：从头顶到脚底的直线长度，见图 4.35（a）。

颈部周长：用卷尺测量的颈部周长在喉结下方 2cm 处和第七颈椎水平处，如图 4.33（b）所示。

胸围：正常呼吸时测量的最大水平围，被测者直立，卷尺穿过肩胛骨（肩胛）、腋下（腋窝）和胸部，如图 4.35（c）所示。

腰围：髋骨顶部（髂骨嵴）和下肋骨之间的自然腰围，在被测者呼吸正常，腹部放松直立的情况下测量，如图 4.35（d）所示。

臀围：在最大围度水平上测量的臀部水平周长，如图 4.35（e）所示。

外侧腿长：从腰部到地面的距离，用卷尺测量，从髋部等高线测量，如图 4.33（f）所示。

腿内侧长度：胯部和脚底之间的距离，以直线测量，被测者直立，双脚稍微分开，身体重量均匀分布在双腿上，如图 4.33（g）所示。

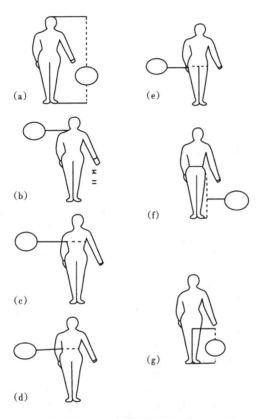

图 4.35　身体保护的尺寸

表 4.37 显示了男子和青年的工作服，表 4.38 显示了男子和青年的外套和夹克。

表 4.37　青年男子的工作服　　　　　　　　　　　　　单位：cm

型号	穿着人员尺寸		衣服扣紧时的尺寸							
	腿内最大尺寸	胸围	腰围	臀围	腿内尺寸	边缝	大腿	膝盖	小腿
72S	82	72	72	92	72	98	60	49	49
76S	82	76	76	96	72	98	62	49	49
80S	82	80	80	100	72	99	64	50	49
84S	82	84	84	104	72	99	66	51	49
88S	82	88	88	108	72	100	68	52	49
92S	82	92	92	112	72	100	70	53	49

型号	穿着人员尺寸		衣服扣紧时的尺寸							
	腿内最大尺寸	胸围	腰围	臀围	腿内尺寸	边缝	大腿	膝盖	小腿
96S	82	96	96	116	72	101	72	54	49
100S	82	100	100	120	72	101	74	55	49
104S	82	104	104	120	72	102	76	56	49
72R	90	72	72	92	78	105	60	49	49
76R	90	76	76	96	78	105	62	49	49
80R	90	80	80	100	78	106	64	50	49
84R	90	84	84	104	78	106	66	51	49
88R	90	88	88	108	78	107	68	52	49
92R	90	92	92	112	78	107	70	53	49
96R	90	96	96	116	78	108	72	54	49
100R	90	100	100	120	78	108	74	55	49
104R	90	104	104	120	78	109	76	56	49
108R	90	108	108	124	78	109	78	57	49
112R	90	112	112	128	78	110	80	58	49
116R	90	116	116	132	78	110	82	59	49
76T	98	76	76	96	84	112	62	49	49
80T	98	80	80	100	84	113	64	50	49
84T	98	84	84	104	84	113	66	51	49
88T	98	88	88	108	84	114	68	52	49
92T	98	92	92	112	84	114	70	53	49
96T	98	96	96	116	84	115	72	54	49
100T	98	100	100	120	84	115	74	55	49
104T	98	104	104	120	84	116	76	56	49

表 4.38 男子和青年的外套和夹克 单位：cm

型号	穿着人员尺寸		衣服扣紧时的尺寸		
	身高	胸围（衬衣）	胸围	袖长	背宽
92S	156~170	92	104	76	42
100S		100	112	77	44
108S		108	120	78	46
116S		116	128	79	48
92R	170~182	92	104	82	42
100R		100	112	83	44
108R		108	120	84	46
116R		116	128	85	48
124R		124	136	86	50
92T	182~196	92	104	88	42
100T		100	112	89	44
108T		108	120	90	46
116T		116	128	91	48
124T		124	136	92	50

表 4.39 男子和青年的围兜和背带工作服 单位：cm

型号	穿着人员尺寸		衣服扣紧时的尺寸							胯部到围兜顶部	围兜宽度
	腿内最大尺寸	最大腰围（衬衫）	腰围	臀围	腿内尺寸	侧缝	大腿围	膝盖	小腿围		
76S	82	76	78	98	70	98	64	50	49	54	24
84S	82	84	86	106	70	99	68	52	49	57	25
92S	82	92	94	114	70	100	72	54	49	60	26
100S	82	100	102	122	70	101	76	56	49	63	27
108S	82	108	110	126	70	102	80	58	49	66	28
76R	90	76	78	98	76	105	64	50	49	57	24
84R	90	84	86	106	76	106	68	52	49	60	25
92R	90	92	94	114	76	107	72	54	49	63	26
100R	90	100	102	122	76	108	76	56	49	66	27
108R	90	108	110	126	76	109	80	58	49	69	28
116R	90	116	118	134	76	110	84	60	49	72	29
124R	90	124	126	142	76	111	88	62	49	75	30
76T	98	76	78	98	82	112	64	50	49	60	24
84T	98	84	86	106	82	113	68	52	49	63	25
92T	98	92	94	114	82	114	72	54	49	66	26
100T	98	100	102	122	82	115	76	56	49	69	27
108T	98	108	110	126	82	116	80	58	49	72	28

表 4.40　男子和青年工装裤　　　　　　　　　　　　单位：cm

型号	穿着人员尺寸		衣服扣紧时尺寸							
	腿内最大尺寸	胸围（衬衫）	腰围	臀围	腿内尺寸	侧缝	大腿围	膝盖	小腿围
72S	82	72	72	92	72	98	60	49	49
76S	82	76	76	96	72	98	62	49	49
80S	82	80	80	100	72	99	64	50	49
84S	82	84	84	104	72	99	66	51	49
88S	82	88	88	108	72	100	68	52	49
92S	82	92	92	112	72	100	70	53	49
96S	82	96	96	116	72	101	72	54	49
100S	82	100	100	120	72	101	74	55	49
104S	82	104	104	120	72	102	76	56	49
72R	90	72	72	92	78	105	60	49	49
76R	90	76	76	96	78	105	62	49	49
80R	90	80	80	100	78	106	64	50	49
84R	90	84	84	104	78	106	66	51	49
88R	90	88	88	108	78	107	68	52	49
92R	90	92	92	112	78	107	70	53	49
96R	90	96	96	116	78	108	72	54	49
100R	90	100	100	120	78	108	74	55	49
104R	90	104	104	120	78	109	76	56	49
108R	90	108	108	124	78	109	78	57	49
112R	90	112	112	128	78	110	80	58	49
116R	90	116	116	132	78	110	82	59	49
76T	98	76	76	96	84	112	62	49	49
80T	98	80	80	100	84	113	64	50	49
84T	98	84	84	104	84	113	66	51	49
88T	98	88	88	108	84	114	68	52	49
92T	98	92	92	112	84	114	70	53	49
96T	98	96	96	116	84	115	72	54	49
100T	98	100	100	120	84	115	74	55	49
104T	98	104	104	120	84	116	76	56	49

表 4.41　轻薄的两件式工装—夹克　　　　　　　　　单位：cm

型号	穿着人员尺寸		扣紧时的尺寸					
	胸围	腰围	夹克长度	袖长	袖口	胸围*	腰围*	背宽†
小号	90~96	80~84	69	78	28	穿戴人员的尺寸	穿戴人员的尺寸	44
中号	100~104	90~94	69	79	28			45
大号	110~114	110~114	69	81	30			46
特大号	120~124	120~124	71	83	32			47

注：* 从边缘到边缘；

　　† 全宽。

表 4.42　轻薄的两件式工装—裤子　　　　　　　　　　单位：cm

型号	穿着人员尺寸		扣紧时服装尺寸						
	腿内尺寸	胸围（衬衫）	臀部	腰围	腿内尺寸	侧缝	大腿围	膝盖	小腿围
76R	90	76	93	76	76	102	62	54	50
80R	90	80	97	80	76	102	64	54	50
84R	90	84	101	84	76	102	68	54	50
88R	90	88	105	88	76	102	70	54	50
92R	90	92	107	92	76	104	72	58	54
96R	90	96	109	96	76	104	74	58	54
100R	90	100	113	100	76	104	74	58	54
108R	90	108	121	108	76	106	74	58	54
116R	90	116	127	116	76	108	78	62	56
124R	90	124	134	124	76	110	78	62	56
80T	98	80	97	80	82	108	64	54	50
84T	98	84	101	84	82	108	68	54	50
88T	98	88	105	88	82	108	70	54	50
92T	98	92	107	92	82	110	70	54	54
96T	98	96	109	96	82	110	74	58	54
100T	98	100	113	100	82	110	74	58	54
108T	98	108	121	106	82	112	74	58	54
116T	98	116	127	116	82	114	78	62	56
124T	98	124	134	124	82	116	78	62	56

表 4.43　通用罩衣（由聚酯/纤维素织物制成的服装；不用于麻醉区域）　　单位：cm

型号	服装扣紧尺寸					
	胸围	颈围	袖长 *	袖口	长度	裙摆下摆
S	112	46	46	38	117	162
M	122	51	47	41	117	172
L	132	56	48	43	117	182

注：* 给定的袖子长度是沿肩线从颈部到袖子边缘测量的。

注意：总长度公差为 cm，所有周长测量公差为 cm。

4.51　身体保护：防护服测量方法

测量时，将衣服平放在一个光滑、平整的表面上，该表面的尺寸足以进行测量。除非另有说明，服装应在系紧时进行测量。图 4.36 和图 4.37 用于说明应进行测量的位置，它们并不表示风格。

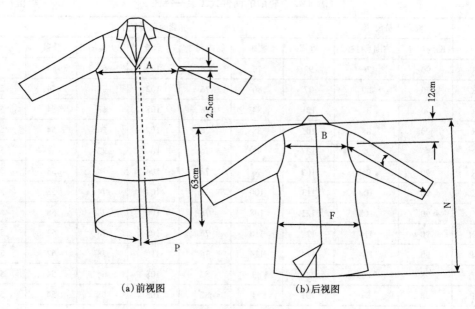

图 4.36　男子外套

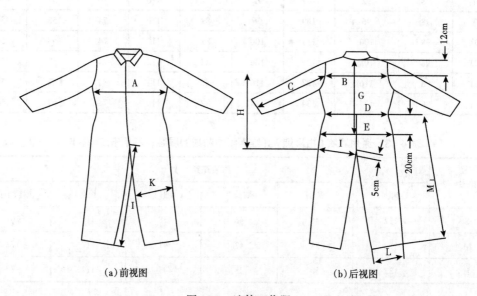

图 4.37　连体工作服

胸部或胸围：在腋下缝［位置 A，图 4.36 和图 4.37（a）］下方 2.5cm 处测量，从一边侧缝到另一边侧缝，距肩线 30 cm。将该值乘以 2。测量连体工装时要展开铺平。

背宽：在后颈部中心下方 12cm 处测量，袖缝之间直线测量［（位置 B，图 4.36（b）和图 4.37（b）］。

腰围：测量系紧的腰带［位置 D，图 4.36（b）］。如果没有腰带，测量胸部和臀部位置之间最窄点的距离，将该值乘以 2。

臀部：腰线下 20cm 测量［位置 E，图 4.37（b）］，将该值乘以 2。

臀围：在中心后颈部下方 63 cm 处测量［位置 F，图 4.36（b）］，将该值乘以 2。测量连体工装时要展开铺平。

后领至胯部：从中心后领缝至胯部测量［位置 G，图 4.37（b）］。

裤裆到围兜顶部：从围兜顶部中心到裤裆测量［图 4.37（b）］。

内侧腿：测量从裤裆缝到裤腿底部的距离。

大腿：在胯部线下 5 厘米处测量，将该值乘以 2。

膝盖：在膝盖处测量腿部，将值乘以 2［位置 K，图 4.37（a）］。膝盖的位置是从腿的底部到腿内侧测量值的一半加上 5cm 的距离。

G.13 腿部底部：沿下摆边缘测量整个腿部［位置 L，图 4.37（b）］，将值乘以 2。

G.14 侧缝：从腰带顶部到裤脚下摆底部测量（位置 M，图 4.37（b）］。

G.15 袖长：长袖从中心向后测量到袖子的全长［位置 C+0.5B，图 4.36（b）和图 4.37（b）］。

G.16 袖口：沿下摆边缘测量整个袖子，将该值乘以 2。

4.52　身体防护服和附件的使用指南

A 级服装为使用者提供的醒目程度显著高于 B 级服装，而 B 级服装反过来提供的醒目程度也显著高于 C 级配饰。因此，只要条件允许，应选择 A 级服装。特别是，那些可能暴露于相对高风险的使用者（例如踏板自行车手或摩托车手）应穿着 A 级服装，而那些暴露于特别严重风险的使用者（例如交警或道路工作人员）应考虑穿着性能明显优于 A 级规定的最低要求的服装。

本标准中的反光性能要求基于前照灯和车辆驾驶员的典型位置，以及公共道路、铁路和工厂道路上行人和自行车使用者的典型位置。如果灯具、观察者或目标的情况与本标准存在显著差异，则符合本标准的物品不一定适用，例如，应寻求专家建议的海上情况或机场。使用符合本标准的服装或附件并不免除使用者承担的所有合理谨慎措施的正常义务。

4.53　化学防护服的选择和使用指南

4.53.1　化学危害评估

（1）数据来源。任何化学品都应视为潜在的健康危害，其程度取决于使用环境。关于特定化学品或配方产品的化学危害信息，应就此咨询供应商。

注：供应商有法定义务在装有危险物质的容器上贴上与内含物所呈现危害相对应的标准警告语。危险物质的供应商也有责任确保其产品在合理可行的范围内是安全的，并且在正确使用时不会对健康造成危险，向其产品的使用者告知所涉及的任何危害，并且（如果合适的话）指明适用的防护服。

（2）化学危害性质评估。皮肤接触化学物质可能会对皮肤和整个身体造成伤害。根据从来源获得的信息，在评估化学危害的性质时，应考虑以下因素：

①腐蚀性化学物质可能通过直接破坏皮肤和肌肉。其他化学物质，如汽油、油漆溶

剂和清洁液，可以溶解皮肤的天然油脂，使皮肤干燥，容易产生疼痛的皲裂。这种对皮肤的损害以及任何现存的割伤和擦伤都为异物提供了进入入口，从而增加了对身体的伤害风险；

② 化学品可能会通过皮肤并被血液携带，从而对远离初始接触点的身体其他部位造成伤害；

③ 化学品可能通过诸如眼睛、呼吸道或消化道等通道进入人体；

④ 人体对异物的耐受性和清除率因人而异；

⑤ 危害后果在很大程度上取决于接触或吸收的有害物质的数量，因此与身体接触的有害物质浓度或环境中的浓度以及接触的持续时间有关；

⑥ 人体吸收化学物质的速度可能取决于它是被吞咽、吸入还是通过皮肤吸收；

⑦ 一次或多次接触少量化学品可能会对健康产生不良影响，后果可能是立即的、延迟的或长期的；

⑧ 与单一使用的化学品相比，化学品混合物可能会产生更大的危害。

4.53.2　危害和风险评估

在采取措施控制、减少或消除化学品危害并降低风险后，应评估化学品可能如何从其所在的工厂或系统中意外释放，以及此类释放可能产生的后果。

（1）与化学品物理形态相关的风险。与化学品及其物理形态相关的风险类型，如下所示：

① 如果不含挥发性产物、烟雾或灰尘，散装固体材料通常不存在过度风险；

② 液体和自由流动的粉末是可移动的，能够与皮肤密切接触；

③ 试剂从实验室意外飞溅到大量流入外部水体等情况下都可能造成暴露；

④ 尽管气体和蒸汽与皮肤接触时所含物质相对较少，但需要更有效的屏障来隔离它们，与气体和蒸汽相关的危险性很高，人体不能轻易感觉到这些危险；

⑤ 空气中颗粒物（细粉尘和液雾）释放的风险以及由此产生的危险可能非常高，因为这种物理形式的颗粒物既普遍又密集。

（2）与储存和运销有关的风险和危险。与化学品意外排放相关的危险取决于（例如）现存的物料的数量、运输方式和分布方式、密封方法（流量管、玻璃瓶等）、压力和温度以及其与工作区域的距离。需要考虑的暴露范围可能包括从发生中等或较高可能性（搬运时溢出；喷雾剂污染）的可预见事件到发生的可能性很小但后果更严重的事故（如化工厂的管道破裂）。

（3）与暴露持续时间相关的风险。当身体污染一发生就不明显时，暴露的持续时间可能会增加。

① 在离开危险区域之前，员工必须启动应急操作程序（如关闭机器）；

② 员工离污染物清除区应有一段距离。

注意：为员工和救援人员提供的保护应考虑到执行必要紧急行动所需的时间。

4.53.3　评估保护的必要性

为了评估保护，应回答以下问题：

（1）所涉及化学物质的化学危害、物理状态、数量和使用方式是什么？

（2）这些是否构成潜在危险？

（3）如果是这样，能否通过使用防护服以外的方式消除危险，或将危险最小化？

（4）潜在的危害有多严重？

如果问题（1）至（4）的答案表明，除其他预防措施外，还应考虑防护服的需要，则以下问题适用。

（1）设想遭受危害的形式和程度（例如溢出、液体喷射）是什么？

（2）遭受危害的概率是多大？

（3）如果发生这种情况，工人是否会立即意识到遭遇危险？

（4）遭受危害的可能持续时间是多久？

（5）暴露是否仅限于身体的特定部位（即眼睛，耳朵，肺部，头部，手部和脚部）或特定的皮肤区域？

4.53.4　防护服的选择

应认识到，防护服通常具有渗透性，因此，在任何情况下，所提供的防护形式不应视为（对化学品的）完整屏障。

随后的章节详细地考虑了影响最终选择的各种因素和可用来评估防护服材料相关特性的测试方法。然而，选择和使用防护服涉及许多因素，这些因素不容易量化，对不同的人来说，其相对重要性可能有所不同。因此，应考虑所有利益相关方的意见，以实现最佳平衡。这应能明确定义决定服装保护用户能力的特征，并使用适当的测试程序充分检查相应的物理和化学特性。

（1）兼容性。不应仅单独考虑防护服自身，因为它们可能必须与其他防护装置（呼吸防护设备、护目镜等）、专用工具或通信设备一起穿戴。使用者不应与其他工人隔离，并应能够在穿着衣服时确认和响应紧急程序。

制造材料的选择：防护服供应商应能够就其防护服的一般适用性和局限性以及在规定条件下防护特定化学品的实用价值提出建议。在选择制造材料时，会出现以下问题：

① 服装材料的耐化学性要求是什么，需要耐受多长时间？

② 服装材料还有哪些其他要求（例如耐用性）？

③ 透气衣料可以接受吗？

④ 如果存在通过服装材料的重大的化学渗透风险，在整个工作期间，皮肤暴露的浓度是否会低到可以接受的程度？

为了回答这些问题并初步选择防护服，经常需要与化学品供应商、安全专家、职业卫生学家和服装供应商进行讨论。通常需要进一步协商，以确保最终选择符合在适用情况下提供充分保护的需要。

（2）设计选择。在初步选择服装后，会出现以下问题：

① 衣服是否能提供足够的保护，防止可能出现的任何其他危险（如火灾）？

② 选择的服装是否会过度干扰使用者的活动或使他承受压力和不适？

③ 服装是否与手头的任务以及所需设备或工具的使用相兼容？

④ 工人是否接受过充分的服装使用和相关安全程序培训？

⑤ 穿上或脱下衣服时是否有污染物转移到使用者的风险？

⑥ 是否有足够的清洁程序？

⑦ 是否有合适的维护系统？

⑧ 是否有足够的管理和监督系统？

4.53.5　其他考虑事项

限制性限制：如果无法获得明显足以应对危险的衣物，则允许穿着性能最好的衣物在限制的时间内工作并不罕见。此类决策需要负责人仔细考虑相关风险。可能需要特殊防护措施，例如，在工作场所附近设置淋浴。

可能的缺点：防护服可能会造成危险，如限制使用者的活动或视力，或阻止其感知溢出的化学物质。所有防护服都会给使用者带来一定的压力，无论是不适、热量积聚还是运动受限，在选择过程中都应牢记这一点。身体上除化学作用以外的危险（如高温）的存在可能进一步限制服装的选择。

4.53.6　化学防护：气密服泄漏试验

程序：将防护服（包括手套和靴子）和面罩（如适用）放在适当的平坦干净表面上，远离任何热源或干燥地。尽可能去除衣服上的折痕或褶皱。使用制造商推荐的用于测试目的的组件进行充气连接、仔细关闭阀门等。小心地将气密服充气至180mm水柱的最大压力，然后让其静置至少10min，以使任何折痕区域展开，服装伸展，温度稳定，整个气密服的压力达到平衡。将套装中的压力调整为170mm水柱。再等待6min，并记录任何压力损失。

注意：在进行试验时，应仔细注意被堵塞或拆除的阀门的清洁度和重新安装，以确保它们在试验后能正常工作。

4.53.7　化学防护：在不同危险程度下针对单一危险的防护示例

保护的选择可考虑适用于浓氢、氯酸或浓硫酸。无论哪种情况，液体都会对暴露的皮肤和眼睛造成危害，而蒸气主要会对肺部和眼睛造成危害。稀酸不会对肺部造成严重危害，除非呈雾状存在，但仍可能对皮肤和眼睛造成严重腐蚀危害。因此，当吸入蒸气的风险较高时，应确定呼吸保护。

在这种情况下，保护概念说明了为不同程度的危险提供充分保护的可能方法。可以提供比建议更多的保护，特别是在作业过于简化的情况下。因此，示例（n）和（o）假设存在严重的到处飞溅和随后吸入烟雾的风险。这意味着防护对象是大型储罐和大口径管道。例如，如果储罐容量为1L，管道内径仅为3mm，则可能会认为防护等级过高。

硫酸比盐酸对暴露在外的皮肤的伤害更大，而盐酸更容易引起烟雾问题。因此，在每一个例子中，尤其是从（e）开始，根据表中的建议作为起点，判断是否有必要增加一方的皮肤保护和另一方的肺保护。危险等级从1到10不等。如果不采取预防措施，数值越高，受伤的可能性越大❶。

---

❶ 译者著：原著此处疑似缺示例图，如（n）（o）（e）和表1~10。

5 人员辐射防护

密封放射源的使用已变得广泛。安全是建立密封放射源使用标准的首要考虑因素。然而，随着放射源的应用变得更加多样化，需要一份文件来明确放射源的特征和基本性能以及特定应用的安全测试方法，并维护安全使用记录。

本章目的是为保护人们免受电离辐射的不当风险和有害后果提供指导。本章涵盖以下主题：

（1）辐射的基本概念。
（2）密封性放射源的设备、容器、测试、运输、包装和安全等方面的详细信息及要求。
（3）密封性放射源的分类、识别和测试程序。
（4）密封性放射源的现场检查、交换和容器维护服务。

5.1 特定考虑事项

涉及电离辐射的任何类型的工作应以个人（辐射人员和公众成员）的辐射暴露尽可能低（ALARA）的方式进行，且不超过限值。这是因为辐射照射会对受照射个人的健康造成有害后果，在正常的辐射工作中，这种影响可能不容易识别。

5.2 工业 γ 射线照相中使用的放射源类型

5.2.1 放射源

γ 辐射放射性核素及 X 射线产生设备被用作工业射线照相工作的辐射源。特定放射源的选择取决于待射线照相物体的材料和厚度。

5.2.2 放射源球和放射源笔

用于伽马射线照相的同位素源为金属形式（^{60}Co、^{192}Ir）或金属盐形式（^{137}Cs，^{170}Tm）。这些放射源密封在无污染的钢胶囊中，以避免在使用过程中对实际放射源造成任何损坏。这些钢胶囊被整合在一个放射源组件内以便于操作，然后被装载在一个射线照相相机中。放射源组件可以是刚性组件，也可以是柔性组件，具体取决于射线照相相机的设计。刚性时的放射源部件称为放射源笔，柔性时的放射源部件称为"猪尾巴"。

5.3 放射线照相作业场地的选择

理想的射线照相场地应远离任何作业区域，远离爆炸物和易燃材料存储地，并位于使用率最低的角落区域。由于热电厂的性质，对于穿越管道等，在选择场地时几乎没有选择余地的情况下，必须确保仅在周围无人时进行射线照相工作。必须针对特定的辐射源进行场地规划。

当需要长期进行射线照相作业时，射线照相现场应设置适当的围栏，如绳索和辐射符号，以防止未经授权进入。必须限制在围栏区域外继续占用。临时屏蔽也可以通过在该区域周围堆放重型钢或混凝土物体来临时实现。伽马射线照相设备和放射源的储藏室应尽可能靠近工作现场。

5.4 辐射暴露对人体的影响

如果人体暴露于外部或内部辐射，对人体组织的损害取决于辐射剂量的类型、强度和持续时间。可能发生以下类型的辐射暴露。

外部辐射

在工艺设施中处理密封放射性物质时，可能会受到外部辐射照射。如果正确操作设备并遵守辐射防护规定，则可以防止此类辐射暴露。在特别的情况下，如果皮肤或衣服被污染，也可能发生外部暴露，但只有在放射源泄漏或处理非密封的放射性物质时才可能发生。在这些情况下，必须采取特殊预防措施。

根据职业暴露程度，人员被分为不同的类别。国际机构建议的这些剂量率值是辐射防护条例的基础。

（1）无职业接触人员：普通公众年受辐射剂量不得超过 5mJ/kg=5MSv（0.5rem）。

（2）职业接触 B 类人员：年受辐射剂量大于 5mJ/kg=5mSv（0.5 rem）但小于 15mJ/kg=15mSv（1.5rem）的人员属于 B 类。记录人体所受辐射剂量，但仅在处理开放的放射源时才需要进行体检。在任何季度，身体所受辐射剂量不得超过年剂量的 50%。

（3）职业接触 A 类人员：年受辐射剂量超过 15mJ/kg=15mSv（1.5rem）的人员必须归为 A 类，这类人员允许的最大辐射剂量为每年 50mJ/kg=50mSv（5rem）。

个人受辐射的剂量将通过正规的剂量计确定。必须每年强制进行一次体检。在这种情况下，每季度的身体受辐射剂量也不得超过年剂量的 50%。A 类职业暴露人员必须由授权医师进行检查；B 类职业暴露人员仅在处理开放式放射性物质时才进行检查。这项检查每年重复一次。只有在授权证书被批准后，才允许在该管制领域继续从业。表 5.1 显示了不同类别人群的允许辐射剂量。

表 5.1 允许辐射剂量表

年辐射剂量，mSv	分类		
	A	B	N
整个身体、头部和躯干	50	15	5
手、前臂、脚和脚踝	500	105	50

注：N= 未分类人员；A=A 类分类人员；B=B 类分类人员。

5.5　辐射的生物学基础

辐射的危害

如果活体组织暴露在辐射下，单个细胞中会发生化学和生物变化过程，这可能会改变、损坏或破坏细胞。α 辐射、β 辐射和 γ 辐射与原子壳层中的电子相互作用，中子被原子核吸引，电子可能被分离，造成原子将被电离。这些离子不稳定，会与相邻原子发生反应。由此，可能会产生有害甚至有毒的非期望结合体。

体细胞辐射损伤：体细胞辐射损伤可能是短期和长期辐射暴露的结果。全身短期暴露可能导致以下损坏：

（1）辐射后遗症；

（2）白血病；

（3）不孕症；

（4）皮肤炎症性疾病。

表 5.2 显示了暴露于短期辐射时人体内的剂量和后果之间的关系。

表 5.2　辐射剂量和后果的关系表

辐射剂量	辐射影响
0.2Sv（20rem）以内	无明显影响
1Sv（100rem）以内	血液组分会有轻微的改变，但不会有严重影响
达 2Sv（200rem）	会出现晕厥，呕吐，可能会患严重疾病，这是恢复治疗的最佳阶段
2~6Sv（200~600rem）	致死概率增加
超过 6Sv（600rem）	无生还机会，致死

由于生物体的再生能力，长期暴露在均匀分布的辐射下可能不会致死，但仍可能导致慢性疾病，如白血病或癌症。如果身体曾暴露于一次高剂量辐射，情况也是如此。

遗传辐射损伤：遗传辐射损伤是由生殖细胞的变化引起的，可导致细胞突变。不能明确这种细胞突变概率的下限。在评估这一限值时，有必要考虑到人类暴露的自然辐射（宇宙和地面辐射），在某些地区可能相当高。

5.6　辐射测量技术

5.6.1　辐射剂量率测量系统

人体感觉不到核辐射。为了检测辐射，有必要使用合适的测量仪器，并为不同类型的辐射配备合适的探测器。最常见的探测器是电离室、计数管（分别为 GeigerMuller 计数管或卤素计数管）和闪烁计数器。

5.6.2 电离室

电离室基本上是一个充满气体的平板电容器，其中接收到的辐射会触发正负电荷粒子（离子和电子），从而产生与剂量率成正比的电流（图5.1）。由于该电流非常小，因此有必要将其大幅放大。

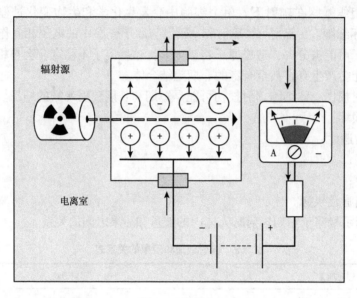

图5.1 电离室

5.6.3 计数管

计数管（GM管）的计数原理是，接收到的辐射通过特殊气体填充的电离（气体放大效应）触发电子流，如图5.2所示。继而产生强脉冲，然后可以通过简单的方法进行计数。每单位时间的脉冲数是剂量率的一种度量。尽管分辨率和能量独立性不是很高，但计数管非常适合在光子能量的特定范围内应用，并且由于其成本低而成为首选（相关电子设备也是如此）。

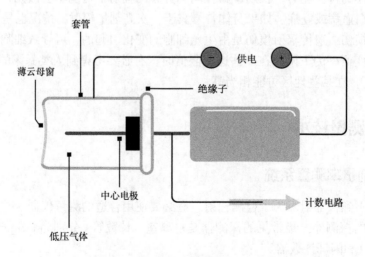

图5.2 计数管

5.6.4 闪烁计数器

使用闪烁计数器，通过接收到的辐射在晶体中产生闪光，这些闪光记录在光电倍增器的光电阴极上，并转化为电脉冲（图 5.3）。这些脉冲的平均值是剂量率的测量值。闪烁计数器具有较高的辐射检测效率，但技术费用较高。

核辐射探测器的结构和布置必须适合探测不同类型和能量的辐射，并具有各自的特点。由于 α 辐射和 β 辐射的穿透能力很低，探测器的窗口必须很薄。α 辐射和 β 辐射使电离室或计数管中的气体电离，或刺激闪烁体发光。伽马辐射的证据是通过直接释放穿过探测器壁的次级电子，或通过刺激闪烁体产生的。能量在 80kev 和 3MeV 之间的 X 射线或伽马射线的暴露率计、警告装置和监测器应符合 BS 5566 标准。

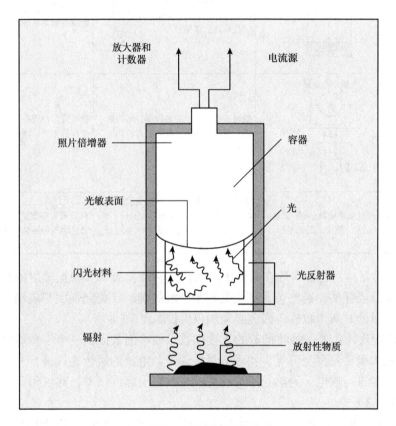

图 5.3　闪烁计数器

5.6.5 人体辐射剂量的测量

人体辐射剂量器不仅用于测量辐射场的强度（剂量率），还用于测量累计辐射剂量，同时考虑到反应的持续时间。

（1）胶片剂量计：感光乳剂的变暗程度用于确定辐射剂量。胶片剂量计将胶片装在一个防光暗盒中；该暗盒包含许多金属过滤器。从滤光片后面产生的暗化可以确定辐射剂量和"辐射能量"。胶片剂量计具有坚固性和尺寸小的优点（表 5.3）。

表 5.3 多种人体辐射计量系统

	测量仪	评估	特征
胶片测量仪	半透明胶片	仅由官方机构评估，并且仅在固定的时间间隔内进行测量，测量值主要用于后续辐射剂量的平衡；信息仅在很长一段时间（几周）后才可供使用者使用	普遍适用；评估准确性高且携带大量信息。 缺点：受到许多无法控制的误差影响；测量范围有限；无法存储
口袋测量仪	电容室放电	使用者可以随时快速的读取数据。正在开发具有数据评估系统的计算机自动评估系统	测量快速，信息准确。 缺点：测量范围小；需要定期充电
玻璃测量仪	荧光强度与刺激性 6200A	随时进行评估，并且能够存储测量值，通常按照使用者和官方机构的要求进行评估	在低能量范围（伦琴）中太不准确。正在努力提高测量的灵敏度和能量依赖性
热释测量仪	测量经过加热材料（经辐射暴露后的）所发出的光子	该系统在低曝光水平下高灵敏度很高，能够检测 10mrem（0.1msv）剂量的辐射，标准偏差为 10% 或更低。结果很容易用计算机处理	TLD 可以多次重复使用。不受湿度、常见溶剂和轻微物理磨损的影响

（2）玻璃计量计：包含封装在胶囊中的银活化磷酸盐玻璃。根据辐射的程度，会产生强烈的荧光点，经评估，这些荧光点会受到紫外线的刺激。荧光强度与玻璃接收的剂量成正比。玻璃剂量计对灰尘敏感，因此必须加以保护（表 5.3）。

（3）袖珍剂量计：提供接收剂量的直接读数。袖珍剂量计由一个小型静电计组成，其十字线通过放大镜在刻度上可见。袖珍剂量计通过与电源的短暂连接进行充电，并根据其暴露的辐射剂量进行放电。为防止不可避免的自放电引起的误差，建议每日读取袖珍剂量计的读数（表 5.3）。

（4）热释光剂量计：热释光剂量计（TLD）含有氟化锂（LIF），由于其在室温下的衰减可以忽略且平均原子序数较低，因此通常使用该剂量计。TLD 监测徽章由带夹子的 TLD 支架、过滤器和 TLD 芯片组成。热释光是先前辐照过的材料在温和加热后发出的光。

5.7 放射防护技术

5.7.1 放射防护的基本原理

为了避免对人体造成近乎肯定的伤害，国际上为被划分为不同类别的人确定了年度允许剂量。放射防护的目的是严格遵守规定的允许剂量值，并避免不必要的辐射，以使人员遭受的辐射剂量尽可能低。

辐射剂量的计算公式显示了可以采取何种辐射防护。辐射剂量（D）取决于源的放射性（A）、其特定伽马辐射常数（k）、与源的距离（A）、辐射时间（T）和可用屏蔽的减弱系数（s）。

$$D=AKT/(a^2s) \tag{5.1}$$

放射源的放射性和相应的特定伽马辐射常数由测量工作确定。在设计测量系统时，设计师应通过选择合适的探测器和评估仪器，尽可能降低所需的放射源活动。

根据上述公式，可以得出以下辐射防护措施，说明辐射防护的一些重要基本原理：

（1）增加距离：指到放射源的距离，即放射源和身体之间的距离。由于剂量率（与光一样）遵循平方定律，因此距离加倍意味着将辐射强度降低到四分之一。这是最有效也是最简单的辐射防护方法。因此，在放射性物质附近作业时，尤其是对于与放射作业无关的人员，保持尽可能大的距离是很重要的。如果距离较短，即使是微弱的放射源也会产生相当大的剂量率。活动性非常低的测试源不得用手直接触碰，只能用钳子或镊子触碰。

（2）缩短暴露时间：时间（T）具有线性效应，即将暴露时间延长一倍会产生两倍的辐射剂量。靠近放射源的作业应妥善规划，以便尽可能缩短放射源附近的暴露时间。

（3）使用屏蔽：具有高衰减系数，该系数以指数函数形式取决于屏蔽材料厚度和密度的乘积。除少数例外情况外，工业中使用的放射性物质在交付时已安装在适当的屏蔽中。只有当屏蔽功能正常且操作安全时，屏蔽才有效。

（4）在放射源和人员之间使用屏障：密度大、原子序数高的材料，如铅是首选材料。混凝土等材料必须厚得多，才能提供相同的有效屏蔽。表5.4展示了通过各种透射系数降低伽马辐射强度所需的铅厚度。

表5.4 通过各种透射系数降低伽马辐射强度所需的铅厚度

放射性核素	透射系数：铅		
	0.5	0.1	0.01
钴-60	15mm	43mm	86mm
铱-192	3.5mm	12mm	28mm
铥-170	0.8mm	5mm	19mm
Ytterblun-169	0.8mm	3.9mm	8mm

表5.5展示了混凝土的透射系数。

表5.5 混凝土的透射系数

放射性核素	透射系数：混凝土		
	0.5	0.1	0.01
钴-60	165mm	335mm	545mm
铱-192	130mm	245mm	396mm
铥-170	无数据		
Ytterblun-169	可得到		

仅运输容器通常不能为永久储存提供足够的屏护。应使用存储单元或容器。

5.7.2 放射防护区域

（1）限制区域。

剂量率高于 3mSv/h（300mrem/h）的区域必须安全，以确保任何人都不能未经检查进入。只有在特定条件下才允许进入，如果确实需要，应计算身体辐射剂量并测量个人辐射剂量。这些区域通常仅为屏蔽表面的有效射束。如果身体的任何部位可能进入该区域，则必须对其进行相应的屏护。

图 5.4　电离辐射标识

（2）控制区域。

控制区域的剂量率等于或高于 7.5μSv/h（0.75mrem/h）。控制区域必须标记，并配备辐射警告标识，并标示"控制区域"。对于控制区域，应显示以下警告标志：

① 对于控制区域，应设置图 5.4 中所示的基本标识，它表示潜在或实际存在的电离辐射。

② 可能需要的附加铭文、颜色或符号，以让所有相关人员都能理解的方式表明暴露风险的大小和特殊性质。

③ 仅允许执行特定操作的人员进入控制区。必须确定身体剂量或测量个人剂量。如果可以证明全身剂量不超过 15mSv/a（1.5mrem/a），有关授权机构可批准例外情况。

（3）监测区域。

设备监测：设备监测区从剂量限制为每年 15 mSv（1.5rem/a）控制区开始，如果一个人每周在控制区停留 40h（相当于 7.5μSv/h 或 0.75mrem/h 的剂量率），并达到每年 5mSv 的剂量率，这将产生 2.5μSv/h（0.25mrem/h）的剂量率。考虑到该区域的实际访问情况，必须采取措施确保人们每年接触的剂量不会超过 5mSv（0.5rem/a）。

一般剂量率限值为 0.3mSv/a（30mrem/a）。该区域的人员不得暴露在高于 1.5mSv/a（150mrem/a）的剂量下。

5.8　密封源的分级命名

密封源的分级应采用 ISO 代码后跟一个字母和五位数字。该字母应为 C 或 E.C.，分别表明密封源的活动水平不超过标准中规定的限值，以及密封源的活动水平超过广泛接受的标准中规定的限值。第一位数字应是描述了温度性能的等级编号。第二位数字应是描述了外部压力性能的等级编号。第三位数字应应是描述了影响性能的等级编号。第四位数字应是描述了振动性能的等级编号。第五位数字应是描述了穿透性能的等级编号。

5.9　放射线照相设备的一般要求

5.9.1　X射线照相设备

　　工业射线照相中使用的X射线设备必须配备足够的内置安全装置，以最大限度地减少对使用者和公众的辐射危害。X射线管配备有衬铅外壳，以将泄漏辐射降低到明确规定的水平以下。对于常规X射线装置，距离目标1m处的泄漏辐射在1h内不得超过1R或10mGy。此外，还建议使用光束限制装置。对于用于全景曝光且不存在管屏蔽的棒阳极管，本规范不适用。控制台必须有锁，以防止未经授权的人员使用X光机。必须在控制台和管头上提供红灯，以指示光束"打开"位置。对于传统X射线装置，管头和控制台之间的电缆长度不得小于20m，操作员在给X射线管通电时必须使用电缆的全长以远离设备。

　　对于直线加速器，距离目标1m处（主光束方向除外）的最大泄漏辐射不应超过距离目标1m处测量的主辐射的0.1%。

5.9.2　伽马射线照相设备

　　每种型号的射线照相相机都设计用于容纳特定的最大强度源。射线照相相机使用适当强度的伽马射线源。根据所用光源的性质和强度及射线照相工作的类型，可以使用固定式或移动式射线照相设备。仅对于配备有远程控制机制（如软电缆操作或电气或气动操作）的射线照相相机，才允许使用更高的源强度（即192Ir大于20Ci，60Co大于5Ci），以便在安全距离内进行所有操作，从而最大限度地减少对操作员的辐射暴露。

　　伽马射线照相设备的放射源外壳必须具有足够的屏蔽能力，以将泄漏辐射限制在规定的范围内。明确规定的工业γ射线照相设备"关闭"位置的泄漏辐射水平规定如下所述：

　　（1）当光源处于完全屏蔽位置时，在距离光源外壳表面1m处：任何方向的最大辐射水平不得超过0.1mSv/h（10mrem/h）；平均辐射水平不得超过0.02mSv/h（2mrem/h）；

　　（2）在距离源外壳表面任何点5cm处，在任何方向：最大辐射水平不得超过1mSv/h（100mrem/h）；平均辐射水平不得超过0.2mSv/h（20mrem/h）；

　　（3）对于用于临时储存/运输的运输容器（铅罐），放射源完全屏蔽位置的泄漏辐射水平不应超过：距离容器表面1m的位置为2mSv/h（200mrem/h）；平均辐射水平为0.1mSv/h（10mrem/h）。

　　摄像机和容器必须配备内置锁定装置，以防止未经授权的操作。辐射警告符号必须在摄像机和容器上清晰可见。

5.10　伽马射线照相仪

　　（1）伽马射线照相仪应针对使用中可能遇到的条件以及可能对安全操作产生不利影响

的条件进行设计。设计师和制造商应特别考虑以下事项：

① 部件的耐用性和耐腐蚀性及其表面光洁度，尤其是在可能影响功能部件或运动部件的地方；

② 需要防止水、泥浆、沙子或其他异物进入控制装置或移动部件，或需要可使用诸如软管和水等安全清洁照相仪的设施；

③ 使用中可能遇到的温度影响；

④ 伽马辐射对任何非金属部件（如橡胶、塑料、接头、密封剂或润滑剂）可能产生的破坏性影响；

⑤ 提供适当的附件，用于安全安装曝光装置；

⑥ 不同使用位置的容器或曝光头；

⑦ 放射源支架和其他可更换部件的互换性；

⑧ 提供使用、定期检查和维护说明。

当贫铀用作暴露容器的屏蔽材料时，应使用足够厚度的非放射性材料包覆，以衰减或吸收 β 射线辐射。如果非放射性包覆层在高温下容易与贫铀发生反应，则应对贫铀进行适当的表面处理，以抑制这种影响。

（2）密封源舱要求。

① 无表面放射性污染；

② 无泄漏；

③ 与内容物在物理性质和化学性质上相容；

④ 如果是由直接辐射产生的密封源，则不会对放射性物质的活性产生重大影响。

密封放射源证书

制造商应提供每个密封放射源或密封放射批次的证书。在任何情况下，证书都应说明：

（1）制造商名称；

（2）按 5.8 中规定的代码标示分级；

（3）序列号和简要说明，包括放射性核素的化学符号和质量数；

（4）在确定的日期，根据能量密度率（视情况而定）的等效放射性和 / 或辐射输出；

（5）无表面污染的试验方法和结果；

（6）使用的泄漏试验方法和试验结果。

注意：此外，证书可酌情对放射源的来源进行详细说明，特别是：

（1）对于密封舱：尺寸、材料、厚度和密封方法；

（2）对于活性内容物：化学和物理形态、尺寸、质量或体积；从使用密封源的角度来看，不良放射性核素百分比。

5.11 放射源标识

只要在物理上可行，应在密封舱上按优先顺序耐久、清晰地标记以下信息：

（1）放射性核素的质量数和化学符号；

（2）序列号；

（3）对于中子源，目标元素；

（4）制造商的名称或标志。

在测试密封源之前，应对密封舱进行标记。

5.12　放射源容器标识

每个照射容器或永久固定在容器上的金属板应通过雕刻、冲压或其他方式永久且不可擦除地标记以下内容：

（1）基本电离辐射符号，符合 ISO-361 标准。

（2）"放射性"一词，字母高度不小于 10mm。

容器的最大额定值：

① 对于钴 60 源，显示为 "等级 ×Bq60Co（yCi60Co）"；

② 对于铯 137 源，显示为 "等级 ×Bq137Cs（yCi137Cs）"；

③ 对于铱 192 源，显示为 "等级 ×Bq192Ir（yCi192Ir）"。

（3）ISO 标记表示制造商声明照射容器及其附件符合国际标准，该声明应在制造商提供的资料中说明；

（4）制造商的类型和序列号。

M 级和 F 级容器：M 级或 F 级照射容器应标有容器的质量，不带可拆卸附件。

5.13　辐射毒性和可溶性

除标准要求外，只有当密封源的放射性活性超过相关标准所示的值时，才应考虑放射性核素的放射性毒性。如果活性超过该值，则必须单独考虑密封源的规格。如果活性不超过标准中所示的值，则可使用上述规范，而无需进一步考虑放射毒性或可溶性。质量控制计划是必不可少的，并且应在待分级密封源的设计和制造过程中实施。

5.14　照射容器的一般考虑

5.14.1　安全装置

（1）锁：在所有照射容器上，只有在手动解锁操作后，才能进行一系列光源光束发射工作。照射容器应配备整体锁和钥匙或搭扣，通过搭扣可安装单独的挂锁。锁应为安全型，即无需钥匙即可锁定，或为一体式锁，当容器处于工作状态时，钥匙无法从中取出。锁应将密封源保持在安全状态；如果锁损坏，不应阻止密封源在工作状态返回到安全状态。如果使用单独的挂锁，则应配备一个附加装置，以提供将密封源保持在安全状态的有效方式。

（2）放射源状态指示器：伽马射线照相设备应清楚表明密封源处于安全状态还是工作状态。如果使用颜色，绿色应仅表示放射源处于安全状态，红色应表示放射源不处于安全状态，但颜色不应是唯一的指示方式。

表 5.6 照射强度限值

1	2	3	4
	最大照射强度，mSv/h（mR/h）		
类别	在容器的外表面上	距离容器外表面 50mm	距离集装箱外表面 1m
P	2（200）	0.5（50）	0.2（2）
M	2（200）	1（100）	0.05（5）
F	2（200）	1（100）	1（10）

（3）系统故障：非手动操作的远程控制系统的设计应确保该系统故障导致快门关闭或密封源返回到安全状态，或应配有安全装置，最好是手动，允许关闭快门或将密封源返回到安全状态，而不会使人员过度暴露在辐射中。

手动操作的远程控制系统的设计应确保在操作、连接或断开远程控制电缆时，密封源不可能从照射容器的后部取出。

（4）未经授权的操作：如果装有遥控器，则应提供防止操作员不在现场时未经授权操作的装置，例如通过可拆卸的卷绕手柄。放射源支架的设计应确保其不会意外释放密封的源，并应为其提供有效的固定和机械保护。

5.14.2 容器附近的照射强度

照射容器的制造方式应确保，当锁定在安全状态并配备与最大额定值对应的密封源时，试验时的照射强度不超过表 5.6 第（4）列中的限值以及第（2）和（3）列中的其他限值之一。

5.15 照射容器的处理设施

5.15.1 便携性

P 级照射容器应配备搬运手柄。M 级照射容器应配备起重装置。此类手柄或装置应足以满足其用途，并确保不会意外将其从容器中移除（对于 F 类容器，这样的附加项是可选的）。

5.15.2 机动性

用于移动 M 级照射容器的设备的旋转圈应不大于 3m，并应配备固定装置。

5.16 照射容器的制造和检验

制造商应提供必要的生产质量控制检查和测试。该计划应至少包括以下标准中规定的试验：

（1）对正常工作条件的耐受性，包括以下试验：振动、震击、耐力、扭结、意外坠落，符合 ISO 2855 标准；

（2）屏蔽效率测试：符合 ISO 3999 标准；

（3）机械遥控设备测试：符合 ISO 3999 标准；

（4）生产测试：符合 ISO 3999 标准；

（5）泄漏测试：符合 ISO/TR 4825 标准；

（6）测试程序：温度测试、外部压力测试、冲击试验、穿刺试验，符合 ISO 3999 标准。

5.17 放射性物质的包装和运输

5.17.1 运输

只有在监管机构批准的情况下，才允许在公共交通工具上运输放射性物质。运输批准规定，只有在考虑了以下几点的情况下才能进行交付：

（1）包装类型 A；

（2）包装标识；

（3）装运单据的标识；

（4）遵守最大极限的允许活动。

放射性物质的运输只能根据《危险品运输条例》进行。国际原子能机构安全系列标准第 6 号、第 37 号中给出了运输法规参考。

5.17.2 容器中密封源的标识

使用者应确保以下信息以耐久的形式标识在照射容器上：

（1）放射性核素的化学符号和质量数；

（2）活性和测量日期；

（3）密封源的标识号。

5.17.3 包装

（1）放射性材料的包装通常由国际原子能机构运输（IAEA）条例（1973 年修订版第 6 号安全系列）制定。有两类包装：

①A 型：设计用于在正常运输条件下保持安全壳和屏蔽的完整性。

②B 型：设计用于承受运输事故的破坏性影响。根据所使用的运输方法，含有放射性材料的包装必须符合一定的最大外部辐射水平的要求。根据 IAEA III 类黄色规定，允许在包装表面任何点处的照射强度不超过 2mSv/h。

包装的运输指数（TI）也必须在特定运输方法规定的限度内（运输指数是表示距离包装表面 1m 处的照射强度的数字，单位为 2mSv/h）。对于大多数载客飞机，TI 不得超过 3 或 4，但对于货机，通常允许 TI 高达 10。国际原子能机构的运输条例规定了每种核素可在 A 型包装中运输的最大活性。活性水平（A1 和 A2 限值）取决于核素的毒性等，并可能因核素是否包含在已颁发"特殊形式"证书的密封舱中而有所不同。

（2）豁免包装：如果包装符合以下要求，则免于遵守包装法规：

① 内容物的最大活性小于：10^{-3}A1（特殊形式批准），或 10^{-3}A2（其他来源）；

②包装表面任何一点的照射强度不超过 0.5mrem/h。

（3）运输容器的设计是为了在运输中实现最大的安全性和经济性，并符合相应的国际法规。在可能的情况下，应使用质量轻、不可回收的容器，但需要更多屏蔽的货物应包装在可回收容器中。

①不可回收容器：该类容器通常由密封罐中的铅屏蔽组成，密封罐可以装在纸板箱中，也可以装在发泡聚苯乙烯外壳中。此类包装符合 IAEA 对 A 型包装的要求。也可使用符合 B 型要求的改良包装。密封罐可以用家用开罐器打开。如适用，请参阅开箱说明。

②可回收容器：可回收容器通常由钢桶内的重型铅屏蔽组成。钢桶中还可能有软木塞或纤维衬里，以在容器发生火灾时提供保护。应使用专门设计的容器装载高放射性和高能伽马和中子源。

③用户容器：用户自己的容器必须符合相关的运输规定；在安排装运之前，需要有这方面的正式证据。

④接收放射源包裹：包裹应在到达时进行检查，如果发现任何可能导致产品损坏的损伤，则不应打开包裹。测量容器上的表面剂量率，它不应超过 2mSv/h。较高的读数可能表明放射源不在安全状态或屏蔽损坏。检查文档和标签说明是否与订单确认一致。通知辐射防护监督人包裹已到达。更新放射性物质用于统计的正式记录，注明标识、活性和日期。

运输容器提供的屏蔽足以符合原子能机构运输条例中规定的最大剂量率水平要求。然而，这些水平通常过高，不允许在工作场所储存包装。

如果包装未立即打开，则必须提供合适且安全的仓库。该仓库应仅为放射性材料保留，且必须充分屏蔽、正确标识，并充分保护，以防未经授权的人员进入。外部剂量率通常不应超过 2.5Sv/h（0.25mR/h）。

（4）拆包：只有经过培训、称职和授权的人员才能在受控区域内打开放射源的包装。在拆箱的每个阶段，应使用剂量率计检查辐射水平。包装外表面的照射强度可能高达 2mSv/h，每个拆箱阶段的剂量水平都会增加。根据放射源的类型，使用各种填料组合。钢桶是最常用的包装形式。对于这些类型，请按以下步骤操作：

①拆下钢制封闭带和盖；

②检查随附的文件；

③拆下软木盖和衬垫（如已安装）；

④将铅罐提离滚筒，使软木衬里保持在原位。

注意事项：铅罐很重。如有必要，请使用帮助。将铅罐放在坚实、水平的地面上。铅罐上的剂量率可能高达 15mSv/h，因此接触时间应最小。

5.18 确定密封源分级和性能要求的程序

如果所需数量不超过标准允许数量，则应评估火灾、爆炸和腐蚀危险。如果不存在重大危险，密封源的分级可直接取自标准。如果存在重大危险，应评估这些因素，特别注意温度和冲击要求。如果所需数量超过标准允许数量，则应对火灾、爆炸和腐蚀危险进行评估，并对特定密封源使用和密封源设计进行单独评估。

密封源的识别

分级标志应标记在密封源证书上，如可行，应标记在密封源舱和密封源容器上。

密封源性能分级：这是密封源可能经受的环境试验条件清单。测试按严重程度的递增顺序排列。每种类型密封源的分级应通过对该类型的两个源（密封源、原型源、模拟的虚拟源）进行实际测试来确定，或通过从先前测试中得出的结论来确定，这些测试证明，如果进行了测试，该源将通过测试。每个试验可使用不同的试样。应通过密封源在每次试验后保持其完整性的能力来确定是否符合试验要求。如果能够证明至少有一个封装在试验后保持了完整性，则具有多个封装的源应被视为符合试验要求。ISO/TR 4825 中给出了密封放射源的泄漏试验方法。当对模拟放射源进行泄漏试验时，所选方法的灵敏度必须足够。

5.19　密封放射源应用和更换程序

5.19.1　密封放射源的选择

用于产生辐射场的源应密封在合适的容器中，或以提供同等保护的形式制备，以防机械破坏。如果与正在进行的工作一致，则应满足以下条件：

（1）使用的放射源的活性应该是最小的。

（2）发射辐射的能量或穿透力不应大于以最小总照射量完成任务所需的能量或穿透力。

（3）如有可能，放射源中的放射性物质应具有低毒性，其化学和物理形式应能在容器破裂时尽量减少扩散和摄入。

（4）密封源应永久标记，以允许个人识别和便于确定放射性的性质和数量，而不会使工人过度暴露。

（5）应定期检查密封源或使用的容器是否存在污染或泄漏（可使用涂片试验或静电收集）。检查的间隔时间应根据相关放射源的性质确定。

（6）不得使用机械损坏或腐蚀的放射源，应立即将其放置在密封容器中。只能由技术熟练的人员使用合适的设施进行维修。

5.19.2　放射源的使用方法

无论何时都应把放射源放置在适当的位置，并应保有库存。如果任何人有理由相信放射源已丢失或随意放置，应立即通知"安全员"。如果确认丢失，应立即通知指定机构。

应通过屏蔽、距离和限制工作时间等放射源处理方式、方法，使人员的辐射剂量降至最低。应以避免对所有人员（包括未参与操作的人员）造成危害的方式处理放射源。应注意相邻区域的人员，包括上方和下方的房间。受高辐射水平影响的区域应清楚标记、用绳子隔开，必须撤离所有现场人员。

应清楚显示部分屏蔽源产生的辐射光束。应注意确保使用合适的吸收材料在最小实际距离处终止此类光束。监测程序的规划应考虑到可能发生的辐射场的尖锐准直。

在可行的情况下，密封源应以封闭装置的形式使用，在辐照过程中，所有人员均不得进入。不得用手触摸放射源。应使用适当的工具，例如长柄、轻量、握力牢固的镊子。如果需要，必须考虑更复杂的保护手段，如主从操作等。

应对放射性材料的工作进行规划，以允许尽可能短的暴露时间。如果工作中出现意外困难，则限制工作时间所提供的保护范围很容易失效，因此应尽可能进行模拟运行。尽管应计划将暴露时间限制在安全范围内，但如果不能提供足够的屏蔽且必须控制暴露时间，则应以系统的方式进行，最好是在实际人员责任之外提供计时和警告服务。

5.19.3　密封放射源的特殊用途

工业 γ 射线照相：控制区域应清楚地标记易于识别的标志。未经授权的人员不得进入该区域。在辐照前和辐照期间，应提供光信号或声音信号，或同时提供声光信号，以发出必要的警告。射线照相的设置应在开始辐照前完成。对于需要从屏蔽容器中移除密封源的射线照相，在任何必要的初步调整期间，应使用可清楚识别的等效密封舱。如果必须在容器外部处理密封源，则应自动或通过远程方式进行处理，以便为所有与操作相关的人员提供足够的保护。在射线照相曝光结束时，应使用辐射检测仪器验证射线照相源是否已正确返回其屏蔽容器。当在正常使用场所以外使用工业 γ 射线照相放射源时，应准备由图表或照片组成的通知，说明放射源的尺寸和识别特征，以及任何发现此类放射源的人员应采取的步骤。这些通知应张贴在使用放射源的区域，直到确认将其从该区域移除为止。

使用密封源的测厚仪、静电消除器和类似装置：测厚仪、静电消除器和类似装置使用的放射性材料应采用符合密封源一般规定的密封源形式。在可行的情况下，应保护密封光源的正常非屏蔽部分免受机械损伤，并配备盖板、遮板或护罩。盖板、遮板或护罩必须易于固定，以便有效拦截有用光束。在可能的情况下，应安装或屏蔽此类装置，以确保所有人员的辐射水平正常，包括安装或维护密封源或其附近的任何机械或设备的人员，应符合一般公众的允许剂量（因此无需人员监测程序和特殊体检）。此类装置应具有明显的永久性标记，以警告人员放射性物质的存在以及避免不必要的暴露。如果密封源破裂，应立即通知"安全员"或其他指定人员。

5.19.4　放射源更换程序

放射源变换器用于将新的源从制造商转送到用户。变换器耦合到源发射器，旧的源从发射器转移到变换器中的空通道（这样就有机会在必要时维修发射器）。然后，新的源从变换器转移到发射器。最后，旧的源在变换器中返回给制造商。

本节所述的一般程序必须与特定容器类型相关的特定程序一起阅读。在准备任何源卸载之前，务必透彻理解其完整的卸载过程。

（1）设备布置：源交换只能在受控区域内进行。如有可能，使用任何可用的辐射屏蔽，例如墙壁。

① 布置放射源变换器（或铅罐）和发射器，使一段导管可以安装在它们之间，而不会在导管中出现任何锐弯或扭结。警告：导管中的任何弯管的半径不得小于 500mm。

② 布置发射器和驱动电缆控制单元之间的驱动电缆。警告：控制电缆的任何弯曲半径必须不小于 1m。

③ 将驱动电缆控制单元布置在离发射器和放射源变换器尽可能远的位置，控制点最好位于控制区域之外。

（2）设备组装：使用合适的适配器（如果夹具、升降杆），将导管连接到放射源变换器的空孔上。警告：放射源变换器必须始终保持直立，不要把它侧放一边。

① 按照制造商的说明将驱动器电缆连接到发射器，警告：在此阶段不要解锁；按照制造商的说明将导管的另一端连接到发射器上，警告：尽量减少在发射器附近花费的时间；将剂量率计放置在靠近控制点的位置，以持续监测操作员暴露的剂量率；检查附近的任何人员是否佩戴了规则规定的监控设备（胶片徽章、TLD、剂量计、QFE 等）。

② 将旧的放射源转移到变换器中。

a. 将射线照相发射器设置为曝光；

b. 合适的警告装置发出声音或目视指示警告即将发生辐射源暴露。检查区域没有人员，所有接入点都很安全；

c. 转动曲柄快速将衰变源从发射器移至放射源变换器，注意：辐射强度将随着源首次暴露而大幅增加，随着源启动而略微降低，然后在源正确装入放射源变换器后降至背景水平；

d. 检查剂量率仪表读数，警告：如果读数仍然很高，请勿向发射器或变换器单元移动；

当确定源位于放射源变换器内时，使用剂量率计接近设备。对于铅罐，1m 处的剂量率应约为 0.75mSv/h（75mR/h），或 100Sv/h（10mR/h），警告：如果在接近设备时测量到明显较高的剂量率，请停止，检查操作并返回低剂量区域，与供应商核实；

检查发射器各侧、导管和放射源变换器各侧的剂量率。警告：对于铅罐，放射源变换器表面的最大剂量率应为 15mSv/h（1.5R/h），或 2mSv/h（200mR/h）。

③ 拆除。

a. 当确定源已正确加载时，将导管从放射源变换器上拆下。对于铅罐式，应小心地拧下导管，注意不要将其从放射源变换器上拔下，因为这可能会将刚刚转移的源从屏蔽位置移开。对于 650 源装置，按照锁定的源指南操作。警告：不要将源移动到距离其存储位置超过 10mm 的位置。在此操作过程中监控剂量率，以确保在辐射源暴露时及时发出警告；

b. 从源支架组件上断开驱动电缆，注意不要移动源。通过将连接器的锁销朝着源方向移动并将驱动电缆从键槽中滑出，可以断开 Amertest 源。不要弯曲或扭曲。有关其他设备，请参阅相应的制造商说明；

c. 用手指用力更换放射源变换器（如已安装）上的闭合螺母或关闭夹具，断开导管；

d. 将旧源标识牌挂到放射源变换器上，以便追踪源的位置。

④ 发射器维护：在此阶段，应抓住机会检查空发射器。根据制造商的建议，可方便地安排常规维护工作，以与源更换同时进行。要断开驱动电缆与发射器的连接，必须在将其插回发射器之前将测试接头安装到驱动电缆上。测试连接器（跳线）通常安装在发射器的驱动连接器防尘盖中。应使用"通断"检测仪检查驱动电缆接头是否磨损。

⑤ 将新的放射源装到发射器。

a. 确定所需新源的位置。每个源位置通过标记带和源识别牌或装配图显示。

b. 拆下相应的闭合螺母（如已安装）并将驱动电缆连接到源支架（升降夹杆，如已安装），连接导管。

c. 将源接口连接到驱动器电缆。用拇指按下锁销，将驱动器电缆接头滑入键槽，然后松开锁销，即可连接 Amertest 源。确保连接牢固。对于其他设备，请使用等效方法，参见制造商说明。警告：不要将源移动到距离其存储位置超过 10mm 的位置。在此操作过程中监控剂量率，以确保在辐射源暴露时向您发出警告。

d. 对于 650 型放射源变换器，如上所述将导管和驱动电缆连接到源支架后，关闭并锁定源导管。

e. 返回控制点，鸣响警报装置，并采取源卸载预防措施。

f. 转动曲柄快速将新源从放射源变换器移至发射器中的存储位置。警告：在操作过程中观察剂量率计。辐射强度应随着源离开放射源变换器而增加，随着源接近发射器而增加，当源正确存储在发射器中时，辐射强度应降至较低水平。

g. 用剂量率计测量发射器和导管，以确保更换已正确完成。发射器表面的剂量率应小于 2mSv/h（200mR/h），在 1m 处小于 100Sv/h（10mR/h）。

h. 在确认源已正确装好后，锁定发射器并拆下所有导管和控制装置。将新的源标识牌挂到发射器上。

i. 从放射源变换器上拆下导管。更换锁紧螺母（闭合夹具，如果安装）或压紧盖。确保有足够的方法识别装载位置。

5.19.5 特定容器类型

本节介绍了三种主要放射源变换器类型的具体特征。有关其构造和操作的详细信息，应结合上一节关于源更换的一般方法来阅读。

（1）TEN650 放射源变换器。

① 打开前，先解锁。断开金属丝密封，然后拆下螺栓，从 TEN650 上拆下盖子。警告：监测辐射源位置的辐射束。

② 拆除屏蔽源，并通过断开金属丝密封件和拆下螺栓从装置顶部取下盖子。装载位置将附着源标识牌。卸载位置将取消标识。警告：目视检查所选装载位置是否为空。

③ 将延长导管连接到 TEN650 放射源变换器空腔上方的接头上，关闭并锁定源导管以固定。

④ 要密封返回源的容器，用螺栓将源压紧盖固定到位，并用密封件和金属丝封闭。警告：必须用螺栓将盖子牢牢固定在源连接器上。

（2）缆绳型放射源支架。

按照下述一般程序进行源转移更换。警告：遵循所有安全预防措施和监测程序，在每个阶段使用剂量率计检查放射源是否正确定位。

① 拧下两个螺母并拆下盖板。警告：包含源支架的屏蔽插件现已松动。不要从罐中取出插入物，因为这可能会产生非常高的剂量率 1Sv/h（100R/h）。

② 在罐中选择一个空的储存位置，通过在封闭螺母上没有"放射性"标签带或没有贴上源识别牌来识别空位置。拆下闭合螺母（或夹紧杆，如已安装）。注意：监视源位置的辐射束，目视检查所选装载位置是否为空。

③ 将适配器连接到源管上。如果安装了夹具，将适配器连接到夹具上，然后提起操

纵杆。将电源导管延伸管（两端开口）连接到适配器上。

④ 当旧源完全卷进到铅槽中时，拆下适配器并断开驱动电缆，注意不要将源从源存储管中拔出。仅使用手指用力按压，更换闭合螺母或闭合夹具并插入金属丝密封件。

⑤ 参考装配图表确定新源的位置。拆下相应的闭合螺母，将驱动电缆连接至源支架，然后提起夹具。

⑥ 移开驱动器控制单元，将新源卷进到发射器中。将源固定在发射器中。

⑦ 更换闭合螺母或闭合夹具。更换盖板并拧紧螺母以将其牢固夹紧到位。更换运输筒中的铅罐。

（3）背屏蔽源支架组件（电子射线管、伽马射线）。

① 遵循源转移的一般程序。警告：遵循所有安全预防措施和监测程序，在每个阶段使用剂量率计检查放射源是否正确定位。

② 要打开，松开固定横杆的两个螺母。升起、转动并提起盖子。警告：包含源支架的屏蔽插件现已松动。不要从罐中取出插入物，这将导致极高的剂量率大于 1Sv/h（100R/h）。

③ 拆除任何顶部屏蔽，露出电源支架的屏蔽端。警告：监测源位置的辐射束。

④ 通过监测最低辐射，选择罐中的空存储位置，然后通过目视检查确认。如有必要，使用适配器将源导管延伸管（两端开口）连接到空位置。

⑤ 当旧源完全卷进到铅槽中时，拆下适配器并断开驱动电缆，注意不要将源从源存储管中拔出。仅使用手指用力按压，更换闭合螺母或闭合夹具并插入金属丝密封件。

⑥ 通过参考背面的装配图表确定新源的位置。

⑦ 拆下相应的闭合螺母，将驱动电缆连接到源支架上，然后提起夹紧杆。

⑧ 移开驱动器控制单元，将新源卷进到发射器中。将源固定在发射器中。

⑨ 断开导管，将任何适配器保持在安全位置。

⑩ 更换顶部护罩（如已安装）。更换盖子，转动直至其落到位，并用螺栓牢固固定。

5.19.6 返还容器

（1）在拟发送放射性材料之前，使用者应熟悉 IAEA 标准安全系列第 5 号。尤其是使用者必须确保：

① 使用者打算发送的放射性材料的容器和任何其他包装均已获得完全批准。指定机构批准证书（A 类、B 类或特殊形式）必须有效；

② 容器和任何其他包装完好无损；

③ 文件上的描述与容器中的材料相匹配；

④ 已经进行剂量率和污染测量并做了记录，并且这些测量值应符合运输的法定限值。最大表面剂量率必须小于 2mSv/h（200mR/h）和 T.I. 必须小于 10。最大可去除表面污染必须小于 1Bq/cm²，平均面积超过 300cm²；

⑤ 容器和 / 或包装的外部贴有正确的标签；

⑥ 托运人证书"危险货物托运人声明"已完成。

警告：容器设计用于装运特定类型的货源。如果源、源的任何部分或包装损坏、变更或不完整，或者返回的放射源组件与接收的放射源组件不相同，则不得将容器用于返回放射源。

（2）重新包装。

将铅罐放入筒中。更换软木垫片和盖。将钢盖放在筒上，并定位封闭带，使其覆盖筒体和盖子之间的接头。拧紧盖子，直到盖子牢固地固定在筒上。用橡胶锤或木块轻轻敲击带子四周。重新拧紧封口。必要时重复上述步骤，直到钢带牢固就位，且在运输过程中不会出现松动的情况。将密封线安装到封闭带上，以确保如果拆下密封带，密封件必须断开。

（3）监控容器。

当放射源已装入容器时，测量辐射剂量率以确保符合规定：

① 表面剂量率：尽可能靠近容器所有表面（包括底座）测量辐射剂量率。在任何一点上都不得大于 2mSv/h（200mR/h）。通常返回的放射源的放射性比新放射源低得多，因此表面剂量将在该限值内。警告：如果在容器表面的任何地方检测到高剂量率，请检查源是否正确放置在铅罐或放射源变换器中，以及所有屏蔽部件是否正确就位。

② 运输指数（TI）：在距筒所有表面 1m 处测量剂量率。以每小时毫雷姆（mR/h）为单位的最大值是传输指数（TI）。如果剂量率以每小时微西弗（Sv/h）为单位进行测量，则将该值除以 10 获得 TI。标签和托运人证书（托运人危险货物声明）上必须注明 TI 值。对于大多数载客飞机，TI 不得超过 3 或 4，但对于货运飞机或海上或公路运输，通常允许 TI 高达 10。

（4）给容器贴标签。

① 去除所有旧标签；

② 填写退货地址标签并将其贴在容器上；

③ 在容器的两侧贴上两个"放射性"标签；

④ 在两个标签上填写内容物（例如铱-192）、活性（例如 0.74TBq、20 居里）和 TI（例如 3.0）。辐射暴露如图 5.5 所示。

	辐射暴露
4000mSv	致死
50mSv	美国辐射工作者辐射年度限制
20mSv	欧盟航空公司员工辐射年度限制
10mSv	全身 CT 扫描
6mSv 2mSv	在美国爱荷华州一年的辐射剂量 在海平面一年的辐射剂量
0.08mSv	胸部 X 光检查

图 5.5　最大辐射水平

（5）托运人证书（危险货物托运人声明）：除通常的装运单据外，还需要托运人证明。对于空运，托运人证书必须采用相关授权人员指定的格式。对于其他装运，证书可以是任何形式，只要它描述了放射性成分，并附有签署的声明。兹证明，该批货物的内容物已完全符合上述要求，安全包装，运输条件良好，容器已按照适用标准进行了适当的标识和标签。

要填写托运人证书，必须提供以下详细信息：

① 托运人的姓名和地址；

② 收货人的姓名和地址；

③ 放射源描述：描述为"UN 2974 放射性材料，特殊形式，N.O.S 第 7 类"的特殊形式材料，或其他密封源，被称为"UN 2982 放射性物质，N.O.S.7 级"；

④ 状态物理形式：实体或特殊形式；

⑤ 指定机构包装证书编号（如果为 B 类）；

⑥ 指定机构特殊形式证书编号（如适用）；

⑦ 放射性标签类别（如黄色Ⅱ、Ⅲ等）；

⑧ 包装类型（A、B 或免除）；

⑨ 容器标识 / 序列号；

⑩ TI（运输指数）。重要提示：如果返回装有放射性物质的容器是一项法律责任，则应确保容器妥善包装和贴上标签，并确保完成所有必要的文书工作，尤其是托运人或危险品声明。

为确保组件符合 A 类或 B 类认证证书，并协助追踪容器，必须将内容器装回原始外容器中。

（6）贫铀容器。

对于使用贫铀作为屏蔽的容器（例如 650 型放射放射源变换器），需要特殊文件来描述运输的目标货物。

填写装货容器的托运人证书，但使用以下说明：

① 托运人的名称和地址；

② 收货人的姓名和地址；

③ 说明 – 以下任一项：

a. 对于小于 5μSv/h（0.5mR/h）的表面剂量率，说明"UN 2910 放射性材料，例外包装，7 类。贫铀制品"。类别和类型除外，TI 不适用，或；

b. 对于大于 5μSv/h（0.5mR/h）的表面剂量率，声明"UN 2912 放射性物质，低比活度，第 7 类 LSA N.O.S.";

c. "物理形态：固体";

d. 分组符号：LSA-1；

e. 类别是"黄色Ⅱ"；

f. 类型为"工业"；

g.TI 视情况而定；

h. 容器编号视情况而定；

i. 签署声明。按照已装载容器装运说明中的说明，贴上两个放射性标签。

（7）返回空容器。

应使用以下程序返回空容器：

① 去除所有旧标签；

② 填写退货地址标签并将其贴在容器上；

③ 对于空铅屏蔽罐，贴上两个"空"标签，确保其中一个覆盖在筒盖上的金属"放射性"标签上（如有）。

（8）装载图。

不同类型的源支架使用不同的屏蔽插排。源位置由插排上压印的数字标识。插排最多可包含 10 个单独的源位置。

5.20 废物处理

放射性废物必须妥善处置，即必须存放在核废物收集场。必须严格遵守这一义务。稀释或降低放射性物质的浓度使辐射低于允许限值是非法的，则相关规则不再适用。如果存在放射性废料，则必须立即通知指定机构，并采取措施确保污染不会扩散。必须与指定机构协调对可能泄漏源或设备受污染部件的正确处理和处置。

注意：不再使用的放射性物质不一定是放射性废物。这些物质也必须妥善处置，例如，将其存放在政府收集点或返还给制造商。在后一种情况下，制造商将填写一份确认收到的证书，该证书也将作为物质已得到适当处置的证据。

5.21 射线照相的特殊安全程序

5.21.1 工作实践

放射线照相机只能由经认证的射线照相师操作。现场射线照相应尽可能在周围很少或没有人占用场所的夜间进行。当白天占用率最低时，如在午餐时或节假日，可在限制范围内进行现场射线照相。如果在同一位置重复进行现场射线照相，建议使用铁丝网围栏或搭建临时的砖墙围护。

现场射线照相时，必须封锁辐射源周围的适当区域，以便该区域外的辐射水平不超过公众辐射源的参考辐射水平。警戒线的距离取决于所用辐射源的类型和强度、给定的照射类型、使用性质和每周的总照射时间。必须使用合适且经校准的辐射测量仪监测警戒线沿线的辐射水平，以确认警戒线距离确实足够。辐射警告符号必须沿警戒线明显张贴。必须在警戒线处张贴显示合适图例的标牌。在正常照明条件下，标牌和辐射符号应在 6~7m 的距离内清晰可辨。

暴露期间，必须严格禁止未经授权人员进入限制区域。当在夜间进行射线照相作业时，在整个射线照相作业期间，所有侧面上直至警戒线边界的射线照相现场必须充分照明。夜间警戒线沿线，尤其是入口处，必须醒目地显示红色警示灯。

在整个曝光过程中，相关放射技师必须在非常靠近警戒区的现场工作。只要可行，现场射线照相工作应限于准直曝光。若准直曝光足够，但可用设备无法提供，则应使用合适的简易准直器。在准直曝光期间，主光束应指向使用率最低的区域。所有使用活性大于20 Ci 192Ir 源的全景曝光必须使用遥控系统进行。

在全景曝光过程中，操作装置必须用于处理活性高达 8 Ci192Ir 的源。使用 X 光机时，必须使用连接 X 光管和控制台的全长电缆。在全景曝光期间，应使用操纵杆的全长，以便在辐射源和操作员之间保持最大可能的距离。不得直接用手触摸或处理源铅笔。

在高架位置和可操作性受到限制或限制的位置，最好通过远程操作照相机进行射线照相工作。必须使用合适的支撑和固定装置来提吊和定位射线照相 /X 光机，以避免意外坠落等事故。

射线照相设备应始终通过使用设备主体提供的屏蔽将自身固定在照相机 /X 光机后面来操作。所有操作应提前计划，并在尽可能短的时间内执行。射线照相工作只能在指定机构的监督和指导下进行。

每次曝光结束后，必须通过辐射测量仪在正常工作条件下验证源是否确实返回到相机内的安全位置。每次曝光完成后，源铅笔必须牢固地锁定在相机中。在道路车辆或手推车中将带源的照相机从一个地方现场运输到另一个地方之前，必须确保源铅笔牢固固定并锁定在照相机中。这将避免任何意外打开快门和源铅笔从相机上掉落的情况。必须记录现场工作日志，以记录以下有关使用源的详细信息：

（1）从存储器中取出相机的日期和时间；

（2）相机的型号和序列号；

（3）放射源的性质和辐射强度；

（4）放射线技师的姓名；

（5）使用地点；

（6）给定的暴露类型和总数；

（7）使用期限；

（8）将带相机的放射源返回存储器的日期和时间。

5.21.2　现场 射线照相时使用 teleflex 型射线照相相机的附加安全措施

射线照相现场必须配备大量程辐射测量仪。在操作装置之前，必须对 teleflex 电缆和源电缆之间以及照相机和导管之间的耦合进行物理验证。必须避免驱动电缆或导管中的任何锐弯曲，以便于放射源顺利无故障地通过导管移动。操作照相机时，操作员必须使用电缆的全长，以保障操作员和源之间始终保持最大距离。

必须定期检查驱动系统的平稳运行。应定期使用规定的润滑剂，以维护照相机的平稳运行。无论多么微不足道的缺陷，都必须立即处理。可编制检查表并在定期检查中用。

不得强力驱动源。如果在操作过程中，源通过导管的平稳移动受到任何阻碍，则必须立即将放射源移回照相机，在使用照相机进行射线照相工作之前，必须调查并排除故障。在这种情况下，必须始终使用辐射测量仪来验证位置以及其在照相机内的正确存储。如果放射源卡在导管中且无法取回，则必须暂停射线照相工作，并遵照应急程序处置。

5.22　辐射防护安全

5.22.1　安全措施

在设计放射性系统的安装时，必须考虑发生火灾的可能性。易燃物质不得存放在放射性物质附近。放射性物质必须要做好保护，以防止发生火灾时火势向放射源蔓延。必须与相关消防部门协调所有防火措施。必须告知他们所用放射性物质的类型、范围和使用地点，以便在发生火灾时做好准备。在设计报警计划时，必须提及辐射测量系统可能的特殊功能，并在紧急情况下通知安全负责人。

5.22.2 故障和事故

辐射防护条例将故障定义为出于安全原因禁止设施继续运行的故障。故障是指保证设施安全运行所需的装置（例如，屏蔽有效辐射束的密封）不再正常工作。事故是指可能使人受到超过允许限值的辐射剂量，或可能导致放射性物质污染的事件。就安全而言，故障和事故是非常严重的事件，必须立即采取合适的措施，防止对人员和设施造成危害，或尽可能减少危险。因此，人员必须要了解预防措施，并为设施可能出现的故障或事故做好准备，以便通过人员的恰当反应，尽可能避免危害后果。

在任何紧急情况下，必须立即通知负有检查现场情况并采取一切必要措施防止人员受到不必要辐射照射职责的安全员。应通知应急程序中列出的所有涉及机构，包括当地供应商。应按以下顺序采取必要步骤：

（1）确定放射源位置；

（2）测量剂量率；

（3）警戒并标识控制区域；

（4）控制放射源并屏蔽；

（5）检查屏蔽的功能和效率；

（6）记录事故并评估相关人员的辐射暴露情况，如果源舱损坏，必须考虑以下几点：

（7）避免污染；

（8）使用工具（如镊子）处理放射源，并将其放在塑料袋中；

（9）待在辅助屏蔽后面（例如混凝土、钢板或铅板）；

（10）检查附近是否无污染；

（11）妥善保护放射性废物（存放在指定的收集地点或返回制造商）。

5.23 火灾、爆炸和腐蚀

在密封源和源设备组合的评估中，制造商和用户必须考虑火灾、爆炸和腐蚀的可能性以及可能的后果。确定实际测试需求时应考虑的因素包括：

（1）失去活性的后果；

（2）密封源中所含活性物质的数量；

（3）放射毒性；

（4）材料的化学和物理形式及几何形状；

（5）使用它的环境；

（6）密封源或源设备组合提供的保护措施。

5.24 健康要求

应为处理放射性材料的区域制定健康和安全规则（符合广泛接受的标准）。应提供所有必要的操作说明及合适的安装和设备。应规定对人员进行必要的医疗监督，并提供适当的医疗急救服务。只有医学上符合条件且经过充分培训或经验丰富的人员才能从事涉及放射性材料的工作。所有在工作过程中易受电离辐射影响的人员应了解其工作中涉及的健康危害。应为所有员工提供健康和安全方面的适当培训。应配备一名在技术上有资格就所有辐射安全点提供建议的人员，负责安装的机构应就所有辐射安全点进行咨询。应提供处理暴露于辐射危害人员的程序。

5.24.1 医疗急救服务

提供医疗急救服务的形式将取决于机构内是否有医务人员。在整个工作区域内应能立即提供急救建议和设备。急救和治疗的范围应基于医嘱。应明确规定并了解在适当阶段将伤亡和人员被放射污染难题转诊至医疗服务机构的预案。

5.24.2 人员监测

（1）外部辐射监测：由人员佩戴辐射测量设备进行监测。

（2）内部污染监测：可使用合适的仪器或对人体废物进行取样和分析，以确定体内放射性物质的存在和数量。

5.24.3 区域监测

（1）工作区域内辐射水平和空气污染的测定。

（2）使用辐射测量仪器和设备进行测量。

（3）根据存在的放射性物质的数量、形式以及工人将暴露的过程的性质进行计算。

5.24.4 通过个人剂量计确定外部辐射

用个人剂量计监测外部辐射照射：这种简单方便的方法应用于测量控制区内所有人员的外部辐射照射。首选设备是胶片剂量计，它能够测量一段时间内的累计辐射剂量。该胶片还提供了一种永久性的检查累积外部辐射暴露记录的方法，应为每个人保存该记录。当手、手腕或其他四肢暴露在高于躯干的辐射场中时，应在这些部位上使用类似的胶片剂量计。袖珍电离室、发光单个辐射探测器和指型电离室是这些胶片剂量计的补充，在需要与特定任务相关的即时且灵敏的测量时特别有用。在使用胶片剂量计和电离室进行人员监测时，除非采用标准程序，否则可能会发生严重错误。

5.25 检查

5.25.1 现场检查

经过培训的安全工程师应到工作现场或设备仓库进行设备检查和大修。放射源发射器维护服务和γ射线照相源发射器应定期检查和维护。建议每年进行一次《现场射线照相的辐射安全》培训检查。

应进行全面检查，以检查移动部件或安全联锁装置是否存在缺陷。所需的维护必须由熟练人员执行。适当时，维护应包含重新喷漆和提供新标签。每次检查和维护工作完成后，应签发证书。通常应在源更换期间进行检查。

警告：只能由了解辐射工作时应采取的预防措施并充分了解其将要执行的操作的人员进行源更换。

在放射源移动期间，尤其是每次放射源移动之后（用于放射源交换或常规射线照相），必须始终使用辐射监测仪（剂量率计），以检查放射源是否完全回位并处于完全屏蔽位置。

5.25.2　射线照相设备的周期性检查和维护

射线照相设备的屏蔽完整性必须每月定期检查一次。照相机和相关附件必须定期检查，任何缺陷必须由指定机构正式授权的人员立即排除。被许可方不得对射线照相机进行任何修理或改装。但是，可以进行一些小的修理，例如修补快门的铰链、源铅笔限位器锁等。照相机不能够在带着放射源的情况下进行维修。在进行修复之前，必须将源卸载到临时源容器中。

未经有关机构许可，不得将带有放射源的射线照相机带出经核准的现场。但是，如果所有相关信息同时传输给辐射防护部门，则允许移动源或照相机进行紧急射线照相作业。

5.25.3　使用说明书

编写使用说明书时，应包括必要的行为规则，应考虑以下内容：

（1）组装和拆卸（屏蔽的辐射路径必须保持锁定）；

（2）在屏蔽层附近的操作；

（3）如果必须进入已装有放射源的容器或源与密度计一起被从管道上拆下，应确保屏蔽门锁定；

（4）容器内屏障锁钥匙的管理职责。

5.25.4　检查和测试

所有导管、电缆连接器和其他相关设备在使用前必须按照设备制造商的操作和维护手册进行检查。如果没有专用设备，直接检查源组件是不可能的（或安全的）。如果正常源移动困难或受阻，则表明损坏。向当地辐射防护服务机构寻求进一步建议。必须按照当地法规规定的时间间隔进行泄漏试验。除非有屏蔽远程处理设施，否则不可能根据 BS 5288 对源本身进行测试。

为了测试源泄漏，应发射器或存储/运输容器的出口进行擦拭测试，并记录结果，包括：

（1）使用的放射源标识方法和测试结果日期（数字）；

（2）测试通过或失败报告（限制）和原因；

（3）如果测试失败的补救措施；

（4）测试机构和签名。

5.25.5　推荐工作年限

推荐工作年限（RWL）是指更换源的期限。根据核素毒性、总初始放射性、源结构、核素半衰期、典型应用环境、运行服务经验和试验性能数据等因素确定周期。表 5.7 列出了一些射线照相放射源的 RWL。

表 5.7   射线照相放射源"推荐工作年限（RWL）"表

核素		RWL
铱 -192		1 年
钴 -60	（便携式装置固定安装）	15 年
铥 -170		1 年
镱 169		1 年

RWL 的评估基于以下假设，即该源未在不利环境中使用。用户有责任定期检查和测试放射源，以评估在 RWL 期间应在什么时候更换放射源并进行处置。对于在不利环境中使用的源，应寻求有关 RWL 的建议。或者对于完成 RWL 后，结果显得令人满意且经合格实验室全面检查，可能适合延长使用期的放射源也应寻求有关 RWL 的建议。

5.25.6   X 射线铅橡胶防护围裙

本节标准适用于带或不带背板的 X 射线铅橡胶防护围裙，由操作人员在医疗 X 射线诊断检查期间使用，该诊疗产生的 X 射线和电压高达 150kV 峰值，该防护围裙旨在为操作人员或患者的身体提供防散射辐射的措施。

围裙的设计应能提供制造商规定的最小保护值，在任何情况下，对于 150kV 峰值电压下产生的 X 射线，其铅当量不得小于 0.25mm。围裙的所有接头或接缝应至少提供相同的保护。保护材料应为含有铅的天然或合成橡胶化合物或铅化合物，其应符合试验要求，并与其附着的防水织物一起应具有自由挠性。围裙应由 X 射线保护层组成，或在所有暴露表面上覆盖与保护层集成的防水织物。围裙边缘应通过镶边形成保护，镶边的性质应确保在围裙使用寿命期间保持灵活。在正常使用条件下，用于支撑背带和将背板连接到肩片的固定件不应缩短围裙的使用寿命。

围裙的设计应确保每个肩片上的防护材料宽度不小于 76mm，且肩片应在肩部向后延伸不小于 152mm。当买方有规定时，肩部部件应包括一个由 3in（76mm）宽的软弹性材料制成的覆盖衬垫，并在肩部中心向两侧延伸 6in（152mm）的距离。表 5.8 显示了 X 射线铅橡胶防护围裙的尺寸。图 5.6 显示了 X 射线铅橡胶防护裙的一般尺寸。

注意：未压缩时，密度为 27~30kg/m³ 的 25mm 厚聚氨酯泡沫是一种合适的材料。

图 5.6 中的图例仅为示意图，其旨在定义基本尺寸，不在于说明设计细节。

表 5.8   X 射线铅橡胶防护围裙的一般尺寸

尺码	长度（从肩部中心测量）	宽度
33in	33±1/4in（83.8±0.6cm）	24±1/4in（61±0.6cm）
36in	36±1/4in（91.4±0.6cm）	24±1/4in（61±0.6cm）
38in	38±1/4in（95.5±0.6cm）	24±1/4in（61±0.6cm）

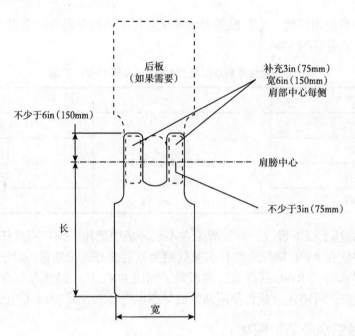

图 5.6　X 射线铅橡胶防护围裙的一般尺寸

5.25.7　放射源活性水平

本节确定了在下面讨论的四种放射毒性组中每一种密封源的最大活性，而不需要对具体用途和设计进行单独评估。如有超过最大活性的密封源，则应接受具体用途和设计的进一步评估。表 5.9 显示了密封源的活性水平，可用于分类，当然，其应基于制造时间。该表还明确了用于确定这些性质的放射性核素的物理、化学和几何形态；它们应与密封源内放射性物质的物理、化学和几何形状相同。

表 5.9　密封源的活性水平

放射性核素组（来自附件 A）	最大活性，TBq（Ci）	
	可浸出	不可浸出
	高反应性	高度反应
A	0.01（0.31）	0.1（3）
B1	1（30）	10（300）
B2	10（300）	100（3000）
C	20（500）	200（5000）

注意：在 20℃，48h 内，100mL 水中可浸出的最大活性大于 0.01%。在普通大气或水中具有高反应性（Na、K、U 和 Cs 等）。在普通大气或水（Au、Ir、陶瓷等）中不具有高反应性。

5.25.8　典型用途的密封源性能要求

本节讨论使用密封源或源设备的典型应用清单，以及对其最低性能要求的估计。

该估算考虑了正常使用和合理的意外风险，但不包括火灾或爆炸风险。对于通常安装在装置中的密封源，当指定特定用途的分类号时，应考虑装置为密封源提供的额外保护。因此，对于所有用途，分类号规定了密封源应进行的试验，除了离子发生器类别外，可对完整的源设备组合进行试验。

显然，本节并未涵盖所有密封源的使用情况。如果特定用途或意外风险可能与估算建议的值不同，或者如果未显示密封源用途，则供应商、用户和监管机构应单独考虑密封源的规格。表 5.10 中所示的数字是指类别号。请注意国际原子能机构对特殊形式放射性物质的测试。这些不是通用的，但在制定特殊试验时可能相关。

表 5.10　典型用途的密封源性能要求

密封性放射源的使用	密封源测试和课程				
	温度	压力	冲击	振动	穿透性
拍摄 X 光片工业	4	3	5	1	5
不受保护的放射源	4	3	3	1	3
设备中的放射源					
医用					
拍片	3	2	3	1	2
γ 远距离治疗	5	3	5	2	4
间质和腔内器具	5	3	2	1	1
表面涂抹器	4	3	3	1	2
γ 仪表（中等和高等能量）	4	3	3	3	3
不受保护的放射源	4	3	2	3	2
设备中的放射源					
用于 β 射线和低能量的 γ 射线的测量仪，或 X 射线荧光分析（不包括充气放射源）	3	3	2	2	2
油田测井	5	6	5	3	3
便携式湿度和密度计	4	3	3	3	3
（包括手提式或小车式）					
一般中子放射源应用（不包括反应堆启动）	4	3	3	2	3
用于校准的放射源 - 活性大于 1MBq	2	2	2	1	2
γ 射线放射源	4	3	4	2	4
不受保护的源	4	3	3	2	3
设备中的源					
离子发生器	3	2	2	1	1
色谱	2	2	2	2	2
静电消除器	3	2	2	2	2
烟雾探测器					

5.26　技术信息

　　技术规格：放射源的强度可通过其辐射输出或说明其内含物的放射性来确定。对于大多数应用，用户主要对放射源的辐射输出感兴趣，并且仅出于许可或商业原因才需要有关内容的资料信息。对于许多放射源，辐射输出不只是与放射性含量有关，因为诸如密封舱的自吸收和衰减等因素会导致非各向同性的输出分布。因此，使用最合适的方法，给定方向上的辐射输出可不依赖于对放射源中放射性物质数量的估计。真实的放射源发射是各向异性的，因此有必要指定进行测量的方向以及与放射源的距离。从放射源中心开始的距离和方向对于圆柱形放射源通常是径向的，而对于圆盘放射源则是轴向的。每种放射性核素的等效活度和暴露率之间的关系是不同的，这取决于每一次核转化中发出辐射的类型和数量。表 5.11 给出了最常用的高能 γ 射线核素的可接受值。在国际单位制中，放射源强度可用每小时 1m 的空气比释动能表示。旧装置和新装置之间的等效性见表 5.11。

表 5.11　技术信息

核素	等效活性	1m 内的曝光率，R/h	1m 时空气比势动能率，mGy/h
137Cs	1Ci	0.32	2.9
60CO	1Ci	1.30	11

5.27　测试设备

　　测试装置应用于检查剂量计是否可靠运行；它最多可容纳 8 个剂量计。应将剂量计归零，然后在测试中以已知总剂量进行数小时的辐射，这将导致相应的剂量计指示。为了操作测试装置，需要一个单独的放射源，型号为 Automess 6706。该放射源含有放射性物质 Cs 137，放射性活度为 9.9μCi。必须对测试装置的采购和使用进行登记。

　　测试设备（包括放射源）应根据标定有效性要求进行测试并批准使用。因此，当使用测试设备且如果至少每半年进行一次测试，则标定剂量计的标定有效期 2 年可延长至 6 年。图 5.7 显示了用于辐射防护的个人剂量计。10 个指示范围，从 0.1~200R。能量范围可以是：40keV~3MeV、18keV~3MeV。图 5.8 所示为直读式报警剂量计。

图 5.7　用于人体辐射防护的剂量计

注 1：10 个指示范围，从 0.1~200R。能量范围可以是：40keV~3MeV、18keV~3MeV。

注 2：应采用低自放电和真空密封的金属玻璃，而且要有坚固耐用的防坠落结构。

图 5.8　直读式报警剂量计

5.27.1　应用与设计

报警剂量计（ADOS）是一种便携式电池供电剂量计，用于测量光子辐射（γ射线和 X 射线）。GM 管用作辐射探测器。辐射值由微处理器处理，数字液晶显示器（LCD）有四位数字。10 个可调剂量报警阈值和一个固定剂量率报警阈值在超过一定辐射水平时提供声光报警。

ADOS 主要设计用于所有区域的个人剂量计，在这些区域中，人们暴露在光子辐射增加的危险中，例如，X 射线诊断、放射治疗、核医学、放射技术应用和放射性核素的运输。ADOS 还可用于局部剂量测量。

ADOS 坚固防水的外壳由压铸铝制成。电源由市售的 9V 电池供电；由于低辐射水平下的低功耗，碱性电池的使用寿命约为 2000h。

所有必要的操作，如打开和关闭剂量计、设置剂量报警阈值、重置剂量和确认报警，均通过单个按钮实现。因此，该装置是完全自主的，不需要额外的设备或工具来操作。

对于特殊应用，辐射值能被读取，然后剂量计使用分析仪（可选）自动编程处理。剂量计和分析仪之间的数据传输是非接触的，通过电池室盖内的感应传感器进行。

5.27.2　剂量储存与剂量重置

剂量连续显示并以非易失性形式存储。术语"非易失性"是指即使剂量计断电，剂量也不会损失。换言之，当剂量计关闭或更换电池时，它仍保持存储状态。当再次打开剂量计或插入新电池时，此后累积的剂量将累加到已存储的剂量中。只有在仪表打开后（或任选使用分析仪），才能直接重置剂量。

5.27.3　剂量警报

打开剂量计时，可将剂量报警阈值设置为固定值之一，默认设置为 0.2mSv。如果剂量达到或超过报警阈值，则发出剂量报警。剂量计显示闪烁，并开始发出间歇性警报音。按下按钮可重置剂量警报。如果剂量进一步上升到一个固定值，则发出新的剂量警报，提醒已超过允许剂量，即所谓的"邮递警报"。

选择该剂量报警方法的原因如下：一方面，必须能够重置报警，因为无法重置的音调可能会困扰用户。但另一方面，必须确保在剂量继续上升时不会忘记已被重置的警报。因此，用户有机会在离开辐射场之前对其工作做出某种结论。例如，如果他在一个辐射场工作，其中第一个剂量警报在1h后发出，则大约每分钟会发出一个新的剂量警报。按下按钮可随时显示当前调整的剂量报警阈值。

5.27.4 剂量率警报

剂量率报警阈值永久设置为1mSv/h。如果达到或超过该值，将发出声光警报，剂量率将显示为数字值。同样，按下按钮可重置剂量率报警；当剂量率再次低于报警阈值时，它会自动重置。如果剂量报警和剂量率报警同时发生，则剂量报警具有优先权。剂量率警报在剂量警报重置之前不会显示。

5.27.5 剩余时间

考虑到当前剂量和剂量率值，剂量计连续计算达到调整剂量报警阈值的剩余时间（以小时和分钟为单位）。如果达到或超过剂量报警阈值，剩余时间将设置为0。按下按钮可随时显示剩余时间（最大值为9h59min）。

5.27.6 最大剂量率

剂量计会记住自上次打开或上次重置剂量后测量的最大剂量率。该值不能直接在剂量计上读取，但只能从剂量计上看，并在可选分析仪的帮助下显示。

5.27.7 GM管监测

即使目前没有外部辐射，剂量计也会根据预期的最小脉冲率持续检查GM管。如果在固定时间段内未检测到脉冲，则认为GM管电路有故障，并输出可复位的声光报警。

5.27.8 电池监测

电池电压由剂量计每隔5min测量一次，按下按钮即可显示。如果电池电压降至5.0V以下，则发出可复位的声光报警。

5.27.9 分析仪

该剂量计包含一个感应传感器，该传感器能够在剂量计和分析仪之间交换数据。只需将剂量计插入分析仪的插槽中，即可激活以下功能：

（1）剂量和最大剂量率的读出和重置；
（2）剂量报警阈值、剂量率报警阈值和用户个人识别号的读取和编程；
（3）剂量计序列号的读数。

在这一点上应再次强调，分析仪对于操作ADOS不是必不可少的，它只是提供了额外的复杂度和额外的功能。

5.27.10 检查设备

检查设备 704.1 ADOS 可用于定量检查剂量计的辐射功能。该设备由微处理器控制，除插入剂量计和扩展 Cs137 放射源外，还自动执行所有必要步骤；即，重置剂量、选择辐射时间、在辐射时间结束时读取剂量，并打印结果。同时将 15 个剂量计暴露于辐射中的测量过程需要 7~8min，该辐射使用额定活性为 37MBq（1mCi）的放射源。

6 急救和卫生

在石油、天然气和石化行业中，大量的综合性建筑、作业场所都需要与卫生和急救措施相关的具体要求。本章概述了这些具体要求。

卫生和急救是保持工厂/机器、工作场所和人员健康的两项关键要求。石油、天然气和石化行业不良卫生条件和不良急救程序的危害后果简要分类如下：

（1）工作环境不安全。

（2）设备故障。

（3）人员健康状况不佳。

6.1 工厂和车间的公共卫生和个人卫生

清洁：每天工作时间不少于 8h；如果工作环境脏乱、令人沮丧，工人往往会变得脏乱、沮丧。行为标准，特别是年轻工人的行为标准，是由工作场所的清洁和卫生标准决定的。

6.1.1 卫生间

肮脏的卫生间会招致极糟的习惯。工厂的整体外观、长凳、工具、地板和墙壁必须一尘不染，加上合适的衣帽间以及充足的盥洗室，给人留下了得体的印象。

盥洗室应为冲水式，并为每种性别提供单独的盥洗室，女性按照每25名提供一个盥洗室的比率，男性按照每25名（最多100名）提供一个盥洗室的比率，然后在保证隐私和通风条件下，按照每40名男性提供一个盥洗室的比率。在女卫生间中，应配备出售卫生巾的自动售货机和专门收纳使用过的卫生巾的垃圾桶。垃圾桶必须每日清空，用过的卫生巾每日焚烧。带有水龙头和塞子的洗手池保持长期清洁应使用脚踏板控制喷水的喷水型洗手池。肥皂应以液体或粉末的形式从容器中提供。热风烘干机比纸巾更好，尽管用热风烘干机比用纸巾擦干手似乎要花更长的时间，但如果经常使用烘干机，只需几秒钟就可以立即输送热风。

从医学角度来看，残疾或健康不佳的员工应使用立式小便斗或抽水马桶，此类盥洗室的配置数量取决于工厂的男性人数或当地的要求。

6.1.2 颜色

墙壁和机器表面喷涂的颜色应令人赏心悦目，衣帽间和盥洗室的墙壁应铺上瓷砖，地板应铺上易于清洗的瓷砖或水磨石。

6.1.3 排水沟

应建有贯穿房间一侧全长的排水沟，清洗设施的地面略微倾向排水沟。

6.1.4 储物柜

应为每个工人提供单独的储物柜。应提供烘干湿衣服和鞋子的暖气管道。最好的储物柜是衣服能挂在衣架上的储物柜。应为帽子和手提包提供单独的挂架。镜子应固定在远离洗衣机或洗脸盆的地方，在女性衣帽间，镜子下方应提供一个宽大的手提包架。如果要达到高标准的行为，所有衣帽间和盥洗室都必须有足够的空间。

6.1.5 照明

卫生间内的照明强度应大于工厂内的照明强度，以便进入卫生间时产生清洁感。通常，照明强度不应低于 26.9Lux（25in 烛光）。

6.1.6 宿舍

应遵守的最重要卫生要素包括：

（1）每日清洁房间、浴室和卫生间；

（2）每周更换床单；

（3）换班前应更换床单。

6.2 机电设备和辐射

6.2.1 机器和装置

机器的设计应便于员工移动，而不仅仅是设计机器尺寸所需的空间。应设有防止疲劳的座椅。脚踏板的位置通常不方便和从人体重心到操作位置的高度和距离都不方便都会导致背部、骨盆和对侧腿的肌肉过度紧张。减振器应安装在所有脚踏板上，无论是脚踏板还是手动脚踏板。在设计机器时，应始终考虑员工的方便和疲劳。应研究控制和记录仪器的布局，以便快速观察操作的"模式"。如果需要控制运动，则应调整这些运动，以确保控制速度和操作精度之间的最佳关系。

6.2.2 电子设备

控制室、键盘和计算机室等中使用的电子设备应定期检查是否存在任何故障，并保持消毒。监测器应配备防止辐射的特殊过滤器。

6.3 辐射

生物效应

放射性会导致蛋白质电离。这种效应最好例证是染色体在射线和粒子通过时会解体。进行有丝分裂的组织对电离辐射具有选择性敏感。放射性的最重要影响如下：

（1）生殖器上皮损伤；

（2）造血系统疾病；

（3）胃肠膜疾病；

（4）疏松性骨炎和骨肿瘤；

（5）肿瘤形成；

（6）急性皮质性白内障；

（7）皮肤病。

6.4　化学物质

化学物质可通过以下三种方式被人体吸收：

（1）通过消化道的摄入和吸收；

（2）通过皮肤吸收；

（3）通过肺部吸入和吸收。

第一种方式是罕见的，通常是工业中毒的半偶然原因，但最后一种是吸收工业毒物的最常见方式。通过肺部吸入是大多数工业有毒物质的重要进入方式，首先是因为工业过程的性质，其次是因为通过肺吸收的物质进入全身血液。通过肠道吸收的物质会通过门脉系统，并可能会被肝脏清除或解毒，有毒物质会到达全身血液。

预防

预防和避免皮肤污染包括以下措施：

（1）化学物质的处理不应超出必要范围；

（2）车间通风性良好；

（3）营养良好；

（4）定期体检；

（5）选用职业工人；

（6）足够的清洗设施；

（7）可涂抹粉、霜、油等类隔离防护品。

6.5　个人卫生

6.5.1　个人卫生

除了工作场所的清洁外，个人清洁也是最重要的。必须提供衣帽间、洗衣间、餐厅、浴室、指甲刷、毛巾和肥皂。饭前应洗手，并敦促工人洗热水澡。食物和饮料不得带入工作场所，工作时不得吸烟。

（1）皮肤：应提供工作后清洗和淋浴设施，并提供工作前完全更换衣服的设施。

（2）脏衣服应该每天一洗，应该使用好的中性肥皂。

（3）应使用由医疗机构推荐的地方购得的隔离霜，将其涂抹在皮肤上，以防止刺激性物质接触皮肤。

（4）头发：在工作场所工作时，长发应使用卫生防护布遮盖。

（5）牙科检查：定期牙科检查可以保持口腔卫生。

6.5.2　预防感染

预防感染需要采取以下预防措施：

（1）提供有益健康的水和食物；

（2）卫生和可盥洗的宿舍；

（3）保持个人和周围环境清洁；

（4）病菌携带者和疾病的检测和治疗。

6.5.3　预防事故与火灾

以下是预防事故和火灾的措施：

（1）为每个工人提供足够的空间：面积为 $11m^2$，体积为 $327m^3$（最小允许空间 $400ft^3/$ 人）；

（2）有毒有害物质的控制；

（3）消除触电和烧伤；

（4）消防；

（5）预防交通危险的措施。

6.6　体检

应制定入职前体检、定期体检、特殊检查和离职体检的体检计划：

体检的细项和方法因工业危害而异。

（1）入职前体检：组织得当的入职前体检可保护雇主和雇员。工业医务人员必须充分了解两个因素：第一，要进行的工作，包括任何特殊的风险。第二，通过全面调查体检者的家庭和个人病史，了解体检者的身体和精神状态。

（2）定期体检：是指在规定的时间间隔期对员工进行医学检查，以防止对员工或同事造成风险，或在造成任何永久伤害之前发现危险。

（3）特殊检查：有可能与健康相关的在职困难的员工可通过特殊检查获益。工作调动通常也需要医学评估。

（4）离职体检：雇员离职时，应进行体检。

6.7　工作条件

工作环境应满足下列条件。

6.7.1　生理需求

（1）保持环境温度（包括合适的湿度）足够温暖以防止热量过度损失，也不要太热以防止身体热量损失。

（2）空气洁净。

（3）充足的日光、充足的灯光和避免眩光。

（4）防止过度噪声。

（5）充足的工作和活动空间。

（6）保证营养需求。

6.7.2　心理需求

（1）在（但接近极限）心智能力范围内工作。

（2）在没有过度时间压力和合理工作时间的情况下工作。

（3）卫生水平和人际交往不低于社会上普遍采用的标准。

（4）在工作和团队成员中找到满足感的机会。

（5）娱乐设施。

开展工作的一般环境条件虽然经常被忽视，但却是影响工作幸福感的所有因素中最重要的因素。另一个重要因素是员工和管理层之间的关系。不令人满意的环境条件会导致产量下降、健康状况下降、事故增加以及大量真实或想象的不满。

6.7.3　供暖

工作第 1h 后，工作场所的温度不应低于 15.50℃（60℉），尽管这对于工作量轻的工作来说是寒冷的。对于工作量轻的工作，大多数人在 19℃（67℉）左右和风速为 33m/min（100ft/s）的条件下感到舒适，尽管舒适的温度范围可能从 12~24℃（54~76℉）。当温度上升到舒适水平以上时，员工的产量就会减少。每个工作间应至少配备一个温度计。温度计应高出地板约 1.65m（5ft），测温球体自由暴露，以便准确记录员工工作的条件。

6.7.4　通风

通风与供暖有关，因为众所周知，在没有适当供暖的情况下，房间的通风会因居住者而减少。良好通风的目的是改善工作环境，充分换气，提供清洁空气，使空气保持舒适，去除体味。

6.7.5　湿度

从皮肤蒸发的汗液量以及由此产生的热量损失受空气湿度的影响。高气温可防止辐射造成热量损失。长时间处于干燥的空气内是令人不快的，因为鼻子和咽部的干燥和疼痛是伴随着嘴唇的开裂而产生的。湿度应在 60%~70% 之间为宜。

6.7.6　照明

最好的光线是日光，适当设置足够的窗户或朝向北方的屋顶灯。日光的特点是光照强度大（在阴暗的一天相当于 200ft 或更多英尺烛光，在晴朗的一天相当于 1000ft 或更多英尺烛光）和扩散性好。

（1）照明推荐值：

① 精细装配工作：106.6 Lux（100ft 烛光）。

② 绘图室：32.28 Lux（30ft 烛光）。

③ 普通工作台和机器工作：10.75 Lux（10ft 烛光）。

④ 走廊：5.38 Lux（5ft 烛光）。

（2）其他：

① 不需要特别注意细节的简单工作：4.3~6.45 Lux（4~6ft 烛光）。

② 不需要具体操作的随机观测：2.15~4.3 Lux（2~4ft 烛光）。

6.8　粉尘、喷雾、气体和蒸气

粉尘、喷雾、气体和蒸气都可能通过呼吸道进入人体。氯对呼吸道有即时作用，光气具有延迟作用，铅、氢和硫化物在被吸收到血液中时会起作用，而其他物质可能在多年后通过作用于肺部（如二氧化硅）或身体（如锰）而显示其影响。

6.8.1　粉尘

粉尘危害是最难控制的。建造防尘设备或通过通风减少粉尘通常是一个极其困难的事情。液体和气体相对易于被控制。尘肺病的定义是所有形式的肺部对吸入粉尘的生理反应。从法律上讲，"尘肺病"与吸入粉尘导致的肺纤维化有关。

6.8.2　矽肺

矽肺是指由于吸入二氧化硅而引起的肺部病理状态。二氧化硅以各种纯度存在于土壤、矿石和石头中。石英、花岗岩、片岩和砂岩由质纯或接近纯的二氧化硅组成。二氧化硅引起的典型病变是结节性纤维化。

6.8.3　石棉肺

石棉成分各异，由硅酸盐、几种贱金属组成，主要是镁和铁及少量的钙、钠和铝以纤维形式结合在一起。长纤维用于编织布、皮带、安全帘和制动片，而石棉板、纸和绝缘材料是由短纤维材料制成的。

石棉可渗透到肺泡，而石棉纤维倾向于留在细丝孔中。在数月或数年的呼吸急促加剧后，患者通常会死亡。石棉是肺癌和胸膜、腹膜间皮瘤的外源性病因之一。

6.8.4　矽肺和石棉肺的预防

（1）危险性较小的材料替代。

（2）源头抑尘。

（3）除尘工艺。

（4）工人个体防护。

（5）体检。

6.9　传染病

传染性疾病又称为感染性疾病或传染病，是由于寄生虫能够从某些感染宿主传染给易感人群。以病毒感染为表现的高传染性疾病，可在短时间内袭染大量人群；低传染性疾病，例如细菌性和真菌性疾病，很少有人发病。

传染病的控制与预防：

（1）检测传染源并消除此类传染源。

（2）消毒：

① 合并消毒；

② 终端消毒。

（3）接触者的免疫接种。

（4）普及宣传传染病知识和防治措施。

6.10 急救和康复

从事故发生到完全康复，需要进行许多医疗手段和手术治疗以减轻工伤事故的后果。急救所需的设施因地区而异。无论提供什么，工人都应该可以自由获取。在预防败血症和其他导致时间损失的并发症方面，对最轻微的损伤给予早期和适当关注的重要性再怎么强调也不为过。急救室的使用程度取决于其位置。

为了减少感染和伤残，并符合《工伤保险赔偿法》的要求，无论伤害程度如何，所有员工都必须报告事故，以便立即关注受伤员工，进而对事故进行调查，以制订未来的预防措施。

6.10.1 急救人员与教培

在每个行业或工作场所，急救人员都扮演着现实的角色。但他们工作的重点有差异。传统的急救课程大幅聚焦于控制严重出血、骨折和其他形式的严重损伤。当发生严重事故时，急救人员必须知道该做什么以及能做到什么程度。但如果能迅速得到专家的帮助，就尽量不要英雄式的急救。

工厂急救的日常场景类似于轻伤、小病、小伤口、烧伤、感冒和头痛等一连串事件。这些病症一般由急救人员处理而不会送往医院治疗。

在对轻伤和小病进行全面治疗的过程中，急救人员肩负着重要责任。他必须知道自己的工作职责和界限，以及何时寻求帮助。考虑到他的知识和工作所需的工具，他是同事们在医疗服务的真正第一道防线。

不同的机构参加了急救培训，颁发证书和组织专业竞赛，一大批热心的志愿工作者以近乎宗教般的热情从事这些活动。虽然他们的教学范围可能会在某些方面不同，但那些接受过这些组织基础性培训的人可以胜任工业急救人员。然而，如果他们要在现代工业医学中发挥应有的作用，就必须采取一种完全不同的方法，并且必须对承担这一责任充满热情和强烈的兴趣。

每个班次必须有一名急救员负责管理每个急救箱，并且至少有一名副手准备在急救员缺席或生病时接手。关键急救人员在学习工业急救治疗之前，应接受一些常规培训。

6.10.2 急救工具

必须为急救人员提供工作所需的工具。根据工厂的员工人数，应规定急救箱需配备物品的最少数量。

6.10.3 急救箱

急救箱有三种类型 A、B 和 C（非正式名称），适用范围见表 6.1。

表 6.1 急救箱分类

急救箱	A 类	适用于 10 人以下的工作场所
	B 类	适用于 11~50 人的工作场所
	C 类	适用于 50 人以上的工作场所

可以通过添加和清除物品来充实急救箱，最近已完成了急救箱内物品清单的正式修订版。尽管如此，大多数基本物品都是必不可少的，特别是正规消毒个人敷料仍然是转移到他处治疗前最好的急救敷料。

根据处于潜在危险中的工人数量对箱子规格进行分类，仅作为最低需求指南。有些工作场所很少受轻伤，而其他机器车间或类似车间的轻伤率超过一般情况，因此，后者将比前者消耗急救用品更快。

大多数市售急救箱都有工作面，为急救人员提供工作空间，这是一个很好的设计，但支撑链通常过于薄弱。木箱优于锡制的，因为金属更容易变形。每个急救箱内部都应有一个可以让瓶子保持直立的空间。如果要容纳 567g（20oz）的瓶子，该空间的高度必须至少为 254mm（10in）。对于 567g（20oz）的瓶子，应考虑 254mm（10in）×152mm（6in）×102mm（4in）的最小空间，对于 57g（10oz）的瓶子，应考虑 217mm（8½in）×127mm（5in）×102mm（4in）的最小空间。市售的急救箱很少有这样的空间，因此，在大多数小工厂里，蒙着灰尘的瓶子放置在急救箱的顶部。急救箱上必须清楚地标明"急救箱"。急救箱应定期检查并保持完全准备就绪，随时可用。

6.10.4 消毒个人敷料

正规的消毒敷料有小号、中号和大号三种尺寸：
（1）小号：用于受伤的手指；
（2）中号：用于受伤的手或脚；
（3）大号：用于其他受伤部位。

敷料由一层吸水的厚垫组成，并带有一层棉绒，或者最好带有一层纱布，其一侧用于敷伤口，另一侧缝有滚轴绷带。整体卷成一个小卷形式，用纸包裹，用硬纸板盒封装。纸内的敷料本身是经过消毒的。有时候，软垫含有药物，这是不必要和不可取的。当封纸关闭时，绷带会被卷起，这样软垫就可以在不被手触及的情况下贴在伤口上，从而保持无菌状态。

对于伤口较大或出血较多的伤口来说，这是一款优秀的急救敷料，治疗应由经过培训的护士或医生完成。但对于较小的伤口而言则显得太大。对于大面积或大量出血的伤口，这是一种非常好的真正的急救敷料，而治疗应由经过培训的护士、医生或在医院进行。作为一种小伤的敷料，在使用时就显得过大。

消毒个人敷料的特殊款是消毒烧伤敷料，在这种情况下，软垫浸渍有苦味酸。正确治疗烧伤的技术正在迅速发展，很明显，使用苦味酸或任何其他防腐剂或结痂化学品作为急救敷料是有害的，而不能治愈伤口。对于烧伤，使用非药物简单消毒个人敷料比消毒烧伤敷料更有用。急救箱中消毒个人敷料的最低供应量见表 6.2。

表 6.2　急救箱中消毒个人敷料最低供应量

	A 类	B 类	C 类
小号消毒个人敷料	6	12	24
中号消毒个人敷料	3	6	12
大号消毒个人敷料	3	6	12

6.10.5　脱脂棉

急救箱必须配有 14.17g（1/2oz）袋装的"充足"消毒脱脂棉。急救人员有时需要大量的棉絮来填充夹板或清除大量血液。为此，14.17g（1/2oz）包装具有清洁和方便的优点。

每种类型的急救箱应包含 6 包这样的脱脂棉。14.17g 包装的缺点是，对于大多数单一用途（如清洁伤口）来说，该包装数量太多，且包装的剩余部分已处于打开状态，它不再是无菌的，很快就会变脏。

小纱布或棉絮片对伤口清洁至关重要。为此，像理发店使用的棉条分配器就非常有用。准备一个在金属顶部开有 12.7mm（1/2in）孔的螺旋顶赛罐，将干净的棉绒切成 19mm（3/4in）的条状，整齐地装入罐中，末端穿过顶部的孔，然后根据需要拽出棉条使用。每种类型的急救箱都应配有干净的棉条分配器。负责任的人（最好是训练有素的护士）应在干净的桌子上，在干净的房间里，用干净的手定期装满分配器。

如果急救人员试图清除眼睛中的异物，则需要另一种形式的棉签。"个人敷抹器"由一束干净的棉线缠绕在一根橙色的棍子上，并存放在一个密封袋中。这是一种许可的替代品，可以取代仍在许多工作场所使用的"过于干净"的袋装手帕的囤积。为了不鼓励使用手帕，所有类型的急救箱中都应配有这种一次性敷抹器。

6.10.6　胶带

应在所有急救箱中放置足够数量的胶带。胶带有两种使用形式：

（1）单个小胶带，附有纱布敷料。有许多优良的专利品种可供选择，包括普通纱布或药物纱布；最好是医用纱布。

（2）胶带卷盘上的胶带按要求切割。这些条带通常不直接用于伤口，而用于固定其他敷料。

每种类型的急救箱必须配有一大罐单独的胶带敷料，最好有三种尺寸。这些在治疗小伤口时很有用。纱布敷料可以从胶带的边缘延伸到另一边缘，也可仅在粘合剂的完全包围下居中。在大多数情况下，最好使用透气敷料，以允许皮肤水分逸出，从而防止伤情变化。也可用一小段普通绷带包住胶带，然后根据需要经常更换。胶带是急救箱里的必备品，但如果在胶带和伤处之间没有某种敷料，胶带就不能直接贴在伤口上。胶带的巨大价值在于将普通绷带末端固定到位。

6.10.7 防油

在许多工作中，有必要保护伤口免受工业油的伤害，尤其是切削油。工业油不一定导致细菌感染，事实上，一些切削油含有添加的抗菌剂。然而，伤口必须远离工业油，以防止其感染伤口处的自然组织，因为这可能会导致以后皮肤更为敏感。工业油也会影响健康。

最明显的预防措施是用一些防油防水的隔离材料覆盖伤口或敷料。隔离材料必须防水，因为许多润滑液是水基的。为了实现这一目标，人们尝试开发了橡胶指套和手套、防水胶带和自密封绉橡胶敷料套。除了一两个可能的例外，它们都有一个严重的缺点，那就是它们不透气滞留汗水，使伤口周围的皮肤湿漉漉的，从而致使伤口延迟愈合。

目前，所有急救箱都包含一个 76mm（3in）的自密封绉橡胶卷，可用于制作个人护指套。只有在伤者实际工作时，水密封闭塞才应保持开启状态。在晚上下班时，把它取下来且最好在午餐休息时也取下，并在上午或下午开始工作时重新涂抹。

如果正确使用并经常更换，最好的防油保护措施是在其他敷料上使用普通卷筒绷带。每天至少要换三次，即工作开始时、早班和下午班结束时。油性绷带与受损皮肤一整夜接触，容易导致油性痤疮和皮炎。

6.10.8 绷带卷

只有通过演示和实践培训，才能懂得正确使用绷带卷。急救箱中绷带卷的分配应见表 6.3。

表 6.3　急救箱中绷带卷配备

绷带卷尺寸	A 型急救箱	B 型急救箱	C 型急救箱
绷带卷 25.40mm（1in）	6	9	12
绷带卷 51mm（2in）	6	9	12

25.4mm 绷带适用于手指和手，51mm 绷带适用于四肢。使用绷带卷时，急救人员应遵守以下几点：

（1）在撕开纸封之前清洁双手。

（2）用双手抓住纸张并反向旋转，将其打开。

（3）工作时始终保持绷带处于卷的状态，试图使用处于展开状态的绷带很快会造成凌乱。

（4）将未使用的绷带卷放在靠近要包扎的部位，并在每次转动后拉紧。拉紧和拉紧是有区别的，只有通过演示和实践才能懂得。

（5）不要用过多绷带。

（6）绑扎绷带的正确方法也必须通过演示教授。绷带末端应使用剪刀划开约 30cm 的缺口，并打结一次，以防止进一步撕裂。手指、手或前臂周围的绷带通常应系牢。手臂或腿部周围的绷带应使用安全别针固定。

（7）绷带两头应打暗礁结系牢，并将多余的头剪短以防被卷入机器。

（8）绷带结和头最好用胶带粘好。有人主张仅用绷带绑扎绷带，不要打结，这是不安全的。

（9）使用过的绷带卷应用别针固定，并小心保存，以备将来使用。

（10）膝盖、肘部、肩部、脚踝、头皮、耳朵和眼睛有特殊的包扎方法。急救人员不应进行这些复杂的操作。对于这些类型的伤害，应使用消毒的个人敷料，然后将伤者转诊给护士或医生进行进一步治疗。必须从身体的四肢向心脏方向使用绷带的想法已经过时了。

6.10.9 三角绷带

这种 965mm（38in）的三角绷带沿两条较短的边各长 965mm（38in）。它是由一块正方形的亚麻布或印花布斜切而成。目前的要求是在 C 型急救箱中配 6 条三角绷带。最近修订的要求是在 A 型急救箱中配 2 条三角绷带，在 B 型急救箱中配 4 条，在 C 型急救箱中配 8 条。

三角形绷带可用作绷带，用于固定敷料或夹板，或用于包扎大面积烧伤。急救人员带着灭菌敷料时不需要用三角绷带固定敷料。为了将夹板固定到位，夹板自身折叠三次，形成一个结实的窄夹。更多详细信息见"骨折"一节。

当用作悬带时，三角形的直角应指向肘部之后和之外，悬带的前一层应越过受伤侧的肩部（图 6.1）。为了以 45° 的角度吊起手臂，折叠的窄三角形绷带可以用作"衣领和袖口"悬带。即手腕上的丁香结（一种四肢约束法）。悬带可以用安全别针、领带或简单地用外套临时制作。

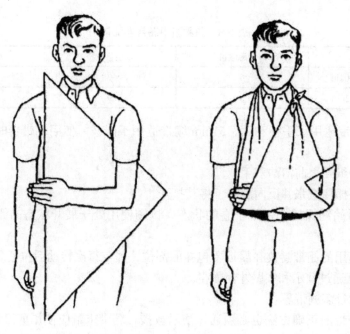

图 6.1 三角绷带

6.10.10　薄纱网敷料

急救人员经常要求使用一种小的舒缓敷料，这种敷料可以安全地应用于烧伤部位，且不会粘在一起，这样做特别的原因是不鼓励使用阿昔洛韦乳剂。个人消毒薄纱网敷料应包在两张透明纸之间，存放在小锡罐中。薄纱网是一种浸渍凡士林的帘式网。A、B 和 C 急救箱中应包括 12 种这样的敷料。

6.10.11　夹板

带有脱脂棉或其他填充物的"合适夹板"以前被配置在 C 型急救箱中，但现在已过时。夹板很容易临时制作，通常最好的夹板是人体本身。不过，有时，几片木板还是有用的。

6.10.12　其他法定要求

每个 A 型、B 型和 C 型的急救箱都应配有一罐大小不同的安全别针，以及一份特殊表格，即写有急救大纲的纸卡。由于法定原因，以下物品仍需储存，但很快就会面临无害地报废：

表 6.4　急救箱高配备的法定其他物品

A 型和 B 型急救箱	碘（2%）酒溶液
B 型和 C 型急救箱	软木塞中带骆驼毛刷的油性可卡因眼药水
C 型急救箱	止血带

要按照预期目标进行急救，还需要其他物品。在编制这份清单时，是经过了仔细的研究和实践。急救人员应该已经认识到，并期望在工作场所使用它们。

（1）西替米（1%），两个 280g（10oz）的瓶子，这些瓶子应该有塑料螺帽，而不是软木塞。

（2）陶罐，57g（2oz）。

（3）肾盘，152mm（6in）。

（4）专有非易燃胶带去除剂，28~113g（1~4oz）瓶，这对清洁伤口周围皮肤的油脂也很有用。

（5）不易碎的小玻璃杯。

（6）不坏型洗眼杯。

（7）带有链条的钝头外科手术剪，链条有助于防止剪刀丢失。

（8）碎钳。

（9）临床体温计。

（10）三硅酸镁片，50 片。

（11）阿司匹林和非那西丁片，50 片。

（12）福尔马林咽喉片，50 片。

使用后，应始终用肥皂和热水彻底陶罐、肾盘、玻璃杯和洗眼器，并用干净的毛巾擦干。如果没有做到这一点，感染可能会在伤者之间传播。

6.10.13 急救箱的定位

理想情况下，急救箱应满足以下要求：

（1）急救箱应固定在位于墙上的搪瓷桌面的小桌子上，并应保持一眼可见和清洁；

（2）手边应该有一把结实的椅子，病人可以坐在上面接受治疗。旁边应有水槽，里面有自来水、肥皂和毛巾，供病人和急救人员使用。喷泉式饮水器是一种优势；它有特殊的作用，因为它可以用于在化学溅射后清洗眼睛；

（3）桌子下面应有一个踏板控制的桶，用于处理用过的敷料。急救人员的工作之一是确保定期清空桶并保持清洁；

（4）特别重要的是，要尽量保留一个小而干净的工作空间，以便进行急救治疗。

6.10.14 急救箱补充

定期检查和补充急救箱是经过培训的护理人员职责之一。该项工作的频率取决于要处理的伤亡人数。在工业厂房内，工厂应根据不同类别每周、每月和每季进行定期检查。

这些检查和补充有助于在急救人员和训练有素的工业护士之间建立有用的联系。如果在两次检补间隔期间库存不足，急救人员有责任让大家知道这一点。

急救箱永远不要上锁，急救时寻找钥匙导致治疗被延迟是一种讽刺。通常情况下，只有受过训练的急救人员才有责任保管急救箱及储备物品。他的名字和他的副手的名字应粘贴在急救箱外面。如果急救箱是工厂急救室或医疗部门的辅助设备，则只能在急救室或医务室关闭时使用。在这种情况下，如果关于需要治疗的病人的说明也显示在急救箱上，则会有所帮助。

6.11 伤口治疗规范

伤口被定义为皮肤上的任何破损，包括或不包括对深层组织的损伤。因此，术语"伤口"涵盖了各种类型的皮肤破裂，从轻微的抓伤到严重的挤压伤。

皮肤是最容易受伤的人体组织。据估计，每天有100万处皮肤损伤，伤口大小至少足以满足使用急救敷料的要求。每十个人中就有一个人需要在工业卫生中心的工厂外科手术室接受治疗。因此，伤口是迄今为止最常见的急救原因。以下是一些典型的工业伤口：

（1）切伤口：由凿子或锋利的金属刃造成的直切口；

（2）撕裂伤口：一种边缘参差不齐的伤口，如同肉被机器夹住造成的伤口情形；

（3）挫伤伤口：因锤击或扳手或滚轮造成的肌肉周围有瘀伤和受伤的挤压伤；

（4）穿刺伤伤口：由于踩到钉子而造成的深深刺伤，顺便说一句，严重的穿刺伤可能很少出血，甚至根本没有出血；

（5）擦伤伤口：刮伤或擦伤，例如，皮肤表面被锉刀或砂纸擦破。

6.11.1 伤口大小

（1）伤口被细分为小伤口或简单的伤口，或是大伤口。

①小伤口或简单伤口：日常工作场所的普通小伤口，可由急救人员妥善处理。

②大伤口：所有情况都比小伤口严重。在这种情况下，急救人员仅在经过培训的护士或医生到达或转诊之前才能提供真正的急救治疗。

（2）伤口的划分强调了急救人员必须做出的最重要的决定。他决不能不情愿地把病人交给更熟练的人。对于明显严重的伤口，做出决定没有困难；对于手上 12.7mm（0.5in）长的浅表擦伤做出决定也没有困难。在这两者之间有许多类型的伤口，急救人员必须做出判断。

有三点需要考虑：

①伤口位置：眼睛周围或面部皮肤的任何伤口都是严重的。手指、手或手腕的任何伤口，除小而浅的伤口外，应视为严重伤口；即使手指上有一个小小的伤疤，也会降低体力劳动者的技能，影响他们的生计。腹部的任何伤口都很严重。

②伤口类型：任何边缘参差不齐或周围肌肉瘀伤的伤口都是严重的，因为受损的组织更容易感染。任何深部伤口或刺伤或穿刺伤口都是严重的，因为造成伤口的物体携带的感染更容易立足，也因为深部组织可能会受到看不见的损伤。任何边缘不易愈合的裂口、伤口都是严重的，因为暴露在外的原始区域更容易感染，疤痕会很宽且无法愈合。

③伤口并发症：任何有血液喷出的伤口都是严重的，因为这意味着动脉被割破。任何伤口，如果血液源源不断地涌出，都是严重的，因为这意味着静脉被割破。任何深度超过 3mm（1/8in）的伤口都可能导致肌肉、肌腱、神经或其他结构受损，且在手腕、手和手指部位的风险最大，急救人员无法判断这些部位结构是否受伤。因此，任何超过 3mm（1/8in）深的伤口，尤其是在手腕、手或手指上，都是严重的。

6.11.2　感染

感染是指有害细菌进入伤口并开始生长繁殖。显然，在急救中预防感染与控制出血同样重要。

6.11.3　清洁伤口

大伤口需要由受过训练的护士或医生彻底清洁。大面积的大伤口可能需要外科医生彻底打开和清洁，伤者或至少受伤部位需要麻醉。延迟对大伤口的适当清洁会增加细菌在组织中立足的可能性。急救人员的工作是尽快用消毒垫覆盖大伤口。

小伤口最好在自来水龙头下用流水彻底清洗。如果小伤口周围有任何可见污垢，可用肥皂和水冲洗干净，还有比肥皂更好的是公认的洗涤剂溴化十六烷基三甲铵（塞太弗伦），其也有杀菌作用，还不会损伤组织。

当急救点没有自来水时，应使用蘸有溴化十六烷基三甲铵的棉棒清洁伤口和周围皮肤。最后，先对伤口，再对周围的皮肤，用新鲜干燥的脱脂棉片彻底干燥。

6.11.4　缝合和包扎伤口

任何留下张口的伤口都更容易感染。即使没有感染，张开的伤口也会愈合得慢得多，并会留下一个很宽的、可能致残的伤疤。急救人员必须将任何张开的伤口视为大伤口，用干净或消毒敷料包扎，并立即将伤者转交给受过训练的护士或医生。许多张开的伤口需要将伤口两边缝合起来（缝合术），缝合手术时，大多数医生使用局部麻醉剂。

包扎大伤口时，急救人员必须采取一切合理措施，使细菌远离清洁的伤口和敷料。急救人员的手应该是干净的，他必须小心不要咳嗽、打喷嚏或谈论伤口。更重要的是让他自己的皮肤上的细菌远离伤口或任何会接触到伤口表面的东西。这意味着手指不能接触伤口，也不能接触整齐包在伤口上的敷料表面。每个急救人员都必须练习这种简单的"不接触"包扎伤口的方法，直到他能完全自主包扎为止。

经过正确的清洁、缝合和包扎的伤口将会在最短的时间内愈合，几乎没有疼痛，仅留下很小的疤痕。

6.11.5　小伤口换药

小伤口应尽可能少地重新包扎。如果没有疼痛，只需在外部敷料被弄脏时更换。如果可能的话，伤口上的敷料应保持原位48h。更换敷料时必须与首次使用敷料时一样小心。如果患者在受伤后的第二天或之后认为轻微伤口疼痛或不适，急救人员必须立即将患者转介给受过训练的护士或医生，因为很可能发生了感染。

6.11.6　伤口异物

如果有大块异物（如金属或玻璃）从伤口中伸出，应轻轻取出，前提是不需要将手指伸入伤口。如果异物不易取出，或者如果有突出的骨头，可以在突出物的每一侧放置已去除封纸的卷起的绷带，然后用一个大的个人急救敷料覆盖伤口、突出物和卷起的绷带。应用绷带固定，但不要紧。在伤口未被覆盖的情况下，任何复杂的堆积都会增加感染的概率。在异物上包扎而不按压异物的另一种方法是在伤口两侧使用个人消毒敷料，如图6.2所示。当伤口较大时，这种方法特别有用。

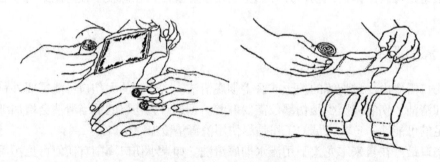

图6.2　伤口两侧的消毒敷料

如果有异物的伤口严重出血，则必须优先控制出血，而不是处置异物。不应触摸小异物，但应把看到的情况写成便条随伤者一起转交给相关人员。在严重损伤中，可能有骨头通过伤口或皮肤突出的罕见情况，应保持原状，不要触碰。

6.11.7　特殊伤口

（1）小挤压伤、擦伤或撕裂伤。

任何挤压伤、擦伤和撕裂伤，除了非常小的，都将被视为大伤口，并交由受过训练的护士或医生处理。急救人员经常要求允许使用吖啶黄或其他油性敷料治疗小的挤压伤、擦伤和撕裂伤，因为它可以防止更换敷料时发生粘连。但吖啶黄具有碘和其他化学防腐剂的缺点，油性制剂会延迟伤口愈合。除非伤处已发生感染，否则不需要频繁更换敷料。对于非常小的挤压伤、擦伤或撕裂伤，正确的治疗方法是用溴化十六烷基三甲铵彻底清洗，然后用干敷料包扎，并用绷带保护以保持清洁。任何大伤口都应该用消毒急救敷料覆盖，并交给受过训练的护士或医生。

（2）穿刺伤。

这可能是由靴子上的钉子、打滑的钻头、玻璃碎片、钢丝刷或任何其他尖细物体造成的。所有此类伤口都应视为大伤口，因为细菌，特别是破伤风细菌，可能会被带到组织深处，而普通清洁无法触及这些组织。除非皮肤很脏，否则用小敷料清洁伤口和周围皮肤是没有意义的，应尽快将患者转介给训练有素的护士或医生。

（3）动物或人咬伤。

口腔内充满了细菌，因此咬伤通常会导致严重感染，因为它们通常是撕裂或刺破的伤口，即使是小咬伤也应被视为大伤口。

（4）胸部穿刺伤。

这样的伤口可能会损害肺部。病人可能咳血、呼吸困难。如果将伤者支撑成半坐姿式，使其感到舒适，则呼吸可能会更轻松。胸部穿刺伤是罕见的，任何胸部受伤的病人都应该尽快送往医院。

（5）腹部伤。

由于腹部伤口有可能刺穿胃或肠道，因此患者应不吃不喝，这一点非常重要；他应该立即被送往医院。

6.12　出血

出血（失血）是身体对伤害的自然反应的一部分，因此不应引起急救人员或伤者的恐慌。出血是大自然清洗伤口的手段，因为它能洗去伤口底部的污垢。失血过多是一种危险，原因很简单，超过一定程度后，人体无法迅速弥补失血。但是大多数伤口的出血会在没有任何治疗的情况下自动停止。

人体有两种非常有效的止血方法：

（1）由于血液接触到伤口和受伤的组织而导致的血液凝结。

（2）血管切口端部的拉回和收缩，使流出血液的孔变小，并可完全闭合。

6.12.1　小伤口出血

这将发生在清洗伤口的过程中，它有助于使清洁更彻底。一旦伤口被包扎覆盖，伤口边缘被包扎在一起，血液就会凝结，出血就会停止。

6.12.2　大伤口出血

当使用敷料时，大伤口通常也会自行止血。急救人员可以采用三种方法帮助身体止血。

6.12.3　休息

让伤者安静地躺下，保持受伤部位静止。这会降低血压并减慢脉搏，从而减少流经受伤部位的血液量。

6.12.4　抬高受伤部位

如果受伤部位位置高于身体其他部位，由于简单的液压原因，到达该部位的血液量将会减少。受伤的手臂或腿可以抬起并放在枕头上，但腹部或胸部无法有效抬起。

6.12.5　施压出血部位

这是控制出血最重要、最有效的方法。可以说，如果施加足够的压力，出血总是可以控制的。

（1）施加压力。

在伤口上放一块消毒敷料，并用绷带牢牢包扎。如果血液很快从第一个消毒敷料里流出来，在上面放另一个消毒敷料，用绷带包扎流出的凝结血块处。如果血液渗过第二个消毒敷料，则使用第三个消毒敷料。一直用手在第三个消毒敷料上用力按压，并保持到位，直到医生处理。

如前所述，消毒个人敷料是控制出血的理想敷料，因为它有一个内置的衬垫附在绷带上，并且整个敷料都经过消毒。如果没有合适的急救敷料，可以使用卷起的绷带或干净的折叠手帕作为衬垫。如有必要，可用干净的手帕作为绷带。

每个急救员，特别是石油、天然气和石化行业的急救人员，都应该接受过使用消毒敷料和绷带控制出血的培训，以便在遇到第一个大伤口时能够有效地处理。

（2）压力点。

心脏和出血部位之间的某些点，通过用力按压下面的骨头，可以阻止动脉流动，这是错误的，应该放弃。不希望急救人员冒险寻找压力点，而不是直接对实际出血的部位施压。

（3）止血带。

急救箱必须装有橡胶或压迫绷带，用作止血带。止血带不应被使用，因为它不是一种急救措施。止血带通常是无效的，而且常常是有害的。如果使用不当，可能导致肢体坏死，且会阻塞静脉而不是动脉，从而增加出血。最后，使用止血带没有必要的，因为出血总是可以通过安全简单的直接按压方法来止血。

（4）失血的严重性。

人体重量的1/10是血液。成年人平均有5.67L血液。一个正常的成年人可以失去0.47L的血液而不会产生不良影响，很多人一年两次给输血服务机构献这么多的血。大多数出血并不严重，急救人员永远不必被它吓倒。大量失血会产生非常危险的状态。随着出血的持续，会导致伤者变得苍白和虚弱，然后昏迷，最后死亡。如果要挽救生命，在出血被稳定的按压控制后，尽早用输血来补充流失的血液是至关重要的。被认为失血过多的患者必须尽快送医院，以便立即开始输血。如果能在0.5h内开始输血，就有可能挽救生命；延误1h以上可能就会致命。通过迅速、冷静地做出安排，急救人员扮演着拯救生命的角色。如果流失的血液可以用拖把或铲子收集，且血液和浸血敷料、棉絮和衣服放在搪瓷盆中与患者一起送往医院，将有助于医院的医生估计流失的血液量，以及患者需要的血液量。但是，如果因此延误将患者送往医院，就不要在这方面浪费时间。用两条毯子或一件外套盖住患者。除了抬离危险或抬上担架外，尽量减少移动。

（5）鼻出血。

流鼻血或鼻出血可能会在得了重感冒后发生，这种鼻出血通常会很快停止。或者可能是头部严重受伤而发生，这通常意味着头骨骨折。鼻出血通常是自发的，没有明显的外部原因，这种类型的鼻出血更可能持续一段时间，而且可能很严重。试图诊断自发性鼻出血的原因不是急救的一部分。

无重伤情况下的鼻出血急救处理如下：

① 让患者坐直，头部稍微向前，这样流到鼻腔后部的血液都可以从口中流出，而不是被吞咽；

② 让患者用嘴呼吸，用夹子紧紧地夹住鼻子，使鼻孔闭上。之后，必须警告他不要抽鼻子；

③ 用浸泡过冷水的手帕或棉絮敷在鼻梁上。

如果出血持续或复发，患者应就医。急救人员绝对不应试图塞住鼻子。

6.13 蜇伤、昆虫叮咬和疱疹

6.13.1 蜜蜂和马蜂蜇伤

这种类型的伤害既可发生在室内，也可发生在室外。

（1）蜜蜂。

被蜜蜂蜇时，蜜蜂留下了它的螫针和毒囊。如果用镊子夹住螫针要拔出它，毒囊中的毒液可能会被挤入患者体内。螫针最好用镊子的刃部或大头针从皮肤上提起或刮掉。然后，患者应吮吸伤口并吐出。其他唯一有价值的局部治疗方法是：使用"抗组胺药"软膏；如果做不到这一点，冷敷或冰袋可能会有所帮助，这些将在下一节中描述。蜜蜂的毒液不是酸性的，用弱碱处理是无用的。如果螫针在口腔内，需要立即进行专业护理或医疗帮助。当救援到来时，应给病人一块冰来吮吸。

（2）马蜂。

马蜂不会留下任何螫针，因此患者应该吮吸伤口并立即吐出。进一步的局部治疗与蜜蜂完全相同（抗组胺软膏、冷敷或冰袋）。和蜂毒一样，马蜂毒液是一种复杂的有机化合物混合物，它不是碱性的，所以醋或柠檬汁作为治疗方法毫无价值。如果马蜂叮咬在嘴里，应立即寻求专业人员的帮助，并吮吸冰块。如果身体有任何剧痛，被蜇处周围可能会开始肿胀，或者患者通常会出现休克迹象。如果发生这种情况，立即需要熟练的护理或医疗帮助。

6.13.2 蜘蛛或蛇

工作区域可能发生蜘蛛或蛇咬伤。经常处于危险中的是码头工人和香蕉店经营者，蜘蛛一般随香蕉进口。蛇最常见于世界各地。

（1）蛇咬伤的紧急处理。

彻底清洗咬伤处，去除蛇可能在皮肤上留下的毒液。用力吮吸伤口，然后吐出来。在靠近身体部位用绷带紧紧地绑住被咬伤的胳膊或者腿部，这不会阻止血液流动，但会减少淋巴（身体组织液）回流量，而毒液主要在淋巴中传播。绷带应该每 15 分钟放松半分钟。患者应立即由熟练帮手观察，或立即送往医院。如有可能，应将蛇杀死放入盒子中并与患者一起进行鉴定。

（2）住院治疗和护理。

① 与任何潜在坏死和感染伤口治疗相同，使用适当剂量的抗菌剂，还应服用破伤风抗毒素，因为蛇口可能传播破伤风杆菌或孢子。

② 必须防止劳累，让患者安心，禁止饮酒，并要求完全卧床休息。为缓解紧张和疼痛，可口服 100~200mg 戊巴比妥，必要时每 4~6h 吃一次。呼吸抑制剂必须避免使用吗啡。治疗周围血管衰竭时，可皮下注射或口服 1~2mg 士的宁。为防止患者昏倒，应给予含 10% 葡萄糖的生理盐水和全血或人血浆。必须对患者进行至少 24 小时的观察。

③ 所有用于治疗蛇毒中毒的抗蛇毒血清（抗毒素）和多价抗静脉血清均可在市场上买到。全身给药时，应在伤口周围注射 2~3cm³ 或更多，以尽量减少组织坏死，随后，随着止血带的移动，在伤口附近进行类似的注射。在注射足够剂量的血清后，可以取出止血带。对于全身治疗，剂量和给药途径将取决于患者的年龄、大小和临床状况。如果患者是儿童或处于休克状态，则可能需要静脉给药，但前提是已经毫无疑问地证明他对这些血清不过敏。否则，必要肌肉注射。注射应每 1~2h 一次，直至症状明显减轻；只要肿胀、麻痹或其他症状还在发展，就应该以同样的速度继续注射。必须记住，过度治疗是治疗蛇毒中毒的较小的错误，可能需要高达 100cm³（偶尔更多）的抗蛇毒血清。

6.13.3　蚊子叮咬

患者有时在上班时会因蚊子或其他叮咬而出现疼痛性肿胀。这不是急救问题，而是需要护理或医疗检查和护理。

6.14　重伤的常见后果

6.14.1　一般休克

每一个重伤的病人很快就会发病，这种疾病被称为休克。如果没有针对性的治疗，休克往往是致命的。只要迅速采取针对性的治疗，患者几乎总能康复。休克的正确治疗可以用"输血"来概括。哪怕是半小时的延迟也会降低患者康复的机会。

急救人员的职责很简单，就是尽快将严重受伤的病人送往设备齐全的医院，同时做必要的急救，以防止休克恶化。如果严重受伤的病人在半小时内住院治疗，急救人员将在挽救生命中发挥重要作用。

休克有原发性休克、继发性休克、出血性休克、创伤性休克、中毒性休克和焦虑性休克六种类型。

"休克"一词仅用于真正的身体受伤休克，即上述第 2 项、第 3 项和第 4 项。关于休克概念的混乱与对治疗方法的混乱和争议一样。以下几点主要基于医院实践进行的有价值的研究：

休克患者的状态和情况如下：

（1）面部表情是焦虑和忧虑的样子，或茫然地凝视；

（2）皮肤呈淡白色、灰白色或略带蓝色；

（3）皮肤感觉很冷，但尽管如此，它可能会被汗水浸透；

（4）病人有时不睡眠，坐立不安，甚至爱多说话，但可能很迟钝，有时甚至无意识；

（5）呼吸急促而浅，有时会叹气；

（6）脉搏通常快速但微弱，但偶尔正常；

（7）病人通常很少觉得疼痛，但可能会觉得非常口渴；

（8）引起休克的外部症状，如受伤或呕血。

急救人员无法测量到血压。如果可以测到，通常会发现血压低，甚至很低。同样，急救员不用测量也会发现患者体温低于正常值。休克患者并不总是同时出现上述所有情况。在医学上，即使是用最好的文字图例描述的病例也有例外。因此，因心脏病发作或严重骨折而休克的患者可能会非常痛苦。

6.14.2　休克

休克是由于体液流失引起的，体液流失有四种不同的方式：

（1）出血。

这可能是：

① 外出血，从体表开始；

② 内出血，从体内进入胃或肠道，例如胃溃疡或进入身体软组织（在骨折端周围）。

（2）从毛细血管中渗出血浆。

血浆是血液的流体部分。毛细血管是连接动脉和静脉的小血管。它们是所有血管中最细的，它们的血管壁最薄。在休克时它们最容易从血管中外渗：

① 在受伤部位，尤其是当受伤是挤压或烧伤时；

② 在身体的其他部位，可能主要在肌肉和肠胃。

（3）呕吐。

（4）出汗。

每一种流失体液的方法都必须更深入地研究。但每种情况下的液体都直接或间接来自血液。此外，失血越快，产生休克所需的量就越小。相比之下，如果失血速度足够慢，那么在没有休克症状的情况下，失血量可能会大得多。

6.14.3　失血是导致休克的原因

目前，实际失血量被认为是造成严重创伤后休克的最重要因素。可以看到的外部失血，应将血液清理并收集起来，与患者一起送往医院，以帮助外科医生判断失血量。

组织内部失血与休克的原因同样重要。如果一根大骨头断裂，通常会有大量出血进入断裂端周围的组织，即使从外部看不到任何迹象。胫骨（或胫骨）断裂会导致约 1pt❶ 内出血量，其本身并不足以产生休克。但是，大腿骨（或股骨）断裂会导致 2.5~3.0pt 的隐性内出血量，导致相当严重的休克。

---

❶ 1pt=0.568L。

6.14.4　毛细管渗漏和体液流失的后果

当组织受到损伤时，它们会产生某些化学物质进入血液。这些物质影响损伤附近的毛细血管，也影响全身。它们的距离效应可以通过以下方式显示：

（1）如果受伤部位的静脉被暂时堵塞，休克程度会降低；当失去阻塞后，休克会变得更严重；

（2）烧伤区域的毛细血管本身渗漏量变得非常大，大量体液可能从烧伤表面流失。

除了严重烧伤外，当组织受到实质性损伤或破坏时，毛细血管泄漏是产生休克的主要因素。这种伤害通常是由于挤压、跌落、建筑物倒塌、车辆碾压、肢体被滚筒挤压或被机械撕裂而造成的。

体液流失导致的后果：使进入大脑的血液减少。

6.14.5　休克患者的体位

如果患者正在呕吐或处于半清醒或昏迷状态，且受伤情况允许，则应轻轻地将其转为半俯卧姿势（图6.3）。再次强调，不应将头部垫高。

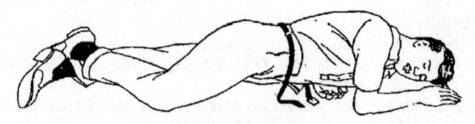

图6.3　休克患者的体位

6.14.6　加热

向大脑和其他重要器官供血减少造成的影响之一是：皮肤中的血管全部关闭，此时，患者会感到寒冷。当进行外部加热时，皮肤就会发红，血液将从重要部位被吸走。未加热的休克患者的情况与加热的患者一样好，甚至更好。因此，正确的急救方法是完全不使用人工热源。

6.14.7　体液

休克的病人经常因为失血和失水而极度口渴。因此，唯一安全的方法是："不要用任何形式的液体或糖果"通过口腔给休克患者补液。

6.14.8　吗啡

吗啡不是休克疗法，而是一种缓解疼痛的方法。仅当疼痛持续且严重时才需要，例如，当肢体卡在机械中时。显然，如果患者处于昏迷状态，就没有必要这样做。

严重的挤压伤，伴随着大量的肌肉组织破坏，除了休克，还增加了其他风险。碎片和毒素从破碎的肌肉释放到血液中，甚至损坏肾脏。由此产生的症状被称为"挤压综合征"。严重烧伤后可能会出现同样的肾脏损伤。挤压伤的一般护理与休克的护理完全相同。

6.14.9　昏厥

突发昏厥的人症状类似休克，脸色极度苍白，额头上有冷汗珠，可能感觉不到脉搏，呼吸微弱和丧失意识，但几分钟后恢复开始，且意识也开始恢复。

突发昏厥的人通常年轻健康，原因可能是精神上的，如看到血、害怕注射或突然的坏消息，或身体上的，如极度疼痛或长时间专心站立。

需要的唯一治疗是松开患者脖子周围的紧身衣服，如果其意识在两分钟内没有恢复，应将患者转为半俯卧位（图6.3），并寻求专业医护人员的帮助。

感觉自己快要晕倒的患者通常可以通过收紧腹部、臀部和腿部肌肉，并保持一分钟左右来防止晕倒。

6.14.10　电击

电击是人体对电流通过的通常反应。它可能会有轻微的刺痛感，也可能会像死亡一样突然失去知觉。但急救人员决不能假定患者已电击死亡，因为患者可能呼吸停止、脉搏消失，但其生命仍然可以恢复。

由于以下原因，直流电比交流电危险性小：

（1）直流电造成一次剧烈的肌肉收缩，将患者推离电源，由此产生的跌倒伤害与电击本身可能造成的伤害一样。相反，交流电会造成持续的肌肉痉挛，这可能会导致手臂和手部触电的肌肉不由自主地抓住电源，因此，就可能造成长时间的持续电击；

（2）有记录以来的最低致命电压为38V，这在很大程度上取决于电源和皮肤之间以及皮肤和地面之间的接触电阻。金属地板也会增加导电性。疲劳的人遭受电击的风险比休息后精力恢复的人大。

在非常高的电压下，电流通常不会深入人体内部，因为电压力太高，组织和导体都会被破坏。

普通家用交流电电流方向以50次/s交替，交电流只有1mA才能感觉到。相比之下，直流电流达到5mA后才能感觉到。通常情况下，交流电最小致命电流是100mA，但低至20mA的交流电也导致过死亡。触电的持续时间非常重要，持续触电时间超过5s时，严重受伤的危险性就很大。

如果皮肤干燥且健康，则其电阻非常高，约为3000Ω。电流一旦克服了这种阻力，就会沿着身体内部的水通道流动。正如电刑执行过程中见到的那样，电流从头部传到腿部，将通过大脑和脊髓周围的液体传播，途中会损坏重要的神经系统。从腿到腿的电流比从手臂到腿的电流危害小，因为后者会通过且经常会损坏心脏的电结构。

大多数电击发生在电工中，三分之一的致命触电事故是由便携式用电设备和手动工具造成的。在电焊过程中，可能会发生严重的电击，因为汗流浃背的焊工可能会接触到可能带电的金属板。吊臂起重机触及架空电缆可能导致致命电击，或者，金属带可能会接触到为电动龙门架供电的"带电"架空电线。

（1）症状。

电击症状可能是肌肉痉挛、疼痛、昏迷，甚至深度昏迷。肌肉痉挛可能是单次直流电击引起的瞬间痉挛，也可能是交流电引起的持续痉挛。受电击的肌肉的疼痛可能很剧烈。由于患者无法通过意志力克服肌肉痉挛，只要休克持续，肌肉就会麻痹。如果痉挛足够强烈，电流可能使呼吸肌肉麻痹，或使大脑中的呼吸控制中心停止活动，这种麻痹通常是暂时的。同时，电流可能使心肌部分麻痹。因此，心脏跳动迅速但微弱，处于"颤动"状态；在这种状态下，尽管血液仍在循环，但无法检测到脉搏。因此，触电昏迷的患者没有脉搏和呼吸不是死亡的迹象。长时间的人工呼吸可能会挽救生命。

（2）急救和治疗。

速度和冷静是急救的关键，挽救生命的关键。第一步是使患者与电源脱离接触，即关闭电源。如果做不到，则设法将患者拉离或推离电源，同时小心不要与地面或患者发生电接触，站在或跪在干燥的绝缘体上，如干燥的地毯、雨衣或橡胶垫。

再次使用干燥的绝缘体将患者拉离或推离电源。可能需要相当大的力量才能使患者脱离。如果必须抓住患者，请使用专用电工橡胶手套或干布袋、干外套或几层干纸。避免接触患者可能潮湿的部位，例如腋窝或胯部，或可能被唾液弄湿的面部。

由于发电站或架空电线的电压非常高，患者将被暴击。如果不是这样，当电流仍然接通时，对救援人员的危险非常大，故应采取一切可能的预防措施。在救援之前，应让电工断电。

一旦患者脱离电源获救，如果其呼吸停止或非常微弱，应立即使用标准中描述的方法进行人工呼吸。同时，对昏迷患者应按照休克的标准治疗程序进行处置，这是排在人工呼吸后的第二位急救措施。由于人工呼吸可能需要持续半小时或更长时间，因此复苏器或摇摆式担架是最有用的。

在所有停止呼吸的触电案例中，约有一半通过人工呼吸得以恢复；十分之九的患者在人工呼吸开始后的半小时内再次开始呼吸。延迟开始人工呼吸可能是灾难性的。如果立即开始，70% 的患者会康复。如果延迟超过三分钟，则仅恢复 20%。

急救人员应了解他们负责的工厂内的电气开关的位置。

6.15 骨折

骨折指骨头破碎或裂开。工业中的骨折是指手和脚的小骨头骨折，通常是物体坠落造成的。安全防护靴是防止骨折的手段之一。

6.15.1 急救人员对骨折急救的作用

在石油和天然气行业，由于专业援助几乎总是可以很快获得，因此，在骨折治疗中，急救员的作用是照管大腿骨折患者，直到专业人员到达。但是，如果怀疑手臂、手或脚骨折，急救人员可能必须做好将患者送往医院或工业卫生中心的准备工作。腿骨折病人的运送任务由经验丰富的救护车服务人员负责。

严重受伤的患者通常会有一处或多处骨折。治疗骨折患者必须综合考虑全身状况，确定优先事项；骨折的护理仅限于使患者尽可能舒适。

对于中度和局部受伤的患者，急救人员必须要考虑骨折的可能性。在这种情况下，急救人员应寻求帮助或将患者转诊至工业医疗部门或医院。

严重骨折的运送在急救手册中有详细说明。救护人员必须了解所有这些情况和急救基本原则。工业急救人员只需要知道某些基本原则，以及在需要时如何应用这些原则。

6.15.2 骨折的类型和特征

本节描述了多种类型的骨折。对于工业急救人员来说，只有两个是重要的：
（1）封闭或简单。
（2）开放或复杂。

大多数骨折是闭合的。开放性骨折是非常罕见，以至于许多急救人员一辈子看不到。开放性或复合性骨折是指既有骨折，又有外部创伤，皮肤、空气和骨折端之间互相交联，这大大增加了细菌进入骨骼的风险。如果骨折端从伤口或皮肤中伸出，或者如果骨折明显位于伤口中，急救人员可以观察到复合骨折。但在大多数复合骨折中，伤口中看不到骨头。急救人员可以描述为外面有伤口，里面有骨折；伤口和骨折是否能重新组合在一起是外科医生要诊断问题。

治疗伤口的安全方法是尽快用大面积个人敷料覆盖伤口，以防止感染。当盖好后，患者的一般症状和骨折本身就可以得到治疗。特别重要的是处治要极其轻柔。一次粗暴的处治可能将外部伤口和内部骨折交织在一起，从而将闭合性骨折转变为开放性骨折。

对于急救人员，只有两种特定迹象可判定是否骨折：
（1）如果患者有意识，他声称他听到或感觉到骨头断了。
（2）肢体或受伤部位往往发生只有当骨折时才可能发生的弯曲，就是所谓的"畸形"，通常在不脱衣服的情况下就能观察到；通过比较受伤和未受伤的肢体能更好地理解畸形。

6.15.3 个体骨折

某些骨头特别容易折断。通常情况下，产生的畸形或形状变化具有以下特征性，以至于只要看一下受伤部位，就可以清楚地看出有骨折。
（1）颈骨或锁骨：致因通常是伸出的手摔伤，手臂紧靠胸部一侧，任何动作都会导致锁骨疼痛。
（2）上臂骨或肱骨：手臂再次紧靠胸部一侧，但这一次移动时的疼痛发生在骨折的肱骨上（图 6.4）。
（3）前臂骨：桡骨和尺骨（图 6.5），受伤的前臂用另一只手支撑，骨折处会有疼痛。畸形的程度取决于骨折的程度。一个年轻人可能只会在一段时间内折断一块前臂骨骼，这被称为"绿棒"骨折。如果一根骨头单独断裂，另一根骨头将充当夹板。
（4）手腕处的前臂骨：常见的致因是手腕摔伤，尤其是老年妇女。骨折被称为 colles 骨折，从侧面看，畸形就像餐叉。
（5）手腕和手的小骨：通常的原因是颠簸、跌倒和打击，就像启动柴油发动机时发生的同样的断裂和"反弹"。

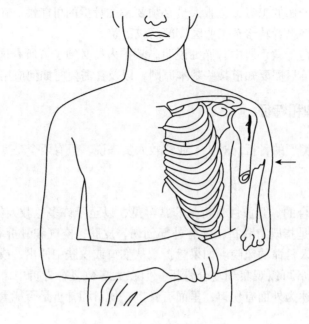

图 6.4　上臂骨或肱骨

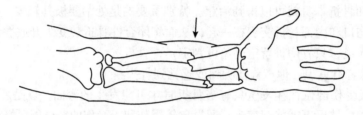

图 6.5　桡骨和尺骨

6.15.4　髋部的大腿骨或股骨

股骨是人体中最大的骨头，当它断裂时伴随着休克。在老年人中，股骨是脆弱的，一次简单的跌倒会折断靠近髋关节的股骨"颈部"。这种畸形很有特点，腿保持向外撇，造成脚趾指向另一只脚。有时可以看出受伤的腿变短一些（图 6.6）。

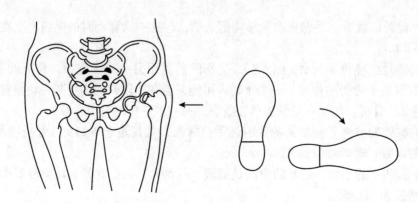

图 6.6　大腿骨骨折

6.15.5 股骨骨折

由于股骨非常坚固，只有在遭受巨大外力时才会折断，例如从高处坠落或发生机动车事故。痛苦和难受将是极端的。腿应保持完全静止，且可能会缩短。

6.15.6 胫骨

胫骨和腓骨—大胫骨。胫骨正好位于皮下，所以用手指沿着它移动很容易就能感觉到骨折。一般来说，细小的腓骨也会断裂。常见的致因是交通事故、跌倒和踢足球时受伤。

6.15.7 脚踝胫骨

急救人员通常无法区分严重扭伤和脚踝骨折。致因通常是扭转或轻微摔倒。有时整只脚被在腿上向后推。除了骨折外，脚踝也会脱臼。

6.15.8 肋骨

肋骨骨折很常见，可能是由于胸部突然受压或跌倒（例如在工作台的角落）引起的。通常没有畸形，但呼吸或咳嗽时有剧痛。

6.15.9 颅骨

头部受伤患者的一般症状比局部损伤的影响更严重。跌倒、打击和交通事故是常见的致因。患者通常会昏昏欲睡或昏迷。头部受到打击后，从鼻子或耳朵流血表明颅骨破裂。

头皮上严重的瘀伤可能感觉像颅骨骨折了。头部有凸起的圆形，中心有明显的深孔或孔洞，通常并没有骨折，但应由受过训练的护士或医生判定。

6.16 骨折、拉伤和扭伤的护理

6.16.1 急救护理原则

骨折急救护理的原则是固定骨折端，使患者能够移动或被移动，而不会增加疼痛或导致进一步受伤。受伤部位应保持被固定和被支撑，以防止骨折端移动，这意味着骨折两端的关节必须保持不动。

如果肢体处于非常不自然的位置，应非常小心地移动肢体，不要用力，使患者尽可能自然地躺下。如果肢体位置变化不大，则不应移动。如果患者要移动，或在没有进一步专家帮助的情况下移动，受伤部位应固定在舒适自然的位置。不应脱下患者的衣服，因为这可能会伤害骨折端。

6.16.2 髋部、大腿和小腿骨折

髋关部、大腿和小腿骨折的患者应尽快由救护车送往医院。任何需要进行的夹板固定都应由医疗专业人员操作。

不论出于任何原因，急救人员必须用夹板固定髋部、大腿或小腿骨折的患者，最安全的

方法是用四到六条折叠三角绷带将受伤肢体与未受伤肢体绑在一起。如果有助手在场，他可以同时对受伤的脚施加稳定的拉力，而不可以任何方式弯曲或转动受伤的脚。这种拉力是为了克服或至少减少骨折周围的肌肉痉挛，因为肌肉痉挛是疼痛的主要原因（图6.7）。

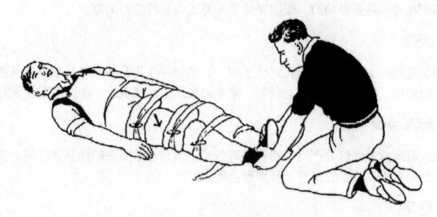

图6.7　髋部、大腿和小腿骨折

在骨折处两侧使用绷带之前，应在受伤肢体周围包上大量的脱脂棉，切勿将绷带直接系在骨折处。无论如何都不应试图脱掉患者的衣服，合理的做法是卷起裤腿或拉下长袜，看看胫骨骨折是否穿透皮肤。一旦肢体被正确固定，可将患者小心地抬上担架。

6.16.3　其他骨折的急救

严重头部受伤的患者应在专业护理下直接送往医院。颅骨骨折的患者通常会处于昏迷状态，因此不需要急救。没有持续休克，但手臂、前臂、手腕、脚踝、手和脚、锁骨和肋骨骨折或疑似骨折的患者应移送至工业医疗部门或医院。对于此类患者，在移动前应进行牢固包扎。

6.16.4　其他骨折的牢固包扎程序

对于怀疑肩部、手臂或前臂骨折的患者，在不脱衣服的情况下，小心轻柔地使用普通直角吊带处置即可。传统的夹板固定方法如下：

（1）锁骨。

应将棉毛垫放在腋下。胸部一侧的上臂应与两个三角绷带粘合。前臂以45°角悬吊支撑。一个棉垫应放置在穿过受伤的衣领骨头的吊带下方腋窝处应使用棉垫。上臂至胸部一侧应使用两条三角绷带包扎。前臂用吊带以45°角支吊。应在穿过受伤锁骨的吊带下方放置一个大的棉垫。

（2）肱骨。

胸部的一侧应当作夹板用。手臂和胸部之间应放置一块大的棉垫，手臂到胸部的一侧用两条三角绷带包扎。吊带中的前臂应以直角支吊。

（3）桡骨和尺骨。

用脱脂棉垫在一个足够长的夹板，该夹板长度范围可从肘部到手指和手的交界处。将夹板沿手掌表面固定在前臂和手上，两端用绷带包扎。在骨折两侧放置脱脂棉垫，并用绷带包扎。这种治疗方法也适用于腕部桡骨和尺骨骨折，或其他疑似腕部损伤。

（4）脚踝。

环绕脚踝用脱脂棉垫和绷带绑扎牢固。受伤的脚踝不应承受任何重量。

（5）手脚。

手足、手指和脚趾的小骨头骨折不需要急救夹板。受伤的手应吊在吊带上。受伤的脚不应承受任何重量。

（6）肋骨。

肋骨骨折不需要急救夹板。如果疼痛非常严重，可以用几个枕头来缓解。当使用绷带或吊带固定骨折时，应固定牢固，但不要太紧，因为绷带太紧会导致绑紧的部位开始肿胀。

6.16.5 脊柱骨折

脊柱骨折可能发生在颈部或背部。当跳进太浅的池塘时，脖子可能会折断。汽车、摩托车、飞机或火车突然停止会造成常见的颈部损伤。头部向前或向后猝动会折断颈部。

背部脊椎折断是由于从高处坠落，如脚手架；无论头或脚、臀部或背部先着地，都可能发生这种情况。背部脊椎也可能因直接暴力而断裂，例如，当重物落在背部时。

对脊柱的损伤相对来说影响并不严重，但对脊柱内的脊髓影响很严重。脊髓的任何损伤都绝对是永久性的。瘫痪（肌肉运动能力的丧失）和低于损伤水平的感觉丧失无法恢复。因为断裂的脊椎移动本身可能会对脊髓造成损伤，急救人员绝对不应该采取任何措施，除非他不得不这样做。

急救人员将通过以下迹象怀疑或辨别脊柱骨折：

（1）事故经过；

（2）受伤部位疼痛；

（3）患者感觉"害怕移动"，如果试图移动身体但又无法移动。

如果绝对有必要移动患者或调整其姿势，则应非常轻柔缓慢地进行。应特别注意不要弯曲背部或颈部或扭曲脊柱。对于任何超过最轻微限度的移动，应使用头和脚牵引法，最好四个人协作（图6.8）。但需要强调的是，这是一项专业急救人员的工作，他们已仔细认

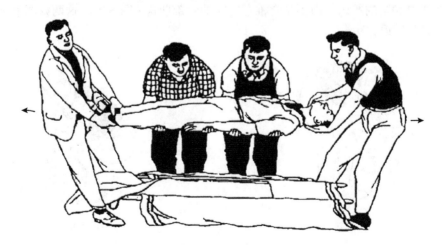

图6.8 脊柱骨折

真地练习了这一动作。如果绝对需要抬起，则应择机将患者放在没有枕头的硬而平的担架上，或放在门板上。但是，除非有压倒性的理由不这样做，否则正确的做法总是等待专业医疗人员来处理。

如果发现背部折断的病人面部朝下躺着，这可能对运送是有利的。如果病人脖子断了，应该仰面移动，将病人的头支撑固定在两个滚动的毯子、沙袋或用棉花包裹的砖块之间如果发现背部脊柱骨折的患者脸部朝下趴着，这种以脸朝下趴着姿势对运送是有利的。颈椎折断时，患者应仰卧移动，头部两侧用卷起的毯子、沙袋或用棉絮包裹的砖块支护。

6.16.6 骨折康复

应鼓励患者重返工作岗位，这是保持患者正常健康的方法。急救人员可以发挥重要作用，并提供某些实用建议。

胶带夹板不应用橡胶手套绑定，残留的汗水会软化胶带。出于类似的原因，重要的是不要擦洗胶带，或让胶带沾上肥皂水或水。应鼓励拄着拐杖或带着夹板的患者不时走动，不要保持静止不动。拐杖端部的橡胶应完好。

6.16.7 拉伤和扭伤

（1）拉伤。

拉伤是肌肉或肌腱的损伤。扭伤是对关节的损伤。对于拉伤和扭伤，急救人员的首要职责是确保不会遗漏其他严重伤害。这一抉择超出了他的责任范围，因此，如果有任何疑问，应将患者转介给训练有素的护士或医生。拉伤的迹象是肌肉或肌腱剧痛，受伤部位僵硬。最常拉伤的肌肉是背部肌肉。严重的拉伤可能导致肌肉或肌腱的完全断裂、疼痛更严重，可能肿胀很大，受伤部位无法移动。这种情况可能需要手术治疗。简单的拉伤不需要休息，因为从一开始就积极运动会加速恢复。为了减轻疼痛，可以使用冷敷。许多工业性拉伤，特别是背部拉伤，是可以且应该能预防的。现代的机械化搬运方法可以避免许多"断背"事件。当无法避免手工劳动时，应学习其正确的技术。动力应来自臀部和当膝盖和大腿弯曲时绷紧的肌肉，而不是脊椎弯曲时的背部肌肉（图6.9）。这两幅图显示了搬运重物的正确和错误方法。

(a)错误　　　　　　　　　　　　(b)正确

图6.9　错误与正确的拉伤和扭伤

（2）扭伤。

扭伤也会发生在导致骨折的损伤中。拍摄 X 光照片将显示骨头是否骨折。扭伤时，韧带和关节周围的其他软组织要么被拉伸，要么被撕裂。原因通常是扭转或猛扭。受伤处疼痛，关节僵硬，肿胀可能相当严重。

6.16.8　脱臼

脱臼是指关节处一个或多个骨头的移位。脱臼比骨折或扭伤更不常见。脱臼的关节失去运动动能，关节看起来很奇怪。疼痛常被描述为"钻心的"。患者通常能说出发生了什么。关节脱臼可能再次发生。

肩部最常见的脱臼是由于伸开手臂时摔倒造成的。下巴通常因为打哈欠而脱臼。身体其他部位包括脚踝、拇指和手指关节也会脱臼。肘关节或膝盖脱臼需要很大的力量才能造成。

急救治疗的目的是将脱臼部位支撑在最舒适的位置，并获得专家的帮助。急救人员不应试图将脱位复位，因为这样做可能导致骨折。通常，脱位和骨折同时发生。这种双重损伤的诊断超出了急救人员的控制范围。

6.17　烧伤和烫伤、电气和热损伤

烧伤是由干热引起的组织损伤，烫伤是由湿热造成的。直接接触强化学物质造成的组织损伤称为化学灼伤。烧伤的严重程度取决于面积、深度、烧伤部位和患者年龄四个因素。

6.17.1　烧伤面积

烧伤涉及的皮肤面积的影响比深度更为重要。即使是超过 5% 的体表烧伤也很严重；如果超过 15% 的表面受到烧伤影响，情况极其危险，除非在一小时左右内开始输血，否则患者可能死于休克。

对于所有大面积烧伤，由于大量体液从受损组织的原生表面流失，或由于烧伤部位肿胀，患者都可能发生严重休克。自然地，烧伤面积越大，休克越严重。

烧伤会使组织灭菌，但身体大面积原生区域的损伤和暴露会大大增加随后感染的机会。面积越大，感染风险越大。急救人员应帮助保持烧伤处清洁和不发生感染，但错误的行为会导致感染。

6.17.2　烧伤深度

出于实际目的，必须辨别两种烧伤"深度"：

（1）浅表烧伤。

只有皮肤的外层受到影响。烧伤区域变红，可能形成水泡，也可能不形成水泡。疼痛是相当强烈的，但烧伤通常愈合迅速，几乎没有疤痕。大面积的浅表烧伤会产生相当严重的休克。

（2）深度烧伤。

所有的皮肤层都被破坏，皮下脂肪和肌肉，甚至骨头，都可能受到影响。燃烧区域呈

黄白色或完全烧焦。如果皮肤被完全破坏，疼痛会比浅表烧伤轻，因为表面皮肤内的神经也被破坏了。深度烧伤往往会感染，且愈合非常缓慢，往往会留下严重的疤痕。

（3）烧伤部位。

面部和手部的烧伤比其他地方相应大小的烧伤更严重，因为很小的疤痕可能会使身体受影响的部位失去功能，导致毁容；

（4）患者年龄。

儿童和老人对烧伤反应严重，并且经常发生大面积灼伤。

6.18　烧伤的类型

干热灼伤可能是由于与热金属接触，如熔化的焊条或未设保护的热油箱。烧伤是局部的，可能是浅表的，也可能是深层的。

干冷烧伤可能是由于接触液态气体（如液氧或液态二氧化碳）引起的。烧伤区域呈明显的局部苍白色。

明火烧伤可能是由炉回火、易燃油品、溶剂或燃烧的建筑物引起的。衣服通常会着火，烧伤的面积往往很大。此种烧伤一部分可能是浅表的，另一部分可能是深层的。烧焦的衣服可能粘在烧伤处。病人通常非常痛苦。

晒伤是由于暴露在阳光或人造光线下而引起。晒伤非常浅表，但经常会造成皮肤变红和起泡。

摩擦烧伤是一种罕见的烧伤类型，是由快速移动的绳索摩擦引起的。

湿烧伤或烫伤可能由蒸汽、热水、热油、烹饪油脂、热溶剂或焦油引起。他们通常是浅表的，但往往是广泛的，因此后果严重。

6.19　烧伤急救治疗

在治疗烧伤或烫伤时，目标是防止休克、避免感染和减轻痛苦。

急救人员不得在烧伤处涂抹任何带有细菌的"脏"东西，如旧锅中的油脂或油膏。急救人员不得用手触摸烧伤处，在烧伤处用干净或无菌敷料覆盖之前，应尽量少说话。

出于治疗目的，烧伤被分为轻微、中度和严重。急救人员可以自己安全地治疗轻微烧伤，但任何烧伤面积比硬币大或比普通香烟烧伤更大的中度烧伤，都应该由受过训练的护士或医生进行专业治疗，以便将感染的机会控制在最低限度。严重烧伤面积超过几平方厘米的人应直接送往医院。

6.19.1　轻微烧伤

轻微的烧伤往往非常疼痛。把烧伤部位放在流动的冷水下冲洗，疼痛很快就会减轻。如果在此之后，皮肤出现任何损伤的迹象，则应使用西替利胺或肥皂和水及脱脂棉仔细清洁烧伤部位，处理方法与处理小伤口相同。清洁后，烧伤处和周围皮肤应使用干净的脱脂棉擦干，并用个人消毒薄纱敷料覆盖。敷料夹在两张透明纸之间。一张纸片被撕下，敷料仍然附着在另一张纸片上，第二张纸片很容易被取下，将消毒过的薄纱留在原处。在使用薄纱时，急救人员必须注意不要接触敷料，除非在将敷料与纸片分开的边缘角处，如果薄纱太大，应使用医用钳子将敷料剪至合适的尺寸，然后再取出纸片。薄纱上覆盖着一小块消毒敷料、一块创可贴或干净的脱脂棉和一条滚轴绷带。如果有水泡，不应刺破，急救人员也不应试图去除死皮。

6.19.2　中度烧伤

由于烧伤区域的彻底清洁将由医生或护士进行，急救人员的职责只是用一种或多种个人消毒敷料覆盖烧伤部位，并尽快将患者送到专业人员处。在已有效清洁的烧伤部位盖上薄纱没有任何意义。

6.19.3　严重烧伤

不得试图清洁烧伤处或脱下衣服，或拉开粘在烧伤处的烧焦的衣服，燃烧本身会使整个区域消毒。烧伤区域应迅速用一种或多种大号消毒个人敷料覆盖。如果烧伤面积很大，应使用干净的毛巾或床单覆盖。在医院，清洁工作将在手术室进行，并采取全面的手术预防措施。

迅速补充流失的体液是挽救生命的治疗方法。在这种情况下，迅速将患者送往医院至关重要。在医院外进行输血甚至静脉输注生理盐水的尝试会延误全面的体液置换，从而造成更大的伤害。现在，只有当患者被困且无法迅速移动时，或者在距离医院相当远的情况下，才会求助于这些方法。

应遵循休克的常规治疗方法。如果患者口渴，可以用水漱口然后吐出。只有在将患者送往医院的过程中延误相当长的时间时，才能给予少量的水。突然摄入大量液体可能导致呕吐。对于小烧伤，喝热甜茶是无害的。

6.19.4　电烧伤

电能导致烧伤、"触电"或两者兼而有之。烧伤发生在电流的进入点，即与带电导体的接触点。一个常见的原因是便携式手持工具的电气短路，尤其是在接地不充分的情况下。当身体接触高压线时，会发生严重烧伤，组织大量炭化。高压接触产生的热量和破坏性非常大，导致传导部分破坏，受伤的人在逃跑时衣服会着火。

轻微的电流可以在皮肤上产生像树枝或金属丝网那样的图案，这可能是因为电流沿着皮肤上的汗水流动。中等电流会产生干燥、皱缩的灼伤，疼痛很小，比同样大小的热烧伤要轻。烧伤周围很少或没有变红，烧伤组织呈圆锥形，尖端向内，从皮肤向下延伸至更深的结构。相当小的烧伤可能涉及肌腱和其他重要结构，这可能在3或4天内不明显。

有时电流的进入点灼伤可能类似于出口点的灼伤。若手上有进入烧伤，脚上可能有出口烧伤。

电烧伤治疗即使是最小的电烧伤也应该用干净的干敷料覆盖，并交给护士或医生。烧伤周围组织的"失活"会延迟愈合并增加感染的风险。最好的治疗方法是通常在门诊部进行小面积植皮。

6.20　中暑

中暑是一种罕见且有一定危险的情况，当过热的患者忽略治疗并在非常炎热的环境中持续一段时间时会发生中暑。首要的，也是更常见的，太热的后果是中暑，这也被称为矿工抽筋或司炉工抽筋。

6.20.1 原因

根本原因是由于出汗所造成的身体水分和盐分的补充过少，导致身体水分和盐分的流失。出汗是冷却身体的自然机制的一部分，这不是产生汗液，而是汗液从体表的蒸发降低了体温。如果身体获得的水和盐太少，无法补充流失的汗水，或者如果周围的空气中充满了水蒸气，汗水无法蒸发，身体就会减少进一步出汗，体内温度开始升高。如果这种情况继续下去，就会发生真正的中暑。

6.20.2 症状

（1）中暑乏力，皮肤湿漉漉的，患者易怒，并感到四肢严重抽筋。

（2）中暑早期，皮肤又热又干，易怒和痉挛更严重。

（3）在中暑的第二阶段，患者可能会昏迷，呼吸困难，有时会有轻微抽搐。皮肤干燥、发红、灼热。

6.20.3 预防

那些特别容易中暑的人，尤其是热带地区的海上水手易于中暑。熔炉、铸造厂和其他非常炎热的地方的工人应提供特殊的含盐饮料，可以用橙子或柠檬和葡萄糖调味。相关的工人应该被告知他们需要多少盐来满足不同的个人需求。

穿着密封橡胶防护服工作可能会导致热量消耗和中暑，特别是在天气温暖的情况下。皮肤和防护服之间的空气层很快就被汗水浸透，形成了一种人造的潮湿环境。如果这些衣服对于繁重的工作是必不可少的，应用冷水对其外部降温。在非常热的条件下，每小时可能会损失 0.24~0.48L 的汗液，这应该通过液体摄入来弥补。

6.20.4 治疗

将病人远离热源，将其衣服褪到腰部，沐浴或身上洒凉水。然后用毛巾给病人扇风，以促进水分蒸发，从而使病人进一步降温。当患者体温降至 36.8℃ 时，必须停止降温。如果患者神志清醒，或者一旦他神志清醒，就应该给他饮用大量的凉水，每杯加一勺普通盐，以及橘子或柠檬以改善口感。在恢复期间，患者应休息（休息时间取决于发作的严重程度）。所有中暑或中暑的病例都应该在返回工作岗位前由医生或护士监护。

6.20.5 晒中暑

这通常是热衰竭和普通晕厥的综合表现。特别容易发生在那些突然穿着不合适的衣服暴露在高温下的人身上，其治疗方法与中暑相同。

6.21 化学烧伤、伤害和中毒

化学物质可能以三种方式危害人体：

（1）通过直接灼伤皮肤或眼睛；

（2）通过刺激皮肤，从而产生皮炎；

（3）通过进入人体引起快速或缓慢中毒。

如果使用不当，几乎所有的化学物质都会使人受伤。如果小心使用，完全可以安全地处理。在这类工作中，预防是目标。

6.21.1　化学烧伤

化学烧伤可能由酸或碱引起。无论哪种情况，快速治疗都至关重要。应立即冲洗掉酸或碱，或至少用大量水冲洗受影响的部位，以大幅稀释酸或碱。因此，如果没有特殊的解毒剂，眼睛中的化学物质飞溅应该通过在冷水龙头下睁开眼睛冲洗，或者将脸的上部插入一桶冷水中并使劲眨眼来治疗。同样，如果皮肤上溅有酸或碱，应立即用自来水冲洗。

解毒剂具有非常重大的意义，但在化学烧伤中，寻找解毒剂可能会浪费宝贵的时间，而水的快速处理也会达到同样的效果。只有在完成这项工作后，才应该花时间去寻找和使用正确的化学解毒剂，当然，除非马上就有大量的解毒剂。

6.21.2　酸处理与烧伤预防

酸的处理和烧伤预防分为速效酸和缓效酸两种类型。主要风险来自灌装、运输和移出大玻璃瓶，以及意外溢出和飞溅。未经技术培训的人员（如实验室清洁人员）会面临特殊风险，应仔细指导他们采取必要的预防措施。

（1）速效酸。

使用速效酸，患者几乎立刻感到刺激和灼热。这类酸有：用于酸洗槽、金属拉丝和其他用途的盐酸。它会产生一个深棕色的水泡，然后变成黑色。其他速效酸有硝酸、硝基盐酸、硫酸等。

（2）缓效酸。

对于缓效酸，不会立即产生疼痛，因此患者可能不知道自己已经接触了半小时到四小时的酸。到那时，酸已经渗透到组织深处。氢氟酸、氢溴酸、碳酸和草酸属于这一类。

6.21.3　溅出酸的处理

处理任何一种酸都需要快速按以下步骤处理：

（1）立即用水龙头、淋浴器或浴缸中的大量水冲洗掉酸液。保持清洗直至可以使用中和解毒剂；

（2）如果没有水，应该用脱脂棉、干净的抹布或手帕蘸去皮肤上的酸。必须避免任何擦拭动作，因为这会使酸扩散；

（3）如果可立即大量使用解毒剂，则应使用它代替水，但必须不受限制和供应充足。如果只有少量供应，则应在受影响部分用水完全淹没并冲洗后立即使用解毒剂。这里推荐的解毒剂是"缓冲磷酸盐溶液"，它具有中和酸和碱的有用特性。如果没有，可以使用碳酸氢钠溶液（2 汤匙 0.48L 水）；

（4）如果衣服被酸污染，如果可能，应立即脱掉。如果不能立即采取措施，则应受影响的衣物部位用水或解毒剂冲洗。如果无法确定酸污染部位，则将整件衣物全部冲洗。

（5）应如上所述处理缓效酸，但需要由经过训练的护士或医生进行特殊治疗，以中和渗透到组织中的任何酸，例如，氢氟酸烧伤时可能必须注射葡萄糖酸钙；

（6）初次急救治疗后，应尽快由训练有素的护士或医生检查每一个可能导致缓效酸烧伤的原因。对于速效酸，如果在初始治疗后，皮肤出现任何变化或患者感觉到任何不良反应，或者如果涉及的酸量相当大，则同样适用以上程序。

6.21.4　预防

管理层应考虑预防化学烧伤，并与工厂／综合医疗官员磋商，包括在所有危险点提供急救设施。工业医疗官员应确保急救人员和相关人员知道如何使用这些设施。

6.21.5　碱和碱烧伤处理

碱烧伤比酸烧伤更严重，因为碱容易迅速渗透到组织中，甚至在彻底清洗和中和后仍能继续作用。因此，碱与更危险的缓效酸非常相似，且碱烧伤通常比最初看起来更严重。一旦碱渗透，皮肤就会变得苍白和湿湿的，随后可能会出现深度缓慢愈合的溃疡。工业中使用的主要碱有氢氧化钠、氢氧化钾、氨、漂白粉、石灰和水泥。

6.21.6　溅出碱的处理

急救处理与酸完全相同，首先强调用大量水快速彻底清洗，然后使用缓冲磷酸盐溶液。如果该溶液量大，从一开始就可以用它代替水冲洗。

如果没有缓冲磷酸盐，可以使用稀释的醋（2 汤匙至 0.48L 水）或溶解在水中的柠檬酸片，但这些在工业上不太可能获得，它们与水冲洗对比几乎没有优势。

对于石灰、漂白粉或水泥，在污染部位被水浸没之前，应去除皮肤上的固体颗粒，因为水会使它们粘在一起，且最好用一块脱脂棉或软刷子清除。

所有碱损伤应尽早由训练有素的护士或医生进行诊治，对于碱，在危险点提供急救设施比酸更为重要。

6.21.7　沥青烧伤

由沥青引起的烧伤应覆盖干敷料，并将患者转介给受过训练的护士或医生。固态沥青本身就是一种很好的敷料，因此不应将其去除。

6.22　化学性皮肤刺激

皮炎或皮肤炎症在工业中是非常重要的问题。对于皮肤敏感的人来说，几乎任何化学物质都会引起皮炎，而其他人对同样的化学物质能够完全免疫。一个很好的例子是一些洗衣女工用水引起的皮炎。强碱肥皂也可能引起皮炎。有些物质特别容易引起麻烦，例如酸和碱、溶剂和脱脂剂、洗涤剂、油和沥青、胶水、合成树脂、塑料、促进剂和金属刺激物（如汞、砷和镍）和氰化物、糖、面粉及某些木材。

急救人员不得试图处理工业性皮炎或任何其他皮肤病，应由专业人员在尽可能早的阶段进行治疗。延误使治疗更加困难，并使其他人面临同样的风险。

在这方面，正确的预防计划应包括员工的个人清洁、使用精心挑选的隔离霜或其他身体防护品、清洗场所和厕所的卫生、更换和清洁防护服以及急救人员的特殊职责。

6.23 化学毒物

化学物质可能通过皮肤、肺或胃和消化系统进入人体。关于工业中毒，在很大程度上，大部分不属于急救人员的职责范围。然而，急救人员应知道如何处理可能出现的紧急情况，且也应知道存在某些选择的处理方法。

化学物质对皮肤的直接作用已在本书中阐述，但某些化学物质，例如铬和镍，可能会在皮肤或鼻腔黏膜中产生溃疡，这种溃疡被称为"交易洞"。幸运的是，这些溃疡现在极为罕见。某些其他化学物质可以穿透皮肤而不损伤皮肤，因此，必须非常小心地处理它们。

6.23.1 气体、烟雾和粉尘

气体、烟雾和粉尘是某些行业主要的危害。许多粉尘虽然令人不快，但无毒，但是，含有一定量二氧化硅颗粒的粉尘经年累月容易造成严重的肺损伤。这些风险现已众所周知，应采取常规预防措施。

在工业上，通过口腔、胃和消化系统进入的化学物质的情形相对较少。中毒可能是意外或企图自杀。被污染的手会污染食物，这强调了进食前洗手的重要性，在涉及有毒化学工艺流程的地方不应提供食物或饮料。

6.23.2 依法报告的职业病

众所周知的工业毒物已在很大程度上得到控制。这些毒物主要引起起效非常缓慢的症状，因此工业急救人员很少见到。

医生们已知道有 14 种不同的工业恶疾和难以治愈的痼疾，它们是铅、磷、锰、砷、汞、二硫化碳、苯胺、苯、炭疽、压缩空气疾病、中毒性黄疸、中毒性贫血、化学性皮肤癌、铬引起的溃疡。

6.24 昏迷、吸入毒气和窒息

当患者失去知觉时，急救人员应立即评估所发生的情况，并检查患者是否有呼吸。大多数昏迷患者会呼吸，但如果呼吸停止，患者立即有窒息的危险，急需人工呼吸。昏迷和窒息是不同的医学案例，尽管它们可能同时存在。在失去知觉状态下，可能有也可能没有窒息，但窒息时，总是会失去知觉。

6.24.1 查明原因

有三种情况：

（1）原因很明显；

（2）原因是可能的；

（3）急救人员看不到明显的原因。

进行这一评估至关重要，因为急救的第一步是将失去知觉的人从危险区域移开，只有在对可能的原因做出粗略的判断后才能进行。

6.24.1.1　原因很明显

发现患者的某些情况相当清楚地表明发生了什么，例如，由于溺水、触电、头部受伤或自杀未遂而导致无意识。自杀未遂的患者可能被发现吊死，或者头部被放在煤气炉中，头下枕着枕头，或者躺在床上，旁边放着一瓶打开的药片。在这种情况下，急救人员应不浪费时间，尽最大努力挽救生命。

6.24.1.2　原因是可能的

导致昏迷的原因可能是意外的有毒气体（家用或工业）。工业中的气体泄漏可能有许多不同的原因。急救人员应了解厂区任何特定过程中存在的风险。一些常见的工业过程总是有一定的风险。当烟囱和锅炉出现缺陷时，会导致气体或蒸汽倒流，导致附近工作人员窒息或昏迷。同样，在深孔、井、封闭式储罐中工作的人员也面临特殊的风险。

6.24.1.3　没有明显外部原因

在没有明显外部原因的情况下，急救人员将无法做出准确诊断，尽管他可能有怀疑。一般来说有以下六个常见原因：

（1）昏厥；

（2）癫痫等发作；

（3）中风；

（4）糖尿病；

（5）酒；

（6）癔症。

6.24.2　昏迷患者的护理

当患者被移离危险区时，无论是何种原因导致的昏迷，都应按照指示进行常规护理。

应将昏迷的人移出危险区域。如果患者没有危险，就不要试图移动他。患者应翻转至俯卧或半俯卧位。如果让昏迷患者仰卧，可能会窒息。舌头回落进喉咙，可能阻塞气管的入口。如果患者有假牙，就会发生窒息。此外，唾液或呕吐物可能进入呼吸道并导致严重后果。通常，昏迷的患者会处于休克的状态，喘不过气来，他的皮肤颜色会变蓝，这是由于仰卧导致气道阻塞所致。

因为没有将患者翻转成俯卧或半俯卧姿势而导致许多患者丧生。俯卧指面朝下，肘部弯曲，因此前臂和手位于前额下方（图6.10）。半俯卧是指患者身体侧卧，面部朝向地面。为了防止身体向右翻滚，双臂应在肘部自然弯曲，大腿在臀部和膝盖处略微弯曲，使其在小腿上方向前倾斜，并充当支撑支柱（图6.3）。如果有干呕或呕吐，最好采用半俯卧姿势，因为口鼻更容易保持清洁。

在给患者翻身前，患者不应存在明显的骨折情况。如果患者有骨折，翻身时要支撑好骨折部位。翻转应坚定而轻缓，将整个身体翻转至看起来自然而轻松的位置。

轻轻地从患者嘴里取出所有假牙。如果口部紧闭，不要试图强行将其打开。用手抬起下巴，使颈部稍微向后弯曲。这有助于打开口腔后部的空气通道。松开紧身衣物，尤其是脖子或腰部。如果必须移动患者，则应小心地将其抬到担架上，保持俯卧或半俯卧姿势，并以这种体位进行抬送。

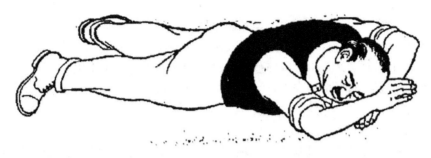

图 6.10   俯卧位患者

6.24.3   禁止事项

（1）不要强行将液体灌入昏迷患者口中。患者不能吞咽，但可能会吸入并会得肺炎。

（2）不要拍打患者或往患者身上泼水。

（3）不要试图让患者坐着运送，他必须以俯卧或半俯卧的姿势躺着移动。试图让昏迷的人坐起来，例如坐在汽车后部，已被证明是致命的。

6.24.4   昏迷的内因

昏迷的内因一般有以下方面。

（1）昏厥。

昏厥发作令人担忧，但通常很快就会过去。他们几乎总是由癫痫引起，患者通常会有历史已发症。现今医学上有新的药物来控制癫痫发作，使癫痫发作比过去更加罕见，但是，如果患者忘记服药，或忘记带药上班，则可能会发生这种情况。在开始发作时，患者会大叫一声，然后摔倒，四肢僵硬，然后开始抽搐。患者可能口吐白沫、咬舌头、排尿或做运动。患者一直都是完全无意识的，当激烈发作阶段结束时，他似乎进入了深度睡眠，这通常只持续很短的时间。患者跌倒时可能会受伤。枕头、外套和其他柔软的东西放在他周围比人的力量更安全、更有效。切勿强行分开下颌以防咬舌，且有可能打掉牙齿并使下颚骨折。如果嘴巴是张开的，那么放一个牙垫在嘴里是可行且安全的，牙垫是让颌分开的形压压舌板。这种形压压舌板是一块用干净的纱布包着的木板，另一种是包着长度不小于12cm（5in）的结实的铅笔。永远不要告诉癫痫患者他发作时是什么样子，因为他可能会感到巨大的不必要的痛苦。对于这种疾病患者来说，发作期间失去意识是天生的幸事。发作结束后，应建议患者尽快向自己的医生报告。

（2）中风。

中风是由动脉破裂或脑内血栓引起的。虽然中风有时是致命的，但许多患者已经康复。如 19.3 所述，良好的急救护理可能会挽救生命。患者通常是老年人。患者可能会头晕，可能会，也可能不会，完全昏倒。由于大脑的损伤，患者通常会失去移动身体一侧的能力，这显然涉及手臂或腿。与此同时，脸的另一面也瘫痪了。在中风的昏迷患者中，每次患者呼吸时都可以看到瘫痪的脸颊鼓起与陷落。得出患者患有中风结论的事实如下：年龄在五十或六十多岁；肤色通常是蓝色的；响亮刺耳的呼吸，称为鼾声呼吸；面颊抽搐；嘴角流涎。当然，治疗方法一般如上所述，急救人员必须毫不拖延地寻求专业帮助。

（3）糖尿病。

一些员工对同事或医生隐瞒自己是糖尿病患者的事实，这会带来灾难性的后果。让周围的人知道他们的状况符合他们自身的最大利益。糖尿病患者最常见的原因是正常剂量的胰岛素过度作用，而这又是由于身体疲劳、过度劳累或担忧或未吃饭而导致的。患者可能会头晕、糊涂，甚至明显精神失常。治疗方法是立即给糖，最好是以甜饮料的形式，并应该马上叫医生来。

（4）癔症。

急救人员决不能认为昏迷病人是歇斯底里的。癔症几乎不会导致完全的昏迷。然而，有时患者，通常是年轻女孩，但有时是年长的妇女或男子，会变得典型的"歇斯底里"。这种情况通常发生在动荡或焦虑或自然灾害发生时期。歇斯底里包括尖叫或撕心裂肺的哭泣等不良行为，可能会导致恐慌。在这种情况下，有必要采取切实的措施来防止恐慌爆发。更偶尔的情况是，歇斯底里行为可能会导致大脑严重损伤或疾病。在这些病例中，它似乎是由脑组织缺氧引起的，而不是令人惊恐的歇斯底里。对待患者应该温和而体贴，而不是传统的掌掴。

6.25　气体伤亡者的救援行动

由于气体伤亡属于相当重大的工业风险，急救人员应在救援工作中接受充分的培训和实践。以下是应遵守的一般原则：

（1）在进入室内外充满危险气体的区域之前，应打开门窗，以便将气体或烟雾吹走。

（2）用湿布或湿毛巾缠在脸上不能防有毒有害气体。

（3）如果有两人或两人以上在场，其中一人应留在室外，以防救援人员自己需要救援。系在救援人员腰部，用于沿地面拉动人员的救生索应每次都要使用。

（4）如果救援人员必须冲进充满危险气体的环境中，应慢慢地做6次真正的深呼吸，然后屏住呼吸冲进去。救援人员最多能屏住呼吸45s到1min。

（5）在充满气体的地方，光线通常很差。有些气体，例如一氧化碳和甲烷，是易燃的。参与抢救气体伤亡者的急救人员不得使用明火。

（6）没有经验的救援人员或未经培训的急救人员不得使用呼吸器。正确使用呼吸器需要大量的练习。在实际行动情况下第一次佩戴呼吸器的急救人员可能很容易惊慌失措。

6.26　工业气体

石油、天然气和石油工业中遇到四种类型的气体：

（1）刺激性气体；

（2）窒息性气体；

（3）有毒性气体；

（4）麻醉性气体。

6.26.1 刺激性气体

刺激性气体通过其作用能立即被觉察到，特别是通过鼻子和眼睛。气味很强烈，眼睛开始流泪，那些暴露其中的人将逃命。这些气体比那些无刺激性的气体危险性小。常见的刺激性气体如下：

（1）二氧化硫（SO_2）用于制造硫酸、熏蒸和制冷，也用于香烟制造。

（2）氨（NH_3）用于制冷和制冰及许多其他工业过程。

（3）氯（Cl_2）用于漂白、造纸等。光气（$COCl_2$）主要用作战争气体，在一些苯胺染料的生产过程中产生。通过点燃的香烟吸入三氯乙烯时也会产生三氯乙烯，因此，使用三氯乙烯的人员不得在工作中吸烟。

6.26.2 单纯窒息性气体

我们呼吸的空气由大约五分之四的氮气和五分之一的氧气组成。氮气是惰性的。氧气被血液吸收并携带到全身，使身体组织得以存活，没有氧气，组织就会死亡。窒息性气体只需替换空气中的氧气即可起作用，随着含量增加，导致氧气不足而造成伤害。它们大多没有气味，这使他们更加危险。以下是常见的窒息性气体：

（1）氮气（N_2）只有在井、矿井和其他深洞中所有氧气被消耗时才有实际的重要影响。当安全灯火焰下降到孔中熄灭时，显示缺氧。

（2）甲烷（CH_4）是矿井中最常见的气体，在矿井中它被称为"沼气"，因为它暴露于火焰或火花时会爆炸。

（3）二氧化碳（CO_2）作为废物由身体的活体组织产生，并由肺部呼出。在酿造、充气和发酵过程中会产生大量二氧化碳气体。它也可以在矿井、隧道、地窖和锅炉中发现。

6.26.3 有毒性气体

少量的有毒性气体会产生不成比例的毒性作用。它们很快从肺部（甚至从口腔）被吸收到血液中，并通过阻止它们吸氧而迅速毒害活体组织。本小节中的常见有毒气体如下所述。

6.26.3.1 一氧化碳（CO）

CO 可能是最重要的有毒工业气体。焦炭、煤或汽油燃烧时产生一氧化碳气体，因此，黑色烟道会导致可燃物泄漏到一氧化碳有毒气体的工作场所。汽油机在密闭空间工作时也可能会产生同样的结果，这台发动机排出的废气中含有 7% 的一氧化碳。

6.26.3.2 氰化氢（HCN）

HCN 有毒，通常只在露天使用。然而，有时它被用于建筑物或针织物的熏蒸。它有一股苦杏仁的味道，几乎会立刻致命。

无论在何处使用，都应配备制造商的预防卡，并应立即提供解毒剂。

6.26.3.3 硫化氢（H_2S）

H_2S 在制胶、制革、矿山和石油工业中都会产生。在低浓度下，它具有强烈的刺激性和臭味。在高浓度的情况下，吸入者可能会突然死亡。

6.26.3.4　吸入有毒气体的症状

吸入有毒性气体的症状取决于气体的性质、吸入量和暴露时间。有刺激性气体时，眼睛流泪和鼻子打喷嚏症状会立刻显现。由于有有毒性或麻醉性气体，患者很快失去意识，但可能保持良好的肤色。对于单纯的窒息性气体，通常有两个阶段：

（1）部分窒息：患者感到头晕和虚弱无力，可能会摇摇晃晃和昏倒，也可能呼吸困难、气喘吁吁。偶尔会有抽搐，尤其是当患者呼气时。

（2）完全窒息：患者无意识且肤色呈蓝色，尤其是身体、鼻子、耳朵、嘴唇和手指的"尖端"。呼吸先是断断续续，然后消失。脉搏先微弱后消失。然而，没有脉搏并不一定意味着心脏停止跳动。

6.26.3.5　吸入有毒气体的治疗方法

简要概述吸入有毒气体的治疗法：移离危险区域；如果呼吸停止，则人工呼吸；对休克患者进行氧气治疗，并对昏迷患者进行常规护理。

6.27　人工呼吸

当患者还有生命特征，呼吸停止时需要对其进行人工呼吸。需要人工呼吸的患者一般处于昏迷状态，但大多数昏迷患者没有停止呼吸，不需要人工呼吸。最常见的呼吸停止原因是触电、溺水、一氧化碳中毒和胸部压力：就像一个人留在废墟下。

在这种情况下，呼吸停止和心跳停止之间的时间很短。人工呼吸的目的是为心脏和其他组织提供所需的氧气，并从体内排出不需要的二氧化碳，以刺激肺部重新开始工作。除非必须将患者从受污染的空气中移开，否则应在现场开始人工呼吸。

6.27.1　人工呼吸方法

人们已经设计出许多人工呼吸的方法，主要有以下五种方法：

（1）推法。

在推法中，操作者推动胸部外侧迫使空气排出，依靠肋骨的自然回缩将空气吸入。如果肋骨骨折，则不能使用此方法。

（2）"拉"法。

在"拉"法中，操作者移动手臂以拉伸和扩张胸部，从而吸入空气。最著名的"拉"法叫作西尔维斯特法，但经验证明它并不令人满意。

（3）摇摆法。

摇动法的原理是使用横膈膜和腹部内容物作为活塞，首先压缩肺部然后让肺部充气。这比任何手动方法都有效，但需要特殊的仪器。

可以改进摇摆式担架，但这并非没有风险。在装备齐全的工业医疗部门或工业卫生服务机构，应配备合适的摇摆担架。

（4）吸—吹法。

肺可以自然地扩张和收缩，首先在胸壁外或直接在气管下方施加正压，然后施加负压。外部压力只能通过精密机械装置施加。通过使用空气或氧气对肺部进行直接充气和放气是通过鼻、口和气道交替吹气和吸气来实现的。如果有一个明确的"空气通道"，这种方法通常是有效的。当胸部和其他肌肉因药物而暂时瘫痪时，所有现代麻醉师都会在手术中使用它。对于急救人员，有两种可能的"吸和吹"方法：口对口人工呼吸和复苏器。

6.27.1.1　口对口人工呼吸

操作者必须用力向患者口腔内吹气，确保患者的下巴抬起、嘴巴张开、舌头不阻塞气道、鼻孔闭合，最重要的是嘴唇与嘴唇的贴合度良好。这种方法非常有效，而且比预期的要容易得多。每个急救人员都应该知道如何进行口对口人工呼吸。它可以从书本或讲座中学到，但常用且有效的方法是在假人上练习。

口对口人工呼吸的具体步骤如下（图 6.11）：

（1）患者仰卧（所谓的仰卧位）。将其与霍尔格 - 尼尔森方法进行比较，在霍尔格 - 尼尔森方法中，患者脸朝下俯卧。

（2）用手指在口腔内扫一圈，清除水藻、海藻或假牙，并确保舌头向前。

（3）舒适地跪在患者头部的一侧，这样患者的嘴可以自然地被盖住。

（4）将患者的头部向正后方弯曲，直到不能弯曲为止。这将打开舌头后面的空气通道。

（5）用一只手从颈背抬起患者下巴，用另一只手捏住他的鼻子。

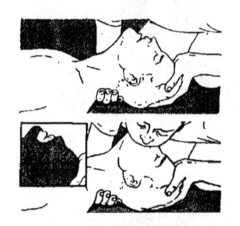

图 6.11　口对口人工呼吸

（6）深呼吸。施救者的嘴包裹住患者的嘴，竭尽你所能，然后吹气，直到眼角余光看到患者胸部鼓起；

（7）离开患者的嘴，观察患者胸部下伏；

（8）快速地进行首轮的六次吹气，每次吹气之间留出足够的时间让胸部下伏。

（9）之后，以 10 次 /min 的速度吹气。

6.27.1.2　霍尔格 - 尼尔森法

在开始霍尔格 - 尼尔森法之前，应尽快采取以下步骤：

（1）将患者转为俯卧位；

（2）将手指放入口腔四处扫以清除任何障碍物，例如海藻、水藻、假牙；

（3）确保舌头处于正常向前位置；

（4）松开衣领；

（5）取出胸前衣服上的所有"块状物"，如口袋中的罐头盒。人工呼吸开始时，这些物体可能会伤及肋骨；

（6）如果患者已经被水淹没或一直在呕吐，急救人员应跨坐在患者身上，双手紧扣在患者胃部下方，并迅速将患者抬离地面一小段距离，重复两次，这有助于清空空气通道。湿衣服应立即脱下。

完成上述步骤不应超过一分钟，然后开始人工呼吸。应呼叫医生和救护车，并安排摇摆式担架或复苏器。

人工呼吸应不停地有节奏地持续进行，直到患者重新开始自然呼吸，或医生宣告患者死亡。

6.27.1.3 人工呼吸和霍尔格—尼尔森方法（图 6.12 和图 6.13）

该方法也称为"背压举臂"法，这一名称很好地描述了该方法。

位置：患者应置于俯卧位，肘部弯曲并向侧面突出，双手交叉置于头部下方。头部将稍微转向一侧，使面颊靠在手上。鼻子和嘴里必须没有任何阻塞物。

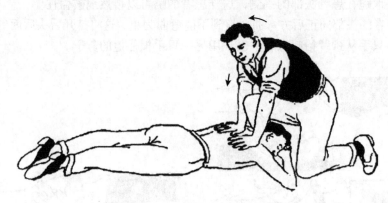

图 6.12　霍尔格—尼尔森方法 a

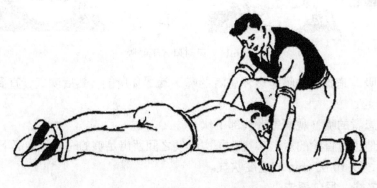

图 6.13　霍尔格—尼尔森方法 b

操作者单膝跪在患者头部旁，面向他。膝盖位于患者头部和前臂之间的位置。另一只脚放在患者的另一个肘部附近。或者，操作者可以双膝分开在患者头部两侧跪下。如果使用单膝姿势，操作者会发现有不断改变膝盖位置的优势。操作者将手平放在患者背部上，手掌应向下，手腕应与腋窝平齐，拇指尖应刚好接触背部。

操作：在进行操作时，操作者的手臂应保持笔直，并利用体重进行按压。所有动作应平稳、缓慢、有节奏地进行，操作者在持续操作时应慢速地大声数数。

动作	时间，s	计数
第一步动作：压迫患者的胸部	2	"1、2"
第二步动作：将手滑到患者的肘部	1	"3"
第三步动作：抬高患者的肘部	2	"4、5"
第四步动作：下肘部并将手滑到患者的背部	1	"6"

压缩患者胸部会导致呼出或"呼气"，抬高患者肘部会导致吸入或"吸气"，患者的运动循环状态如下：

呼出	2s
放松	1s
吸入	2s
放松	1s

整个循环需要 6s，人工呼吸的频率为 10 次 /min。

在人工呼吸期间，应准备并给予患者氧气。

6.28 胸外心脏按压

如果心脏停止向全身输送血液，人工呼吸就没有用了。有时可以通过按压胸骨或胸骨的下半部分来重启心跳，这被称为胸外心脏按压。

如果在"口对口"方法人工呼吸 12 次后，患者看起来仍然处于死亡状态，皮肤或嘴唇颜色没有变化，且没有自主呼吸的迹象，那么值得进行胸外心脏按压。将一只手的手掌根部放在胸骨的下半部分上，该位置可在下肋骨形成的倒"V"字形顶部找到。将第二只手放在第一只手上。每隔一秒进行六次快速按压（图 6.14）。然后进行口对口肺充气，并重复整个循环。一旦患者肤色改善，立即停止胸外心脏按压，但继续进行口对口人工呼吸。如果有两名急救人员，一名可以进行心脏按压，另一名可以进行口对口人工呼吸。

图 6.14 胸外心脏按压

227

6.29 眼损伤

超过十分之一的事故涉及眼睛，其中最常见的是眼睛中的"异物"，因此，眼睛受伤是急救人员工作中最重要的部分之一。

大多数工业事故中眼受伤人员从未送医，而是由急救人员、护士、医务人员或全科医生处理。50%的眼损坏是由正在使用的砂轮机的砂轮表面脱离的异物造成的。该异物移动缓慢，并且没有太深地进入眼睛。异物通常由金属粉尘、磨料和粘合材料构成，并且是非磁性的。其他工业眼损伤与车削、铣削、旋转、钻孔、锤击和切削有关。

6.29.1 检查眼睛

所有可能被要求处理同事眼睛受伤的急救人员都应该知道如何检查眼睛。顺序如下：

（1）患者应坐好，脸部和眼睛照有充足的光线。急救人员应站在患者身后，将患者头部靠在自己的身上。

（2）患者的头部应完全后仰，然后用两个手指拨开眼睑。如果要求患者保持双眼睁开，检查问题眼睛就会容易得多。应要求患者缓慢地依次瞧指南针的四个点，以便仔细检查整个暴露的眼球。不要匆忙地检查。检查角膜前部（覆盖瞳孔和虹膜的透明曲面）尤为重要。

（3）如果患者看不到任何东西，应将下眼睑拉离眼球，同时患者向上看，这样可以看到下眼睑下的异物。翻开上眼睑可以看到其下表面，但由于此操作需要大量经验才能令人满意地完成，因此最好不要由急救人员操作。

异物可能出现在角膜前部、巩膜或红色眼睑上，它可能是黑色的或闪闪发光的，也可能是固定的或移动的。

6.29.2 异物的清除

移动的异物可能很容易从眼睛里出来。本能的方法是用泪腺产生的泪水冲洗眼睛。冲洗可以通过让患者用力擤鼻涕并眨几下眼睛来进行。绝不能揉眼睛。如果泪水清洗失败，应用普通水洗眼将异物清除。将盆放满水，患者将眼睛放低直到与水接触。然后端起水盆，患者在水下眨眼；如果两只眼睛同时眨，清除异物就容易多了。如果还不能清除异物，它肯定是粘在角膜表面。洗眼器使用后应清洗并晾干，然后放回原处。

如果通过冲洗没有将异物清除，经过培训的急救人员只可再做一次尝试。如果可以获得专业的医疗或护理帮助，最好将患者转交给专业团队。

清除异物时，应使用干净的棉签。用过的棉签，应立即丢弃。眼睛应保持张开状态，并用棉签清扫异物。如果异物是松散的，可以看到它附着在棉签头上。

急救人员不得使用火柴棒或手绢角清除异物，两者都不会足够干净以确保安全。骆驼毛刷也不令人满意，因为它太软了；此外，如果使用后不消毒，它会把细菌从一只眼睛带到另一只眼睛。如果急救人员不能完全确定异物已被清除，则应立即将患者转诊给护士或医生。如果患者在异物移除后仍感觉疼痛，也必须转诊。在任何情况下，应在良好光线下仔细检查眼睛，以确保异物已取出。

异物完全嵌入角膜表面而不突出，起初可能不会引起疼痛。感觉疼痛并认为异物早已进入眼睛的患者应立即转诊给护士或医生。

急救人员在处理眼损伤时不应冒险，这一点至关重要。如果有任何疑问，应立即将患者送往护士或医生处。在转诊前，务必用中等大小的敷料或眼垫覆盖眼睛。

所有急救箱必须装有"经批准的眼药膏"，急救人员有时会使用小磁铁，实际上，这些几乎是无用的，因为几乎所有容易清除的异物都是非磁性的。

6.29.3　眼中有玻璃碴

很难看得见眼睛中的玻璃碴，此外，玻璃片可能划破眼球的表面，有时划伤严重。急救人员绝对不能冲洗眼睛，以免洗涤液通过划口进入眼球。急救人员也不得将眼药水、眼药膏或液体石蜡滴入眼睛，也不得试图从眼睛中取出玻璃。眼睛应覆盖一块中等大小的个人消毒敷料，并尽快将患者送去进行专业治疗。

6.29.4　眼中有粉尘

粉尘可能会从工厂敞开的门吹进来，或者在使用压缩空气软管清洁碎渣时被吹起来。应用水和洗眼器清洗眼睛。如果刺激症状没有得到迅速缓解，并且眼角膜有划痕，则应将患者送往护士或医生处。

6.29.5　眼中有外来物

当检查眼睛时，看不见进入眼球的异物，而通过角膜上的小切口或巩膜则可以看见。这种意外通常是用蘑菇头凿子锤击或凿削而造成的，蘑菇头锤子也同样危险。使用此类凿子或锤子后引发的眼部意外伤害必须认定为严重伤害，并应立即送去治疗。应中等尺寸的个人消毒敷料覆盖眼睛，然后由救护车运送患者；由于担心眼球内开始出血，患者的头部和上半身的活动必须保持在最低限度。

6.29.6　焊接和眼睛

在工业中，未受保护的眼睛暴露于气焊或电焊或切割作业中是结膜炎最常见的原因。有三种常见的焊接类型。

（1）点焊。

焊工应佩戴护目镜，或用云母玻璃或其他透明护罩保护眼睛。点焊对眼睛的唯一危险是焊花。点焊造成的眼睛损伤应进行专业治疗，因为微小的金属屑通常会粘在烧伤的结膜上。氧气焊2204℃（4000℉）和乙炔焊3315℃（6000℉）是常用的气体焊接。

（2）电弧焊。

温度与气焊相似。焊接或切割场所应通风良好，以确保不存在有害气体；还应对这些场所进行遮蔽，以防止暴露在产生的强紫外线下，尤其是在气焊和电焊时。

6.29.7　电光性眼炎或电焊伤眼

电焊伤眼是由于未受保护的眼睛暴露在气焊或电焊或切割作业中。焊工应使用深色护目镜或深色护罩。为安全起见，所有电光性眼炎患者均应转诊治疗。急救方法是用水或单纯的溶液冲洗眼睛，但要使用一种特殊的"电光性眼炎眼药水"。无保护的眼睛暴露在熔炉、熔融玻璃或白热金属的红外线下，多年后可能会导致晶状体和角膜受损。

6.29.8　化学品溅入眼睛

在处理化学物质溅入眼睛时，急救是最重要的，因为如果及时有效地进行急救，可以挽救患者视力。与皮肤的化学烧伤一样，碱甚至比酸更危险。除非立即去除碱，否则碱会与眼睛组织结合而产生危害，并在眼睛被彻底清洗很久后继续作用于组织。尽管用解毒剂清洗眼睛，但被忽视的眼碱烧伤部位的大小和深度仍将继续增加，可能导致失明。

6.29.9　治疗和预防

6.29.9.1　治疗

在没有解毒剂的情况下，应将头部放在水龙头下，或放入桶中进行水洗，冲洗时伤者应使劲眨眼。喷水洗眼器提供了一个很好的洗眼喷头，患者可能难以睁开眼睛，应该告诉他尽量睁大双眼。如果急救人员试图用水或解毒剂冲洗眼睛，患者应坐着或躺着，头部后仰，助手应保持眼睛睁开；如果没有助手，急救人员可以使用左手的第一和第二个手指撑开眼睛。喷射的水或解毒剂不应直接喷射到眼睛正面；相反，应告知患者向外看，并将射流指向眼内角清洗（图 6.15）。每个工业急救人员都应有冲洗眼睛的实操经验。如果存在碱或酸飞溅的高风险，可提供冲洗瓶或硬罐装的缓冲磷酸盐。应持续冲洗，短暂休息5~10min。然后，应尽快将患者转送到专业护理或医疗机构。碱喷溅后，这种冲洗可能需要持续一个小时。

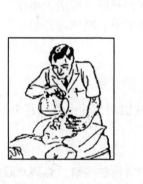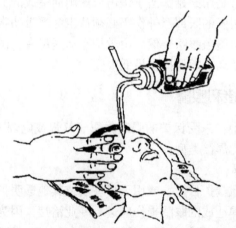

图 6.15　眼伤的治疗

6.29.9.2　预防

如果护目镜或防护面罩在工业上得到更广泛的使用，那么无论是化学物质飞溅还是异物造成眼睛受伤的情况都会少很多。

以下是关于不同工艺和材料的相对危险性的一些实际观点：

（1）使用砂轮时应该有眼睛保护措施；

（2）应安装透明塑料护罩；

（3）戴护目镜。

当有眼睛受伤的风险时，急救人员在鼓励使用护目镜方面发挥着真正的作用。

6.30　疼痛、运送和记录

在处理因受伤导致的疾病时，急救人员应做出以下简单实用的决定：

（1）这是一个小情况，将在工作现场迅速得到改善？

（2）病人的病情是否需要送往工业医疗中心？

（3）病人是否病得很重，需要立即寻求专业帮助？

6.30.1　轻微疼痛的护理

急救箱内配备四种物品，可在相应的疼痛情况下使用：临床温度计、三硅酸镁、镇静剂和阿司匹林片。

急救人员应测量患者的体温并读取温度值。如果体温高于正常值，则应将患者转诊给医生，如果患者有生病的症状，转诊至关重要。

三硅酸镁（1~2 片）可安全有效地用于宿醉患者或正在接受治疗的普通胃病患者。严重的胃痛不应由急救人员治疗。

镇静剂（1~2 片）可缓解普通轻微头痛或伴有任何其他症状的头痛，应始终咨询训练有素的护士或医生。

6.30.2　移动伤者

在有经验的救护人员、护士或医生到场之前，应尽可能少地移动严重受伤或生病的人员。运送伤员是急救专业的一个专门分支，需要大量的实践训练和实践。工业急救人员可能偶尔不得不将受伤人员从危急的地方移出，并且在紧急情况下可能不得不将其送往救护车或门诊中心。为了应对这些紧急情况，以下列出的一些实际经验是必不可少的。现场运送伤员，往往需要一个担架、两条毯子和一条结实的围巾。

没有担架，并非不可能安全移动受伤人员，但比较困难。在没有担架的情况下，两个人比一个人更容易移动患者。四个人比两个人更容易把患者抬上担架和运送担架。但在紧急情况下，只要采用了恰当的技术，一个人可以移动另一个人。

6.30.3　准备担架

如果有两条毯子，则应将其放置在担架上称为"鱼尾"位置。患者的脚和腿应用"鱼尾"覆盖，身体和头部用下方的毯子包裹，用长边紧紧地掖好。如果只有一条毯子可用，则应斜放在担架上。患者应包进毯子中，将长角部分的毯子翻转到顶部并掖好。

6.30.4　搬运

应有四个搬运人，其中一个必须发出命令，以便所有人一起行动。三个人抬着病人，第四个人将铺有毯子的担架推到被抬的病人下方，这样他就可以轻缓地放到担架的正确位置。

　　"三人升降机"是一门通过实践实现的艺术，其目的是抬起患者，同时保持头部、身体和腿部呈直线状态。这三个人必须站在患者的同一边。他们都单膝跪地，跪地膝盖靠近患者脚的方向，他们的另一个膝盖靠近患者头部方向，这样构成一个架子可以托住患者。手和手臂轻轻但牢固地插入患者正下方。第一个人必须抬起患者头和肩膀。第二个人应该是最强壮的，他必须抬起患者胸部和腹部。第三个人必须抬起患者双腿，其一只手臂在大腿下面，另一只手臂在小腿下面，他应注意不要让脚下垂和膝盖弯曲（图6.16）。当一切准备就绪时，指挥者发出抬起的命令，患者被举起并靠在举起者弯曲的膝盖上，以便担架可以滑入到位。指挥者必须再一次下达放低的命令，以便三人一起动作。

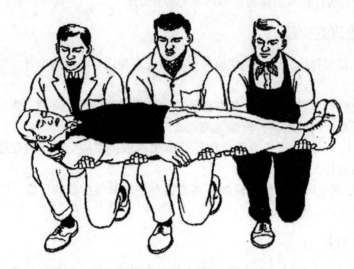

图6.16　搬运

　　"三人升降机"也可用于短距离运送患者，它被称作"人体担架"。如果只有三个搬运人可用，他们将作为"三人升降机"把患者搬运到担架上。

　　如果只有两个搬运人可用，则两个搬运人应跨坐在患者身上，面向其头部。第一个人将手臂放在患者肩下；第二个人一只手臂从患者臀部下方穿过，另一只手臂从患者小腿下方穿过。当两人都就位时，后面的人发出抬起的命令。然后，他们用小步走过担架，把患者放在担架上，这一过程被称为"跨行"。

　　有时有必要将昏迷的患者抬上担架。在这种情况下，以俯卧位抬起，以半俯卧位搬运。尝试以半俯卧位抬起是危险的，因为昏迷的患者可能会从搬运者的手臂上滚出来。由于患者手臂的位置原因，俯卧位搬运困难，并且气道可能阻塞。骨折护理中已经讨论了背部或颈部骨折患者的运送问题。

6.30.5　抬担架

　　抬担架比看起来要困难得多，作为担架手和"病人"都需要实际经验。不熟练的人很容易把病人从担架上翻推下来。关于患者的头先抬还是脚先抬，已经有很多讨论。应该考虑先抬脚的传统方法，尽管也有例外，例如抬到救护车上。最强壮的人应该在头部一侧的位置。这是因为上半身比下半身重。"抬起""向前移动"和"停止"的命令应由担架后部和担架上的一名人员发出。四个人都能找到同一个节奏，从而达到最流畅的运送。

6.30.6　升降毯

四个人可以用一条毯子运送一个重伤者。毯子必须先插在伤者的身下，这是通过纵向卷起毯子并将其放在患者旁边来完成的。三个人将患者拉向他们，第四个人将辊插入患者下方［图6.17（a）］，将患者放在辊上，然后向上拉或向上推至另一个方向［图6.17（b）］，这样可以将辊拉过，然后将患者放在毯子上。开始时，毯子的放置方式应确保：当患者就位时，可以沿着患者的每一侧把毯子卷成一个小卷。当提起时，一人抓住这些小卷的一半，毯子像担架一样被提起和移动［图6.17（c）］。特别注意搬运人手的位置，每个卷中间的手必须合拢。否则，就不可能保持毯子维持平整的张力。少于四名搬运人，就不可能实现有效的毯子升降。

（a）三人拉患者身下毯子

（b）患者被放到辊上

（c）毯子像担架一样被提起和移动

图6.17　升降毯法运送伤员

6.30.7　升降椅

如果患者不能行走，但可以站立或坐下，两名男子可以使用"升降椅"移动患者。常见的"罗圈椅"不需要任何设备，但患者必须能够用手臂抓住搬运者的颈部。一把真正的椅子要好得多。由两个人面对面抬着的，每个人抓住椅背和靠近椅座连接点前腿处。必须注意不要让患者向前倾。真正的椅子升降机使患者上下楼梯相对容易。

6.30.8　单手搬运

如果患者能够站立并能使用手臂，那么常见的"背负"是有用的。对于背负法，救援人员必须使用双手，因此不能爬梯子。

"消防电梯"可以让一只手自由活动，因此可以爬梯子。这需要救援者有相当大的力量和良好的平衡，因此，如果患者非常重，则不能使用该工具，除非救援人员具有相应的力量。

必须帮助患者站直，面向救援者。救援人员用左手抓住患者的右腕，然后弯下腰，直到他的头刚好在患者右手下方，这将使救援者的右肩与患者腹部下部保持水平。然后，他将右臂放在患者双腿之间，并牢牢抓住患者的腿；然后将患者的重量放在其右肩上。当他站直时，患者被拉过双肩。然后将患者的右腕转移到救援者的右手，从而使其左手可自由活动。

只要稍加练习，很快就会证明消防电梯的价值和局限性。

6.30.9　直升机运输

位于海上或远离医院或医疗中心的离岸平台上，应配备装备有医疗设备的直升机，用于运送遭受严重事故伤者或疾病患者。

6.31　记录

应保留某些工业事故的记录，但在大多数情况下，不包括轻微事故。负责急救箱或邮件的急救员应完整记录所有发生的情况。此类记录可保存在普通日历簿中，并进行适当的规范，有时称为"日记簿"。日记簿应给出日期和患者姓名、受伤或病情的性质、原因（如果可以说明）、给予的治疗和处置（视情况定，如返回工作岗位、送至工业护士或医生处或送至私人医生或医院）。简单的缩写很快就会被设计出来。写作必须尽量少，否则很快就会被忽视。记录本应保存在急救箱中。

事故记录册是一本特别的书。雇主有法定责任提供该手册，安全官员应调查事故情况，并根据现有程序作出必要的安排。

7 安全带

安全带和系带是一种围系在身体上部的保护装备，正确使用安全带方式时，可以防止使用者坠落和确保其安全。在为特定工作设计和选择安全带或系带时，应注意确保尽可能为使用者提供最大程度的舒适度和移动自由度，并且也能在使用者万一坠落时，提供最大可能程度的伤害防护。

自锁锚具、安全绳和其他部件是防坠落的安全保护装置。在评估安全带和系带的性能时，应将重点放在设备的维护、检查和储存上。本章适用于防坠落保护设备，并涵盖以下最低要求：

（1）安全带和系带的设计、调节、使用、材料规格、制造、测试、性能要求和检查；

（2）自锁安全锚具的设计、安全绳（带和钢丝绳）的材料、织带的要求和测试；

（3）不要求安全带设计成图 7.1~图 7.4 所示的样子，只要符合确定的尺寸（单位为 mm）即可。

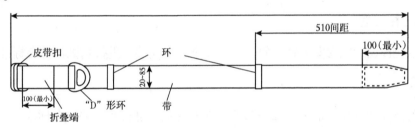

图 7.1 安全带，带一个"D"形环，无双刺扣

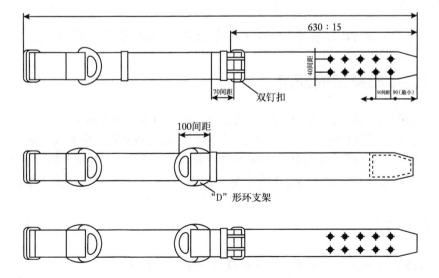

图 7.2-7.4 安全带的其他尺寸和式样

安全带和系带的类型如下：

（1）A 型：围杆作业安全带；

（2）B 型：通用式安全带；

（3）C 型：半身系带；

（4）D 型：通用式系带；

（5）E 型：安全救援系带。

7.1 设计

7.1.1 A 型

安全带应能够牢固地围系在使用者身上，同时牢固地拴在固定构造物上。应按照以下通用式样之一制造：

（1）用钩扣和"D"形环或其他适用零件连接分开的腰带和围杆带；

（2）腰带和围杆带在一头永久连接，在另一头用钩扣和"D"形环或其他适用零件连接；

（3）无论是（1）还是（2），都有一条带有悬挂腿带和围杆带的腰带，这样设计是让使用者的臀部承担负载。

7.1.2 B 型和 C 型

安全带应被设计成在安全带上的任一与安全绳的连接点进行测试都符合标准要求。

7.1.3 D 型

系带应被设计成在系带上的任一与安全绳的连接点进行测试都符合标准要求。系带应通过围绕下胸部、在肩部上和围绕大腿等为身体提供支撑。

7.1.4 E 型

救援系带应被设计成在系带上的任一与救援线的连接点进行测试都符合标准要求。

7.2 安全带和系带的使用

A 型：由架线工使用，不适用于允许坠落距离超过 60cm 的情况。

B 型：在移动受限的情况下与安全绳一起使用，最大坠落距离限制为 60cm。

C 型：胸带与安全绳一起使用，锚固点和安全绳系在一起的最大坠落限制距离为 2m。

D 型：与需要自由移动的地方与安全绳一起使用，最大坠落限制距离为 2m。

7.3 调节方法

调节方法适用于 A 型、B 型、C 型和 D 型安全带或系带

（1）调节长度的方法以适合使用者；

（2）自锁调节器牢固地锁定在安全带或系带上，且不会出现粗糙表面和锋利边缘（允许使用滚花条）；

（3）将围杆带保持在调节的末端；

（4）"D"环应附在腰带或腿带上；

（5）钩扣的连接和断开应能单手操作；

（6）当"D"形环系在腰带或腿带上时，安全带应穿过"D"形环并用加强件扎紧；

（7）如果钩扣可能穿过"D"形环，则在其旋转任何角度后都应易于将其拆开。

注释：

（1）如果围杆安全带与腿带附件一起使用，挂钩应位于腰带或围杆带上，以便其横向移动不超过 10cm。

（2）腰带上应提供一个或多个"D"形或其他等效装置，用于连接安全绳，并应能够容纳两条这样的安全绳。

（3）当"D"形环通过一个环固定到腰带上时，该环应与腰带的强度一样，并应穿过"D"形环，且在任何旋转度后都能轻松取出。

（4）用于连接安全绳的"D"形环或其他等效装置应位于系带的上部，以使悬吊的使用者脊柱和安全绳之间形成的角度不超过 45°。

7.4 安全带和系带的材料

7.4.1 安全带和系带的织带

（1）材质：用于制作人造纤维织带的纱线应为天然的、鲜艳夺目的、高强度聚酰胺、尼龙或具有均匀断裂强度的聚酯纤维，或其他合适的人造材料。天然纤维织带应由亚麻或棉纱制成，纺得好，捻得均匀，断裂力均匀。应在适宜的制造阶段根据符合 BS 2087 的工艺对其进行适当的处理，使其具备防腐性能。

（2）强度：用于主带的织带每 25mm 宽度的最小断裂力应为 9kN（902kgf），用于辅带的织带每 25mm 宽度的最小断裂力应为 4.5kN（451kgf），这确保主辅带足够粗，以防止缠绕。

（3）皮革：应仅使用最优质的底革。皮革应不会降低其强度的瑕疵，且无软而松散的纤维皮革。在打扣孔的部位上不应有未发现的瑕疵。皮革不应处理以隐藏缺陷，也不应进行不渗透的表面抛光处理。皮革不应用铁的化合物染色。皮革水浸出液的 pH 值不得低于 3.3。皮革的抗拉强度不得低于 $20.7N/mm^2$（$211kgf/cm^2$）。当按照 BS 3144：1987 的方法 7 进行试验，从每个厚革上切下一个样品，平行切割样品，并毗邻主脊线，且样品一端在尾部根部 50 毫米范围内。应用试样限定部分的最小厚度来确定横截面面积。当沿直径为 19mm 的心轴将粒面向外弯曲 180° 时，皮革粒面不应开裂，该试验仅适用于没有扣孔或缝合的皮革零件。

7.4.2 缝纫线

（1）颜色：缝纫线的颜色应与缝制材料的颜色不同。

（2）对于手工缝制皮革：缝纫线最好是质量最好的亚麻线或大麻线，并且应是 6 股 12 号白色亚麻线或同等强度的线。股线应完全捻制并彻底上蜡。或者应使用同等和合适的合成线。

（3）对于机器缝制皮革：最好使用结实的亚麻线或类似的线，上蜡良好，厚度合适。或者应使用同等和合适的人造纤维线。

（4）对于天然纤维织带：最好使用质量最好的亚麻线，线的粗细与要缝合的折叠织带的厚度相适应。或者使用同等且合适的人造纤维线。

（5）对于人造纤维织带：应使用质量最好的人造纤维线，线与要缝合的折叠织带的厚度相适应，并且应与主要织物的耐化学性兼容。

7.4.3　铆钉和垫圈

（1）对于皮革：质量最好的镀锡实心铜铆钉应与镀锡铜垫圈一起使用。

（2）对于织带：除缝合外，还可使用皮革铆钉和垫圈，或其他质量相当的合适铆钉，铆接强度不得小于未铆接强度。

7.4.4　金属部件

（1）材料：金属部件应由由不锈钢或表 7.1 中规定的其中一种金属制成。

（2）表面处理：所有金属部件表面应顺滑，无任何材料或制造缺陷，不锈钢以外的金属部件应符合表 7.1 中规定的适用于所用表面的要求。在由多个零件组成的部件中，如果存在多个表面，则应单独评估每个表面。

表 7.1　金属部件的涂层

	涂层类型	英制标准	等级	试验项目
金属	电镀锌 [a]	1706	Zn_3	外观、附着力、涂层厚度
	电镀镉 [a]	1706	Cd_3	外观、附着力、涂层厚度
	热镀锌	729	NA	外观、附着力、涂层厚度
	粉末镀锌	4921	Class2	涂层厚度
	电镀镍	1224	中级	镍铬合金的外观、附着力、涂层厚度
	镍铬合金电镀	1224	适用条件 NO.2	耐腐蚀性
铜或黄铜	电镀镍	1224	中级	镍铬合金的外观、附着力、涂层厚度
	镍铬合金电镀	1224	适用条件 NO.2	铬耐蚀性
铝	电镀铝	1615	AA10	外观、涂层厚度、密封性
	电镀镍	1224	中级	镍合金的外观、附着力、涂层厚度
铝合金螺纹	镍铬合金电镀	1224	适用条件 NO.2	铬耐蚀性
	BS3382 中要求的上述任何一种涂层	3382	NA	外观、附着力、镀层厚度和孔隙率（如适用）

电镀锌和电镀镉 [a]：锌涂层适合于一般用途，主要是在工业大气中使用；电镀镉主要适合于海洋环境中使用。

（3）挂钩：挂钩应为自闭合型，其设计应确保外力意外施加在舌片或锁销上不会脱扣；这应通过使用锁定装置来实现，以防止舌片或锁销意外打开。挂钩的弹簧最好这样安装：当挂钩闭合时，弹簧卡牢固就位，直到施加外力进行按压或松开之前不会发生任何移动。或者，挂钩或主连接器的设计应确保，当仅将其固定在结合配件上时，不会意外从配件上松脱。

（4）涂层：除由不锈钢和螺纹部件构成的金属零件外，应涂覆涂层。螺纹部件（不锈钢制成的部件除外）应根据 BS 3382：第 1、2、3、4 或 7 部分（视情况而定）进行浸塑或电镀。当由多个零件组成的部件存在多个涂层时，每个涂层应分别符合标准要求。如果金属部件涂有塑料材料，则应在根据表 7.1 进行腐蚀试验之前去除塑料涂层。

注意：如果有不同的金属接触，应注意电池作用的可能性。

说明：

（1）如果公差很重要，建议制造商还应规定最大涂层厚度（不得小于最小厚度的两倍）。

（2）应注意相关标准中有关氢脆的条款，有必要告知待镀钢板规格。

（3）涂装前，零件的清洁和准备应按照最高标准进行（见 BS 7773）。

7.5 安全绳

7.5.1 安全绳的设计

安全绳是通用安全带和系带的重要组成部分，必须始终将其连接到主带上的"D"形环或其他等效设施上。

（1）长度：安全绳的设计应确保其长度不会因其部件的组合方式而超出预定长度。对于 B 型安全带，安全绳的有效长度（包括连接装置和缓冲器）不得超过 1.2m，对于 C 型和 D 型安全带，安全绳的有效长度不得超过 2m。

（2）绳索式安全绳的设计：由人造纤维制成的安全绳应在每一端头有一个绞接环眼，用于连接到安全带或系带和安全挂钩或其他连接到永久性结构的方式。摊开的绳索或绳环的绞接应包括四个完整的使用多股纱线的编花和两个锥形编花。最后一次编花后露出的绞接尾端长度应至少为一根绳索的直径。尾端应使用与绳索纤维相容的密封剂粘接在绳索上，并用橡胶或塑料套保护。环眼内应有合适规格和强度的塑料或金属支架。八股（已编成辫）聚酰胺绳或尼龙绳应通过做一根双股完整的编花和四根单股完整的编花进行绞接。最后一次编花后露出的尾端长度应至少为绳索直径的两倍，并应按照上述方式与绳索粘接在一起。

（3）链式安全绳的设计：安全绳应由长链条、端头和中间绞接头组成，一端用自动闭合的挂钩拴牢在系带或安全带上，另一端拴牢在锚固点上。

（4）织带式安全绳的设计：安全绳应包括织带和带箍、护套或保护件、挂钩及安全绳符合标准要求所需的其他配件，无论安全绳是永久连接到安全带或系带还是作为附件。织带应使用兼容的合成线制成。需要注意的是，如果安全绳由两条或更多的长织带纵向缝合而成，则会降低安全绳的缓冲性能。

7.5.2 安全绳的材料

安全绳是一种防坠落的保护设备，由绳索或织带组成，其两端带有连接装置（眼、挂钩），用于将带子（安全带、安全系带、救援系带）连接到锚固点（图 7.5）。

警告：在选择安全绳时，重要的是要记住，如果要求保护使用者免受坠落距离在 60cm~2m 之间的伤害，则链条和天然纤维绳不合适，除非系带或安全绳具有足够的缓冲性能。这些材料只能在因故不适合使用聚酰胺、尼龙和聚酯绳索时使用。安全绳不应打结。聚酰胺或尼龙与酸直接接触会降解。聚酯与碱直接接触会降解，与某些氯化溶剂接触会膨胀。浓缩酚类物质的侵蚀后果很严重，应尽量避免。

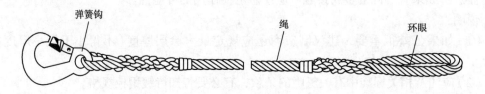

图 7.5　带挂钩和环眼的安全绳示例

7.5.3 安全绳绳索的材料

绳索的最小直径应为 12mm，最小破断拉力应为 29.4kN（3000kgf）。绳索应采用天然的、鲜艳夺目的、高强度连续聚酰胺或尼龙或聚酯丝制成，并应符合 BS EN 696、697、699、700、701（1995）的要求。就标准而言，表 7.2 涵盖了 8 股（已编成辫）聚酰胺或尼龙长丝绳。

注意：8 股编织绳索的参考尺码或尺码编号对应于相同纤维的 3 股绳索的周长（单位：in），其每 100m 具有相等的质量和断裂强度。该数值可由 3 股绳索直径（单位：mm）除以 7 得出。

表 7.2　8 股编织聚酰胺（尼龙）和聚酯长丝绳的要求

尺寸或参考数据	锦纶（尼龙）绳				聚酯绳			
	每 100m 标称质量 kg	最小断裂载荷 kg	最小断裂强度 kN	最大长度为 20 个编节 m	每 100m 的公称质量 kg	最小的破坏载荷 t	最小断裂强度 kN	最大长度为 20 个编节 m
1	4.2	1.4	14	0.30	5.1	1.0	9.8	0.30
1½	9.4	3.0	29	0.45	11.6	2.3	23	0.45
2	16.6	5.3	52	0.60	20.5	4.1	40	0.60
2½	26.0	7.3	81	0.75	31.9	6.3	62	0.75
3	27.3	12.0	118	0.90	46.0	9.1	89	0.90
3½	51.0	15.8	155	1.05	62.8	12.2	120	1.05
4	66.4	20.0	196	1.20	81.9	15.7	154	1.20

尺寸或参考数据	锦纶（尼龙）绳				聚酯绳			
	每100m标称质量 kg	最小断裂载荷 kg	最小断裂强度 kN	最大长度为20个编节 m	每100m的公称质量 kg	最小的破坏载荷 t	最小断裂强度 kN	最大长度为20个编节 m
5	104	30.0	294	1.50	128	23.9	234	1.50
6	150	42.0	412	1.80	185	33.5	329	1.80
7	203	56.0	549	2.10	251	44.7	438	2.10
8	265	72	706	2.40	327	57.0	559	2.40
9	336	90	883	2.70	414	72	706	2.70
10	415	110	1080	3.00	511	88	863	3.00
11	501	131	1285	3.30	619	106	1040	3.30
12	597	154	1510	3.60	736	125	1225	3.60
13	700	180	1765	3.90	860	145	1420	3.90
14	810	210	2060	4.20	1000	165	1620	4.20
15	930	240	2355	4.50	1150	190	1865	4.50
16	1060	270	2650	4.80	1310	215	2110	4.80
17	1200	305	2990	5.10	1480	245	2400	5.10
18	1340	340	3335	5.40	1660	270	2650	5.40

注：8股编绳的参考尺码或尺码编号对应于每100m等同质量和断裂强度的相同纤维的3股绳索的周长（单位：in）。这个数字可能是由3线绳索直径mm除以7得出的。

7.5.4 绞合（普通或捻制粗缆）绳索

捻向：对于3股（普通或捻制粗缆）绳索，捻向应为"Z"形或右手捻（图7.6）。

捻距：当按照BS 4928：1985的A.3进行测试时，10个捻的捻距应符合规定。

注意：

（1）一个捻距如图7.6所示。

（2）由聚酰胺（尼龙）和聚酯制成的3股绳索可进行热处理，以保持捻距并获得尺寸稳定性。

7.5.5 8股（已编成辫）绳索

绞线的结构和捻制：8股已编成辫的绳索应由四对绞线组成，每对备选绞线分别由两条"S"形捻线和两条"Z"形捻线组成（图7.7）。

辫结间距：当按照BS 4928：1985进行测试时，20个辫结间距的长度应符合规定。

注：图7.7显示了一个辫结间距的长度。表7.3涵盖了8股（已编成辫）聚酰胺或尼龙长丝绳，其参考尺码和尺码号为1½和1¾。

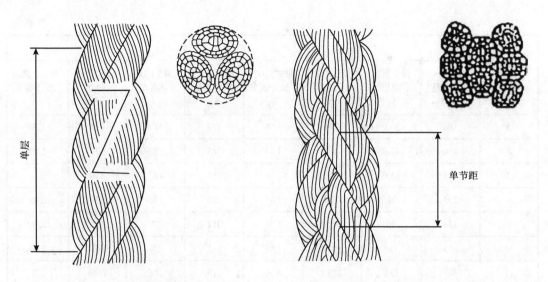

图 7.6 3 股普通或捻制粗缆绳索   图 7.7   8 股已编成辫的绳索

表 7.3   具有参考尺码和尺码号的 8 股（已编成辫）聚酰胺或尼龙长丝绳

参考尺码或尺码号	每 100m 标称质量	最小破断拉力		10 个辫结间距的最大长度
	kg	kN	kgf	mm
1½	9.37	29.4	3000	420
1¾	12.80	40.2	4100	490

图 7.8 显示了带梯子的自锁安全锚具示例。图 7.9 显示了安全绳上自锁安全锚具的示例。图 7.10 显示了直接连接到安全带上的自锁安全锚具示例。图 7.11 为带安全绳的自锁安全锚具示例。

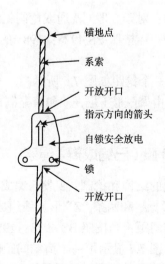

锚地点

系索

开放开口

指示方向的箭头

自锁安全放电

锁

开放开口

图 7.8 带梯子的自锁安全锚具示例   图 7.9   安全绳上的自锁安全锚具示例

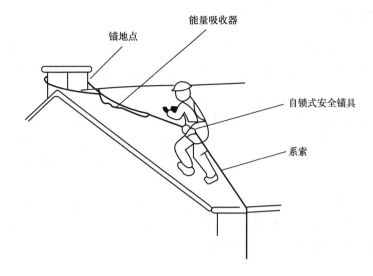

图 7.10　直接安装在安全带上的自锁安全锚具示例

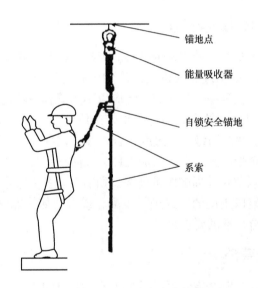

图 7.11　带安全绳的自锁安全锚具示例

7.5.6　双编绳

双编织绳应包括由编织护套覆盖的编织芯。芯线和护套中的一半股线应具有 "S" 形扭曲并且一半应具有 "Z" 形扭曲。除标准要求外，护套的每根绞线应具有相同的结构，并且芯的每根绞线应具有相同的结构双编绳应包括由编织鞘包裹的编织芯。芯线和鞘线中的一半绞线应具有 "S" 形捻，另一半绞线应具有 "Z" 形捻。除标准要求外，鞘线和芯线的每一股应具有相同的结构。

注意：鞘线和芯线的结构不需要相同。

7.5.7　链条的材料

链条应符合 BS 4942：第 3 部分中给出的 6.3mm 链条尺寸的要求。端头蛋形链环和中间链环应符合 BS 2902 中给出的与 $\frac{1}{4}$ in 链条一起使用的链环的要求。如果使用特殊的中间连接件，尺寸应由买方和制造商商定，并且连接件应符合 BS 2902 的适用性能要求。

用于安全绳中的端头蛋形链环和中间链环的材料应与链条的热处理兼容。在安装端头蛋形链环和 / 或中间链环后，应通过最终的淬火和回火工艺对安全绳进行彻底的热处理。如果链条本身之前已经硬化和回火，并且如果使用链节加热器处理附加链节，则可忽略此项要求。

织带安全绳的材料：用于制作织带安全绳的纱线应为天然的、鲜艳夺目的、高强度聚酰胺、尼龙或具有均匀断裂强度的聚酯纤维。织带安全绳应按照 BS 1397 进行测试，最小破断拉力为 20kN（2040kgf），最大宽度为 50mm。

7.6　制造

7.6.1　织带安全带、系带和安全绳

金属承重部件的连接及安全带或系带材料的绞接和接头制作应确保成品组件符合标准要求。所有机器缝纫均应在平缝缝纫机上以均匀的张力进行，并通过至少 13mm 后退缝纫才算稳妥地完成，除非在第一针和最后一针应以不为缝合中断提供自然起点的方式缝合时，使用自动平缝缝纫机进行缝合。不得在织带边缘 2.5mm 范围内进行缝纫，这并不排除密封端头的过度缝合。热封边缘不应过度缝合，除非过度缝合线缝受到保护。

如果使用叉扣，安全带应配备有效的加强件，以防止织带失效时叉齿脱扣。金属承重部件应加以设计或保护以防止其周围织带磨损。所有安全扣（即除了主要用于调整配合的扣外）的设计应确保只能以正确的方式进行装配，或者，如果能够以多种方式进行装配，则每种装配方法都应符合标准的要求。

7.6.2　皮革安全带和系带

（1）厚度和宽度：皮革安全带和系带的厚度至少应为 4.75mm，承重带的宽度不应小于 50mm。

（2）质量：应无因制造过程而产生的破口或其他缺陷，且边缘应完好平滑。

（3）孔的位置：为安全带和系带的锁扣孔带状切口应位于肩端，以便用于容纳锁扣或连接到安全带或系带的其他部分，并在厚皮部位打孔。

（4）接头：只有在围杆安全带的设计因其使用无法避免和应该使用的情况下，才应使用接头，并且在可能的情况下，应将接头设置在由身体安全带加固的位置。

7.6.3　端头坡口

连接到安全带和系带的所有重叠处、接头处或绞接处或加强带的端头应进行平滑地做成坡口（切削），以确保适合于可靠的连接，并避免突变端头。

7.6.4 打孔

在装有锁扣的系带端头，应使用打孔机打扣舌要穿过的孔。在另一端，扣舌的孔应使用椭圆形冲头打孔。

7.6.5 锁扣

锁扣应插入，以便当皮革围绕扣肩肩部弯曲时，它能够安装在直径不小于13mm的芯上。在系上安全带或系带之前，应将斜角皮革加强件绕过扣肩。

7.6.6 缝纫

皮革的所有手工缝制均应采用"双手"方法进行，每25mm的针数不得少于6针，也不得超过7针。缝纫应连续进行，并在锁紧缝纫线之前，背缝至少落2针。对于皮革，如果不是手工缝制，所有的缝制都应在大型平缝缝纫机上进行，如前所述。

在宽度大于或等于38mm的带子上，缝纫处距离皮革边缘不应小于6mm，在宽度小于38mm的带子上，缝纫距离不应小于5mm。在任何情况下，都不得与安全带或系带的纵向方向成直角进行缝纫。50mm或以上宽的皮带或带子应具有三行缝纫；宽度小于50mm的应进行两行缝纫。

7.7 性能要求

7.7.1 测试

自锁式安全锚具：自锁式安全锚具是一种保护部件，由锚固线（如刚性或柔性）和固定在其上的可移动的止动器组成，安全带或系带可通过连接器固定在锚具上。止动器是一种安装在锚固线上且只能按照规定方向移动的装置，其被设计成可附加连接器，对负荷做出响应，从而使受保护的人员保持连接在锚具上。连接器可能是止动器的一部分。锚固线是一种允许止动器沿规定方向移动的装置。锚固线可配制支架，以将其固定在梯子或固定构造物上。连接器（例如，绳索、带子、配件、链条）是保护设备的一部分，用于将止动器连接到"D"形环，并配有安全带或系带。挂点是一种允许止动器从一条锚固线移动到另一条锚固线的装置。安装/拆卸挂点是锚固线上安装或拆卸止动器的装置。

当测试A型安全带时，应遵循BS 1397（1979）中的规定。当测试B型、C型、D型和E型安全带和系带时，应遵循BS EN 354、BS EN 355、BS EN 358、BS EN 361、BS EN 362、BS EN 363、BS EN 364、BS EN 365（1993）中的规定。

7.7.2 强度测试

挂钩，安全绳和围杆安全带连接配件：挂钩应为自闭合型，其类型或设计应确保外力意外施加在舌片或锁销上而不脱扣，这应通过使用锁定装置来实现，以防止舌片或锁销意外打开。当挂钩闭合时，挂钩的弹簧应无任何移动，并在施加压力时弹簧会接合或释放。挂钩、安全绳的每个附件或部件应进行11kN（1120kgf）拉力的测试。负荷的施加应尽可能接近部件在使用中受力的方向。测试后，部件应无裂隙、缺陷或变形。当进行破坏性试验时，部件的最小破断拉力应为22kN。对于挂钩，应在通过自动关闭装置关闭锁销，但固定装置处于打开位置的情况下进行试验。

其他承载部件：这些部件中的每一个都应按照极限抗拉强度的50%进行试验，但最大值为11kN（1120kgf），且无任何裂隙、缺陷或永久变形迹象。负荷的施加应尽可能接近部件在使用中受力的方式。

铸件的附加规定：如果铸件用于钢承载部件，则应通过熔模铸造工艺制造，并应符合BS 3146的要求。如果铸件用于铝承载部件，则应通过重力压铸制造。

注意：如果安全带、系带和安全绳要在潜在易燃易爆环境中使用，采购方应明确规定金属部件不得由铝、镁或钛制成，除非这三种成分的总含量不超过15%（按质量计），且镁和钛的总含量不超过6%（按质量计），否则不得使用含有一种或多种上述成分的任何合金。强加这些限制是为了避免由于生锈的钢或铁与上述金属之间的摩擦而产生火花的危险。

7.7.3　使用方法

以下几点适用于任何工作：

（1）使用前检查器具。

（2）正确穿戴和调整。

（3）选择和检查合适的锚固点。合适的锚固点应具有足够强度并允许附件自由移动，并尽可能高以减少坠落距离。它还应尽可能垂直于工作地点上方，以减少摆动的可能性。

（4）如果安全带已经被用过阻止意外坠落，则应停止使用。强烈建议考虑将其销毁。

（5）当锚具位置不能位于工作点上方时，建议使用双安全绳或自锁式安全装置，或两者都用。在使用双安全绳时，必须将一根安全绳固定在锚具上。

使用说明书：每个安全带和系带应提供一份清晰易懂的安装、调整和使用说明书。说明书应包括一般警告和材料对任何种类化学品的敏感性。

7.8　检查

使用者应至少每天在使用安全带前进行目视检查，以确保安全带处于可用状态。应保存所有检查的记录。为了便于识别，每条安全带都应标有序列号。如果发现安全带损坏，应停止使用，在进行必要的维修之前，不得恢复使用。

检查和检查的频率

使用者应根据附录A、B和C建立自己的例行检查制度，并建议采用以下程序：

（1）所有用作安全带或系带组件或与之一起使用的绳索应在即将使用前进行即刻的检查；

（2）绳索投入使用后，使用者应每周检查一次，如果在恶劣条件下使用或经受非常严重的磨损，则应进行更频繁地检查；

（3）所有作为安全带或合格人员的组件或与之一起使用的绳索也应每3个月检查一次，

如果在恶劣条件下使用或经受非常严重的磨损，则应进行更频繁地检查。

7.9 标记

7.9.1 安全带和系带上的标记

安全带和系带应使用对材料无有害影响的合适方法进行清晰和不可磨灭地或永久性标记，并包含以下信息：

（1）国家标准编号；

（2）制造商的名称、商标或其他标识方式；

（3）制造年份；

（4）"最大安全落差 2m（或 60cm）"的字样，以及与安全带或系带一起使用的推荐安全绳的详细信息；

（5）安全带或系带的类型，即 A 型、B 型、C 型、D 型或 E 型；

（6）制造商的序列号。

7.9.2 安全绳上的标记

未永久固定在安全带或系带上的安全绳应使用对材料无有害影响的合适方法进行清晰和不可磨灭地或永久性标记，并包含以下信息：

制造商的型号与安全绳设计与之一起使用的安全带或系带的类型，即 A 型、B 型、C 型、D 型或 E 型。链条安全绳应附加标记，以在一定程度上使制造商能够识别从中选择链条和中间链环、端头链环和特殊中间链环的批次。

7.9.3 附在安全绳上的标签

安全绳应附有标签，标签上应标注字样："为最大安全起见，将自由端连接到上方尽可能高的位置，避免安全绳缠绕在小托梁和窄边角钢上"。

每条安全带和系带应采用防潮材料包裹而不密封，并应按照标准以清晰可见的方式注明合适的存储说明。

7.10 安全带和系带的存储、检查和维护

记录：应为每个安全带和系带保存一张卡片或历史记录表，并记录所有检查和其他关注项的详细信息。每个安全带和系带都应标有序列号，以便识别。

储存：安全带和系带应存放在阴凉干燥的地方，避免阳光直射。

检查：为给使用者提供最大程度的安全，必须由合格人员定期对所有安全带和系带进行彻底检查，并立即停用任何显示有缺陷的安全带和系带。

检查过程中应特别注意以下几点：

（1）织带和皮革：检查是否有破口、裂纹、破洞或磨损和过度抻松，以及由于与热、酸或其他腐蚀物接触而导致的恶化损坏。

（2）弹簧钩：检查挂钩是否损坏或变形，弹簧是否有故障。

（3）锁扣：应仔细检查舌片是否安装在锁扣肩部，检查滚轴是否打开或变形。

（4）缝纫：检查缝纫线是否残缺、破断或磨坏。

（5）绳索和链条：检查是否有损坏或磨损迹象，如果是绳索，则检查是否有内部磨损、松散和熔化。

7.11 维护保养

7.11.1 人造纤维安全绳的检查

由合格人员定期仔细检查与安全带或系带一起使用的安全绳，这一点非常重要。以下是安全绳弱化的主要原因：

（1）由于在粗糙表面上拖动而产生的外部磨损会导致股线的横截面普遍减小；

（2）与一般磨损不同的局部磨损可能是由于绳索在张力下通过锐边造成的，并可能导致绳索的强度严重降低；

（3）造成内部和外部损坏的破口、挫伤等；

（4）绳索反复弯曲引起的内部磨损，特别是在潮湿的环境下；

（5）重载可能导致永久抻松，从而减少紧急情况下可用的延伸裕度。

注意：聚酰胺和聚酯纤维绳索的延伸率不得超过10%。

（6）化学侵蚀可能有多种形式。所有绳索都容易受到酸的侵蚀。即使是在某些工业过程中可能释放出的细喷雾或水汽中，碱如果被浓缩也可能是有害的。

（7）强烈的阳光可能会导致老化，尽管只有在长时间暴露后；

（8）在极端情况下，热可能导致绳索烧焦、烤焦或熔化。任何焦糊都显然会导致绳索报废，但绳索可能会因受热损坏而不会出现任何明显的迹象。切勿在明火前烘干绳索或将其存放在热源附近。

7.11.2 安全带和系带的维护保养

（1）皮革安全带和系带的维护保养：皮革安全带和系带应定期清洁、穿用和检查。维护保养频率将取决于其使用条件，但在任何情况下，不得少于每3个月一次。

（2）人造纤维织带安全带或系带的维护保养：人造纤维织带制成的安全带和系带应定期清洁和检查。维护保养频率取决于其使用条件，但无论如何不得少于每3个月一次。

7.11.3 人造纤维织带的检查

以下是人造纤维织带弱化的主要原因及辨识的迹象。检查后，如果对安全带或系带的安全性有任何疑问，应停止使用：

（1）一般外部磨损：由于与粗糙表面接触而产生的外部磨损会导致拉丝，这将通过表面的起毛现象来显示。与一般磨损不同的局部磨损可能是由于织带在张力下通过锐边或突出物而引起的，并可能导致绳索的强度严重降低。

（2）破口、挫伤等。织带边缘长度超过6mm的破口，或织带上切割或烧出的孔洞都有潜在的危险，应导致报废。

（3）化学侵蚀：油、油脂、杂酚油或油漆污渍是无害的，但织带软化的局部弱化可能表明有足够程度的其他形式的化学侵蚀，因此表面纤维可以抽取或剥落，如在极端情况下会变成粉末。

（4）在极端情况下，热可能会导致织带熔化：除了制造过程中对织带边缘进行的热封之外，任何迹象都会明显导致报废。

7.12　关于选择和使用合适器具的建议

（1）选择：强烈建议在可以选择器具的情况下，使用系带而不是安全带。

（2）使用方法：

① 使用前检查器具；

② 正确的穿戴和调整；

③ 选择和检查合适的锚固点；

④ 使用后，应妥善存放器具。

（3）检查：使用者应至少每天在使用器具前进行目视检查，以确保器具处于可用状态。除使用者外，器具应至少每季度由合格人员检查一次。应保存检查记录。为了便于识别，每条安全带都应标有序列号。

（4）储存：在现场和未穿戴时，器具应按照 A.2 储存。在远离明火或其他热源的地方自然干燥器具。

8　安全便携式梯子

本章描述了工业用便携式铝梯和木梯的制造、测试、保管和使用的最低要求，以确保正常使用条件下的安全。

从梯子上坠落造成的事故频频发生，其中许多事故都是由于错误使用造成的，特别是超载使用。本章简要讨论了梯子的安全管理、储存、搬运、维护和检查，并强调在使用梯子时应完全遵守这些指南。对于木梯，与不同类型试验相关的风险是值得注意的，因此，强烈建议制造商进行相关风险试验。

本章详述了铝梯和木梯的材料、规格和工艺的最低要求，还描述了梯子在正常使用条件下的制造、测试和保管规则。

8.1　类型与分类

8.1.1　类型

在本章中，梯子分为以下几种类型：

（1）铝梯；

（2）木梯；

（3）特殊类型梯子。

8.1.2　分类

根据一般情况和使用频率，便携式梯子分为三类：

（1）1类：工业型。用于存在使用、储存和搬运的频率较高、条件苛刻的重度工作的情况。适用于工业用途。

（2）2类：轻工业型。用于存在使用、储存和搬运的频率相对较低、条件良好的中度工作的情况。适用于轻工业用途。

（3）3类：家用型。用于存在使用频率低、储存和搬运条件好的轻度工作的情况。适用于家庭和室内用途。

注意：

（1）第2类单节梯和延伸梯的设计应便于在负载不超过105kg的情况下搬运，适用于轻工业和室内使用，因此不建议用于建筑业或其他重工业。

（2）上述第3类为家用。

8.2　材料（工业型）

8.2.1　铝梯

制造零部件的材料应符合相关标准。

（1）导向支架、固定钩和锁钩应由①、②或③中给出的材料制成，如下所示：

① 铝合金；

② 低碳钢；

③ 符合 BS 6681 的白心可锻铸铁。

（2）铰链应由①、②或③中给出的材料制成，如下所示：

① 铝合金；

② 锻钢或带钢；

③ 符合 BS 6681 的白心可锻铸铁。

（3）应使用①、②或③中给出的材料制作梯脚和梯脚上端或踏板端盖，如下所示：

① 塑料（见下文注释）；

② 橡胶（见下文注释）；

③ 木材。

（4）轻质平台的铺板应由①、②或③中给出的材料制成，如下所示：

① 铝合金；

② 塑料（见下文注释）；

③ 木材，按指定。

（5）其他部件应由①至⑥中给出的铝合金制成，如下所示：

① 拉制管：由 BS 1471 的 6063（HT9）和 6082（HT30）或等效标准指明；

② 挤压型材：由 BS 1474 的 6063（HE9）、6082（HE30）、6063A、1200（E1C）和 BS 1474（或 HE20）或等效标准指明；

③ 纵向焊接管：由 BS 4300 第 1 部分的 5251（NJ4）或等效标准指明；

④ 铸件：由 BS 1490 中的 LM25 或 LM6 或等效标准指明；

⑤ 由片材和带材制成的部件：由 BS 1470 的 1200（S1C）、3103（NS3）、5154A（NS5）、5251（NS4）和 6082（HS30）或等效标准指明；

⑥ 锻件：由 BS 1472 中的 6082（HF30）或等效标准指明。

注意：选择塑料材料和橡胶时，应考虑其可能承受的应力及其对环境恶化的抵抗力，尤其是对紫外线的抵抗力。

8.2.2 木梯

（1）木材种类：使用的木材可由制造商选择。单件形式的所有类似部件，如梯框、踏棍等，应尽可能采用相同种类的木材，这可以通过目视检查即可实现。

（2）建筑用爬杆梯的梯框：梯框可由欧洲白木（云杉、白冷杉）或欧洲红木（樟子松）或同等材料制成。

（3）其他梯子、梯凳和平台的梯框：其他梯子的梯框可由欧洲红木、道格拉斯冷杉、进口锡特卡云杉、加拿大东部云杉、欧洲白杨木、西部铁杉或铁杉或同等材料制成。应允许使用层压梯框，前提是这些梯框由上述木材制成，并用酚醛或间苯二酚树脂粘合剂粘合，以符合 BS 1204：第 1 部分的耐候性和耐煮沸性（WBP）要求。

（4）建筑用爬杆梯、单节梯和延伸梯的踏棍：踏棍可由欧洲橡木、美国白橡木、欧洲白栓、美国白栓、角木、黄桦树、山胡桃木、刺槐木、克隆木、巴西西柚木、拉明木或同等材料制成。踏板可由任一种木材制成，并添加巴拉那松木、拉明木和克隆木。

（5）平台和梯凳的横撑：横撑可由任一种木材制成。

（6）平台铺板：铺板可由任意一种木材制成。应允许使用具有中等耐用等级或更高等级的耐高温弯曲的胶合板、铝或其他人造材料，前提是平台的自重不超过木板条制成的平台的自重，并且当在380mm中心处支撑时，用于铺板的材料能够承重90kg。

（7）木材质量：除橡木外，所有种类的木材都允许使用边材。所有木材应无明显损伤、真菌腐朽和虫蛀，偶尔出现的金龟子虫洞除外。窑干木材应无表面硬化和蜂窝现象。重量异常轻的木头应弃之不用，重量异常重的木头也应弃之不用，相似的组件所使用的木材应合理搭配。锯切面的边缘应精加工，以确保没有可能对使用者的手构成危险的粗糙表面。

注意：金龟子是一种只能生活在新砍伐树木上的森林甲虫，其虫洞是圆形的，直径不超过2mm，洞壁被染成蓝色。

（8）生长速度：对于梯框、踏板、栏杆和支撑，每25mm的年轮数量不应少于6个。此外，对于橡木和桦木，每25mm的年轮数量不应超过16个。

（9）节疤：建筑用爬杆梯、单节梯和延伸梯应没有节疤。

（10）木纹斜度：根据标准方法测定时，木纹总斜度不应大于1/10。

（11）建筑用爬杆梯的梯框。

节疤：踏棍孔中心每侧30mm范围内的节疤的总直径，在梯框凸侧测量时，不应超过该点梯框平面深度的四分之一（图8.1）。30mm带之间剩余区域允许的节疤的总直径不应超过在相邻踏棍孔中间点处测量的梯框平面深度。在大轴线上，梯框顶部4m处及该点与底端之间的20mm处，节疤的直径不得超过12mm。

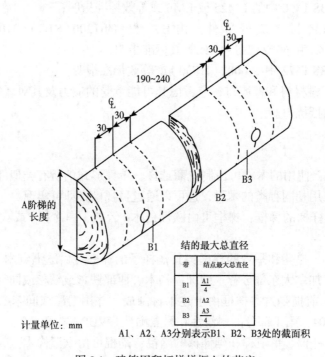

图8.1 建筑用爬杆梯梯框上的节疤

表面检查：表面检查时应允许制造时梯框轴线偏差不超过 1/10，宽度误差不超过 1.5mm，长度误差不超过 200mm。

（12）单节梯、延伸梯和轻量型平台的梯框。

节疤：在 1 类梯子中，如果表面的外部四分之一处没有出现节疤，则允许在其大轴上出现不超过 7mm 的节疤。

表面检查：如节疤没有延伸到其所在的面的边缘，则表面检查时应允许宽度误差不超过 1.5mm，长度误差不超过 300mm。

梯框的选择（单节梯和延伸梯）：组装前，应目视检查每个梯框的质量和光洁度。

树脂囊：如果树脂囊的长度不超过其所在面宽度的 1.5 倍，且宽度不超过 3mm，深度没有贯穿到对面，则应允许存在树脂囊。

8.2.3 架子梯、踏板梯、梯凳和平台的所有组成部分（平台梯框除外）

节疤：除平台板条以外的节疤。如果节疤的边缘与构件边缘的距离不超过节疤的直径，则允许出现不大于其所在面宽度六分之一的节疤。节疤与任何接头的距离不得超过 25mm。

平台板条：允许直径不大于 12mm 的完整的节疤，前提是它们之间至少相隔 50mm。如果边缘节疤从边缘延伸不超过 6mm，则应允许出现边缘节疤。不允许出现八字形节疤。

表面检查：表面检查时允许宽度误差不超过 1.5mm，长度误差不超过 60mm，前提是检查偏差不超过 1/10，且节疤没有延伸至部件边缘。

木纹斜度：当根据附录 A 中给出的方法确定时，除踏板外的其他部件上的木纹综合斜度，道格拉斯冷杉不应超过 1/8，其他树种不应超过 1/10。在踏板上，从一端的顶面开始的木纹在进入另一端的本体之前不应从底面出现。

8.2.4 含水率

制造时的含水率应在 16%~22% 之间，见 BS 4471。

8.3 其他组件和材料

8.3.1 拉杆

拉杆应由低碳钢制成，并符合（1）或（2）中的规定：

（1）普通的拉杆直径应不小于 3.9mm，但折叠梯凳除外，此时拉杆的直径不应小于 5.9mm；

（2）端部应穿过最小外径为 15mm 且厚度不小于 1.4mm 的低碳钢垫圈，并应牢固地铆接在其上并进行平滑加工。螺纹拉杆的直径不应小于 2.9mm，带有 4mm 轧制螺纹，但用于折叠梯凳的拉杆除外，对于该拉杆，在直径不小于 4.9mm 的杆上应有 6mm 的轧制螺纹。

梯子扣：梯子扣应由可锻铸铁或冲压钢制成；

加强筋（用于踏棍加固）：踏棍加强是可选的，但当进行加强时，踏棍应包括两根直径不小于 3.5mm 的镀锌低碳钢钢丝，并绞合在一起。钢丝应适当张紧并锚固在梯框中，或通过螺纹或其他同等有效的张紧装置固定到位。

梯框加强筋：梯框加强筋应由七股低碳钢丝组成，低碳钢丝的特征强度至少为 425N/mm²，并且具有表 8.3、表 8.5 和表 8.6 中给出的其他同等强度的钢筋的总直径。当这些表中规定了此类加强筋时，应在张力下将其安装到梯框的凹槽中，并牢固锚固，以预张紧梯框。加强筋应穿过端部踏棍以外的梯框，距离梯框端部不小于 100mm，并应锚固，以便在荷载下不会切断梯框。

钉子：用于固定踏步踏板和回转后踏步顶部的钉子应为钢钉、扭钉或螺钉，标称长度为 60mm，直径为 2.5mm，或环形环柄钉子，标称长度为 60mm，柄直径为 2mm。

螺钉：螺钉应为钢制，并应符合 BS 1210 的强度要求。

8.3.2　延伸梯的配件

所有金属配件应为钢、锻铁、可锻铸铁或具有适当强度的铝，并应进行良好的表面加工和牢固安装。在拉绳的梯子上，滑轮可以由铸铁或尼龙或其他具有足够强度和耐久性的材料制成，以提供不小于延伸部分重量八倍的安全系数。

钩子的所有支承面和摩擦面应加工光滑，且应没有可能导致梯框或踏棍出现压痕的锐边。

固定钩和锁钩：固定钩和锁钩应能沿啮合踏棍的每一端均匀支撑不小于 12mm 的长度。

注意：如果铝合金固定钩或锁钩与经过含铜防腐剂处理的踏棍或踏板一起使用，则钩和防腐剂之间的间歇接触不会发生对铝有害的反应。

导向支架：支架应封闭其固定的梯框一侧和 75% 的背面，并在滑动梯框前部提供不小于梯框宽度 75% 的支撑。支架应正确成型，没有可能影响其强度或性能的工具痕迹，并且应去除所有尖角。任何弯曲部分的内半径不得小于材料厚度。

当按照相关标准进行测试时，支架应无变形或永久挠曲迹象，且支架固定件不应松动或损坏。每个支架应通过至少一个螺栓和一个沉头木螺钉牢固安装。除顶部外，每节梯段都应安装一对导向支架。

导向槽：如要使用导向槽，则必须毗邻导向槽做个破口。通过切除形成开口，以便上节梯段从下节梯段向上移动，并应使用低碳钢板保护开口的侧面和边缘。

锁止装置：拉绳延伸式梯子的锁止装置的设计应确保，在绳索断裂或意外松脱的情况下，其啮合并阻止上节梯段下滑。

8.4　特定类型的梯子

本章讨论了以下类型的梯子：

（1）单节和延伸梯子（铝制）；

（2）单节和延伸梯子（木制）；

（3）高架梯子（铝制）；

（4）高架梯子（木制）；

（5）自立踏步（铝制）；

（6）自立踏步（木制）；

（7）自立式 / 带支架踏步（铝制）；

（8）自立式 / 带支架踏步（木制）；

（9）折叠梯凳（铝制）；

（10）折叠梯凳（木制）；

（11）轻量级平台（铝制）；

（12）轻量级平台（木制）。

单节和延伸梯子（铝制）

长度：完全伸展时，单节梯和延伸梯的长度不应超过 1 类梯子的 17m。

梯脚：应使用硬木、塑料或橡胶块封装在每个梯框的下端，或安装底部有防滑材料的铰接式支脚。梯脚应突出形成磨损表面，并应牢固固定，但易于更换。在确定梯子的总长度时，应考虑封装块或附件突出部分的长度。

踏棍：每个踏棍的工作面上应具有纹理表面，以减少滑动。所有踏棍应牢固固定，以免在其支架内转动，如果踏棍的端部伸出梯框，则应对其进行平滑处理，以免伤害使用者的手。

踏棍间距：踏棍的中心间距应为 250~300mm。从梯框末端到最近踏棍中心的距离应为 125~300mm。

延伸梯的配件：延伸梯的配件应确保踏棍上承载部件的宽度不小于表 8.1 中给出的宽度。钩的形状应能使上节梯段向上移动，使其与踏棍分离。配件不应具有易导致梯框或踏棍压痕的锐边。锁止装置（如已安装）不应依赖于弹簧的操作，如果为拉绳式，则应确保在绳索断裂或松脱时，锁止装置自动啮合，以防止梯子不受控的回缩。锁止装置应成对作用，它们应该连接起来，以确保运动一致。锁钩或固定钩应在踏棍上均匀支撑。导向支架制造过程中应没有可能影响其强度或性能的工具痕迹，并且应去除所有尖角。

表 8.1　延伸梯的配件数据

水平踏棍的尺寸或直径，mm	踏棍表面的最小厚度，mm
≤ 31	12.0
31~39	8.5
39 以上（包括 39）	6.0

绳索：绳索附件的强度应确保提供的安全系数不小于延伸梯段或梯段重量的 8 倍。绳索应为符合 BS 6125：1982 中表 1 的纱线制成的麻绳或其他同等强度的材料。绳索的标称直径和断裂载荷不得小于表 8.2 中给出合适的值。

表 8.2　延伸梯的绳索数据

梯子等级	绳索最小直径，mm	最小断裂荷载，kg
1 类	10	410

延伸梯段的重叠：当完全延伸时，梯子相邻部分之间的有效重叠不应小于下面的要求完全伸展时，梯子相邻部分之间的有效重叠不得小于以下值：

①1.5t，适用于 5m 及以下的封闭长度；

②2.5t，适用于 5~6m（含 6m）的封闭长度；

③3.5t，适合于封闭长度超过 6m 时（见图 8.3）。

t 表示踏棍间距，单位为 mm。

表 8.3　1 类单节梯子梯框尺寸

梯子长度		最小截面，mm	梯框强度最大直径，mm
最小值，m	最大值（包含最大值），m		
—	5	69×31	—
5	6	82×31	5.38
6	7.3	89×35	5.9

8.5　单节和延伸梯子（木制、1类）

8.5.1　单节梯子

梯框：梯框的成品尺寸应符合表 8.3 的规定。梯框端部应适当倒角或倒圆，边缘应具有小半径，以去除尖角。

注意：设计用于可能存在电气危险的梯子可省略梯框加强钢筋，前提是梯框的宽度增加 6mm。

梯框间距：在梯框任一点处内表面之间的最小宽度不得小于 235mm，底部不得小于表 8.4 中的合适值。

表 8.4　梯子最小内宽

梯子长度		底部最小内宽，mm
最小值，m	最大值（包括最大值），m	
–	3.5	242
3	3.5	247
3.5	4.0	252
4	4.5	257
4.5	5.0	262
5	5.5	267
5.5	6.0	272
6	6.5	277
6.5	7.0	282
7	7.5	287

8.5.2　踏棍

踏棍应为矩形或圆形。典型踏棍式样如图 8.2 所示。所有踏棍均应安装在孔内，且不能转动。踏棍末端或梯框上的孔或两者都应涂上 BS 1204 中规定的粘合剂。

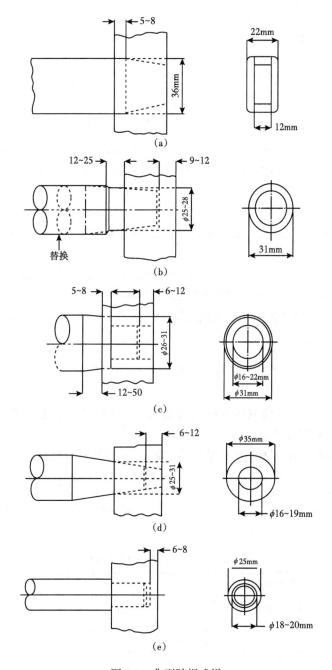

图 8.2　典型踏棍式样

（a）矩形踏棍通过榫和双楔将整个截面装入梯框；（b）平行踏棍圆柱端；（c）平行踏棍带凸肩端将整个截面装入梯框，并与梯框或双孔的外表面齐平；（d）锥形踏棍锥形端饰面与梯框外表面齐平或盲孔；（e）平行踏棍凸肩端（仅适用于 2 类梯子）

矩形踏棍：矩形踏棍不应小于36mm×22mm，并应通过榫接和双楔将整个截面的5mm至8mm深插入梯框中。榫头应达到踏棍的全深度，且厚度不小于12mm。

圆形踏棍：圆形踏棍应符合（a）或（b）中的规定：

（a）锥形，最小中心直径为35mm；

（b）平行，最小直径31mm。

圆形踏棍的端部应如（1）至（3）所示：

（1）	圆形	见图8.2（b）、（d）、（e）
（2）	锥形	见图8.2（b）、（d）、（e）
（3）	带凸肩	见图8.2（b）、（d）、（e）

圆形端部在进入梯框点处的直径应在25~28mm之间，并应插接盲孔端部，距梯框外表面9~12mm之间。锥形端部在梯框入口处的直径应在25~31mm之间，并减小至16~19mm之间。

带凸肩的端在梯框入口点处的直径应在28~35mm之间，应将其先以全截面安装在梯框内，进深5~8mm，然后将其直径减小至16~22mm之间。在任何情况下，凸肩都不应紧紧地抵靠在没有外层护套的梯框内表面。

踏棍的锥形和带凸肩端应与梯框的外表面齐平，或者如果在盲孔中，则与外表面的距离应在6~12mm之间。

踏棍间距：梯级均匀间隔的距离为250~300mm，顶部和底部台阶距最近的台阶距离为125~300mm 踏棍中线均匀间隔距离在250~300mm之间，但顶部和底部踏棍除外，顶部和底部踏棍可以位于从梯框两端到最近踏棍中心125~300mm的位置之间。

8.5.3 横撑与踏棍加强筋

梯子应设置横撑或加强筋。横撑、加强筋或垫圈在梯框表面的突出部分应磨平，以防止伤到使用者的手。

横撑：横撑（如使用）应安装在梯子两端第一个或第二个踏棍的正下方和间距不超过九个踏棍的中间踏棍的正下方。

加强筋：加强筋（如使用）应安装在梯框宽度中心的每个踏棍附近和下方。

8.5.4 延伸梯段

梯框：梯框的成品尺寸应符合表8.5的规定。梯框的两端应倒角或倒圆，边缘应具有小半径圆弧，以去除尖角。

表8.5 1类延伸梯子的主要尺寸

梯子类型	闭合时梯子的长度		梯框最小截面积 mm	梯框加强筋最大直径 mm	绳索直径 mm
	最小值 m	最大值（包括最大值） m			
两梯段					
（a）无绳索	—	3.0	69×28	—	—
（b）有绳索或无绳索 a	3.0	5.0	69×31	—	可选择绳索
	5.0	6.25	82×31	5.38	10

梯子类型	闭合时梯子的长度		梯框最小截面积 mm	梯框加强筋最大直径 mm	绳索直径 mm
	最小值 m	最大值（包括最大值） m			
（c）有绳索	6.25	7.3	89×35	5.38	10
三梯段					
（a）无绳索	—	3.0	69×31	—	—
（b）有绳索	—	3.0	69×31	—	10
	3.0	4.5	69×31	5.38	10
	4.5	6.0	93×31	6.40	10

强烈建议，延长梯子超过 4.5m 时应使用绳索操作，并注意避免撞到墙壁或支撑物而造成挤压损伤。

梯框间距：顶部梯框内表面之间的宽度应不小于 235mm，且不大于 360mm。梯框应平行。延伸梯段的宽度应确保能有与梯子操作一致的最小间隙。

梯段重叠、踏棍、踏棍间距和横撑（图 8.3）：应符合相关标准。

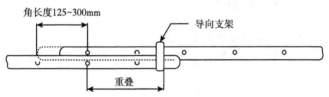

闭合时长度不超过5m

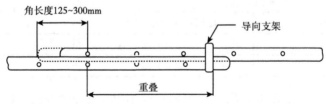

闭合时长度大于5m，不超过6m

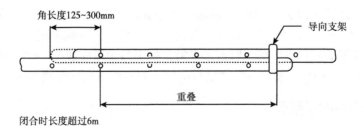

闭合时长度超过6m

图 8.3　延伸梯子的重叠部分

8.6 高架梯子（铝制）

结构

长度：高架梯子的长度应符合标准的规定。

梯框间距：

（1）平行梯子：梯框内侧的工作宽度不得小于 355mm；

（2）锥形梯子：最上面的踏板水平面处的梯框内侧的工作宽度应不小于 250mm。对于最高踏板以下的每个连续踏板处的宽度应逐级增加 12~25mm。

梯脚：梯框的下端应安装硬木的、塑料的或橡胶的梯脚。梯脚应突出形成磨损表面，并应牢固固定，但易于更换。

踏板：踏板从后到前的宽度不得小于 75mm，且应具有纹理上表面。当梯子与水平面呈 65°~77° 范围内的任一角度倾斜时，踏板应水平。

踏板间距：踏板的间距应为 225~300mm。从梯框底部到最低踏面上表面的距离应为 125~300mm。

8.7 高架梯子（木制 1 类）

木制高架梯子应符合相应标准和以下要求：

（1）梯框：梯框的成品尺寸应符合表 8.6 的规定。梯框的底端应与踏板平行切割，并适当倒角。

表 8.6　木制 1 类高架梯子梯框的尺寸

高架梯长度		最小截面尺寸，mm
最小值，m	最大值（包括最大值），m	
—	2.5	69×28
2.5	4.0	69×31

（2）梯框间距：梯子顶部处梯框的内侧宽度不得小于 250mm，且不得大于 375mm。当梯框不平行时，梯子任一点处梯框内侧宽度不得超过 550mm。

（3）踏板：踏板应由最小截面为 89mm×22mm 的机加工木材制成，其应插进梯框内 5~6mm，并用两个钉子或两个 50mm 的 8 号螺钉固定到位。底部踏板下方应安装一对角块或支架。高架梯子的设计应确保当踏板水平时，梯子与水平面成 75°±2° 的角度倾斜。

（4）踏板间距：如果安装横杆，则从顶部踏板到梯框顶部的距离最大应为 600mm。

8.7.1 拉杆和踏板加强筋

高架梯子应配备拉杆或加强筋。拉杆、加强筋或垫圈在梯框表面上方的任何突出部分应磨平，以防止伤害使用者的手。如果使用了横拉杆，则应至少安装在梯子底部第二个踏板的正下方，以及其他踏板的下方，间距不超过四个踏板。加强筋（如使用）应安装在梯框宽度中心的每个踏板附近和下方。

8.8 回收梯子（铝制）

结构

（1）梯框：梯框的宽度应足以为踏板提供安全支撑。梯子的设计应确保完全打开时，前梯框与水平面的倾斜度在以下限制范围内：

① 高度不大于 1675mm 的梯子：不小于 65° 且不大于 70°；

② 高度超过 1675mm 的梯子：不小于 65° 且不大于 75°。

对于 1 类梯子，梯框从前到后至少应为 75mm。

（2）后部：后部应通过以下方式铰接至顶部：

① 单铰链延伸件横跨梯子的整个宽度；

② 一对由锻造或锻造铝合金、钢或可锻铸铁制成的铰链；

③ 销铰链。

后部应由以下之一组成：

① 梯框和栏杆；

② 梯框和踏棍。

梯级的间隔排列应确保梯子打开时梯级顶部和踏板处于同一水平面。

（3）梯脚：当梯子处于打开位置时，梯子的四个脚应位于同一平面上，并应使用硬木、塑料或橡胶作为底材。底部材料应牢固固定，但更换时应易于拆卸。

（4）踏板：踏板从后到前的宽度不得小于 75mm，且应具有纹理上表面。梯子的设计应确保在水平面上使用时，踏板在水平 ±2° 范围内。对于 1 类梯子，整个踏板部分应在梯框轮廓内。

（5）踏板的数量：1 类折叠梯子，踏板最多可有 16 个。

（6）顶部：顶部从后面到前面的宽度不应小于 100mm，并且可以在后面、前面或侧面有伸出物，但前面的任一伸出物投影不应超过 30mm。上表面应具有纹理表面。

（7）张开限制：应使用锁杆限制梯子的开启程度，锁杆位于前梯框和后梯框之间的每一侧，以便在充分伸展前梯框时，梯子的倾斜度为适当高度，且后梯框的倾斜度不小于 72° 且不大于 80°。锁杆或锁定装置应在打开位置牢靠锁住，以在梯子前部和后部之间形成刚性连接。折叠撑杆应通过锁定在中间位置在打开位置能牢靠锁住。

注意：可使用一体式锁定杆（或系杆），前提是其设计和固定在梯子前部的较高位置和后部的较低位置，以确保力传递到后腿组件的下部。

8.9 回收梯子（木制）

8.9.1 1 类木制回收梯子

1 类木质回收梯子应符合 6.2 和以下要求：

（1）前部梯框：前梯框的成品尺寸应符合表 8.7 的规定。梯框的底端应与踏板平行切割并适当倒角，或应倒圆。

表 8.7　1 类折叠梯子的尺寸

梯子长度		最小截面尺寸	
最小值，m	最大值（包括最大值），m	前面，mm	后面，mm
—	1.8	69×28	64×25
1.8	4.0	69×31	69×31

（2）前部梯框间距：前梯框内表面之间的宽度不得小于 250mm，梯子顶部不得超过 375mm。梯子顶部以下每 500mm 梯框长度的宽度应大于 25~50mm，以使最长的无支撑踏板不超过 550mm。

（3）踏板：踏板应由最小截面为 89mm×22mm 的加工成矩形的木材制成。它们应完全插入梯框 5~6mm，并应使用两个钉子或两个 50mm 的 8 号螺钉固定到位。底部踏板下方应安装一对角块或支架。梯子的设计应确保当梯子完全打开时踏板是水平的。梯子的顶部也应算在踏板需求数量中。

8.9.2　后挂板

应使用至少一个 6mm 的螺栓和至少一个长度不小于 50mm、规格为 10 号的沉头木螺钉将后挂板（最小宽度为 120mm，厚度不小于后梯框）固定到每个前梯框上。挂板的宽度可由两块材料制成，用 BS 120 规定的粘合剂粘合。

8.9.3　顶部

前梯框应完全插入顶部 5~6mm，顶部应通过胶水、钉子或螺钉固定在每个梯框和后挂板上。顶部厚度不应小于 125mm×28mm，且应为单件或两件，用 BS 1204 规定的粘合剂粘合。

8.9.4　后部

后部应包括最小尺寸的梯框。后梯框的长度应确保当梯子完全打开时，前梯框与水平面成一定角度倾斜：

（1）对于不大于 1375mm 的高度：不小于 65° 且不大于 70°；

（2）对于超过 1375mm 的高度：不小于 65° 且不大于 75°。

同时，后部应与水平面成不小于 72° 且不大于 80° 的角度倾斜。后梯框的间距应与前梯框的间距按相同比例变化。

8.9.5　顶横杆

宽度不小于 69mm 且厚度与后梯框相同的顶横杆应为：

（1）贯穿榫入后梯框，并用 10mm±1mm 的榫双楔或；

（2）两端搭接至 6mm 深度，角度适合紧贴在后梯框上，通过使用 BS 1204 中规定的粘合剂粘合，并在组装后使用两个 38mm 10 号规格 C 或沉头钢螺钉交错对角拧紧，将顶横杆固定在后梯框上。

8.9.6 下扶手

长度不超过 2.28m 的梯子应有一条下扶手；超过 2280mm 但不超过 3800mm 的梯子应有两条下扶手。下扶手的位置应确保其中心线与梯框端部的距离不小于 250mm，且不超过 500mm。下扶手的宽度不应小于 69mm，与后梯框的厚度相同，且应为：

（1）两端搭接至 6mm 深度，每个接头用 BS 1204 第 1 部分、第 2 部分规定的粘合剂粘合固定，并用两个 38mm 的 10 号规格螺钉对角或对角交错拧紧；

（2）通过榫连接到后梯框中，双重楔入并胶合，榫头厚度为 10mm+1mm。

8.9.7 铰链

后部应通过两个低碳钢背板或带式铰链铰接至后挂板，对于长度不超过 2.5m 的梯子，接头长度不小于 50mm，对于长度超过 2.5m 的梯子，接头长度不小于 63mm。每个铰链活门应使用一个螺栓或铆钉和至少两个长度不小于 19mm 的钢制沉头螺钉固定。除非使用自锁螺母，否则螺栓端部应铆接在螺母上。

8.9.8 绳索

根据 BS 6125，梯子应配备两条长度相等、直径不小于 6mm 的编织线或同等强度的材料。绳索的长度应确保，当完全伸展时，前后梯框成一定角度。绳索应通过前后梯框或后下扶手的侧面进行固定，并应在两端打结或在一端打结并在另一端钉牢。

8.10 自立式梯子（铝制）

（1）后部：后部应采用梯框和梯级，并应符合标准。此外，梯级的间距应确保梯子打开时梯级顶部和踏板处于同一水平面。连接前后的铰链装置应为限制开口范围的类型。

（2）工作高度：顶端脚手架板的最大工作高度应高于地面 1785mm。

1 类木制自立式梯子

（1）后挂板：应使用一个长度不小于 50mm 的沉头木螺钉和一颗钉子，将一块宽度不小于 66mm、厚不小于 28mm 的后挂板固定在每个前梯框上，并紧靠顶部下方。

（2）后部：后部应由梯框和梯级构成。梯框应由锻造的矩形木材组成。梯级应为自立式梯子规定的矩形或圆形。后梯框的长度应确保当梯子完全打开时，前后梯框以适当的角度倾斜，当梯框完全关闭并用作高架梯时，它们应站在前梯框上。后梯框之间的宽度应与前梯框之间的宽度相同，或者与顶部确定的宽度平行。

（3）梯级间距：后梯框中的梯级间距应确保当梯子完全打开时，梯级顶面与前梯框中的踏板顶面齐平。

（4）拉杆和加强筋：后部应配备拉杆或加强筋，安装在每个梯级中心附近和下方。横拉杆、加强筋或垫圈在梯框表面上方的任何突出部分均应磨平，以防伤害使用者的手。

（5）铰链：梯子的前部和后部应使用钢、熟铁或可锻铸铁制成的带肩或唇形支架铰链连接，以限制标准中规定的开口范围。铰链的最小长度应见表8.8。

（6）止动块：在闭合位置移动自立式梯子时，为了减轻铰链的张力，应将止动块安装在两个前梯框的内表面上，每个止动块由一个螺栓和一个沉头木螺钉固定，或者用两个沉头木螺钉粘合和固定。

表 8.8　工业型可折叠带支架铰链梯框的尺寸

梯框长度		最小截面尺寸，mm
最小值，m	最大值（包括最大值），m	
—	3.0	69×31
3	4.6	69×35

8.11　折叠梯子（铝制）

梯框：两半的梯框应具有相同的长度，并应足以提供安全锚固，并使横梁支撑试验荷载。梯子顶部的内部宽度不应小于500mm，每300mm长的梯框宽度应增加不小于30mm。

梯脚：当梯子处于打开位置时，梯子的4个脚应全部位于同一平面上，并应使用硬木、塑料或橡胶作底。底材应牢固固定，但更换时应易于拆卸。

侧板：应安装侧板，以在梯子闭合时保持梯框对准。

铰链：

（1）铸造或锻造铝；

（2）符合BS 1449第1部分CR4型要求的锻钢或钢带；

（3）符合BS 308的白心可锻铸铁。

它们应为锁定型支架铰链，并应将开口夹角限制在不小于30°且不大于40°的范围内。

注意：可安装用于回收梯子或平台梯子的绳索或锁定杆或类似装置，以减少铰链上的荷载集中。

横梁：横梁之间的间距不应超过610mm，并且应在梯子的每一半上以该距离的一半交替交错，但每一半上应有一个相同水平的顶部横梁。

8.12　木质折叠梯子（1类）

木质折叠梯子（1类）应符合以下条款的要求。

（1）梯框：梯框的成品尺寸应不小于表8.8中给出的尺寸。

（2）梯框间距：在顶部横梁水平面上，梯框内表面之间的宽度应不小于500mm，且每500mm长的梯框宽度应增加不小于50mm。梯子两半的锥度应相同。

（3）横撑：横撑应由不小于69mm×28mm的木材制成。榫头的厚度应为15~16mm，且应为横撑的全宽；榫头应穿过梯框，并采用双楔。榫头或榫头应使用BS 1204中规定的粘合剂粘合。

（4）横撑的间距：梯子每半部分上的顶部横撑的顶部与梯框顶部的距离应不小于110mm。其他横撑的间距应确保一半梯子上的横撑位于另一半梯子上横撑的中间位置。除一半顶部两个横撑的间距外，梯子每一半横撑的间距应为500~610mm。如果规定的均匀间距会使底部横撑距离梯框底部的支承间距小于一半，则底部横撑应与梯子另一半的最低横撑位于同一水平面上。

（5）两半梯子组合角度：完全打开时，梯子两半之间的组合角度不得小于24°或大于36°。

（6）拉杆：横拉杆的安装率应至少为每半个梯框长度小于3.0m的梯子上安装两根横拉杆，每半个梯框长度大于3.0m的梯子上安装三根横拉杆。横拉杆应安装在从顶部开始的第二个横撑的正下方，或者安装在底部横撑的下方，或者安装在从底部开始的第二个横撑的下方。安装后，第三根横拉杆应安装在最靠近梯框长度中心的横撑下方。

（7）铰链：梯子的两半应使用钢、熟铁或可锻铸铁制成的带肩或唇形支架铰链连接，以限制开口范围。铰链的最小长度应符合表8.9中的规定。

（8）止动块：当梯子在闭合位置移动时，为了减轻铰链的张力，应在梯子一半的两个梯框的内表面安装止动块，每个止动块应通过一个螺栓和一个沉头木螺钉固定，或通过两个沉头木螺钉粘合和固定。

表 8.9　1 类折叠梯子铰链长度

梯框长度		铰链长度，mm	螺丝型号	螺栓型号
最小值，m	最大值（包括最大值），m			
—	1.8	200	2	1
1.8	2.5	250	2	1
2.5	3.3	300	2	2
3.3	4.6	375	2	2

8.13　铝制轻型工作台

按照附录 L 进行试验时，残余挠度不得超过跨度的 1/500 或 3mm，以较大者为准。

8.13.1　横撑

横撑应由铝制或木制。如果使用木材，则横撑应满足合适的条件。

8.13.2　铺板

当在两个相邻支撑之间 50mm×50mm 的中间区域施加 90kg 的质量时，铺板不应断裂，也不应出现永久变形。

铺板应由以下任一种制成：

（1）铝条或木条宽度不小于 60mm，板条之间的最大间隙为 7mm。板条和梯框之间的间隙不应超过 10mm。

（2）最小厚度为 9mm 的胶合板，用符合 BS 1204 标准 WBP 型的粘合剂粘合：

① 第一部分。胶合板的表层单板应沿工作台纵向铺设。若胶合板采用嵌条连接形成连续长度，则此类嵌条的长度应至少为 90mm；

② 如果是金属或塑料材质，铺板表面应具有纹理，以提供防滑表面。

8.14　工业型木制轻型工作台

轻型工作台应符合第 6.2 节中和以下的相应要求。

注意：本章涉及的工作台是指能够支撑三名平均质量、间距合理的工人及其手持工具的梯子。如果质量分布在工作台的长边方向上，则不应超过 270kg，如果质量集中在中间的三分之一处，则不应超过 180kg。工作台的长度和宽度应符合尺寸段的要求。

8.14.1　梯框

梯框的外表面和两个边缘应刨平，内表面可精锯。成品尺寸应符合表 8.10 的规定。

表 8.10　1 类轻型工作台尺寸

平台名义长度		梯框最小截面尺寸，mm
最小值，m	最大值（包括最大值），m	
—	4.3	69×31
4.3	5.5	93×31
5.5	7.3	93×35

活接式梯框：4.3m 及以上工作台的梯框可采用嵌条连接，在这种情况下，梯框应符合（1）至（7）的要求。

（1）如果使用活接式梯框，接头应为嵌接，且沿边缘可见的坡度不得超过 1/18，且每个梯框的接头不得超过一个。应提供试验证据，证明在相关木材品种的正常生产条件下制造时，接头的抗弯强度效率至少为 95%（试验程序见 BS 1129）。

（2）连接梯框的两部分应为相同种类的木材，并且应匹配，即四分之一锯与四分之一锯或平锯与平锯。接头的位置应确保其与梯框中心的距离不超过 450 mm。如果两个梯框都连接，则接头的中心应至少间隔梯框长度的四分之一。

（3）连接件含水率的差异不应超过 3%，且含水率不应超过 17%。

（4）嵌接处的表面应通过细锯或刨削干净，以形成平整的表面，没有缝洞或碎断纤维。嵌接处的坡度应与木纹坡度的大体方向一致。应注意保持切割表面清洁，以协助进行此操作，并避免变形。应在同一天尽快组装接头。

（5）根据 BS 1204：第 1 部分，所用粘合剂应为 WBP 型。混合粘合剂的使用方法及涂抹、打开和混合时间、固化温度、紧固和调节时间应符合制造商的说明。任意的紧固方式都应确保所有胶线上的压力均匀，从而形成连续的粘合剂膜。压力应符合粘合剂制造商书面说明中的规定，但在任何情况下均不得小于 0.69N/mm^2，且应沿胶线全长连续挤出。

（6）当紧固和后续的加工成型完成后，应进行目视检查，以确保所有胶合线连续，且接头表面上的纤维粘合性能良好。

（7）应在每批中制作一个样品接头，以进行破坏试验，以确保该批次的胶水混合正确（程序见 BS 1129）。如果胶接未通过测试，但木材保持完好，则应视为胶水混合物不合格，且该批次应被拒收。

8.14.2　横撑

横撑应由木材制成，横截面深度不小于 31mm，宽度不小于 22mm；其两端应具有横截面不小于 22mm×22mm 或直径不小于 25mm 且长度不小于 22mm 的榫或销。它们的中心间距不应超过 381mm，但如果允许最大间距为 475mm，则端部三个横撑之间的间距除外。端部横撑中心与梯框端部之间的距离不得超过 75mm。

8.14.3　铺板

应使用以下材料和方法之一建造铺板工作台：

宽度不小于 60mm 且不大于 150mm，厚度不小于 12mm 的木板条。成品表面应锻造或精锯。板条之间的间隙不应超过 10mm，板条和梯框之间的间隙不应超过 15mm。

每个板条的两端应通过两个长 32mm、8 号规格的沉头木螺钉固定在软木横撑上，或者长 25mm、8 号规格的沉头木螺钉固定在硬木横撑上。当固定宽度大于 75mm 的板条时，则需要在每端使用三个螺钉。所有其他横撑的固定应采用两个钉子、U 形钉或木螺钉，长度不小于 32mm。固定件不应突出板条表面上方。允许连接板条和铺板，前提是每个接缝出现在不小于 34mm 宽的支撑上，且任何一个横撑上出现的接缝不超过两个（图 8.4）。

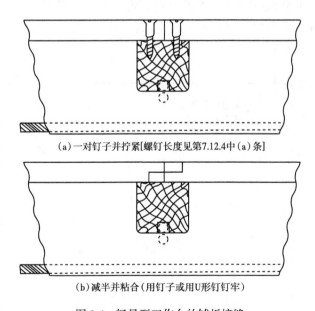

（a）一对钉子并拧紧[螺钉长度见第7.12.4中（a）条]

（b）减半并粘合（用钉子或用U形钉钉牢）

图 8.4　轻量型工作台的铺板接缝

根据 BS 1203：第 1 部分，用 WBP 型粘合剂粘合的木材层压板。胶合板的饰面应沿工作台纵向铺设。胶合板的厚度至少应为 9mm，当由间距为 380mm 的横撑支撑时，胶合板能够承受 90kg 的荷载。木材层压板可采用嵌条连接形成连续长度，任何此类嵌条应长

90mm。形成铺板连续长度所需的接缝应为：30mm 半搭接，位于支撑中心上方，用至少 4 个长 32mm 的 8 号沉头螺钉穿过搭接固定到支撑中，或用 4 个长 32mm 的 8 号沉头螺钉对接并拧紧，如图 8.4（a）所示。

8.14.4　拉杆

拉杆应安装在每个横撑的正下方、正旁边或下方的凹槽中。

8.14.5　梯框加强筋

加强筋应应安装在沿梯框下边缘中心布置的凹槽中，并应适当张紧且固定到位。加强筋可穿过梯框端部，或穿过距梯框端部 100~150mm 的每个梯框。

长度不大于 5.4m 的梯框应使用外径为 5.38mm、最小特征强度为 425 N/mm^2 的 7 线低碳钢绞线或具有同等强度的单线、带或各种绞线进行加固。长度超过 5.4m 的梯框应使用 7 线低碳钢绞线（总直径为 6.4mm，最小特征强度为 460 N/mm^2）或单线、带或同等强度的各种绞线进行加固。

8.15　性能测试

以下所述的性能测试适用于特定类型的木梯和铝梯。

铝制单段自立和延伸梯子的性能试验

（1）荷载作用下的挠度：当按照附录 B 进行测试时，加载的梯框挠度不应超过图 8.5 所示曲线图确定的限值。此外，移除测试荷载后，不应出现永久性损坏，且每米测试跨度的残余挠度不应超过 1mm。

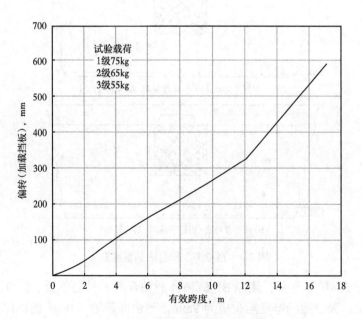

图 8.5　负载作用下梯框最大挠度

（2）抗扭刚度：测试时，两个梯框挠度之间的差值不应超过图 8.6 所示曲线图确定的限值。

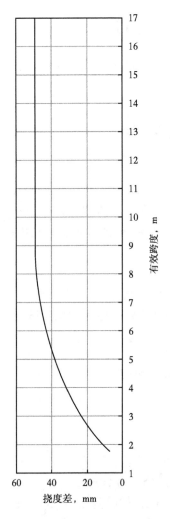

图 8.6　抗扭刚度：梯框挠度之间的最大差值

（3）强度：根据附录 C 进行测试时，移除测试荷载后，支架之间的残余挠度不得超过每 1m 长度 1mm 外加 1mm。

（4）扭转：当按照附录 D 进行试验时，扭转角度不应超过表 8.11 中给出的值。

表 8.11　最大容许扭转角

等级	类型	最大容许扭转角度，（°）
1 类	工业型	18

（5）侧向弯曲：当按照附录 E 进行测试时，支架中间测得的挠度不应超过（0.0033L+18mm），其中 L 为有效跨度（单位：mm），残余挠度不应超过每 1m 为 1mm。

（6）悬臂弯曲：当按照附录 F 进行测试时，任一梯框的残余挠度不得超过 6mm。

（7）梯级：当按照附录 G 进行测试时，梯级应支撑荷载。此外，移除测试荷载后，不应出现任何损坏或永久变形。

8.16 铝制高架梯子性能测试

踏板测试：当按照附录 H 进行测试时，踏板应能承受荷载。此外，在去除测试载荷后，踏板残余挠度不得超过 1mm。

8.17 铝制回收梯子性能测试

8.17.1 刚性

当按照附录 I.1 进行测试时，在移除荷载时，梯子不应显示任何损坏或永久变形，而在前、后梯框端部之间测得的最大 8mm 的残余扩展是可接受的。

8.17.2 踏板测试

测试时，踏板应能承受载荷。此外，在移除测试荷载后，踏板残余挠度不得超过 1.0mm。荷载、强度、侧向弯曲和悬臂弯曲下的挠度试验应符合标准的规定。

8.17.3 铝制自立式梯子性能测试

包括刚性、前部和后部的性能测试。

8.18 尺寸公差

木质梯子的总长度应符合以下公差：
（1）长度小于等于 3m，梯段公差为 50mm；
（2）长度超过 3m 且不大于 6m，梯段公差为 75mm；
（3）长度超过 6m，梯段公差为 100mm；
（4）单一产品的踏棍和踏板中心公差为 5mm。

如果将尺寸规定为标称尺寸，则在确定可接受的实际尺寸时，公差为 ±5%。当检查梯子的尺寸要求时，任意一个用于连接构件、安装导向支架或类似用途的切除都可能缩减尺寸。如果踏板具有矩形横截面，则标准中规定的尺寸为外形尺寸。对于铝制梯子，所有梯子的标称长度应允许 25mm 的公差。踏棍和踏板的间距与制造商选择的标称间距的差异不得超过 2.0mm。

标记

设备应清楚、经久地标记。测试结束时，易读性不应降低。如果使用黏合标签，其边缘不应未粘牢或卷曲。

梯子、踏板梯子、梯凳和轻型工作台应标记以下内容：

（1）制造商或供应商的名称、商标或其他识别方式；

（2）制造本产品所遵循的标准编号和日期；

（3）类别和等级。

梯子、踏板梯子、梯凳应配备单独的标示以下用词的标签，标签背景颜色1类为蓝色，2类为黄色，3类为红色。

（1）使用前检查有无损坏；

（2）倾斜梯子与水平面成约75°的角度（每4m高伸出1m）；

（3）确保稳固的水平基础；

（4）检查顶部的安全性；

（5）避免电气危险；

（6）避免超限使用（不要从梯子上推或拉，也不要爬到高于距梯子顶部第三个踏棍的位置）；

（7）保持紧握；

（8）切勿站在回收式梯子或踏板梯子的顶部；

（9）尽可能在顶部和底部可靠固定。

轻量型工作台应在一个立柱外侧贴上标签，标签上的字母高度不小于4mm，并注明："最大载荷，三人间隔，手动工具或270kg均匀分布。"

8.19 梯子的管护与使用

8.19.1 处置

处置梯子时应小心，避免不必要的坠落、撞击或滥用。如果坠落或受到重击，应立即检查，任何损坏应在恢复使用前由合格人员消除和修复。

8.19.2 存储

梯子的存储方式应便于接近和检查，并能防止不用时发生意外的危险。梯子应水平放在设计用于保护梯子的支架上。支架应每隔2m设置支撑点，以防止过度下垂。存储期间，任何时候都不得在梯子上放物料。木质梯子应存放在不会暴露于风雨中且通风良好的地方，也不应存放在散热器、炉子、蒸汽管道附近或其他过热或潮湿的地方。

8.19.3 运输

车辆上运送的梯子应得到充分支撑以避免下垂，支撑点外应有最小的悬伸，且支撑点应为弹性材料。梯子应系在每个支撑点上，以尽量减少摩擦和道路颠簸的影响。梯子也应小心装载，以免受到冲击或磨损。

8.19.4 维保

梯子应始终保持良好状态。应经常检查五金件、配件和附件，以确保它们牢固连接并处于正确的工作状态。移动部件，如皮带轮、锁、铰链和轮子，应自由运行，无卡滞或过度游隙，也应经常上润滑油，并保持良好的工作状态。使用前，所有螺栓和铆钉应正确就位并拧紧。应经常检查绳索或钢索，磨损或严重损坏或有缺陷的绳索或钢索应更换。

8.19.5　检查

梯子应在使用前后由受过培训的人员定期检查。发现有缺陷的设备应适当标示或标记，并应停止使用。检查应包括检查踏棍、踏板、横撑和梯框是否有损坏、缺陷和凹痕，检查踏棍到梯框的连接，检查绳索和钢索及所有配件、锁、轮子、滑轮、连接件、铆钉、螺钉和铰链。

8.19.6　涂漆

除嵌件外的木质设备可涂上透明非导电面漆，如清漆、虫胶或透明防腐剂，但不应涂上不透明覆盖物。用于处理铝制设备中木质构件的防腐剂不应含有铜盐。铝不应在腐蚀性条件下使用。在存在电气危险的地方，不应使用铝梯。梯子在使用前应始终仔细检查。

8.19.7　梯子倾角

梯子应与水平面成 75° 角竖立，即从垂直面到梯脚的距离应尽可能接近梯子顶部达到高度的四分之一。

8.19.8　支撑

梯子应放置在稳固的水平基础上的可靠支撑点上。不得在冰、雪或光滑表面上使用，除非采用合适的方法防止滑动。不得将其放置在箱子、桶或其他不稳定的基座上以获得额外的高度。

8.19.9　梯子的固定

梯子顶部的支撑点应具有适度的硬度，并具有足够的强度来支撑承载。梯子应牢靠地固定在这一支撑点上。如果这样固定不可行，则应通过用桩支撑或用绳子捆将梯子牢靠地固定在支撑点下端或附近。

8.19.10　重叠

在延伸梯上，应至少重叠：

（1）对于闭合长度不超过 5m 的梯子，1½ 踏棍间距 ●；

（2）对于闭合长度超过 5m 但不到 6m 的梯子，2½ 踏棍间距；

（3）对于闭合长度超过 6m 的梯子，3½ 踏棍间距。

使用者应在梯子底部升降梯子，以便可以看到锁定器正确作用。当延伸梯以前作为单梯使用时，应注意确保正确进行梯子的重新组装，并确保连锁支架和导轨正确接合。

● 此处英文原文错误，mm 应为 m，译者注。

8.20 木纹斜度的确定

为了弄清木材的木纹斜度，有必要沿纵向细看木材的表面和边缘，查找偏差。如果已经完成了风干检查，将会显示木纹斜度，树脂管道也是如此。可以使用一种称为木纹检测器的工具来确定木纹斜度，该工具包含一个手柄，该手柄在曲柄连杆上旋转，划针设置在连杆顶端的拖尾角处，如图 8.7 所示。将划针压入木材 1~2mm 深，沿着平行于木材边缘方向稳定拉动划线：针将偏离纹理方向。如果针产生的划槽中有台阶，这表明针正在划过纹理，则必须进行另一个划线，以确保两个滑槽彼此平行。

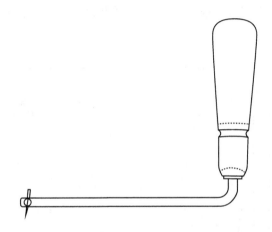

图 8.7 用于测定木材纹理斜度的旋转手柄划线器

如图 8.8 和图 8.9 所示，测量面上木纹的斜度，其中 AB 是指示木纹方向的线，AC 是平行于构件边缘绘制的线，BC 的长度为一个单位（可以使用任何方便的单位），与 AC 成直角。木纹斜度表示为"x 中的一"式中，x 是以 BC 为单位测量的 AC 长度。

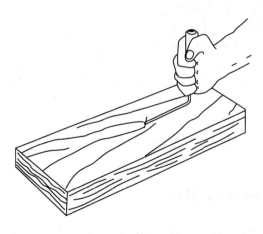

图 8.8 划线器的使用

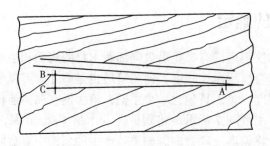

图 8.9　木纹斜度的测量

当两个相邻表面上出现倾斜纹理时，可在两个表面上确定斜度。图 8.10 显示了两个斜度的可接受限值。

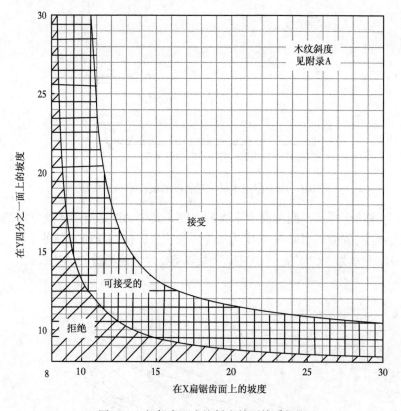

图 8.10　相邻表面木纹斜度的可接受极限

8.21　梯子和前梯的挠度测试

如果对延伸梯进行测试，则应在测试前将其完全延伸至适当的重叠处。攀爬面向上，在梯框的每个端部踏棍或踏板处水平支撑梯子或踏板梯子，或如果是踏板梯子（扶手或横杆是前梯整体的一部分），则在底部踏脚板下和距铰链点 200mm 处支撑。测量支撑点之间的净跨度。在本测试中，这被视为有效跨度。根据等级，将表 8.12 中给出的预载施加到分布在 50mm 以上的两个梯框的中心点，持续 30s。移除此载荷并建立基准。然后根据等级，将表 8.12 中给出的测试荷载施加到分布在 50mm 以上的一个梯框的中心点。通过任一方便的方法，在空载条件下和施加全测试荷载后不少于 30s 后，测量两个梯框有效跨度中心的垂直挠度。

表 8.12　挠度测试加载载荷

等级	预加载，kg	测试加载，kg
1 类：工业型	55	75

8.22　梯子、前梯和梯凳的强度测试

如果对延伸梯进行测试，则应在测试开始前将其完全延伸至适当的重叠处。攀爬面向上，在梯框的每个端部踏棍或踏板处水平支撑梯子或踏板梯子，或如果是踏板梯子（扶手或横杆是前梯整体的一部分），则在底部踏脚板下和距铰链点 200mm 处支撑。根据等级，按照表 8.13 中的规定，在梯子中间垂直施加预载，预载分布在 50mm 的长度上，持续时间为 1min，以便梯框承受相等的荷载。移除该载荷并建立一个基准点。然后根据等级，以与预加载相同的方式施加表 8.13 中给出的测试荷载，持续 1min。卸下载荷。用任一方便的方法测量基准点处的残余挠度。

表 8.13　强度测试加载载荷

等级	预加载，kg	测试加载，kg
1 类：工业型	95	130

8.23　梯子扭转测试

测试装置应包括任意长度的梯子基础部分，支撑在超过 2m 的测试跨度上。如图 8.11 所示，将梯子放在水平位置，并在每端支撑梯子。枢轴点中心与踏棍中心线平面之间的距离不得超过 50mm。轻轻施加 6.5kg·m 的预加载扭矩，然后移除。应将枢轴支座的剩余角度记录为基准位置，以建立角度偏转的参考。通过使用扭矩扳手或在臂端施加测试载荷，在与预载相同的方向上施加 13kg·m 的测试扭矩。从基准位置测量扭转角度。以相反方向施加与预载相同扭矩的第二个载荷，然后移除。应将枢轴支架的剩余角度标注为基准位置。在与第一个测试载荷相反的方向上施加第二个测试载荷。从第二个基准位置测量扭转角度。

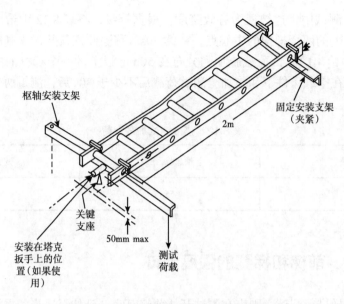

图 8.11　单段梯或延伸梯扭转测试布置图

注：测试跨度为 2m，但可以测试至少长 2m 的梯形截面。

8.24　梯子、前梯和梯凳的侧向弯曲（摆动）测试

将梯子、前梯或梯凳侧放，保持踏棍或踏板垂直。单独测量梯子的每个部分，底部梯框按照附录 C 中的强度测试时的要求在端部踏棍下进行支撑（图 8.12），或者如果是踏板梯子（扶手或横杆是前梯整体的一部分），则在底部踏脚板下和距铰链点 200mm 处进行支撑。施加 15kg 的预载 1min，然后将其移除，以确定底部梯框下边缘的测量基准。根据等级，在分布超过 50mm 的梯框跨距的中心点施加表 8.14 中给出的测试载荷。通过任意方便的方法测量梯子下边缘基准点处的垂直挠度，然后移除测试载荷，1min 后，测量同一点处的残余挠度。

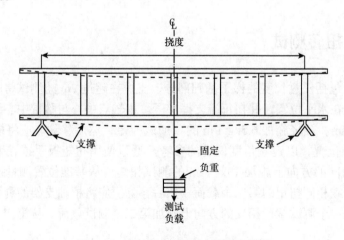

图 8.12　侧向弯曲（摆动）测试布置图

注：挠度是空载（实线）和负载（虚线）时梯子侧下边缘高度之间的差值，L 是有效跨度（单位：mm）。

表 8.14 测试载荷

等级	预加载，kg	测试加载，kg
1类：工业型	15	27
2类：轻工业型	15	25
3类：家用型	15	23

8.25 梯子、前梯和梯凳的悬臂弯曲（喇叭端强度）测试

测试装置应由前梯、梯凳、单梯段或延伸梯的基础梯段组成。在进行测试之前，应移除固定在该部分上的任何安全装置或销钉。测试装置应侧立，踏棍或者踏板保持垂直状态。下部梯框应夹在支架上，且从末端到最低的踏棍或踏板的中点应无支撑。如果踏棍表面是平面，则该表面应平行于支架端面（图 8.13）。在要施加测试载荷的梯框端部建立一个基准点。根据等级，向上部梯框的最末端施加表 8.15 中给出的测试载荷，时间至少为1min。将载荷施加在放置于梯框侧边件全宽上的垫板上，并用夹具固定到位。

垫板应厚 25mm、长 50mm，沿梯框测量，宽度等于两边缘之间的净距离。确保悬挂载荷通过梯框的垂直中性轴发挥作用［图 8.13（a）］。1min 后，移除测试载荷。测量基准点处的残余挠度。在下部梯框上重复加载和测量程序进行测试［图 8.13（b）］。

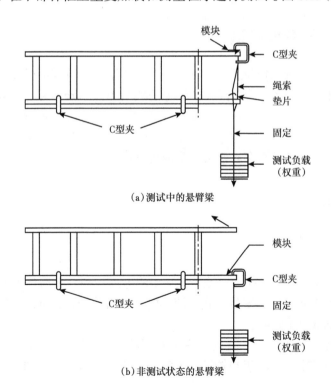

（a）测试中的悬臂梁

（b）非测试状态的悬臂梁

图 8.13 悬臂弯曲（喇叭端部强度）测试布置图

表 8.15　悬臂弯曲测试测试载荷

等级	测试载荷，kg
1 类：工业型	125

8.26　踏棍测试

以与水平面成 75° 的角度支撑梯子，并在相当于三个踏棍间距的长度上连续支撑两边的梯框。对三个踏棍的中间踏棍施加表 8.16 中给出的垂直载荷，该载荷与梯子的等级相匹配，且分布在 50mm 的长度上，持续 1min，如下：

（1）在踏棍的中心；

（2）靠近一端。

移除载荷，检查踏棍是否存在永久变形或可见损坏。

表 8.16　踏棍、踏板和平台的测试载荷

等级	测试载荷，kg
1 类：工业型	225

8.27　货架梯子踏板测试

将货架梯放置在正常工作位置，并加以支撑，以防止梯脚移动或梯框偏移。对一有代表性的踏板施加如表 8.16 给出的垂直载荷，载荷分布在 50mm 长度上，持续 1min，如下：

（1）在踏板的中心；

（2）靠近一端。

移除载荷，检查梯子是否存在永久变形或可见损坏。

8.28　踏板测试

8.28.1　刚度测试

通过任一方便的方式，将轮子（或滚轮）牢固地连接到一个后梯框的外侧。轮子应为金属材质，直径为 50mm；其安装方式应使其能够自由旋转，其轴线平行于踏板，并将梯框的梯脚抬高 10mm（图 8.14）。

将梯子放在光滑水平面上，且处于完全打开状态，并对顶部踏板施加表 8.17 中给出的相应预载荷，但其中一个踏板与轮子同侧的梯框相邻。对于平台梯子，对平台正下方的踏板施加预载荷。

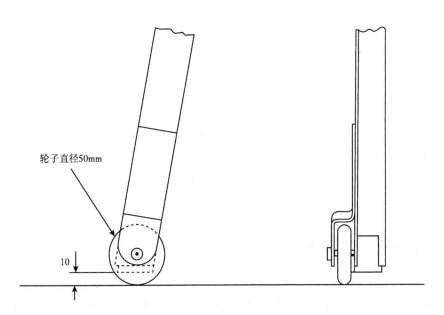

图 8.14　将轮子固定到后梯腿底部进行踏板测试的方法

表 8.17　踏板和支撑的测试载荷

等级	预载荷，kg	测试载荷，kg
1 类：工业型	95	130

在踏板上保持预载 1min，然后移除预载荷，然后使用相同的程序施加表 8.17 中给出的相应测试载荷。1min 后，在检查踏板是否损坏和变形之前，移除测试载荷和轮子。检查踏板是否存在可见的变形或损坏。

8.28.2　踏板测试

完成 I.1 中给出的测试后，对一有代表性的踏板施加如表 8.16 给出的垂直载荷，载荷分布在 50mm 长度上，持续 1min，如下：

（1）在踏板的中心；

（2）靠近一端。

移除载荷，检查梯子有无可见损坏。将厚 6mm 的直尺放在攀爬踏板面的中心线上，使其对称定位，且覆盖 95% 的踏板面长度和踏板的中跨点。测量后一点和直尺之间的任意间距。

8.28.3　平台测试

完成 I.2 中给出的测试后，在平台中心施加表 8.16 中给出的载荷，在 50mm×50mm 的面积上持续加载 1 分钟。移除载荷，检查平台和梯子有无永久变形或可见损坏。如前，施加一个 54kgf 均匀分布的载荷。在每个梯框的中跨位置测量挠度的初始读数（读数 1）。将载荷增加至 540kgf，并保持 1min。再次将载荷降至 54kgf，并按照上述方法再读取挠度读

279

数（读数 2）。计算残余挠度为读数 2 减去读数 1。

8.29　梯凳测试

将梯凳置于水平面上处于完全打开的状态。在横撑的载荷中心施加表 8.17 中给出的相应预载荷，且分布在 50mm 的长度上。保持预加载 1 分钟，然后移除。按照表 8.17 中的规定，在梯凳的载荷中心以三个相等的增量施加测试载荷，载荷分布在 50mm 的长度上。保持加载 1min。

移除载荷，检查横撑和整个梯凳是否存在永久变形或可见损坏。对每个横撑重复上述步骤进行测试。

8.30　轻量级平台测试

在平台踏板处于最上面位置的状态时，在两个梯框下方距离两端 150mm±5mm 处以水平位置支撑轻量级平台。在支架之间的平台踏板区域施加 400kgf 的预载荷，并保持 1min。在移除载荷之前，如前要求，施加一个 54kgf 均匀分布的载荷。在每个梯框的中跨位置获取挠度测量的初始读数（读数 1）。将载荷增加至 540kgf，并保持 1min。

再次将载荷降低到 54kgf，并进一步读取上述挠度读数（读数 2）。计算残余挠度为读数 2 减去读数 1。

8.31　延伸梯导向支架测试

待测样本应采用一段梯框的形式，并使用常规固定方法将一个导向支架固定在该梯框上。使用一个或多个夹紧装置固定梯框，使其牢固固定到位。在支架悬挑中心施加以下载荷 1 分钟（图 8.15）：如工业型伸缩梯 130kg。

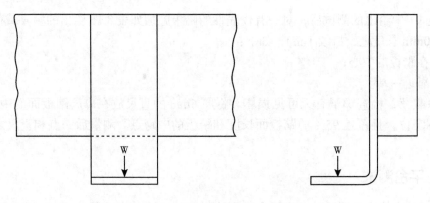

图 8.15　延伸支架在测试时的加载

　　测量并记录测量并记录支架及其固定件的任何移动和变形，以及移除载荷后是否有任何残余应力。

　　图 8.16 为不同类型的梯子。

(a)延伸式梯子　　　　　　　　　　(b)自立式梯子

图 8.16　特殊类型的梯子

9 安全和消防设备（Ⅰ）

安全培训是促使员工减少事故发生的重要方法之一，也是提升员工常识和自信的重要方法之一。为了有效实施安全培训，需要一系列培训项目，包括为此需要提供的设施。

还需要由消防站提供设施，这是石油和天然气处理厂一个主要关注的问题，以保护员工和财产免受住宅和工作场所火灾的风险和影响。

安全、消防和管理等有关部门应统筹考虑所需的设备和设施，并给出明确的需求标准。在设计和选定消防站的材料和设备时，应考虑石油和天然气精炼厂、石油化工联合企业、生产装置、泵站和压缩机站等过程中涉及的危害因素。根据获取的信息，可以确定建筑结构、设施、设备和应急响应团队的规模以及未来的发展趋势。

本章的目的是提供控制事故和火灾所需设施的设计和建造指南，分为以下两部分：

（1）第1节：安全和消防训练中心；

（2）第2节：消防站设施。

9.1 安全和消防训练中心

9.1.1 设计和建造

评估：为了从可用资源中获得最大效益，必须对当前和未来的需求进行全面评估，并且必须考虑以下问题：

（1）当前和未来的需求；

（2）现有设施；

（3）室内外训练所需的充足空间。

在设计和建造训练设施时，应考虑以下课程的需求：

（1）消防员入职培训（基础课程）；

（2）公司员工消防课程；

（3）机动车事故预防防御性驾驶课程；

（4）急救课程；

（5）环境污染和卫生控制；

（6）主管特别课程；

（7）工作外安全课程。

9.1.2 训练中心平面布置

以下是通常的建筑要求：

（1）办公和行政设施；

（2）会议室和教室，包括展览馆和图书馆；

（3）户外消防实训设施。

规划中应考虑以下事项：

（1）天气状况：温度、湿度、风速、雨和雪；

（2）教室和训练场的户外实训设施之间有充足的空间；

（3）供暖和空调设备的位置应便于进行定期维护，避免在教室区域安装此类装置；

（4）来访者接待空间；

（5）为材料、设备和燃料提供存储空间；

（6）通信要求；

（7）餐厅、洗手间、饮水间和食品储藏室；

（8）停车场。

9.1.3　训练中心选址

在确定训练设施的平面布置时要考虑的因素是位置、供水、环境、安全、后勤服务和公用事业的接入。

9.1.4　位置考虑

由于某些训练需要大量用水，因此与石油装置生产排水系统分离的适当的排水是一个主要考虑因素。此外，还应努力确保排水系统足以应对多变的天气条件及未来的扩建。地面的坡度可能有利于排水，但坡度过大可能成为人员和装备移动的不安全因素，尤其是在地面潮湿的情况下。

占地的大小应足以容纳规划中的建筑、停车场和未来的扩建。为安全起见，在建筑物之间留出足够的间距。训练设施的位置应远离社区中心，以尽量减少对邻近土地使用的不利影响。

9.1.5　供水

应估算所需的最大供水量，以便设置相应的系统，为训练及生活提供所需的水量，以及所需的海水淡化量。带有正确设置阀门的环网或管网系统将有助于确保充足的供水。如有可能，应避免使用末端干线供水。应安装两个供水能力为 120m³/h 的消防栓和两台水位控制器，并最好设置在上风口。

9.1.6　使用指南

应制定有关设施的使用规则。设施的各个组件应尽可能多地被使用，用户需求可以通过列入清单来达成。盛行风可以用来驱离烟雾远离邻近区域，同时必须考虑风向的变换。

9.1.7　管理和教学建筑

办公室：应为培训负责人、教员和职员提供办公空间。需要额外的空间来设置实验室、存放视听设备以及其他材料和器具。

会议室：用于使用相关设备开会、讲座和讨论。

教室：教室大小应根据受训人数和培训类型确定。最小应能容纳 30 人。教员应能掌控教室状况和视听设备。良好的照明是必须的，应考虑使用单独的控制器和变阻器来调节照明。一盏台灯和单独的白板照明可以让黑暗房间里的展示更有效。地板和墙壁上的电源插座应间隔设置，以避免使用电源延长线。在安装音响系统之前，安装人员应消除室内的收听死角。教室家具必须耐用。应提供供教员和学员使用的书写板。宽 45cm 的折叠桌和可堆摞的椅子使房间使用更灵活。经验表明，更宽的桌子占据了本可以更好利用的空间。

为了减少课堂干扰，必须考虑以下特点：

（1）教室的门应安静地打开和关闭。卫生和茶歇设施应靠近教室。天花板高度必须可以挂屏幕或放置便携式屏幕，以便观看。根据经验，天花板高度至少应为 300 厘米。

（2）基于噪音考虑，教室里应该安装中央空调系统和供暖装置。

视听：为了让教员利用各种媒体，应提供以下设备：

① 白板、磁性板；

② 带电视监视器的录像带；

③ 幻灯机、录像机和视频编辑器；

④ 电脑、高架投射器、视频投影仪；

⑤ 功放和麦克风。

为了帮助使用视听设备，应提供以下必要条件：

① 提供一个带有变阻器的额外电气开关，以控制照明；

② 将投影仪放置在走廊附近，以便于移动设备；

③ 提供供暖、通风和空调；

④ 提供带有永久远程控制线的投影仪；

⑤ 在地板上安装电气插座，以避免使用延长线。

建筑维保：使用的材料应易于维护。耐用的材料将减少物资更换和成本。

9.2　消防训练场

训练场（包括动员 / 讲评区）通常应包括约 1000m² 的区域，位于远离工艺装置和储存设施的安全位置。相关标准中通常提供了训练场的典型平面布置。它应为混凝土地面，放坡排水，并围有高约 0.5m 的防火堤。排水接头应安装一个截断阀，并且应在位于防火堤外的排水坑中安装一个阻火器。对于液化天然气（LNG）/ 液化石油气（LPG）装置训练场，需要增加一个 3m×3m 的集水坑，总深度为 1m（包括堤），集水坑和堤壁均应内衬耐热耐火砖。应安装绝热的供 LNG/LPG 和氮气冷却的接头，以模拟 LNG/LPG 火灾。

燃料罐以安全距离安装在防火堤外，为"模拟"装置提供模拟工艺装置火灾的燃料。可以用氮气对燃料罐加压将燃料输送至设备，或者，当电力可用时，可以泵输。对于炼油装置消防训练，应至少安装平面布置图中所示的实际尺寸模拟装置。

在有特殊火灾危害的地点，可能需要模拟火灾辅助设备。如果使用气瓶，则应将其纳入辅助设备，并以安全的距离存放在防火墙之外的混凝土板上，以便向模拟气体火灾的模拟设备供气。

消防总水管的一条支管（流量为 120m³/h）应连接至训练场。该支管应配备双向消防栓、两台水位控制器和一个用于清洗支管的全通径冲洗接头。该区域应可供消防车进入，如果通道是尽头式，还应设置回车场。

9.3 其他需求

入职培训通常需要以下场地和设施：

（1）训练和练习场地，面积约为 30m×20m；

（2）应设置用于泵测试的集水坑。集水坑的最小尺寸为 2m×2m，深度为 3m。水位应为 2m，但斜坡应宽 4m，高 1m。泵测试区域应围隔，包括集水坑；

（3）建造烟雾建筑，使受训者熟练掌握在缺氧环境中生存所需的技巧和能力，并学习使用呼吸器。烟雾建筑应设有多个入口和逃生出口，使用的烟雾应为受控燃烧，毒性最小。干草纸板箱或类似可燃物是相当安全的烟雾机；

（4）浮顶油罐火灾，通过以下方式灭火：

① 泡沫喷射装置；

② 便携式泡沫喷枪或灭火器；

（5）登高训练塔将用于梯子训练；

（6）易燃液体燃烧区。

急救

安全应是设施设计的首要考虑因素，意外和疾病确实会发生，因此，应设置设计合理的急救室。应为遭受烧伤、割伤、心脏窘迫、吸入烟雾、中暑和其他伤害或疾病的受害者进行临时护理提供场所。

9.4 消防站设施

本节涵盖了消防站建筑的要求。消防站应建在远离一切风险的安全位置，并尽可能靠近消防辖区，以便得到外部人员支持。

9.4.1 分类

消防站的规模应由公司管理层、安全和消防部门决定，并考虑所有风险因素，例如：

（1）面积大小；

（2）火灾和紧急情况的综合因素；

（3）已建消防系统；

（4）员工消防操作培训的可用性；

（5）其他有用资源的可用性；

（6）防火技术、设计和实施。

消防站分类如下：

A	大型	适于炼油厂、工艺装置、化工、气体处理厂、货运码头、仓库及其他包括工业和住宅区的服务设施
B	中等	适于区域与上述分类相同，只是风险较低
C	消防分站	适于 A 类消防站的高风险区域，但距离足够近，可在 10min 车程内到达
D	副消防站	适于火灾风险潜在区域和占地约 2~5km² 的工厂，远离任何消防站 （选定的员工经过培训并被指定为志愿消防员）

9.4.2　A 类消防站

　　停车位：消防站应设有六个消防车停车位，至少可容纳六辆消防车（三辆急救车和三辆辅助重型急救车）。根据风险特性，可从以下设备中选择消防设备。消防站的设计和位置应确保未来可实现 25% 的扩建：

　　（1）通用消防车；

　　（2）重型消防车；

　　（3）干粉或混合泡沫 / 干粉车；

　　（4）泡沫或水罐车；

　　（5）液压云梯车（起重机）；

　　（6）抢险救援车；

　　（7）灭火拖车；

　　（8）设备拖车；

　　（9）泡沫 / 水监控拖车；

　　（10）救护车。

　　平面布置如下：

　　车辆应能够进出消防站前后两侧的停车位。

　　如果消防站位于地方主干道路上，则应考虑安装交通信号灯，可从消防站操作，并显示车辆何时离开消防站。

　　入口和出口应通过门关闭，例如卷帘门、平衡配重门等。入口和出口设计考虑能快速打开，且建成应确保车辆能够及时通过。

　　在气候条件允许的情况下，可以考虑露天停车（在没有门的消防站），但一个缺点是无关人员可能闯入。

　　在可能发生冰冻的地方，停车场应相应地采取防护措施。每个停车位都应设置一个电源插座和用于电池充电的电线，当车辆发动机冷却系统中的加热器需要时使用，当消防车开走时，应将插头从插座中拔出。

　　停车位（包括门）上方的高度不得小于 5m。车与车之间、车与墙之间以及所有的门之间应留出 1.5m 的自由空间。车辆宽度约为 2.5m。

　　停车场的长度应基于拖挂有移动式水 / 泡沫监控拖车的最长消防车的长度，可能约为 11m。

　　消防站的维修区应有检修地沟。

停车场应设置压缩空气供应系统，以便在需要时对卡车的制动系统加压。

维修间、办公室和其他设施包括以下设施：

维修间包括工作台、固定钻孔机和研磨机，以及灭火器测试设备和工具，用于测试和维修其他设备，如呼吸和应急设备。

备品备件存储间。

灭火器充装站。

储存 CO_2、O_2、N_2 和移动式充气压缩机的房间。空气压缩机应放置在单独的房间里，用于为呼吸器气瓶充气。

消防指挥室配备白屏幻灯片投影仪和其他带屏幕的视听设备，可容纳约 30 人。如果消防站有安全和消防训练中心，则应使用训练中心充作消防指挥室。

首席消防官或安全、消防和员工管理部门负责人的办公场所应符合要求。

应为消防业务人员提供储物柜、宿舍、餐厅和其他设施。

应设置一个带有通信设施和带有显示面板的火灾报警信号器的控制室。

为火灾和紧急情况下使用的泡沫混合液和其他材料提供储存间和加注设备。

消防站后部应设置带淡水供应的消防栓和从内部清洗消防车管路系统的设施，以及软管清洗设备。

消防训练和演习场地。

所有消防站办公场所应配备空调系统。

干燥室用于干燥消防软管、衣物和其他设备。

如果从工厂员工中选择消防辅助人员，则为其配备消防员装备。

9.4.3　B 类消防站

根据现场、固定或便携式消防设备的可用性，对于 B 类消防站（24 小时有人值守），至少需要五辆消防车和拖车。

消防车类型：

（1）通用消防车，1 部；

（2）重型消防车，1 部；

（3）辅助消防车和拖车，3 部。

平面布置：

消防站应设置五个分隔式的停车位，包括未来的扩建。

需要以下建筑空间：

（1）消防队长及其下属工作人员办公室；

（2）工作台、灭火器和应急设备的检测和维修设施；

（3）CO_2、N_2、O_2 移动式充装装置和空气压缩机；

（4）可容纳 20 名男性的训练室；

（5）宿舍、更衣室、餐厅等；

（6）储物间；

（7）控制室；

（8）消防训练场，配备附录 A 和附录 B 中选定的相应设备。

应提供以下其他设施：

（1）报警器和通信系统；

（2）训练用视觉辅助教具；

（3）必要时，所有消防车的发动机冷却系统中用于为蓄电池和加热器充电的接头和电缆；

（4）如果从工厂工人或员工中选择消防辅助人员，则为其配备消防员装备；

（5）泡沫混合液的储存和加注设备；

（6）带软管清洗和清洁架的消防栓。

9.4.4　C 类：消防分站

对于距离主消防站 10min 车程以上的火灾风险区域，需要设置一个消防分站。分站的消防车和消防员应在主消防站的消防车和消防员到达之前参与灭火。

停车场：该建筑应包括三个停车位，其中一个带检修地沟；两辆消防车，一辆通用型和一辆重型消防车。以下是对停车场的要求：

（1）停车场应配置蓄电池充电器和发动机加热系统的接头（如需要）；

（2）车位长度应为 11m，宽度为 45m，高度不低于 5m；

（3）更衣室、工作台、软管清洗架、休息室、餐厅和干燥室；

（4）办公室、通信系统和报警器；

（5）消防设备和泡沫混合液的存储间；

（6）带消防软管清洗和清洁设施的消防栓。

9.4.5　D 类：副消防站

由 A 类或 B 类区域消防站管理的副消防站适用于有三个停车位的消防站，其中两辆消防车是为应对重大紧急情况，每班有两名司机。另一辆辅助消防车可作为备用。

如果发生火灾，当警报响起时，合用的消防车将由驾驶员驾驶或进入值班状态，并在前往火灾现场的路上搭载选定的训练有素的人员。

副消防站可以完全无人值守。在这种情况下，一旦发出警报，训练有素的消防人员将前往消防站。消防员和消防车将前往火灾现场。该系统完全能应对重大紧急情况，在需要时应该提供援助。

无人值守的副消防站应上锁，只能通过主消防站提供的方式或由选定人员留下的钥匙打开。留守人员通常每周向消防站报告一次消防设备的查验情况。

此类消防站的要求如下：

（1）更衣室；

（2）与主消防站的直接通信系统；

（3）报警信号器；

（4）储藏室；

（5）软管清洗和清洁设施；

（6）办公室；

（7）工作台。

9.5 消防水给水和储存设施

本章详述了消防供水的基本要求。重要的是，所有相关部门应共同努力提供和维持基本供水，与市政消防站的讨论不仅包括消防栓可用的水，还将有助于保证消防用水的持续和充足供应。

标准的消防水给水和储存设施还包括以下内容：

（1）消防给水系统的基本原理；

（2）消防水泵设施；

（3）消防水罐；

（4）固定式消防软管卷盘（水）；

（5）固定式喷水灭火系统。

水是最常用的灭火剂，用于通过冷却相邻设备来控制火情和灭火，以及通过自身或以泡沫形式混合来控制火情或灭火。它还可以在发生火灾时为消防员和其他人员提供保护。因此，应在所有恰当的位置、恰当的压力和所需的水量随时供水。

消防水不得用于任何其他用途。

除非另有明确规定或协定，否则应对炼油、石化和建有大型设施的原油生产区及主要存储区给出公司消防水供水要求。

在确定消防水量，即"所需消防用水量"时，还应考虑保护以下区域：

（1）公用工程；

（2）容器（低压），包括泵站、歧管、直列式搅拌器等；

（3）压力容器（LPG 等）；

（4）冷藏容器（LNG 等）；

（5）码头；

（6）装卸区；

（7）建筑物；

（8）仓库。

基本上，供水系统要求包括一个独立的消防干线或环形干线，由永久安装的消防水泵从合适的大容量水源（如储罐、冷却塔水池、河流、海洋等）抽水供水。实际供水水源将取决于当地条件，并与公司商定。

水将直接用于灭火和设备冷却，它还将用于生产泡沫。

9.6 给水

应与有关部门协作设计给水系统。

市政给水系统

接自可靠的市政给水系统的一个或多个具有合适压力和足够流量的接头通常能提供良好的供水。然而，静态高水压不应作为确定供水保证率的标准。如果无法做到这一点，则应将带指示杆的阀门设置在火灾时易于使用且不易伤人的位置。在不便使用带杆指示阀门的地方，如在城市街区，地下式阀门应符合规定，并应清楚标识其位置和开启方向。

供水的充足性应由流量测试或其他可靠的方法来确定。在进行流量测试时，应在计划中注明静态压力和残余压力的流量。应通过流量测试或其他可靠方法确定给水量是否充足。如果进行了流量试验，则应在设计图上标明流量（单位：L/min）以及静态和剩余压力。

市政干管应足够大，在任何情况下直径都不得小于 15cm（6in）。除非获得有关部门的特别许可，否则不得在给水系统中使用调压阀。如果使用流量计，则应为认可的类型。如果连接市政给水系统，则有必要采取措施防止市政给水系统受到污染。应确定并遵循公共卫生部门的要求。与市政给水系统之间大于 50.8mm 的连接应设置标准类型的带杆指示阀门进行控制，并位于距离受保护建筑物和装置不小于 12.2m 的位置。

9.7　消防水系统的基础设计

应在油气处理装置区或部分处理装置区、公用工程设施区、充装设施、罐区和建筑物周围铺设环形管网系统，同时应为码头和消防训练场提供一条单独的管线，并配备截断阀和消防栓。

给水应至少设置两台离心泵，其中一台由电动机驱动，另一台由完全独立的动力驱动，例如柴油机，且作为备用泵。

消防所需水量基于以下考虑：

（1）每次只发生一次重大火灾；

（2）对于工艺装置建议最小流量为 200dm³/s 或空气泡沫制造和暴露保护所需的流量。假设约 30% 的量被吹走并蒸发；其余的水量，即每个工艺装置 140dm³/s，应通过排水系统排放；

注意：应根据特定位置可能发生的火灾事故，评估特定装置所需的消防水量，同时考虑塔、容器等的火灾危险性、规格大小、性能和位置，具有高潜在火灾危险性装置的消防水量通常应不小于 820m³/h，且不大于 1360m³/h。

（3）对于储罐区，所需水量是制造空气泡沫灭掉最大的锥形顶储罐火灾所需的水量，加上保护相邻储罐所需的水量；

（4）对于压力容器区，所需水量是自动喷淋系统对球罐进行喷淋保护所需的水量；

（5）对于码头，所需水量是使用空气泡沫扑灭码头甲板和船舶管道的火灾及这些区域的暴露防护所需的水量；

（6）一次或多次重大火灾同时发生的给水方针应由有关部门决定。

注意：上述规范仅基于一次重大火灾。

对于新建项目，应对上述（1）至（6）项所需的给水量进行比选，消防系统的设计应取最大值。

给水系统压力应确保在最偏远的位置在给水时可以保持 10bar 的压力。

消防水管线应配备固定式消防栓。

带有 4 个出水口的消防栓应位于处理装置、充装设施、易燃液体储存设施周围，以及码头端部和泊位上。

带有两个出水口的消防栓应位于其他区域周围，包括码头引道。

消防软管卷盘应位于每个工艺装置区中，通常在某些平面布置中相距 31~47m。

使用软管和支管进行供水，并使用喷嘴、喷雾或雾化喷嘴或者使用最好带有水喷嘴或泡沫喷嘴的可互换喷嘴的固定式或便携式监测器。

9.7.1　消防水环形主干系统

应在所有工艺装置、易燃液体储存设施、道路车辆和轨道车辆的装载设施、瓶子灌装厂、仓库、车间、公用设施、训练中心、实验室和办公室周围铺设所需流量的消防水主干环网。通常情况下，这些区域以便道为界。面积大的区域应划分为较小的分区，每个分区由设置有消防栓和隔断阀的消防水管合围。

单条消防水管线仅适用于消防训练场。码头的消防水应由一条管道供应，前提是该管道与喷水系统的单独管道互连。从消防泵到码头的消防水管道应配备隔断阀，以便在码头严重损坏时关闭。这些阀门应在不引起高水击压力的情况下关闭。

消防水主干管应配备全通径阀门冲洗接头，以便能够彻底冲洗所有部位和盲端。冲洗接头的尺寸应确保相关管道中的水流速度不低于正常设计速度的 80%，但不低于 2m/s。

消防水主干管通常应铺设在地下，以提供一个安全可靠的系统，并为环境温度可能降至 0℃ 以下的区域提供防冻保护。在特殊情况下，消防水主干管安装在地面之上。消防水主干管应沿着道路铺设，而不能与油气管道同轨铺设，因为油气管道可能存在泄漏或火灾的风险。

基本系统设施包括独立的消防管网主干管或环形主干管，由固定式安装的消防泵供水。环形主干管和消防泵的规格应能提供足够的水量，以应对整个装置中的火灾风险。

可从大容量的水源（如水罐/水池、冷却塔水池、河流、海洋等）抽水作为消防水。是否作为消防水源将取决于当地条件，并应进行勘察。泵吸入管线应位于安全和有防护的位置，并包含固定但易于清洗的过滤器或筛分设备，以保护消防泵。

如通过互助计划或重新循环可获得额外应急供水时，应尽可能利用这一有利条件，但强制性的国家或地方当局的要求可能会在很大程度上限制使用这些有利条件。

9.7.2　消防水环形主干系统/管网系统设计

消防水主干网管道尺寸应根据每个部位的出水点处 10bar 压力下的设计流量进行计算，并应进行校核计算，以证明管网中管道堵塞时的压降是可接受的。系统中的最大允许流量/流速应为 3.5m/s。

然而，消防水流量应为实际需水量，因为实际需水量决定了消防水泵、消防水环形主干系统和需要处理排放消防水的排水系统的规格尺寸。如果排水系统太小或堵塞，可能会发生诸如漂浮在消防水聚集区域上的碳氢化合物燃烧的重大危险，从而使火灾加剧。因此，应提供清洗设施。对于面积大的区域，如泵房和管廊，应设置防火堤，以尽量减少溢出面积。假设灭火时 30% 的消防水蒸发或被吹走，排水系统的设计应考虑该数据。

在非火灾情况下，应使用连接到冷却水供应系统或高位水罐/水池的稳压泵使系统保持充满水和压力保持在 2~3bar。如果使用稳压泵，则应有"备用泵"，两台泵的排量应为 15m³/h，以弥补泄漏量。

消防水环形主干系统应配备消防栓。消防给系统的典型组成如图 9.1 所示。

一条单独的连接至环形主干系统的水管线应沿着码头引道敷设至码头平台。该管线应在距离码头平台约 50m 处安装截断阀。

对于小型化工厂、仓库、小型生产和处理区等，消防水系统应与所涉及的风险大小相匹配，要求应符合有关部门的规定或同意。

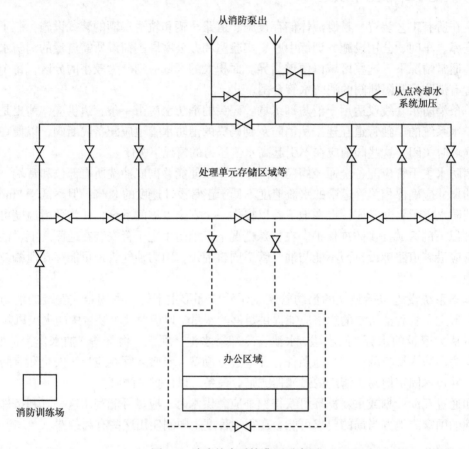

图 9.1　消防给水系统典型示意图

9.8　消防水泵设施

消防水应由至少两台相同的泵供水，每台泵应能够为消防水环形主干系统提供所需的最大水量。当从开放水域吸水时，消防水泵应为潜水立式，当从水罐/水池吸水时，消防水泵应为卧式。

消防水泵应安装在安全的位置，以防火灾和可燃蒸汽云的影响及车辆或船舶的碰撞损坏。例如，它们应距离码头装货点和停泊油轮或装运液态烃的驳船至少 100m。消防水泵应便于维修，并配备起重设施。

主消防水泵应由电动机驱动，备用泵（100% 备用排量）应由其他电源驱动，最好是柴油机。或者可以安装三台泵，每台泵能够提供所需水量的 60%，其中一台泵由电动机驱动，另外两台由柴油发动机驱动。

注意：日炼油能力超过100000bbl的炼油厂应配备两台电动泵和两台柴油泵。

当所需的泵容量应超过1000m³时，应安装两个或以上的小型泵及足够数量的备用泵，应这样确定主驱动器和备用驱动器的功率，以防止在水中有压力的情况下排放，通常在2~3bar表压下或经有关部门同意。主消防泵应配备自启动功能，由于以下行为之一可立即启动火警系统：

当所需的泵流量应超过1000m³时，应安装两台或更多排量较小的泵，以及足够数量的备用泵。主消防泵装置和备用消防泵装置的驱动功率应具有一定的额定值，以便在非火灾情况下，消防水环形主干系统中的压力处于打开出水状态时，能够启动泵，压力通常为2~3bar，除非相关部门另有约定。主消防水泵应配置自动启动设施，该设备将在火灾报警系统因以下事项之一被触发时而立即运作：

（1）当火灾报警点被触发时；

（2）当自动火灾探测系统被触发时；

（3）当消防水环形主干系统中的压力降至最低要求静压以下时，通常为2~3bar（表压）

备用消防水泵应配置自动启动设备，其将在以下情况下运作：

（4）如果主消防水泵未启动或已启动，消防水环形主干系统中的压力无法在20s内达到要求。

应能在水泵处、控制中心以及必要时从门房处手动启动每个泵组（无需触发火灾警报）。每个泵组只能在泵上手动操作停止。

供油箱的容量应至少等于每1hp/gal（5.07L/kW），加上5%的膨胀容积和5%的油底壳容积。可能需要更大容量的油箱，并应根据主要因素确定容量，例如重新加注循环和再循环导致的燃油加热，并且受每种情况下的特殊情形影响。供油箱和燃油应专门为消防泵柴油机预备。

泵应具有稳定的性能曲线，显示随着流量从零流量增加到最大流量，扬程降低；优选具有相对平滑性能曲线的泵，关闭压力不超过设计压力的15%。

炼油厂内的总供水量应能够在不少于4~6h的时间内提供最大流量，且符合预计的火灾场景需求。如果消防水系统由水罐或水池供应，则水罐或水池总蓄水量应满足消防所需的水量。然而，如果水罐或水池由可靠的独立供水系统（如公共供水系统或水井）的管线自动补水，则总蓄水量因有补水量可以减少。

9.9 计划

当考虑新建私人消防总管道时，应编制并批准其详细蓝图。该蓝图应按比例绘制，并应包括所有基本细节，如：

（1）所有供水系统的规格和位置；

（2）所有管道的规格和位置，如有可能，标明现有管道和待安装的新管道的类型和埋深；

（3）如果阀门位于阀井内或如果用穿过路边控制箱带明杆指示的套筒扳手操作阀门，要设置阀的规格、类型和位置指示标识。标识流量计、调节器和止回阀的规格、类型和位置；

（4）消防栓的规格和位置，标明栓口的规格和数量，以及栓口是否应配置单独的闸阀。标明是否应提供消防软管箱和相关设备以及由谁提供；

（5）系统应设置喷头、竖管和监控喷嘴和软管卷盘；

（6）市政消防给水管网连接点的位置，如果是私人消防主干系统的一部分，包括连接细节；

（7）安装的消防水泵的位置、数量和规格。

9.10 常规防冻

消防水系统

当记录的最低环境温度低于 0°C 时，消防水干管应埋设在冰冻线以下，且不得小于地面以下 0.6m。当装置的其余部分运行时，应当被关停的支路设备应有切断阀并使用以下方法之一保护切断阀：在切断阀的正下方，设置一条从供水管返回回流管的旁路。对于 76.2mm 及以下的管线，该旁路应为 12.7mm；对于 101.6~203mm 的管线，该旁路应为 25.4mm；对于大于 203mm 的管线，该旁路应为 38mm。在阀门闸板正上方的阀体中设置一个排水口，以便在阀门关闭后将所有水排出阀门上方的管线，并在阀盖中设置另一个排水口，以排出闸板和阀杆周围空隙中的水。

冰冻线以上的消防水管线的所有部位都应设置排水管。

在严寒气候地区，如消防水管线必须铺设在地面之上，支管应从水平干管的顶部引出，切断阀处于水平位置，排水管应设置在盲管端。

在发生冰冻的气候条件下，应采取措施防止存水结冰，如通过循环或通过加热；再或者应增大消防水储存容量以弥补冰层导致的有效容积减少。应对水质进行监测和处理以控制藻类或藤壶的生长。补水系统还应包括易于清洁的过滤设施。

在可能发生冰冻的地区，消防水泵应安装在房屋内进行保护；对于其他地区，可能只需要建防雨棚 / 防晒棚。当泵取水取自开放水域时，应设置易于清洁的过滤系统。当泵取水取自水罐 / 水箱时，应在水罐 / 水箱的补水系统中设置一个过滤器。每台泵的出水管应设置止回阀、测试阀、压力表和带锁定装置的切断阀；测试阀应设有一条带有流量计量装置的共用回流管。每台泵应单独连接到一个共用吸水管。

通常情况下，泵共用出水总管应通过两条单独的管道连接至消防水环形主干管网系统，每条管道均设有截断阀，且规格与环形主干管相同。由于防冻，码头端部的消防水管线通常采用干式形式。

9.11 消防水罐

标准的消防水罐包括塔架或建筑结构上的高位水罐、地面或地下储水罐及压力水罐。

9.11.1 容积和高程

水罐的规格和高程应在充分考虑所有相关因素后，根据每个单独因素的条件确定。在有的地方，水罐应给消防自动喷水灭火装置供水。在可能的情况下，应按照标准中的规定设置标准规格的水罐和塔架的高度。

水罐的容积是出水口上方可用的水立方米数。排放管出水口和溢流口之间的净容积应至少等于额定容积。对于带有大堰板溢流口的重力水罐，净容积应为溢流口和设定低水位线之间的水立方数。对于抽吸罐，净容积应为溢流口和旋流器水平面之间的水立方米数。

钢制水罐的标准净容积有：$18.93m^3$、$37.85m^3$、$56.78m^3$、$75.70m^3$、$94.63m^3$、$113.55m^3$、$151.40m^3$、$189.25m^3$、$227.10m^3$、$283.88m^3$、$378.50m^3$、$567.75m^3$、$757.00m^3$、$1135.50m^3$ 和 $1892.50m^3$。其他规格的水罐可根据 NFPA-20 制造。

压力罐的容积应经有关机构认证。

木制水罐的标准净容积有：$18.93m^3$、$37.85m^3$、$56.78m^3$、$75.70m^3$、$94.63m^3$、$113.55 m^3$、$151.40m^3$、$189.25m^3$、$227.10m^3$、$283.88m^3$ 和 $378.50m^3$。可以建造其他规格的木制水罐。

涂层水罐的标准容积为 $378.5 \sim 3785m^3$（根据 NFPA 22）。图 9.2 展示了一个典型的消防水罐。

图 9.2 一个典型的消防水罐

9.11.2 水罐的位置

所选择的位置应使罐和结构不受来自相邻单元的火灾影响。如果缺少庭院空间则不可行，暴露的钢结构应适当防火或用开放式洒水喷头保护，必要时的防火措施应包括在 6.1m 以内的易燃钢材建筑物，窗户、门及易燃的液体和气体。

水罐的选址应确保罐和结构不会受到相邻装置的火灾影响。如果由于缺乏区域空间而无法实现这一点，则外露的钢结构应进行相应的防火处理，或设置开式喷淋装置保护。

必要时，应对 6.1m 范围内的易燃建筑物、窗户、门及存储可能引发火灾的易燃液体和易燃气体的钢结构进行防火处理。

（1）当钢或铁用于可燃建筑或居室附近建筑物内的支撑时，应在建筑物内，对可燃屋顶盖层上方 1.8m 处及可能引发火灾的门窗的 6.1m 范围内进行防火处理。当靠近易燃建筑或居室时，连接支撑罐结构的两个建筑柱的钢梁或钢支架也应相应地进行防火处理。内部不得使用木材支撑或加固水罐结构；

（2）必要时，耐火等级应不低于 2h ；

（3）基础或支脚应为塔架提供足够的支撑和锚固；

（4）如果将罐或支承框架设置在建筑物上，则建筑物的设计和建造应能承载最大载荷。

9.11.3 蓄水设施

最好从天然水域取消防用水，但如果无法从天然水域取得所需数量的合格水质的消防用水，或者由于在天然水源处安装消防水泵的距离不经济合理，则应设置蓄水设施。

蓄水设施可包括一个钢制或混凝土的开放式水池或一个容积足够的水箱。水池或水箱应有两个格室以便于维护，每个格室容积为总所需消防水量的 60%，并应有足够的补水设施。格室的 100% 的容积能够保证作为替代水源满足消防要求则是可以接受的，如在检修期间。补水率通常不应低于所需消防水泵总流量的 60%。

如果能够达到 100% 的补水率，经石油和天然气公司同意，可减少消防蓄水量。有关部门可考虑补水水源包括装置冷却水、地表水或地下水，前提是在可接受的距离和足够的水量下，能满足以最大要求的流量进行至少 6h 不间断消防灭火的需要。

9.11.4 钢制重力罐和抽吸罐

压力罐：压力罐可用于有限的私人消防服务。除非有关部门批准，否则不得将压力罐用于任何其他用途。

空气压力和水位：除非有关部门另有批准，否则水罐应保持三分之二的水，并且应保持压力表的气压至少为 5.2bar。当最后一滴水离开压力罐时，压力表上显示的剩余压力不应小于 0，并且应足以为建筑物主屋顶下处于最高位置处的自动喷水灭火装置提供不小于 1.0bar 的压力。

例外：液压系统可能需要不同的压力和水位。

位置：压力罐应位于自动喷水灭火装置顶部之上。

9.11.5 水罐间

在易结冰地区，水罐应设置在坚固的不燃房间内。水罐间应足够大，以便能够操作使用所有连接件、附件和人孔，水罐其余部分与周围净距至少为 457mm。地面与水罐任何部分之间的距离应至少为 0.91m。水罐间的地面应防水，并设计向室外排水。水罐间应防冻保暖以保持 4.4℃ 的最低温度，并应配备充足的照明设施。

9.11.6 埋地罐

如果空间不足或其他条件要求，如果满足以下要求，压力罐可以埋地：

（1）为了防止冻堵，水罐应位于冰冻线以下；

（2）罐端部和至少 457mm 的罐体应伸入建筑物地下室或地坑中，并进行防冻保护。应有足够的空间进行检查、维护和使用储罐人孔进行内部检查。

罐的外表面应针对由土壤分析显示的腐蚀条件，按照以下方式进行全面涂层保护：

（1）应设置有效的阴极防腐系统；

（2）应在罐周围回填至少 305mm 厚的沙子；

（3）水罐位置应高于最高地下水位，以保证水罐的浮力不会使其向上顶起，另一种方法是设置混凝土底座，并将水罐固定在其上；

（4）水罐的设计强度应能抵抗土壤对其的压力；

（5）人孔最好位于罐端部的垂直中心线上，以打开回转盖并保持回转盖尽可能靠近罐；

（6）罐材质：材质类型应限于钢材、木材、混凝土和涂层织物。高位木罐和钢罐应支撑在钢制或钢筋混凝土塔架上。

9.12　固定式消防软管卷盘（水）

旋转：软管卷盘应绕转轴旋转，以便软管可以自如地抽出。

卷盘：第一卷软管的卷筒或软管支架直径应不小于 150mm。将软管缠绕到卷筒上的方式应确保软管不会受到外层软管层的限制或被压扁。

手动进水阀：带手轮的进水阀应为地上式螺杆截止阀或闸阀。

注：为便于安装和维护，应在阀门和卷盘之间安装一个接头。顺时针转动手柄应关闭阀门。应在手柄上永久标记打开方向，最好使用压模箭头和"打开"字样。

卷盘规格：卷盘大小应足以容纳软管全长（水枪喷嘴除外）。对于内径为 19mm 的软管，长度不得超过 45m，对于内径为 25mm 的软管，长度不得超过 35m。

射流长度及消防水流量：消防水流量不小于 24L/min，射流长度不小于 6m。除了喷雾范围小于 6m 的情况之外（根据 NFPA-22），水枪喷嘴的出水，无论是单纯喷射还是喷射喷雾，都应符合上述流量。

9.12.1　一般注意事项

在某些情况下软管的局限性：虽然标准允许卷盘上的软管长度达到 45m，但经常会发生软管必须由体力适当的人来操作的可能情况。在这种情况下，以及当软管的可能路径曲折的时候，应限制卷盘上软管的长度和规格，并应考虑这些限制来审查卷盘的位置和设置。

注意：应设置一个软管卷盘，使每个卷盘能覆盖 800m² 的建筑面积或区域建筑面积。

选址：软管卷盘应位于靠近出口的各楼层的显眼且可接近的位置，以便软管水枪可达每个区域，并在考虑有障碍物的情况下，可达 6m 范围内区域的每个部位。当笨重的家具或设备被放进某个区域时，软管和水枪还应能够将射流引至凹处的背面。在特殊情况下，还应考虑软管卷盘的位置是否有利，即如果发生火灾，无法使用一个软管卷盘，火灾能被附近的另一个软管卷盘扑灭。

9.12.2　软管卷盘的坐标空间

大多数类型的软管卷盘所需的空间及"水平"软管卷盘相对于地板或地面的位置都未

给出，因为这些被视为特殊安装。从空间坐标的角度来看，可接受的选择范围，第一个首选项由一个较粗的点表示，第二个首选项由一个较小的点表示。

注：基本空间可容纳：

（1）卷盘和阀门；

（2）软管挂环；

（3）正确拉出软管的通道或必要空间；

（4）消防箱（如有）。

空间大小基于向上供水的正常设置。向下或侧向供水应视为特殊安装。

9.12.3　软管卷盘供水

最低要求：作为最低要求，软管卷盘供水应确保当建筑物或装置中最顶端的两个卷盘同时使用时，每个卷盘将提供长约 6m 的射流，并且流量不低于 0.4L/s（24L/min）。例如，当长度为 30m 的软管卷盘管与长 6.5mm 的水枪喷嘴一起使用时，每个卷盘入口处需要 1.5bar(1bar=10^5N/m^3=100kPa) 的最小运行压力，同样，对于 4.5mm 的水枪喷嘴，需要 4bar 的最小运行压力。

9.13　固定式喷水灭火系统

9.13.1　适用范围

喷水适用于保护特定的危险和设备，可独立安装或补充其他形式的消防系统或设备。

危险：喷水可用于防护以下危险：

（1）气态，易燃液体和有毒物质；

（2）电气危险，如变压器、油压开关、电机、电缆槽盒和电气线路；

（3）普通易燃物，如纸张、木材和纺织品；

（4）某些有害固体。

用途：一般来说，喷水可以有效地用于以下任何一种或多种目的：

（1）灭火；

（2）燃烧控制；

（3）暴露保护；

（4）防火。

局限性：应认识到喷水应用存在局限性。限制因素包括待保护设备的特征、所涉及物质的物理和化学性质及危险环境。其他标准也考虑水的应用限制（沸溢、起泡、电气间隔等）。

报警装置：系统的位置、用途和类型决定所需的报警装置。应在每个自动控制系统上设置由水流独立驱动的报警装置，以指示检测系统的运行。在规范有要求的区域，应使用设计用于危险场所的电气附件和装置。

冲洗接头：系统设计中应包含适用的冲洗接头，以便于根据需要进行日常冲洗。

9.13.2 供水

选择尽可能不含异物的供水水源是至关重要的。

流量和压力：供水流量和压力应能够将所有设计为同时运行的系统的出水量保持在设计流量和持续时间。对于供水配水系统，在确定最大流量需求时，应考虑消防水龙带的用水流量或其他消防用水需求。分段控制切断阀的位置设置应特别论证，以便在紧急情况下可以使用。当仅有一个有限的水源可用时，应为第二次喷水灭火操作提供足够的水，以便在不等待补水的情况下重新建立保护。

水源：喷水系统的水源应来自可靠的消防水源，例如：

（1）与自来水厂供水系统相连；

（2）高位罐（特殊情况下为压力罐）或有充足供水的消防泵。

消防站连接线：在供水量有限或备用或主要供水量可通过相应的抽水设备响应紧急情况而增加的情况下，应设置一个或多个与消防站的连接线。只有当消防站的泵水能力等于最大需求流量时，与消防站的连接线才有用。应仔细考虑系统的用途、可靠性、水系统的流量和压力等因素。应考虑发生严重暴露火灾和类似局部状况的可能性。如果有指出，则应在消防连接线上设置管道过滤器。如果需要设置消防站连接线，应为相应的泵设备提供合适的吸入装置。

9.14 系统设计和安装

工艺技术要求：喷水系统的设计、布置和安装委托给经验丰富、负责任的团队。喷水系统安装是自动喷水灭火系统安装的一个专业领域，它本身就是一个行业。在安装喷水系统或改造现有设备之前，应准备好完整的工作计划、设计说明书和水力计算书，并提供给相关方。

9.14.1 喷水强度和应用

灭火：喷水灭火可通过表面冷却、产生的蒸汽窒息、乳化、稀释或各种组合方式来实现。系统的设计应确保在合理的时间内完成灭火，所有表面应充分冷却，以防止系统关闭后"复燃"。灭火的设计喷水强度应基于试验数据或与实际安装条件类似的条件相关的知识。适用于大多数普通可燃固体或可燃液体的喷水强度一般范围为作用于受保护面积上的 6.1（L/min）/m^2 至 20.4（L/min）/m^2。

注：关于某些可燃物或可燃物灭火所需的喷水强度，有一些可用数据；然而，在确定最低喷水强度之前，还需要进行大量额外的测试工作。在设计用于灭火的喷水系统时，应考虑以下方法或组合：

（1）表面冷却；

（2）由于蒸汽产生的窒息；

（3）乳化；

（4）稀释；

（5）其他方法。

电缆槽盒和电气线路：当绝缘电线和电缆或非金属套管受到固定式自动喷水（开式喷头）系统的保护时，该系统用于扑灭电缆或套管内产生的火灾（即绝缘材料或套管容易着火和火灾蔓延），该系统应采用液动设计，以 6.1（L/min）/m² 的速度，从电缆槽盒或套管的水平或垂直方向将水直接喷射到每个槽盒或电缆或套管组上。例外情况：如果通过试验验证并获得 NIOC 的认可，则应使用其他喷水强度和喷洒方法。自动检测装置应足够灵敏，以快速检测到阴燃或初期燃烧。如果担心易燃液体或熔融材料的流淌会使电缆、非金属套管和槽盒支架暴露，则防护系统的设计应符合暴露保护的建议。当开式槽盒或电气线路中的电缆或套管需要通过喷水保护，以防止火灾或蔓延时，应设计从电缆槽盒或套管的水平或垂直方向喷射 12.2（L/min）/m² 的基本喷水强度。洒水喷头的布置应确保以该喷水强度向电缆槽盒或套管的前后部以及支架和支撑喷水。如果在电缆槽盒或套管下方安装相当于厚 1.6mm 钢板的防火罩，则电缆槽盒或支架上表面的喷水强度要求可降低至 6.1（L/min）/m²。钢板或等效防火罩的宽度应足以延伸至电缆槽盒或支架的侧边之外至少 152mm，以阻挡电缆槽盒或套管下方溢出物产生的火焰或热量。如果布置了其他洒水喷头来灭火、控制或冷却敞开的液体表面，则电缆槽盒或套管或管路的上表面、前部或后部的喷水强度可降低至 6.1（L/min）/m²。设计用于保护电缆槽盒或套管及其支撑免受易燃或熔融液体流淌的燃烧热影响的固定喷水系统应自动启动。

燃烧控制：燃烧控制系统应充分发挥作用，直到有时间使易燃物质燃尽、去采取措施控制泄漏物料的流淌、去集结抢险力量等。可能需要系统运行数小时。应安装喷头，以喷射火源区域和溢出物可能流到或聚积的区域。作用于溢出物可能表面上的喷水强度应不低于 20.4（L/min）/m²。输送易燃液体或气体的泵或其他装置的轴、填料压盖、连接件和其他关键部件应被强度不低于投影表面积的 20.4（L/min）/m² 定向喷水所覆盖。

9.14.2 暴露防护

根据对易燃物的性质和数量及消防设备和物料的可能功用的了解，系统应能在暴露火灾期间有效运行。应要求系统能持续运行数小时。

用于暴露防护的自动喷水系统应设计为在待保护表面上形成积炭之前，以及在任何易燃液体或气体容器因温度升高而可能发生失效之前运行。因此，系统和供水系统应设计成确保在探测系统动作后 30s 内从所有喷头喷出有效的水。

用于暴露防护的规定的喷水强度要考虑最小 2.0（L/min）/m² 的损耗量。

喷头：选择喷头类型时应注意。"喷洒"距离或者喷头与覆盖面的位置受到喷头释放特性的限制。在选择喷头时还应注意要选择具有不易被水中碎屑、沉积物、沙子等堵塞水道的喷头。

选型：选择喷头的类型和规格时，应适当考虑相关危害的物理特性、通风或气流条件、可能燃烧的物料及系统的通用性等因素

布置：喷头可以设置在任何必要的位置以达到保护区域的适当覆盖。针对要保护的覆盖面或要控制或扑灭的火灾而设置的喷头定位应根据特定的喷头设计和产生的喷水特性确定。应考虑喷头初始喷水强度很小时气流和火焰对非常小的液滴或较大的液滴（喷头初始速度很小）的影响，这些因素会限制喷头与覆盖面之间的距离、限制暴露保护和火灾控制或灭火的有效性。在定位喷头时应注意，喷水不会未覆盖目标表面，降低效率或计算喷水

强度（L/min）/m²。在安装保护输送易燃液体带压管道的喷头时也应小心，这种保护旨在扑灭或控制泄漏或破裂引起的火灾。

过滤器：所有使用水道小于 9.5mm 喷头尺寸的系统及可能含有阻塞性物质的系统都应设置主管道过滤器。主线管道过滤器应安装便于在紧急情况下冲洗或清洁的地方。如果水通道小于 3.2mm，则应在每个喷头处设置单独的过滤器。在选择过滤器时应注意，尤其是喷头水道最小尺寸小于 6.5mm 的地方。应考虑滤网网孔的大小、无过度摩阻损失的可累计容积及检查和清洁设施。

容器：暴露保护规则应考虑容器暴露表面积最大允许输入热量为 18930W/m² 的紧急缓解能力。如果在火灾时未提供所需的紧急缓解能力，则应增加喷水强度，以将吸热量限制在安全水平。水应以不小于 9.2（L/min）/m² 净喷水强度作用于垂直或倾斜容器的暴露未隔热表面。如果考虑垂直或倾斜表面的下流效应，喷头之间的垂直距离不应超过 3.7m。喷洒模式的水平末端至少应交汇。容器赤道线以下的球形或水平圆柱形表面不能因下流效应而被认为是可湿的。如果凸出物（人孔法兰、管道法兰、支架等）会阻碍喷水覆盖范围，包括垂直表面上的下流效应或滑动效应，则应在凸出物周围安装额外的喷头，以保持湿润模式，否则会对洒水造成严重的阻挡。垂直容器的底面和顶面应被以不低于作用于暴露未隔热表面的 9.2（L/min）/m² 平均喷水强度完全定向喷水覆盖。应考虑滑动效应，但在底面上，喷洒模式的水平端应至少交汇。应特别注意释压阀、供水管道和阀门连接突出部位周围的喷水分布。未隔热的容器裙板应在暴露（未隔热）的一侧，无论是内侧还是外侧，以不小于 9.2（L/min）/m² 的净喷水强度进行喷水。

结构和其他设备：水平、受力（主要）和钢结构构件应采用中心间距不大于 3m（最好是在交替侧）的喷头进行保护，喷头的大小和布置应确保在湿区域的喷水强度不小于 4.1（L/min）/m²。

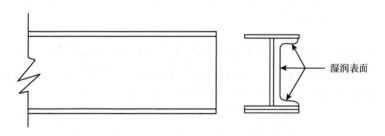

图 9.3   结构构件梁或柱的湿表面

结构构件梁或柱的湿表面定义为梁腹的一侧和凸缘一侧的内表面，如图 9.3 所示。

垂直结构钢构件应采用中心间距不大于（3m）的喷头（最好是在交替侧）进行保护，喷头的大小和布置应确保在湿区域的喷水强度不小于 4.1（L/min）/m²（图 9.3）。

金属管道、管子和导管应通过喷水保护，喷水方向应朝向管道底部投影的水平面。

喷头的选型应能在管道所在或可能所在的整个水平表面区域提供基本上完整的喷洒。

对于单层管架，洒水喷头应以 9.2（L/min）/m² 的平面喷水强度喷洒到管道底部。

对于两层管架，洒水喷头应以 8.2（L/min）/m² 的平面喷水强度喷洒到较低层的下侧，其他喷头应以 6.1（L/min）/m² 的平面喷水强度喷洒到较高层的下侧。

对于三层、四层和五层管架，洒水喷头应以 8.2（L/min）/m² 的平面喷水强度喷洒到最底层的下侧，其他喷头应以 6.1（L/min）/m² 的平面喷水强度喷洒到交替层的下侧。即使在受保护的水平面正上方，也应在顶部水平面下方喷水。

对于六层或六层以上的管架，洒水喷头应以 8.2（L/min）/m² 的平面喷水强度喷洒到最底层的下侧，其他喷头应以 4.1（L/min）/m² 的平面喷水强度喷洒到其他层的下侧。即使在受保护的水平面正上方，也应在顶部水平面下方喷水。

洒水喷头的选型和位置应确保喷水模式的末端至少交汇，且喷洒基本上应限制在管架的平面区域内。

喷头之间的间距不应超过 3m，且喷头应不超过被保护管道底部以下 0.8m。

应考虑管道支撑钢结构对喷洒模式的阻碍。如果存在此类障碍，喷头应在隔间内间隔布置。

例外情况：如果由于物理损坏或空间不足，无法在支架下方安装喷水管道，则支架上的管道顶部可采用与之前规定相同强度的喷水保护。垂直叠摞的管道可通过在管道一侧以 6.1（L/min）/m² 的强度喷水进行保护。表 9.1 提供了更多信息。

表 9.1　金属管道、管子和导管的保护

管架层数	最底层的平面喷水强度		上层的平面喷水强度 *		需要喷头的层位
	（gal/min）/ft²	（L/min）/m²	（gal/min）/ft²	（L/min）/m²	
1	0.25	9.2	N/A	N/A	全部
2	0.20	8.2	0.15	6.1	全部
3、4 或 5	0.20	8.2	0.15	6.1	备用
6 或更多	0.20	8.2	0.10	4.1	备用

注：* 表中的数值考虑了流淌火的暴露。

变压器：变压器保护应考虑对所有外表面进行基本上完全的喷洒，但位于可通过水平凸起物保护的下表面除外。应以不小于变压器及其附件矩形棱柱外壳投影面积的 9.2（L/min）/m² 喷水强度及不小于预期非吸收性暴露地面面积的 6.1（L/min）/m² 的喷水强度洒水。特殊结构、储油罐、泵等需要额外的喷水设计。散热器等之间宽度大于 305mm 的空间应单独保护。喷水管道不应穿过变压器箱的顶部，除非任何其他布置无法实现喷雾，并且与带电电气部件保持所需的距离。为防止损坏通电绝缘套管或避雷器，喷水不应直接喷射设备，除非制造商或制造商文件授权。

皮带输送机：驱动装置：应安装喷水系统，以保护驱动辊、张紧辊、动力装置和液压油装置。辊和皮带的喷水强度应为 9.2（L/min）/m²。喷头的位置应能将水喷射到表面上，以扑灭液压油、皮带或皮带上的输送物料的火灾。结构元件上的水喷雾应能防止辐射热或抑制火焰；传送带：应安装喷水系统，以自动喷湿顶部传送带、输送物和底部回程带。洒水喷头的喷洒模式应以 9.2（L/min）/m² 喷水强度覆盖顶部和底部皮带区域、支撑皮带的结构部件和托辊。喷水系统保护应扩展到每个输送点位之外朝向输送带、输送设备和输送建筑物的相邻区域。或者，用于保护相邻皮带或设备的系统应联锁，即给料皮带喷水系统将自动启动保护下游设备第一段的喷水系统。应特别考虑放置带式输送机设备的建筑物、廊道或管道的内部保护。此外，应保护廊道的外部结构支架防止暴露于如廊道附近易燃物的火灾中。带式输送机保护的有效性取决于检测系统和机器之间的快速检测和适当联锁。

9.15 防火防爆

系统应能在足够长的时间内有效运行，以消溶、稀释、分散或冷却易燃或危险物料。在选择持续作用时间时，应考虑物料泄漏的可能持续时间。喷水强度应基于产品经验或测试。

9.15.1 系统规模

独立的火灾区域应采用独立的系统进行保护。考虑到供水和其他影响保护可靠性的因素，单个系统应尽可能小。设计为同时运行的单个系统或多个系统的液压设计的喷水流量不应超过可用供水量。

9.15.2 防火分区

防火区的分隔应通过间距、防火屏障、围堤、特殊排水系统或通过这些方式的组合等措施实现。在分隔防火区时，应考虑喷水系统运行之前或期间燃烧液体的可能流动。

9.15.3 区域排水

在防火区内的所有系统运行期间，应采取适当预防措施，迅速有效地处理防火区内的所有液体。这些措施应足以处理：

（1）在最大流量条件下从固定式消防系统排出的水；

（2）可能由消防水龙带射出的水；

（3）地表水；

（4）正常排放至系统的冷却水。

有四种处置或遏制措施：

（1）围挡；

（2）筑堤；

（3）挖沟；

（4）修建地下或封闭排水管。

采取何种措施应根据以下因素确定：

（1）危险程度；

（2）可用的净间距；

（3）需要的防护。

如果危险性较低，且净间距足够，所需的防护等级不高，则围挡是可接受的。如果不存在这些条件，则应考虑筑堤、挖沟或修建地下或封闭排水管。

9.16　阀门

切断阀

每个系统应设置一个切断阀，其位置应确保在系统保护区域或相邻区域发生火灾时易于操作，或对于为了防火而安装的系统，在防火系统要预防的意外事故发生时易于操作。除了带路面箱的地下式闸阀外，控制喷水系统的阀门应通过以下方法之一受控打开：

（1）中控台、业主或远程报警服务台；

（2）本地报警服务台：可在经常有人值守的地点发出声音信号；

（3）锁定阀打开；

（4）当阀门位于业主控制下的围栏内时，对阀门进行密封性测试和每周批准的记录检查。

9.17　自动控制阀

在紧急情况条件允许的情况下，考虑到使用的便捷，自动控制阀应尽可能靠近要防护的危险区域，这样在自动阀和喷头之间所需的管道最短。如有需要，远程手动触发装置应位于紧急情况下易于便捷使用的显眼位置，并能被控制系统准确识别。

水力计算

表 9.2 给出了工艺装置消防用水要求的详细信息。

表 9.2　工艺装置消防用水要求

工艺单元类型	最低消防用水流量	
	m³/h	US gal/min
常压精馏装置、真空装置或联合装置，最高产量可达 15900m³/d（100000bbl/d）；处理厂；沥青釜；其他	598	2500
常压精馏装置、真空装置或联合装置，产量可达 15900m³/d（100000bbl/d）或更高；催化裂化装置	900	4000
含有挥发性油和氢的轻馏装置，如重整器、催化脱硫器和烷基化装置	900	4000
润滑油装置和调和设备	454	2000

9.18　高闪点液体固定顶储罐

当储存的产品具有 65℃（150°F）或更高的闭杯闪点时，可以认为固定顶储罐相对安全。如果满足以下条件，则不需要泡沫灭火：

（1）如果产品被加热，其储存温度一定不存在超过闪点或 93℃（200°F）的可能性；

（2）在温度高于93℃（200°F）或其闪点时，热油流一定不存在进入罐内的可能性；

（3）闪点低于储存温度的馏分绝不能为了调和而泵入罐中；

（4）在着火时，应有足够的消防水来冷却暴露的相邻储罐。然后，应将罐抽空或让其燃尽；

（5）产品不应为具有沸溢特性的原油。如果产品是原油，则必须在热波抵达罐底的水之前将火扑灭；

（6）储存温度应避免在93℃（200°F）和121℃（250°F）之间，因为水垫或水罐底部的水可能随时达到沸腾温度，导致猛烈沸腾。

如果产品能被加热到121℃（250°F）以上，则无法应用泡沫灭火，如果使用泡沫，则会溢出。

9.19　浮顶罐

除了边缘火灾，浮顶储罐实际上被认为是防火的，因此，应该有足够的消防水来冷却外壁并扑灭边缘火灾。

9.19.1　压力储罐

当球罐直径较大或多个球罐或圆筒罐布置紧密时，冷却压力储存球罐或圆筒罐的需水量可能会超过拱顶储罐的最大消防需水量。但是，如果相邻球罐的直径不超过15m（50ft），且外壁到外壁之间至少相距30m（100ft），可以不考虑这些球罐的冷却。

低压冷藏储罐：如果储罐暴露在火中，应用监测冷却水流冷却储罐外壁。不得将水直接用于冷藏液化石油气或溢出的低温易燃液体或流淌火，因为会导致更快的蒸汽释放或增强火势。

9.19.2　暴露储罐的冷却水

在储罐或球罐火灾期间，相邻储罐可能需要冷却水流。但是，这不适用于易燃液体储存量不足以产生足够热量而需要冷却相邻储罐的工艺装置。在以下范围内，为每个相邻的、无防护的固定顶罐或浮顶储罐提供至少两股57m³/h（250US gal/min）的冷却水流，或总计114m³/h（500US gal/min）的冷却水流：

（1）在任何大小的燃烧罐或球罐的15m（50ft）范围内，无论风向如何；

（2）在一个罐直径和一个象限内，该象限内的罐需要的最大冷却水量；

（3）在一个球罐45m（150ft）和最"拥挤"的象限内。

9.19.3　消防水量与炼油量

图9.4显示了以炼油量［单位为m³/d（10³bbl/d）］为横坐标，以消防水量［单位为m³/h（US 10³gal/min）］为纵坐标绘制曲线。这条曲线代表了从世界各地装置收集的数据的平均值。当采用本节所述方法计算炼油厂消防用水量时，该曲线可作为所需水量的指南。

消防水应来自无限的水源，如天然水体。如果无法实现这一点，则应始终通过水罐或水池保证供水。

305

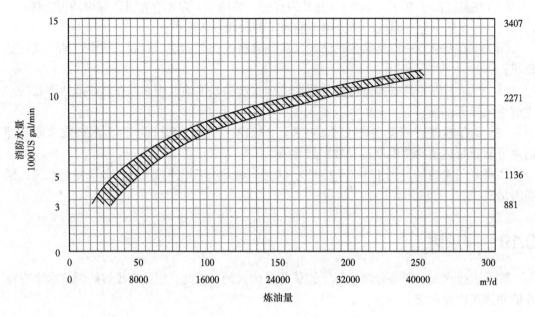

图 9.4　消防水量与炼油量的关系示意图

9.19.4　防火服规范

防火服应具有较高的隔热值，但实际上防火服可能具有足够高的隔热保护以防快速传热。

可能需要不同类型的衣服来防止热辐射以及由热空气和火焰引起的热对流和热传导。金属质反光织物能提供有效的辐射热防护。在本书中，将讨论灭火毯、耐火毯、防火帘和防火罩的使用。

结构（消防员服）：当人们在高达 1000~1100℃ 的极高温度下工作时，如炉子和烤箱维修、烹饪、排渣、消防和救援工作，使用镀铝织物是必不可少的。成分为"Celanee pbi"纤维（25%）和"Conex"间位芳纶纤维（75%）。在 1200℃ 火焰中暴露超过 65s 后，耐火外层不应破裂，也不应失去内在弹性。供在"热作业"场所进行消防和相关救生操作期间遇到危险的放射性污染危害和放射性污染的建筑消防员使用。这些套装包括：供在"动火作业"地点进行消防和相关救生操作时遇到危险放射性污染危害和放射性污染的结构消防人员使用：

（1）裤子；

（2）上衣；

（3）手套；

（4）靴子；

（5）头罩；

（6）单体式空气供给器（从头到脚），减少热量，增加舒适度。

镀铝服装：陶瓷纤维（1450℃）范围内的镀铝服装。这类服装分为两类：

（1）近火服（图 9.5）不得进入火焰区域；

图 9.5　镀铝隔热服用于灭火，不进入燃烧区域。透明面罩采用金属涂层，
可提供更高的隔热性能。头部配件包括颏带

（2）抢险救援服（图 9.6 和图 9.7）：温度超过 550℃时使用。

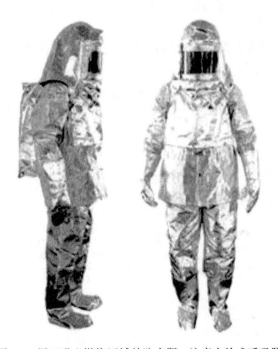

图 9.6　用于进入燃烧区域的防火服，注意自给式呼吸器

307

图 9.7 避火服示范图

这套衣服的玻璃纤维材质耐化学腐蚀，即使在纯氧环境下也不会燃烧。

注意：

（1）在需要穿避火服的地方，切勿穿近火服；

（2）表 9.3 列出了用于防护近距离接近火场和其他抢险救援的服装。

普通衣物可以通过防火措施防护火焰或小火花。防火处理将使材料：

（1）具有高阻燃性；

（2）有效的水溶性阻燃剂是 228.8g 硼砂和 113.4g 硼酸（在 3.8L 热水中）；

（3）防火服应标明区别。

表 9.3 高热防护服

危险类型	危险实例	阻燃性	推荐的防护方法	套装组合	头部防护	
					类型	通风度
辐射热	近距离接近火场	外层应为"阻燃"材料，内衬应为难燃材料	高反射表面具有高热阻率	需要自由通风，以让热量蒸发并防止局部受热	由线规或透明材料制成的涂有反射涂层的防护罩	自然通风
辐射热与偶发火焰卷烧	邻近火场的救援工作和灭火行动	外层材料和衬里应阻燃	反射表面抗辐射热和热阻率尽可能高 *	尽可能少的空气进入，尽可能多的空气在套装内自由循环	带面罩的头盔围遮涂有反射涂层的头（颈）面罩	通风可能受天气控制，但应可关闭
辐射热与火焰笼罩	—	—	—	空气进入可忽略和衣服内空气大量再循环	—	—
辐射热与完全静态浸没火焰	进入油品火灾火场灭火工作	外层材料应不可燃，内衬应阻燃 *	—	—	—	应尽可能气密

芳纶纤维/Conex（PBI混合，AEX防火）预碳纤维/PYRO-MEX/玻璃纤维/陶瓷纤维。
* 具有材料特性

9.19.5　材料

紧靠热和火使用的消防员服的任一部件所用的材料都应是阻燃的。由于服装的设计原则，任何可能接触火焰的内衬材料都应由阻燃材料制成。

设计和缝制：不应外置口袋。裤子和上衣的袖子不应外翻边。应尽可能保护接缝和缝纫线。缝纫线应与主体面料一致，且不应削弱服装提供的保护效果。

9.19.6　头罩

用于近火防护的头盔应与面罩整体测试，不得有变色。面甲应无开裂或破裂迹象，所有接缝应基本完好无损。头盔需要提供防冲击保护，并应通过减震测试。

制造商应向买方说明头罩和套装内的可呼吸空气量，并应与设备的用途和使用时间一致。

紧固件的设计或保护应确保其不会因受热而损坏或导致使用者头部受伤。

视野应满足使用者操作的要求，并由买方和制造商商定。

头罩的设计应确保面罩或面罩在使用时不会因起雾而降低能见度。

9.19.7　面甲/面罩

面甲或面罩应由至少两层独立的材料制成，其边缘应由合适的框架或头盔本身的设计有效保护。

（1）应明确规定光线通过面甲的透光度；

（2）当面甲或面罩被喷水时，其不应产生碎片，且使用者的视野和面甲或面罩的透光度不得降低50%以上；

（3）测试时，面甲或面罩不得开裂、破裂或从其框架上脱落；

（4）含有铅当量厚度为3mm的丙烯酸纤维面罩；

（5）涂层与热保护膜一起提供外部的广阔视野。

9.19.8　手套

手套应按照轻型或重型进行分级，且其设计应确保在使用时不会脱落，但应易于脱下。

9.19.9　靴子/耐热靴

防护服的裤腿应紧贴地伸进靴子或者包裹住靴子，以防止火焰进入。耐热靴的外层应为镀铝琼脂酰胺面料，内衬毛毡或皮革。鞋底应由符合UL 96.VO等级要求的耐热橡胶制成。脚趾部位应使用钢制保护装置进行保护，以防撞击和挤压。

9.20　说明书和标识

制造商的说明书应随服装一起提供。说明书应提供如何获得最佳使用效果和服装的局限性的信息，特别是，应提供评估其性能时使用的内衣的完整信息，并应强调，用于接近和进入火场的防护服只能由受过培训的人员使用。说明书还应给出用"安全穿着时间"字眼表示的套装中所含可呼吸空气量的信息。

9.20.1　标识

防护服组件中的每个单件和每件服装（面甲和面罩除外）应永久标记以下内容：

（1）采用的标准号；

（2）必须黏附警告：遵照制造商的说明书；

（3）服装设计用于提供保护的热量类型，"火焰""辐射"或两者兼而有之。

每件防护服都应附有制造商识别标志的永久性标签，并提请注意是否有必要参考制造商关于内衣使用的说明。

9.20.2　面甲和面罩的标识

面甲和面罩应标记以下内容：

（1）采用的标准号；

（2）制造商的识别标志。

测试：避火服应按照 BS EN 367、BS EN ISO 6942 标准进行测试，并经防火等级和防护危险类型的认证。

9.21　防火毯

防火毯应由玻璃纤维织物制成，两面涂有硅橡胶涂层。

容器：防火毯应包装并储存在带有拉环的旅行袋中，并可通过其独特的快速释放系统备用。

性能要求：BS 7944、BS EN 1869 中规定的所有测试要求应由制造商执行和认证。

规格：应使用以下规格：

（1）1200mm×1200mm；

（2）1800mm×1200mm；

（3）1800mm×1800mm。

使用

消防毯在以下方面可用于灭火：

（1）餐饮企业；

（2）学校；

（3）医院和养老院；

（4）实验室；

（5）车库和车间；

（6）小船和拖车；

（7）大船和厨房；

（8）众多的工业商店；

（9）人们衣服上火的扑灭；

（10）餐馆；

（11）易燃液体罐；

（12）电影放映室。

9.22　灭火毯

灭火毯是一种柔性材料，用于通过窒息扑灭小型火灾或者作为辐射热或小型热物体的隔离防护措施。

灭火毯分为：

轻型：用于扑灭装烹饪油脂或食用油容器中的小火，以及人们身穿的衣服上的火。

重型：用于工业应用，能够抵抗切割和类似过程中喷射出的熔融金属的穿透，以及隔离用于隔热目的时的热传导或辐射热传递，另外，还具有上述轻型灭火毯的用途。

规格和形状：灭火毯应为长方形或正方形，边长不超过 1800mm。轻型灭火毯的边长不应小于 900mm。重型灭火毯的边长不应小于 1200mm。灭火毯的最大质量应为 10kg。

手持装置：如果提供手持装置，则其不应包括拉环或旅行袋，并且在测试期间不应与毯子脱离。

外观和双面使用：灭火毯的两面应具有相似的外观光洁度或颜色，测试时应得到相同的结果。

柔韧性：灭火毯应能够在不产生永久变形的情况下，绕着直径为 50mm 的杆完全沿着任意轴线翻卷。

移动和取出的轻便性：灭火毯的存放或包装方式应使其能够从存放位置取下，打开并在不超过 4s 的时间内准备好使用。将灭火毯从其装袋中取出所需的力不得超过 80N。

抗磨性：测试期间，灭火毯边沿不应磨损或撕裂。

9.22.1　性能测试

根据 BS 7944、BS EN 1869，灭火毯应由供应商进行以下测试认证：

（1）隔热（仅限重型灭火毯）；

（2）抗热切割的影响（仅限重型灭火毯）；

（3）电气绝缘（电阻 1MΩ）；

（4）可重用性；

（5）耐火性能测试。

9.22.2　灭火毯标识

每个灭火毯／防火毯应标记以下内容：

（1）"灭火毯／防火毯"字样；

（2）"重型""轻型"和"可重复使用"字样；

（3）制造商的名称和地址。

9.22.3 容器

每个容器应在长方形不显眼的位置上用高度不低于 15mm 的白色字母标记 "灭火毯"。
容器或说明书：每个固定在防火毯存放位置附近的容器或说明书应标记以下内容：
（1）正面有 "灭火毯 / 防火毯" 字样；
（2）"重型" 和 "轻型"（视情况而定）字样；
（3）使用说明；
（4）制造商名称和地址；
（5）灭火毯的型号或其他标识；
（6）以 m 为单位的规格；
（7）可重复使用或使用后应丢弃；
（8）洗涤或清洁说明（仅可重复使用）；
（9）检查和维护说明，包括损坏或被污染时何时丢弃。

9.23 舞台前部防火帘

每个被认可的舞台的前台开口应设置一个由许可的材料制成的防火帘，防火帘的结构和安装应能拦截热气、火焰和烟雾 5min，以防止在观众席一侧出现的严重火灾蔓延到舞台上。从完全打开位置到关闭防火帘应在 30s 内完成，但最后 2440mm 的行程应不少于 5s。

舞台防火帘应按照 NFC 101 规范 8.3.2.1.7（1992）中列出的标准制造。

防火帘应在不使用外加电源的情况下自动关闭。除这些保护措施外，还应考虑以下事项：

（1）安装不燃的不透明织物防火帘使其自动关闭；

（2）自动固定式水幕系统应位于前台开口的礼堂侧，其布置方式应使整个防火帘表面潮湿。该系统应通过位于舞台天花板上的温度上升率探头和固定式温度探头的组合来激活。探头的间距应符合其设计信息。供水应由雨淋阀控制，并应足以使防火帘保持完全潮湿 30min 或直到阀门关闭；

（3）如果发生火灾，应通过温度上升率探头和固定式温度探头的组合自动控制防火帘，该探头也可激活雨淋系统。舞台消防喷淋系统和通风排烟系统应在起火时由易熔元件控制自动运行；

（4）舞台喷淋系统或雨淋阀的操作应自动启动应急通风系统并关闭防火帘；

（5）防火帘、通风系统和喷淋系统阀门也应能够手动操作。

每一个设置防火帘且面积大于 45m² 的舞台，应在天花板和舞台下方的可用空间内安装消防喷淋系统。

阻燃要求：用于防火帘的材料应符合 NFPA 701《纺织品阻燃性防火试验标准方法》的要求。只有经过石油、天然气和石化行业专家的特别批准，才能使用泡沫塑料。伸展式舞台上的布景和舞台设施应为不可燃或有限可燃材料。

立柱：面积超过 93m² 的普通舞台和经政府部门批准的舞台应在舞台两侧设置立柱。

9.24 防火盾牌

由陶瓷纤维或渗铝石棉材料覆盖的防火盾牌应由金属（钢）框架制成，带有陶瓷纤维罩，并且在认为必要的情况下提供喷水保护。为了便于移动，防火盾牌可以是推车式的。防火盾牌应安装两扇防火玻璃窗和预留消防喷头孔。

规格

便携式防火盾牌的宽度应不小于1200mm，高度应不小于2000mm。防火盾牌局部所用制作材料应具有不少于半小时的阻燃性和耐热性。

9.25 关于设计、维护和操作说明书的提示

设计

高温隔热服应主要设计用于防止热量传递到使用者，并防止热空气和烟气进入。这可以通过允许环境空气在防护服下自由循环流动来实现。在设计头盔和防护服时，应注意确保使用时头盔和防护服中应有足够的空气，以满足使用者在暴露期间的呼吸要求。防护服应尽可能密封，头盔或其面甲或面罩必须设置通风孔，通风孔应易于关闭以确保在关闭位置时保留新鲜空气。

当短时间使用防护服时，质量不是一个重要因素，但如果长时间穿着防护服，质量应尽可能小。应注意确保躯体和四肢运动不受阻碍，防护服应比例协调。它应该由柔软的织物制成，或者衣服应被设计具有柔韧性。设计考虑的其他重要方面包括：

（1）合体；
（2）穿脱便捷；
（3）穿着舒适。

鞋底的抓地力取决于用户行走的地面性质，即材料、坡度和条件（如潮湿、干燥、油性）。为了抵抗不同设计的滑动性能，应在斜坡上利用多个不同的使用者来测试完成。防滑性能应贯穿鞋的整个使用寿命周期。

9.26 维护

服装应定期及每次使用后进行彻底检查，所有破裂、破损或有缺陷的紧固件等应在再次使用前进行修复。修复所使用的材料应符合标准要求。

如果衣服脏了，应尽快清洁，因为燃油或润滑油等易燃物质的污染可能会削弱材料的防火性能。服装的清洁过程都应确保清洁剂和处理措施不会产生有害影响。如果衣服是干洗的，则不应使用会产生毒性作用的残留溶剂。制造商应推荐清洁方法。

皮靴的鞋面，除绒面革外，应定期穿着以保持柔软和防水性。不应使用易燃油和脂肪。

只有在反射表面未生锈的情况下，才能使用金属材质服装。这些服装应该用肥皂水洗涤，并用柔软的抹布擦干净。正常室温适于存放这些服装，服装应悬挂起来，以避免不必要的压折。一旦反射表面不再光亮，衣服应被丢弃。

操作条件

重要的是，使用者应了解服装的局限性，并在可能出现失效之前避险。这些服装只能由受过培训且有穿着经验的使用者使用。使用者应时刻为防火服及其中的空气变得比皮肤热时做好准备。应计划培训，以使每位使用者能够识别危险的逼近和离开危险区的时间。面甲或面罩内壁的防雾很重要。各种专用的防雾剂和设备应被使用，这将在很大程度上缓解这一问题。应避免弄湿干热组件，因为这可能会导致烫伤。

9.27　防火隔热服：对使用者和使用者管理者的一般性建议

使用防火隔热服时必须了解和遵守的规则和指南应作为负责检查人员的安全要求"检查表"。当新的裁决规定了标准中以外的规则时，应采用更严格的规范。

有必要告诉大家，任何防火隔热服都不能提供无限的保护。变化无常的且相互关联的因素会影响服装在高温和火灾区域提供保护的时间。对于同一件衣服，在不同的操作者之间可能会有极大的差异。同样重要的是要意识到，如果操作者发生意外或感觉不适，他的器官缺乏活动会减少衣服内的空气循环，并可能增加外部热量的影响。

9.27.1　操作者

健康状况：任何使用防火隔热服的人必须没有任何身体或心理缺陷，尤其是如果此人要佩戴呼吸器时。

培训：只有经过系统培训的人员才能使用高温防护服，无论有无火灾。

定期培训有几个目标，其中最重要的是：

（1）养成习惯，将穿戴衣服和特殊装备所需的时间减少到最短；

（2）让操作者了解他必须穿着的材料的特性和限制因素；

（3）使操作者习惯于穿着这样的衣服走动；

（4）允许操作员使其身体习惯于长时间工作的状态，同时学会认识到其耐力的生理极限，并评估他仍然能够完全安全地从危险区撤退的大概时刻。

操作人员的培训应使用与实际操作中使用的服装相对应的服装。相同类型和款式的旧衣服应专门用于培训。

9.27.2　材料

易熔材料：即使他们有特殊衣服保护，人们可能会发现自己身处高温或火灾风险的区域，不应穿着贴近皮肤的由易熔材料制成的衣服或内衣。

渗透性和吸收性材料：穿着渗透性服装或外层材料吸水或吸易燃物（液体、粉尘、气体或水蒸汽）服装的人应意识到进入高温或火灾区域的危险（当服装已经吸收或接触此类物质时）。应采取特殊的安全措施，防止渗透性服装或吸收性服装接触液氧。

9.27.3 电能

静电：某些服装可能会产生静电，也可能会释放静电。在受爆炸性或易燃气体污染的区域使用此类服装是危险的。

电击—触电：在进入有电气危险的区域之前，负责救援或消防的人员应确保供电系统的电源切断。

9.28 安全规定

9.28.1 操作组

任何需要特殊防护服或设备的操作应由至少两名人员组成的小组执行，他们应经常互相有身体接触，并与位于危险区域外的安全站保持联系。在该安全站，对于参与操作的每一组人员，至少由相同人数的人员组成待命小组，其防护措施至少与第一组人员一样有效，应随时准备在最轻微的警报时立即采取行动。

9.28.2 水冷却

除非服装是专门为水冷设计的，否则它不应被水冷却。

9.29 检查、存储和维护

9.29.1 检查

应定期检查隔热和防火服，并保持其完好状态。应特别注意紧固装置，以确保其正常工作。应向制造商或认证代理商指出发现的或怀疑的任何缺陷，该制造商或认证代理商负责声明服装能够根据规定的标准提供与其分类相应的保护。

注：检验服装是责任非常重大的工作；它需要特殊的技术知识和经常需要使用设备。

9.29.2 存储

应严格遵守制造商关于衣物养护和储存的建议。每种类型的服装应分组，以便快速识别其类别。应定期进行检查，以确保遵守这些建议。

防护服，尤其是如果有特殊表面反射热量，应以避免材料折叠和能够防护灰尘和其他污垢的方式储存。由编织、透水透气的或易吸收的材料制成的防护服的储存方式应避免其受到可能导致其使用危险的制品的污染。

9.29.3 维护

应严格遵守制造商有关服装维护、使用和清洁的说明。

9.30 旧的和修复的服装

旧的、修改的或修复的服装

对于已经使用过的服装的等级，无论是否经过修复，都应根据为新服装制订的标准进行重新检查，而不依赖于以前的等级。任何重新检查都应确保有问题的服装带有相应等级的符号。防护服的任何修复都可能会改变其防护性能和其他特性。这项任务应该交给高素质的人员，然后他们必须重新检查服装的等级。

注："修复"是指对原服装进行的任何工作，目的是将其恢复到适合使用的状态。从标准的角度来看，即使更换一件新衣服上有缺陷的紧固装置也是一种修复行为。

9.31 玻璃纤维防火毯

防火毯由纹理化的编织玻璃纤维制成，使其表面粗糙，具有稳定性。容器采用无腐蚀性、刚性自熄的白色 PVC 制成，设计用于简单地存放毯子。毯子有以下规格可供选择：

毯子规格，cm	容器规格，cm
90 × 90	27 × 8 × 8
122 × 122	31 × 8 × 8
180 × 122	36 × 8 × 8
90 × 90	27 × 8 × 8
90 × 90	27 × 8 × 8

基于 BS 7944、BS EN 1869：

轻型	（可重复使用的）防火毯
符合上述要求的包装在白色硬质 uPVC 容器中	
毯子规格，cm	容器规格，cm
120 × 120	8 × 8 × 0.5
180 × 120	8 × 8 × 35.5

9.32 消防泵的交付、检验、质量控制和调试

消防泵具有足够的排量、水压和可靠的电源和水源，是石油工业公认的主要消防设备。消防泵应具有正确的设计、正确的安装和定期测试，如果不认真维护，一旦发生火灾泵将被发现出现故障并造成严重后果。本节涵盖了调试时进行的验收测试、定期进行的测试和检查及石油、天然气和石油工业中使用的消防泵设备的预防性维护的最低要求。

9.32.1 消防泵（固定安装）的验收、操作和维护

现场验收测试：项目工程师应将消防泵验收测试的时间和程序通知以下责任人：

（1）工厂运营负责人；

（2）责任维护工程师（机械和电气）；

（3）首席消防官或安全与消防负责人；

（4）制造商/供应商代表。

应提供制造商认证的泵测试特性曲线的副本，用以比对现场验收测试的结果。在测试设备的精度范围内，安装的消防泵应达到制造商认证的车间测试特性曲线所示的性能。

消防泵应在最小额定流量和最大额定流量下运行，而任何部件不会产生过热现象。

消防泵整体的振动不应导致任何消防泵部件的潜在损坏。

测试程序如下：

测试设备：应提供测试设备，以确定净泵压、通过泵的流量、电动泵的电压和电流及转速。

流量测试：消防泵的最小额定流量和最大额定流量应通过使用认可的测试设备控制的流量来确定。

测量程序：应确定并稳定消防泵装置的流量和压力。此后，应立即检查消防泵和驱动器的工作状态。

（1）对于在额定电压和频率下运行的电动机，电流定值不应超过满负荷电流额定值乘以电动机铭牌上所载的允许使用系数的乘积。

（2）对于在不同电压下运行的电动机，实际电压和电流定值的乘积不应超过额定电压和额定满负荷电流乘以允许使用系数的乘积。测试期间，电机的电压变化不应超过额定（铭牌）电压的 5% 或 10%。

（3）发动机驱动装置不应出现过载或受力迹象。此类装置的调速器应设置为在最大泵制动马力下，在额定泵速下适当调节最小发动机转速。

（4）汽轮机应将其转速保持在规定的限制范围内。

（5）齿轮传动总成应在无过度不良噪声、振动或过热的状态下运行。

加载启动测试：消防泵装置应启动并在流量等于峰值负荷的条件下连续运行直至达到额定转速。

控制器验收测试：消防泵控制器应按照制造商建议的测试程序进行测试。验收测试期间，至少应进行 10 次自动操作和 10 次手动操作。在上述每次操作中，消防泵驱动装置应全速运行至少 5min。控制器的自动操作顺序应通过所有设置的启动功能启动泵。这应包括压力开关或远程启动信号。发动机驱动控制器的测试应分为两组电池进行测试。

备用电源：在安装了应急电源和自动转换开关的情况下，应模拟主电源失电的情况，并在泵以峰值负荷运行时进行切换。从正常电源到应急电源的切换和从应急电源到正常电源的再切换不应导致两条线路中任一路的过电流保护装置断开。至少一半的手动操作和自动操作应在消防泵连接到备用电源的情况下进行。

紧急调节器：应操作蒸汽紧急调节阀，以证明组件的性能令人满意（手动跳闸是可以接受的）。应模拟本地报警和远程报警状况，以证明运行状况良好。

测试持续时间：在上述所有测试中，消防泵运行时长不应少于 1h。

9.32.2 维护

维护包括每周至少运行泵几分钟。在这种运行过程中，水通过减压阀或其他出口排出。泵运行几乎达到全速和最大压力。泵及其相关设备的状况至少由运行测试确定。如果作为重要消防装置的泵出现超过 15% 的降低率，建议进行维修，应立即找到原因并进行补救。维护主要有四种类型：预测性维护、预防性维护、故障检修和改善。

年度消防泵测试：应进行年度流量测试，以确定其在关断、额定和峰值负荷下可达到满意性能的能力。所有警报应能正常运行。应检查吸入管路中的所有阀门，以确保它们处于完全打开状态。应通过实际测试核实泄压阀是否正确调整并设置为在合适压力下泄压。年度测试应由受过消防泵操作培训的人员执行。应记录测试结果。应确定并记录泵驱动装置的转速。如果消防泵组的运行特性出现任何明显的降低，应立即报告并进行维修。

9.32.3 消防泵操作

消防泵应保持处于运行状态。进行任何测试后，消防泵应恢复自动运行状态。所有阀门应恢复到正常操作位置。消防泵房应保持清洁、干燥、有序、无杂物。消防泵房不允许随意进入。如果发生火灾，应指派合格人员到消防泵房，以确定消防泵运行状况良好。

消防泵组应每周运行一次，并通过降压至少完成一次启动。降压启动通过带有信号传感的测试排水管和通过消防系统的流量来完成。在每周泵运行期间，合格的操作人员应在场。应观察并记录泵驱动器、控制器和报警器的良好性能。

9.32.4 预防性维护和检查

应根据泵制造商的建议制定预防性维护计划。应对泵、驱动器和控制器上执行的所有工作进行记录。

柴油发动机每周运行和维护：发动机每周应启动不少于一次，并运行不少于 30min 以达到正常的运行温度。发动机应在额定转速下平稳运行。

发动机维护：发动机应保持清洁、干燥和润滑良好。曲轴箱的油位应适当。应根据制造商的建议更换机油，但更换频率不得低于每年一次。

电池维护：蓄电池应始终保持充电状态。应经常对其进行测试，以确定电池单元的状况及电池电量。电池充电器的自动功能不能替代电池和充电器的正确维护。应定期检查确定充电器工作正常。电池中的液位应正确，且电池应保持正确的电量。电池中只能使用蒸馏水。极板应始终浸没在水下。

燃油供应维护：燃油储罐应始终保持尽可能满，但不得低于油箱容量的 50%，应始终通过确保清除所有水和异物的方式加注燃油。

温度维护：泵室、泵房或发动机安装区域的温度不得低于发动机制造商建议的最低温度。应遵循发动机制造商关于水加热器和机油加热器的建议。

紧急启动和停止：消防泵发动机上应张贴关于按照步骤方式设置的紧急手动操作程序。发动机制造商应负责列出与上述程序中设备操作相关的任何特定说明。

9.33　消防泵装置的验收、性能测试、操作和维护

消防泵装置分为：

（1）安装在消防车上的消防泵装置；

（2）拖车安装；

（3）便携式。

本节讨论拖车式消防泵和便携式轻型消防泵装置的操作、性能测试和维护。

9.33.1　测试场地要求

吸水测试：当进行泵吸水测试时，测试场地应靠近至少 1.25m 深的清水供应处，水位低于吸入口中心 3m。当通过长 6m 的吸入软管与泵连接时，吸入过滤器应浸没在水面以下至少 0.6m 处。

其他测试：当没有合适的吸水测试场地时，该场地应提供用于放置泵的平坦区域、水源（如连接到给水管网系统的消防栓），以及适合排水的区域。

9.33.2　环境条件

应在以下条件下进行泵测试：

空气温度	0~38°C
水温	2~32°C
气压校正值	海平面最低（737mmHg）

设备如下：

吸入软管和过滤器：当在 6m 的吸水深度下测试泵时，应提供尺寸适合泵额定流量的吸入软管和吸入过滤器（具有良好的总摩阻流动性能）。在正压下从消防栓或其他水源测试泵时，吸入软管的规格和长度可以是任何实用的规格和长度，以允许必要量的水以 69kPa（0.7bar）的最小吸入压力到达泵，并且仅需要在泵入口处安装过滤器。

出水系统：应提供足够的消防软管，以便在不超过 9.7m/s（35ft/s）流速的情况下，将额定流量的出水送到水枪或其他流量测量设备。应使用经批准的流量计或流速计，并且应在进行测试的一周内校准所有仪表。测速设备应包括测量每分钟转数的转速表或转数计数器和秒表。

9.33.3　验收测试

测试应由指定的消防工程师、机械工程师和制造商或供应商代表进行。制造商认证的泵测试特性曲线的副本应可用于比较验收测试的结果。消防泵应在最低额定负荷和峰值负荷下运行，且任何部件都不会出现过热现象。认证测试的项目应根据实际情况尽可能进行复测。至少应进行抽水测试、过载测试、压力控制测试和泵真空测试。应记录所有测试的结果，测试机构应决定是否满足规定的标准。如果测试结果不可接受，应以书面形式通知

制造商不符合项和其他需要补救的事项。

9.33.4　性能测试

季度输出功率测试：泵应从开放水域进行抽水测试，每次抽水使用一段软管。测试时长应不少于 15min，如果发现任何泵无法维持表 9.4 所示的压力，且提升距离尽可能接近但不超过从水面到泵入口的 3m，这种情况应报告。测试应被记录。有关示例详细信息见表 9.4。

表 9.4　泵输出功率

泵的正常输出功率 （以 7 bar L/min 的流速）	泵最小测试压力，bar	软管数量	水枪规格，mm
4500	5.5	2	28
		2	25
4050	5.5	4	25
3600	5.5	3	28
3150	5.5	1	28
		2	25
2700	5.5	1	25
2250	5.5	2	20
1800	5.5	2	20
1350	5.5	1	20
900	5.5	4	15
450	5.5	3	15

注：如果泵的标称输出功率介于表 9.4 中的任何数据之间，则应相应调整软管的数量或水枪的规格。功率低于表 9.4 所示的泵应按照制造商规定性能的 75% 进行测试。

9.33.5　季度真空测试

该测试应在上述输出功率测试后立即开展。所有吸入管段都应汇接到泵的吸入口，在最后一截管段末端的位置带有盲板，但所有出水管段的盲板取掉不用。真空泵应以起动速度运行不超过 45s。在获得 0.8bar 或以上的真空压力后，应停止真空泵，然后应观察真空压力表指针。如果指针在不到 1min 内回落到 0.3bar，则存在过度漏气。这可能是由于泵密封不严，真空表或压力表接头、输送阀、冷却水接头等处泄漏，或吸入软管或汇管失效造成的。然后任何泄漏都应被修复。水压测试可能会发现吸入软管泄漏。

应确定并记录环境空气温度、水温、垂直提升距离、测试场地海拔和大气压力（海平面校正）。在整个测试过程中，机泵和所有部件不得出现过热、功率损失、超速或其他缺陷。在泵输出功率测试的每个阶段开始和结束时，应记录功率、出水压力、吸入压力和发动机转速。

9.33.6　便携式和拖车式消防泵的维护

在任何情况下，如果泵不是被用于从开放水域的吸水管中抽水，则应尽快从吸水管灌泵。除非泵轴承的类型能够耐受，否则不允许泵干转。

移动式泵应安置在温度不低于4℃的房间内，但作为冬季的额外预防措施，如果制造商允许，应向发动机冷却系统中添加防冻液，如果发动机有直接冷却系统，制造商当然不建议这样做，也建议在寒冷天气下从泵体中排水。

应根据制造商的指南定期给发动机加油润滑，偶尔给油门控制等控制装置加油。同时润滑吸入口和吸入管接头上的螺纹是良好的做法。

应准备一份记录本记载泵的历史信息及对其进行的所有维护和维修工作。记录还应包括泵运行的小时数。

白班和夜班只启动和运行发动机几分钟的做法对发动机是非常有害的，因为它将在支座上持续运行，这一过程将导致积碳堵塞、发动机机油被汽油稀释，从而导致气缸壁干燥及整个排气系统中水汽凝结，导致发动机整体腐蚀和快速劣化。因此，应通过泵送清水来测试泵。

9.34　固定式消防系统的安装、检查和测试

在石油、天然气和石化行业中，各种石油产品和化工装置通过与所需消防性质相关的特殊类型的固定式消防系统来防止突发火灾。本节讨论了消防系统的施工要求。本节规定了各类消防固定系统的施工、安装、检查和测试的最低要求，分为以下五部分：

（1）第1部分：二氧化碳灭火系统；
（2）第2部分：干粉灭火系统；
（3）第3部分：自动喷水灭火系统；
（4）第4部分：给水系统；
（5）第5部分：泡沫系统。

本节旨在为负责灭火系统安装、调试、测试和验收的人员提供用法和指导，以确保安装的设备在其整个使用寿命期内按预期运行。只有负责安全的人员和消防领域的技术人员才有权批准系统的安装测试和调试。负责人有必要咨询消防工程师，以了解并熟悉灭火系统的设计，这将使他们能够有效地履行各自的职责。

9.34.1　CO_2灭火系统的安装、测试和质量控制

规划：如果正在考虑为新建或现有建筑安装固定式二氧化碳灭火系统，则在系统的施工和安装过程中，应咨询以下权威人员或机构：

（1）工厂经理；
（2）操作/生产主管；
（3）消防工程师；
（4）与该项目有关的机构。

系统平面布置图：在安装系统之前，应准备全部细节和规格的平面布置图，以明确定

义危险和拟建系统。应包括危险的详细信息，以显示所涉及的物料，以及危险的位置或限制，以及发生火灾时可能暴露在危险中的任何其他物料。对于可能出现在该区域的人员，应注明从受保护区域（如果是自动全淹没系统）的出口方式，且应注明工作人数。应清楚标明管道和喷头的位置和尺寸，以及二氧化碳供气瓶、火灾探测装置、手动控制锁定装置和所有辅助设备的位置。还应显示与系统运行相关的功能，如挡板、逃生方式、延迟系统和门，以及评估二氧化碳用量时使用的所有计算细节。应单独提供更多的信息，说明管道和附件的长度、流量及整个系统的压降等设备。

安装的测试和批准：在获得业主批准之前，应由供应商的合格人员对全系统进行检查和测试。系统中只能使用列入清单的或批准的设备和装置。设备供应商或其代理人应安排已完成安装的测试，以满足业主的要求，并证明其符合标准。测试应包括以下内容，但除了在以下特殊情况下不应进行 CO_2 释放测试：

（1）应对已安装的系统进行彻底的目视检查，包括危险区域、管道布置和操作设备。应检查释放喷头的尺寸和位置是否正确。应检查报警和手动紧急释放装置的位置。危险区域的结构应与原设计要求进行比较。应仔细检查防护区是否存在无法封闭的开口和灭火剂流失源，这些可能在原平面布置设计中被忽略。在系统投运之前，应检查防护区是否易于撤离。

警告：二氧化碳灭火系统不应进行测试并排入有员工工作的区域。

（2）检查系统的所有组件是否已正确安装。

（3）检查所有螺母、螺栓和配件是否已正确拧紧。

（4）检查所有电气连接是否安全并处于工作状态。

（5）检查设备标签看名称和说明是否正确。储存容器的铭牌数据应与设计规格书进行比较。

（6）进行二氧化碳气体测试以检查管道工程密闭抽吸的密封性。应分别向每个空间喷放气体，以确保管道输送连续，且喷头未被堵塞。

注：至少应通过系统管道将所需气体设计用量的 10% 排放到每个空间。在测试之前，应审查喷放测试的安全程序。

（7）除非有关机构特别豁免，否则应在所有系统上执行完全喷气测试。

（8）当多个危险处受同一气体灭火装置保护时，应对每个危险处进行完全喷气测试。

局部应用：通过系统管道完全释放整个设计量的二氧化碳，以确保二氧化碳在设计要求的整个时间段内可以有效地笼罩危险，并且所有压力操纵装置按预期运行。

全淹没：将全部设计量的二氧化碳完全释放到危险区域，以确保达到设计要求的浓度，并在设计要求的时间内进行保持浓度，且所有压力操纵装置均按预期运行。

手持式软管管线：手持式软管管线系统的完全释放测试要求气流可从每个具有合适笼罩模式的喷头喷出。

注意：局部应用适用于大多数设备设施，但对其他设备设施则采用通过喷射达到灭火所需二氧化碳浓度的全淹没系统。

检查表：作为供应商的设备安装人员应提供一份检查表，以使业主能够证实测试以令人满意的方式开展。清单应包括以下内容：

（1）检查系统是否已按照相关图纸和文件安装。

（2）检查以下所有检测设备是否正常工作。

① 在易熔链系统中，确保控制电缆线是可用的，并且驱动控制重物产生足够的能量来驱动容器或换向阀控制机构；

② 在气动驱动系统中，用气压计检查，以确保正确的放气次数并保证毛细管线不泄漏。同时对探测器加热，以确保控制机构的正确运行和随后被触发；

③ 在电气探测器系统中，检查电路和电源电压的完整性；

④ 对探头施加热火焰和烟雾，以检查控制机构的运行情况。

（3）投用手动释放装置并确保功能正常。

（4）检查所有报警装置的工作状况是否正常。

（5）检查所有安全装置是否正常工作。

（6）使用 CO_2 总量的适当百分比的喷放量进行 CO_2 气体释放测试，应检查：

① 当选择阀关闭时，保持无气体泄漏；

② 输气管通向正确的保护空间；

③ 当设备安装在管道和管道填充物上时，不会发生泄漏；

④ 压力操纵装置功能正常，其控制的对象（如百叶窗和报警器）功能正常；

⑤ 在可能的情况下，释放喷头通过气体且不会堵塞。

（7）确保测试容器被更换且所有容器都充满了合适量的二氧化碳。

（8）检查名牌和产品铭牌的文字和显示是否正确。确保容器经过机械测试。

（9）当安装完成并测试完毕后，供应商和业主授权人员应签署竣工证书。

9.34.2　干粉灭火系统的安装、测试和质量控制

规划：如果正在考虑为新建或现有建筑安装干粉灭火系统，则应咨询相关方面。

图纸：在安装系统之前，应准备并研究制造商的平面布置图。这些图纸应具有足够的详细信息，以明确定义危害的性质，并推荐合适的系统类型。还应包括危险和可能暴露在火灾中的物料的详细信息。仔细考量有关建设位置的内容，管道和喷头的尺寸及干粉储存容器的位置、火灾探测装置、手动控制装置、所有辅助设备、与全淹没系统作用相关的门和核定干粉排放量时使用的所有计算细节都应清楚标明，系统的类型应在平面布置图中注明。应分别提供更多信息，如说明管道和管件的等效长度、整个系统的流量和压降。

调试和验收测试：供应商/经销商应对已完成的安装安排测试，令业主及相关部门满意，并证明系统符合设计的标准和功能。测试时，应通过控制装置和软管卷盘系统释放干粉。使用其他方法将导致干粉扩散，并由此产生清洁干粉污染区域的费用。

警告：干粉系统不得测试时将干粉释放到爆炸性气体环境中。静电效应可能会引发火花，从而导致可能存在的易燃蒸汽或气体着火。

调试测试程序：供应商应向业主提交一份测试程序，其中应包括以下操作指南：

（1）检查系统的所有组件是否按照设计图纸和文件正确安装；

（2）检查所有螺母、螺栓和配件是否正确拧紧及所有管道支架是否正确安装；

（3）检查所有电气连接是否安全且处于工作状态；

（4）检查所有管道和喷头的尺寸是否正确；

（5）检查所有设备的功能是否正常；

（6）投用手动释放装置并确认功能正常；

（7）检查所有报警装置的工作情况；

（8）检查所有安全装置是否正常工作；

（9）进行驱动气体释放测试，以检查：

① 选择阀在关闭时能保持压力；

② 输送管通向正确的保护空间；

③ 配件接头处是否发生泄漏；

④ 压力操纵装置功能正常，其控制的对象（如百叶窗和报警器）功能正常；

⑤ 输送连续且喷头不堵塞。

（10）培训所有将被授权使用控制装置和软管卷盘系统的人员。

系统恢复：调试和验收测试完成后，应将系统恢复至运行状态，并检查所有容器是否正确充装。应吹扫管道，以清除残留的干粉。

竣工证书：当系统完成、测试和恢复后，应向业主提供两份竣工证书副本、一套完整的设计文件和图纸，证明系统已按照设计安装，并声明系统符合标准的所有合理的要求，并提供偏离适用标准的详细信息。竣工证书应由供应商和业主签署。

9.35 自动喷水灭火系统的安装、测试和质量控制

9.35.1 安装规划

安装前，应准备好系统平面布置图，并咨询相关机构。

图纸、信息和文件：应在会议上向有关机构提供信息，以确保满足所有要求。提供的信息应包括以下内容：

（1）系统的总体设计。

（2）房屋的整体平面图，显示以下信息：

① 系统安装类型、危险等级以及各建筑物的占用情况；

② 系统的范围，以及任何未受保护区域的详细信息；

③ 主建筑和任何通信和/或相邻建筑的施工和验收；

④ 建筑物全高的横截面，显示高于规定基准面的最高喷水装置的高度；

⑤ 安装将符合标准的声明，包括任何偏差及产生偏差的原因。

安装平面布置图：平面布置图应包括以下信息：

（1）根据危险情况确定的安装等级，包括库存类别和设计储存高度；

（2）地板、天花板、屋顶、分隔洒水区和非洒水区的外墙的构造详图；

（3）每栋建筑每层的剖面图显示喷头与天花板的距离、结构特征等，这些因素影响自动喷水灭火系统中配水支管上的喷头布置；

（4）标示可能对喷头布置产生不利影响的线槽、构架、平台、机械装置、荧光灯具、暖气设备、网格通透性吊顶等；

（5）喷头类型和温度额定值；

（6）主控制阀的位置和类型及水力警铃和联动机构的位置；

（7）所有水流和气压或水压报警开关的位置和详细信息；

（8）所有末端空气阀、辅助截止阀和排水阀的位置和尺寸；

（9）管道的排水坡度；

（10）所有孔板的位置和规格；

（11）洒水喷头、中高速喷雾喷头等数量及保护区域一览表。

预计算管道工程：对于预计算管道工程，应在图纸上或连同图纸给出详细信息：

在以下设计流量下，确定控制阀和设计点之间的压力损失：

（1）在高危险设施中：不高于225L/min。

（2）一般危险设施：不高于100L/min。

9.35.2　现场施工

现场物料保管：组件在安装前应在现场妥善存放。卸货、存放和储存时应小心，防止损坏管道、管螺纹、阀门、洒水喷头、仪表及系统中使用的泵和动力装置。应在交付前准备好现场位置，以便将消防泵、过滤器和压力罐等重物直接运输到最终位置。应保护管道，防止橡胶绳等异物进入开口处，并在安装前对管道进行检查和清洁。随着现场施工的进展，管道的开口端应加盖。洒水喷头、控制器和喷雾喷头最好就地安装在管道上。如果使用预制区，可在安装施工前立即安装喷头，使用管架将支架和预制成品固定在离地的位置。

9.35.3　在建或改建建筑物的消防

消防系统的施工应随着建设进度而进展。消防设施和区域应尽快投入使用。

热作业：热作业时应采取合适的预防措施。应遵守热作业程序。

9.35.4　调试和验收测试

应邀请业主选定的机构与供应商的工程师一起验收测试和检查系统。

9.35.5　调试测试

所有安装管网应如下进行试压：

（1）干燥管网，用不低于2.5bar的压缩空气试压，持续时间不少于24h；

（2）潮湿管网，用不低于15bar或工作压力的1.5倍（以较大者为准）液压试压，持续时间不少于1h。

应整改所有暴露的缺陷，如永久变形、破裂或泄漏，并重新试压。

注意：在水敏感区域，建议在进行液压试验之前对管道进行气压试验。

9.35.6　给水系统和报警系统

消防系统中的每个设施都应与给水系统一起测试。泵（如果安装在给水系统中）应自动启动，在合适流量下的给水压力不应小于合适值，并且必要时应采取整改措施。

注：应设置足够的设施来处置测试用水。应设置一个带有用于计量喷水量的直读流量计的测试设施，该设施位于泵出水支管中的止回阀的下游，以允许在满负荷条件或额定流

量（视情况而定）下对泵进行工作压力测试。

报警设备：应检查自动将警报传输至消防服务中心或远程有人值守中心的设备是否：

（1）联动的连续性；

（2）报警开关和控制单元之间联动的连续性。

检查：应检查以下各项，必要时采取整改措施：

（1）干管和压力罐上的所有水压和气压表读数；

（2）高位水箱和压力罐中的水位；

（3）每个水力警铃应响不少于30s；

（4）泵启动时的自动启动应记录启动压力，并检查其是否正确。对于柴油机，运转30分钟或按照制造商建议的时间。关闭发动机，使用手动起动测试按钮，检查发动机是否重新启动；

（5）应测试生命安全装置上截止阀模式监控系统；

（6）应检查管网的电气接地连接；

（7）应检查柴油发电机的辅助电源是否正常工作；

（8）应操作所有控制喷头水量的截止阀，以确保其处于工作状态；

（9）应使用干式报警阀组和干式系统中的所有加速器及末端试水装置；

（10）应对排水设施进行测试。

9.35.7　竣工证书和文件

供应商应提供以下内容：供应商应提供以下信息

（1）竣工证书，声明系统符合标准的所有相应要求，并提供偏离相应标准的详细信息；

（2）试运行报告副本；

（3）全套操作说明或安装图，包括所有阀门的标识、用于测试的仪器、操作、用户检查程序和检查；

（4）给出管道紧固件现场测试结果的证书；

（5）相应的证书，证明系统中使用的组件适用于自动喷水灭火，并通过了质量检查。

9.36　标志和提示

应在尽可能靠近最靠近主要控制阀组入口的外墙外侧安装一块用防风雨材料和文字制成的自动喷水灭火系统的定位板。板上应有"内有自动喷水装置截止阀"字样。主截止阀和所有辅助截止阀上也应安上标有"自动喷水装置截止阀"字样的标志。

用于系统测试和操作的所有阀门和仪表应贴上相应的标签。如果自动喷水灭火系统由多个设施组成，每个报警阀应永久性地标有控制装置识别编号：

每个水力警铃还应标有安装编号。如果水流入装置，会向消防站发出自动报警，则应在报警测试阀附近固定告知这一影响。

柴油机控制器和值班人员操作的位置处的报警器应适当标记：

（1）柴油消防泵无法启动；

（2）柴油消防泵启动器关闭，泵手动关闭机构应标记为"自动喷水灭火系统消防泵关闭"；

（3）电动自动喷水灭火系统消防泵电机专用电源中的每个开关都应贴上标签："发生火灾时不得关闭自动喷水灭火系统消防泵电机电源"。

9.37　给水系统的安装、测试和质量控制

消防给水系统包括消防泵、管道系统、控制阀、消防栓和取水口，取水口源自可用于消防的水罐、河流或其他水源，如水库或几乎无限的自然资源。消防给水系统的等级取决于可能需要的射流的大小和数量及射流必须持续的时长。

9.37.1　建设规划

图纸和文件：所有图纸和文件应包含以下信息：

（1）系统的总体设计。

（2）该区域的整体平面图显示：

① 危险类型和系统的设计意图；

② 供水的详细信息包括流量数据和压力；

③ 安装将符合标准的声明，包括任何有原因的偏差；

④ 物料清单，包括泵的详细信息（制造商数据表）；

⑤ 对每个环形干管的水流和压力的水力计算；

还应记录所有建议，包括安装的规划阶段。

9.37.2　安装

现场施工：负责部门应做好充分的准备，以防现场的物料和设备丢失、劣化和损坏。卸货和堆放时应小心，以防损坏消防栓、联轴器和系统中使用的其他组件。

水管道：在热带地区，通常的做法是将消防水主管尽可能铺设在地面上，但在寒冷气候下，消防水主管应铺设在地下。埋设深度、管道类型和所需的保护应在设计文件中详细说明。能够防冻的覆土深度将根据最低温度而变化。在管道受到冲击或振动的地方，应正确控制管道线路。当运行的管道位于驶有重型卡车的道路下时，需要特别小心。在此类区域，管道应在有盖管沟中敷设，或采取其他适当防护措施。

管道铺设：管道放入沟槽时应保持内部清洁，停止工作时应封堵开口端，防止小石块或尘土进入。

回填：管道下方和周围的土壤应夯实，不得含有灰渣、煤渣或其他腐蚀性物质。

冲洗：系统完成后，地下管道永久充满水之前，整个内部系统应在压力下适当冲洗以将较大的阻塞物质从地下管道中移出。在进行任何压力或流量测试之前，应将管道牢固地固定。在地下使用钢管或已知具有异常腐蚀性的供水设备时，应保护其免受腐蚀。

* 冲洗：系统安装完毕后，在地下管道永久充满水之前，应在压力下冲洗整个系统内部，以将较大的阻塞物从地下管道中清除。在进行任何压力或流量测试之前，管道应牢固锚固。当钢管埋地或给水系统已知具有特别的腐蚀性时，应采取防腐措施。

9.37.3 初始检查和验收测试

消防水主管和消防栓：在最终批准测试之前，供应商/承包商应提供一份书面声明，说明工程已按照批准的设计和计划完成。供应商/承包商应与消防部门一起进行检查，并在可行的情况下进行水压试验。测试应包括冲洗出口和检查出口连接。还应测量出口处的流量和压力，并使其符合要求。检查还应验证接地要求是否得到了令人满意的执行或由选定的电气机构认证。然后，系统应完全充水至10bar的压力，在入口处测量15min。在此期间，应检查系统，以确保没有发生漏水。所有管道应在超过最大静压（10bar）4bar的压力下进行不少于2h的试验。初始检查和试验完成后，应进行流量试验。对于该试验，水应在压力下通过系统，并记录流量计读数。应调查无法保持有效灭火喷射流的情况，或任何不当的压力损失。如果通过这些试验发现的任何缺陷，则应根据需要进行整改，并对系统进行重新试验。测试的供水应能代表火灾时可用的供水。所有隔离阀应锁定在打开位置。

9.38 泡沫灭火系统的安装、测试和质量控制

9.38.1 建设规划

应提供图纸和文件以及系统设计中详述的所有信息，并咨询有关方面。在安装系统之前，应充分考虑以下事项：
（1）系统的目的和功能；
（2）系统的供给用量和持续供给时间，以及标准中给出的合适的最小值；
（3）水力计算；
（4）管道包括支撑详情；
（5）探测系统布置（如有设计）和运行方式；
（6）泡沫释放装置的类型、位置和间距；
（7）泡沫比例混合装置的类型和位置；
（8）水源和所需水量；
（9）泡沫浓缩液的数量和类型，以及设计浓度、储存方法和储备量。

9.38.2 扩建和改动

对现有系统的任何扩建或改造都应符合标准的相应要求。泡沫系统的任何扩建或改造应由建设方或其承包商完成。如有任何改造，应立即通知为系统提供服务的组织和相关机构。在对系统进行扩建或改造的设计阶段，应考虑对可用供水和泡沫浓缩液最低要求量的影响，并在调试前对新系统设计进行完整的水力计算。

9.38.3 系统描述

系统包括充足的供水系统、泡沫浓缩液供应系统、比例混合器、管道系统、泡沫产生器和将泡沫充分施加到危险区域的喷射装置。部分系统可能包括探测装置。这些系统是开

口式类型，其中泡沫同时从所有出口喷出，覆盖系统范围内的全部危险。

自含式系统是指系统中包含所有组件和原料（包括水）的系统。这种系统通常有一个由空气或惰性气体加压的供水或预混合液供应罐。释放压力使系统投入运行状态。

系统有四种基本类型：

（1）固定式；

（2）半固定式；

（3）移动式；

（4）便携式。

9.38.4 固定式系统

该系统是通过管道连接到中央泡沫站的完整设施，通过固定的输送口将泡沫喷射到需要保护的危险区域。泵都是需要永久安装的。

9.38.5 半固定式系统

该类型是在危险区域配置有固定式喷射口及连接至安全距离的管道。固定管道可能包括也可能不包括泡沫产生器。火灾发生后，必需的泡沫产生原料被运送到现场，并与管道相连。

该类型的泡沫原液从中央泡沫站通过管道输送到危险区域，泡沫原液通过软管输送到便携式泡沫产生器，如监控器、泡沫塔、软管等。

9.38.6 移动式系统

该系统包括装有车轮的泡沫产生装置，这些装置可以是自行式或由车辆牵引的。这些装置可以连接到合适的水源或者可以使用预混合泡沫液。

9.38.7 便携式系统

该类型的系统通过可手提设备产生泡沫，并通过消防软管连接到加压水或预混合液。通常，泡沫容器应存放在合适的位置以防阳光中紫外线的辐射。

9.38.8 调试和验收测试

系统供应商或其监理工程师应安排对已完成的系统进行检查和测试，以确定其安装正确，并确认其按照设计工作正常，达到用户和相关方面都满意的程度。安装人员应向用户提交调试测试计划，测试应由合格人员执行。

9.38.9 检查

应进行外观检查，以确保系统已正确安装。应检查所有正常干燥的水平管道是否存在排水坡度。检查人员应检查是否符合设计图纸和说明书、管道系统的连续性、临时盲板的拆除和阀门、控制装置和仪表的可操作性，以及泡沫产生器、汽封和比例混合装置的正确安装。应检查所有设备的标识和操作说明是否正确。

在连接到系统管道之前，应以最大可行流量彻底地冲洗地下和地上的供水管道，以清除安装过程中可能进入或可能在较低流速下积聚在主管道系统的异物。冲洗的最小流量不得小于系统的需水量。

泡沫浓缩液的表面张力比水低，可能会导致内部管垢或沉积物松动，从而有堵塞喷射口、比例混合装置等的风险。组装前，应仔细清洁管道和管件，并清除松动的连接材料。

9.38.10　完工冲洗

为了清除安装过程中可能进入的异物，在连接到系统管道之前，应以最大可行流量彻底冲洗地下和地上的供水主管。冲洗的最小流量不得小于系统设计确定的系统需水量。应持续足够的时间，以确保彻底清洁。

必须妥善处理冲洗水。所有泡沫系统管道安装后，应使用其正常供水系统进行冲洗，并关闭发泡物料，除非危险区域不会受到水流的影响。如果无法完成冲洗，则应在安装过程中仔细检查管道内部的清洁度。

9.38.11　验收测试

完工的系统应由供应商的合格人员进行测试，以备通过验收。这些测试应足以确定系统已正确安装并将按预期运行。

9.38.12　检查和外观检查

应对泡沫灭火系统进行外观检查，以确定其已正确安装。应检查其是否符合设计、管道的连续性、临时盲板的拆除和阀门、控制装置和仪表的可操作性及汽封的正确安装（如适用）等项目。应检查设备的被标识和操作说明是否正确。

9.38.13　试压

所有管道，除了处理非液下应用的膨胀泡沫液的管道，都应在 13.80bar（200psi）表压或超过设计最大压力 3.45bar（50 psi）的情况下进行 2h 的静水压试验，以压力较大者为准。试压过程中不应出现永久变形或破裂，也不应出现泄漏。

应进行全量喷泡沫试验，以确保系统以设计泡沫供给速率释放，功能符合所有其他设计要求，并在待保护表面上产生并保持均匀的泡沫覆盖层。

9.38.14　运行测试

验收前，应对所有运行装置和设备进行功能测试。在条件允许的情况下，应进行流量试验，以确保消除隐患得到完全的保护，符合设计要求。

静水压、控制阀处的剩余水压及系统中远程参考点处的剩余水压、实际喷放流量、泡沫产生材料的消耗速率及泡沫溶液的浓度都应予以考虑。应对喷出的泡沫进行外观检查泡沫，以确保其达到设计目的。在喷放测试期间，应进行特别检查，以确保以上这些因素已得到恰当考虑。在某些测试中，可用水代替泡沫液，以避免测试后对系统进行大规模清洁。

检查和测试应包括：

（1）泡沫溶液消耗速度；

（2）泡沫性能；

（3）泡沫分布；

（4）运行压力；

（5）泡沫溶液浓度；

（6）人力要求：

① 系统恢复：验收测试完成后，应对管道进行冲洗，检查和清洁过滤器，并将系统恢复至运行状态；

② 竣工证书：安装人员应向用户提供一份竣工证书，证明系统符合标准的所有相应要求，并提供偏离相应建议的详细信息。

9.38.15　操作

方法：所有手动或自动操作装置应适合不同的使用条件。它们不应因为相关环境因素，如高温或低温、大气污染、湿度或海洋环境，而轻易失效，也不应被误操作。操作方法的选择将取决于潜在的火灾发展速度、蔓延到其他危险区域的可能性及危及生命的程度。

操作说明和培训：系统的操作说明应放置在控制设备以及工厂或消防控制中心。授权操作该系统的人员应接受有关其功能和操作方法的全面培训。

手动控制装置：应清楚标明控制装置的位置和用途，并与操作说明相关。系统的手动控制装置应位于易接近的位置，最大程度地远离危险区域，以便在紧急情况下安全操作，然而又要距离足够近，以便操作员了解状况。

管道的颜色编码：应按照管道方案进行颜色编码。

9.38.16　应急计划和操作培训

计划：消防和应急计划应由负责部门编制和批准，该计划应包括以下内容：

（1）紧急情况的分类；

（2）职责分工；

（3）报警和通信；

（4）外部资源和协助。

应急计划和指南应张贴在显眼的位置。

指南：操作和维护指南及平面布置图应张贴在控制设备上，并保存第二份副本。所有预期要检查、测试、维护或操作泡沫发生装置的人员都应接受充分的培训，并对于分配给他们执行的功能持续进行彻底的复习培训。

9.39　培训设施和消防员资格

公司安全和消防组的主要关注点是保护员工免受工作场所火灾和工业事故的威胁。消防人员必须处理和应对可能发生的火灾和紧急情况，采取救援措施，保护设备设施免遭火灾。消防部门有责任提供所有紧急情况所需的相关服务，并确保消防员具备以下所需的技能和知识：

（1）产品制造、加工、搬运和储存的特性；

（2）涉及的危险；

（3）提供和使用适用于易燃和可燃物料灭火的消防设备。

安全和消防部门还应提供预防事故的方法，保护员工免受风险。本节详述了培训设施、组织、运作有效的消防队的最低要求，以及消防员和消防人员所需的资格。

本标准分为以下两部分：

（1）第1部分：培训设施；

（2）第2部分：消防员资格。

9.39.1　培训和培训设施

消防业务培训要严格纪律，任何时候都是严肃的事业而不能退变。应提前制订培训计划，涵盖适用于个人和团体职责要求的主题和周期。它应该包括操作指南、实践练习、训练和实验课程。教学安排应主要包括讨论或讲座和练习。培训技巧包括阐述、演示和参与。

培训设施：培训中心的工程标准包括：

（1）训练场的平面布置；

（2）设备元件；

（3）安装。

此处所述的培训设施用于安全和消防培训中心，与消防站进行的培训和训练是分开的。如果培训中心和消防局可以在同一个普通社区，那么就有一个便利的条件。培训设施应包括足够的教室、演讲厅和视听设备，以满足安全和消防部门的需要。这些场地条件可以用作会议的共用设施，以及用于其他培训和开发或集会的集合区，但出于安全和消防目的，应提供足够大的教室或用于继续教育培训的类似讲座设施。

应提供足够的视听设备、专用仪器和参考材料，以支持各部门的培训活动，并涵盖标准中稍后讨论的所有主题。此外，该部门应能够使用培训设施进行直播消防培训，以演示易燃液体火灾抽水和模拟操作及驾驶员培训。

培训楼应配备足够的场地，以便为燃料池、油罐和消防及应急设施提供空间，从而使训练成为现实。场地应与其他物业充分隔离，以消除培训活动对公众造成的不便。现场应具有相应的排水系统、足够的消防栓供水水源、相应的减污设备及用于抽水作业的池塘或蓄水池。应提供合适的照明和扬声器系统。此外，还必须提供足够的设施来监控操作和保护受训人员。最后，应提供额外的停车场地。培训设施应是安全的，场地应按照标准进行围护和照明。培训中心应包括适当选择的内置消防设备，包括烟雾探测器、自动喷水装置、立管系统、消防泵、水罐和其他员工应熟悉的设备。

9.39.2　工厂人员培训计划

安全和消防部门负责为所有部门开发培训计划，并应指定一名合格的培训主管负责管理该计划。还应该预见到培训设施、消耗品、培训辅助设备和培训工作人员（包括内部和客座讲师）所需的预算会得到考虑。

直线组织的所有负责人都应全力支持消防部门发起的培训活动，并确保该计划按规定执行。部门负责人应考虑其工作场所所涉及的危险，并建议为那些指派执行工作的人员进行所需的特殊培训。消防部门应将这一特殊培训需求纳入培训实施计划。为了提高或保持熟练的程度水平，应仔细谋划培训，然后进行评估讨论，并鼓励所有人员参与其中。

培训主管：作为消防局的一名成员，培训主管应将部门负责人建议的所有主题分类，并应制订适合每个部门人员的相应计划，并应确保在培训课程开始前准备好必要的设施。培训主管应确定培训课程的教学大纲，以纳入培训计划，并制订时间表，以确保各部门人员收到相应的操作指南。操作指南既可以针对本部门自己的设施，又可以针对安全与消防培训中心的设施。培训的有效性应使用评价表作为评估辅助手段进行持续的评估。

应至少每年对课程进行一次复审，以便在新技术和设备更新到课程材料中。

如果课程由讲师教授，培训主管应监督和观摩讲座等课程及户外实践练习，以确保培训程序按照指导要求执行。

所有参加课程的人员都应被保存培训记录。培训主管应复查讲师的报告，以评估人员在操作设施期间的真实表现。应监督讲师和其他负有授课任务的人员的工作，并观察每节培训课程都能根据计划的课程进行衡量。

培训主管应检查并确认培训设备、急救和其他设施的运行状况良好。

消防员培训要求：成功扑灭火灾应充分考虑并完全遵守以下几点：

（1）当队员进入火灾现场时，应强制执行纪律；

（2）消防员应服从消防队长的指示；

（3）根据英国内政部消防局出版的《消防训练手册》的规定，每名消防员都应履行分配的特殊职责，必要时可查阅手册；

（4）消防是一种团队协同工作。在灭火期间，队员必须始终互相帮助，因为团队合作是被认可的可扑灭火灾的活动；

（5）消防部门应制订一个计划，包括消防员进行的所有必要训练和练习；

（6）消防部门应根据制订的计划安排，任命培训主管或其助理监督日常训练和其他活动；

（7）应定期评估消防员的表现，以确定训练和练习的有效性，并为改进和升级计划提供依据；

（8）应制定复习课程，以唤醒消防员的记忆，帮助他们在应召灭火时顺利开展工作；

（9）应考虑将新技术纳入该计划，以提高消防员的知识。必须对消防设备设计和操作的变化进行讨论和演示。

消防队新兵培训：新兵应接受至少 6 个月的试用期综合培训。这一时期的培训应被视为后续在职培训的基础培训课程。见习培训课程应与下文概述的培训目标保持一致：

（1）英国内政部消防局《消防训练手册》中概述的消防训练；

（2）消防员职业资格（参见 NFPA 1001 2002）。

以下部分课程是从消防实战提炼出来的：

（1）燃烧和熄灭的要素；

（2）消防设备；

（3）灭火器和泡沫设备；

（4）涉及航空器和船舶的意外事件；

（5）特殊应急和救援器具；

（6）呼吸器和复苏；

（7）泵和泵操作；

（8）结构防火；

（9）建筑防火；

（10）通信；

（11）实用消防；

（12）应急计划；

（13）区域地形图；

（14）关于油井发生火灾和紧急情况的若干资料；

（15）有毒气体、烟雾和检测仪器；

（16）石油、石化和天然气行业的安全，包括防火；

（17）火灾探测器；

（18）急救和救援行动。

新员工培训的课程时长应至少为完成课程表中给出的主题所需的最低学时数。

定期培训：每次轮班至少应有 2h 用于培训活动。这项活动应在夜间以课堂教学的形式进行，在白天以健身训练和熟悉情况检查的形式进行。

9.40　消防员资格

消防员必须身体健康，能够在需要大量体力消耗的火灾和紧急情况下工作。消防员必须勇敢而冷静，因为他的态度和行为将取决于他在紧急情况下的反应。消防员在履行职责时必须有耐心。消防员必须有主动性，必须拥有在不利条件下长期坚持下去的意愿。消防员必须最大限度地培养自己的观察力，还必须有一个探究性的头脑。消防员必须有强烈的纪律意识，除非他自己已能够毫无疑问地服从命令。消防员的职责可以概括为：第一，拯救生命；第二，防止财产损坏；第三，提供人道主义服务。消防员应该努力学习尽可能多的设备和工艺流程，以便在装置和场所发生火灾和紧急情况时，能够知道他将要遇到的状况及必须采取的相应预防措施。

9.40.1　消防员的选拔

消防部门人员的选择、培训、指导和雇佣是消防部门管理和运作的一个主要阶段。如果这些人员的作用得到充分发挥，防火和消防程序就可被顺利地开发和掌握，但如果没有经过挑选和培训的人员，消防工作可能会断断续续、效率低下，且让太多重要的细节放任自流。应该注意找到正确类型的工作人员，性格的可靠性必须是毋庸置疑的。消防员的智力应该是敏锐的。遇紧急情况时需要快速的抉择和良好的判断力。

要求消防员至少圆满完成基本培训课程，并具备较好的健康和身体素质，这是公认的做法。每一位消防员不仅要有能够承受多年的艰苦消防工作的身体素质，而且要立志成为消防队伍中的优秀成员。

消防部门有责任从申请人的身体健康和心理能力的角度选任高水平的人员。

9.40.2　消防员条件要求

医学条件要求：在成为消防队成员之前，新员工应该经过医生的检查和签证，证明身体健康。医学和身体健康要求应考虑与承担职责相关的风险和任务。每年，职业健康医生应重新检查消防员的身体健康状况。申请者的性格同样重要，因为消防工作需要团队协作，每个成员在其中都扮演着重要的指定角色。应鼓励消防员保持良好的医学和身体状况，并应要求其报告可能影响其消防员表现的任何身体和身体健康变化。需要从安全角度对每位申请人进行彻底的背景调查。申请人应具有不低于专科文凭的教育背景。申请人应在体检合格后被选定。在被选中后，他们应该在不少于 6 个月的见习期内受聘。见习期不应仅是基础或新兵培训的例行公事期，而是准许对每个申请人进行严格监督，以确保他真诚地有志向和兴趣成为一名专业消防员。在 6 个月的见习期内，应仔细检查每个新员工，以获得其意愿和能力情况，并在消防部门确认其满意后，申请人可被分配至消防员职位。

个人记录和晋升：消防员在培训中心完成基本培训并完成见习期后，消防部门应始终保持对每位消防员的关注，并记录所有任务、成绩和表现。在某些情况下，在给予晋升奖励时应考虑这些记录。理论上，从多年实际消防、应急服务和救援行动中获得的经验具有比仅通过笔试更大的价值，因此应给具有一定年限资历和参加一定数量消防救援行动的消防员授予荣誉。一般来说，每个职级的晋升考试应每隔两年或职位出现空缺时举行。在仔细分析该职级的职责后，考试应基于该职级相关的履职工作类型。

9.40.3　消防装备的操作

消防装备只能由已通过基于标准的正式使用性能培训合格的人员操作。消防车司机应持有交通法规规定的车辆类型的有效驾驶证照。车辆应按照所有相应的交通标志和法规驾驶。消防车辆驾驶员应直接负责在任何情况下的安全和谨慎操作。消防车司机通常也是消防车载固定设备的操作员，如泵、泡沫比例混合器、干粉灭火剂、消防云梯等。

衔级：应急活动和消防行动应在严格的纪律下进行，除了是严肃的任务，命令不应退化为其他什么无足轻重的东西。因此，制服和衔级是一个重要因素，应该得到官方的选择和认可。

消防员衔级：

（1）二级消防员；

（2）一级消防员；

（3）消防车驾驶员和装备操作员；

（4）组长：勤务控制员，通讯员；

（5）部门领导级：维修技工。

消防官衔级：

（1）消防站长；

（2）消防队长；

（3）消防工程师；

（4）消防培训主管；

（5）消防副总长；

（6）消防总长。

9.40.4　岗位描述

上述职位及岗位描述的简要职责如下：

二级消防员：二级消防员（最低级别）已完成招募培训课程，并通过了 6 个月的见习期，表现令人满意，并被分配有消防职责（相关的更多信息，请参阅 NFPA 1001–2002 第 5 章和第 6 章）。

一级消防员：有 4 年工作经验，有良好的服务经历记录，身体强壮，通过官方考试，并具备被指定为 2~3 名二级消防员负责人的能力。

组长：至少有 6 年工作经验的消防员，具有良好的经历记录，纪律严明，身体健康，具备领导指派到一个消防车的 5~6 名消防队员的能力，并在分配的消防和应急任务中担任组长。

部门负责人：消防员，至少 10 年工作经验，有良好的经历记录和良好的纪律。熟知直系消防队、所有紧急情况和救援行动。担任值班消防队长，具有团队合作和决策能力。

高级消防操作员（部门领导级）：至少有 10 年消防工作经验，并担任专业技术人员团队队长。熟知通信系统和紧急呼叫程序。负责紧急情况下的所有呼叫和信息沟通。他可被指派到中央主控室。

维修技工（部门领导级）：机械工长，有 2 年在消防设备和器具方面的全面经验。负责消防和应急设备的测试、检查和维修工作。部门负责人和一名助手被指派负责所有类型灭火器的检修和维护。

消防站长（消防官级）：是负责消防站的消防官。对消防站有全面的了解，并了解相关的制造过程和涉及的风险的详细信息。到达火场和应急现场后，他在地区消防队长或消防总长到达之前接管指挥权。

消防队长：他负责一个区域或地区的所有消防系统，并向消防总长报告。他在工厂经理的密切配合下检查所有工厂和火灾风险区域，并就防火方法和要求提出建议，组织消防队并确保他们定期接受消防和紧急情况培训。

防火工程师（分区消防官）：作为一名合格工程师，他负责就消防系统的要求提供建议。他负责所有消防设备的测试和维修。他为防火方法提供建议，并确保符合消防标准。他对所有类型的防火设备都有广泛的了解。

培训消防主管（分区消防官）：作为一名合格工程师，他负责以下培训课程：

（1）消防新兵培训；

（2）工厂消防队培训；

（3）消防官晋升培训；

（4）督导员防火课程。

讲授课程的讲师应该熟悉课程计划。以下是一个组织课程计划的好范例：

（1）标题；

（2）必须清楚、简洁地说明要讲授的主题；

（3）目的：

① 应阐述受训者在培训期结束时应知道什么或应能够做什么；

② 应限定主题；

③ 应具体；

④ 每节可分为一个主要目标和几个次要目标。

（4）教辅用具；

（5）应包括实际使用的设备或工具及图表、幻灯片、胶片等；

（6）演示：

① 应给出实施计划；

② 应指明要使用的教学方法（讲座、示范、课堂讨论或两者的结合）；

③ 应包含讲师活动的建议方向（展示图表，在黑板上写关键词）。

（7）应用：应举例说明受训者将如何立即应用本培训材料（问题可以解决，工作可以执行；受训者可能会被问及理解程度和应用程序）。

（8）总结：

① 应重申要点；

② 应收紧松散的结尾；

③ 应加强教学中的薄弱环节。

（9）测试：

① 测试有助于确定目标是否已达到，应在课程开始时向全班宣布；

② 应布置要检查的参考资料或为将来课程准备的材料。

9.41　安全界限

安全设计：通过周密规划新工厂或需要进行重大改造的现有工厂的位置、设计和平面布置，可以大幅提高工业运营的效率和安全性。如果从最早的规划阶段就正确采取合适的措施，许多事故、爆炸和火灾都是可以预防的。建筑物和构筑物的大小、形状、类型；间距；工艺和物料的特性；工作条件；危险物质的化学和物理性质及其处理方法是需要考虑的主要因素。高危工艺最好设置在空间有限的单独的小型建筑或远离危险的区域。低危险性操作可以设置在较大的装置内是合理的。

安全距离限制：选定与潜在危险的安全距离涉及对许多要因素的考虑：对社区的潜在危险及其与气候和其他条件的关系、高度易燃材料（液体和气体）、有害物质的数量、排水系统和废物处置。安全界限规划方案应包括所有必要的安全预防措施，每种情形都应由称职的工程师仔细研究和设计。本节详述了烃类生产、天然气厂和炼油厂、石油化工厂的间距，以及油气井与其他生产设施、高压电线杆、道路和居民区的安全距离的最低要求。标准也是正常运营的指南，但考虑到潜在危险的所有因素，应仔细研究每个特殊情形。

烃类生产和加工厂

布平面布置和设计：设备间距应符合石油保险协会推荐的数值。当现场地势平坦时，应设计排水系统，以尽量减少工艺区域暴露于大量泄漏的风险。否则，将储罐设置在低于工艺区域的标高地面。

储罐：储罐的选型、设计、建造、安装、测试及消防应符合表 9.5、表 9.6、表 9.7 和表 9.8 的规定。

表 9.5　冷藏储罐与边界和其他设施的距离

边界线或其他设施	拱顶罐的最小间距	球罐或球形罐的最小间距
与土地相邻的建筑红线 已开发或可建设在公路、干线、铁路上	60m（1）	60m（1）
公用设施厂房、建筑物 使用率高（办公室、商店、实验室、仓库等）	1个半罐直径 但不小于45m，不超过60m（1）	60m（1）
工艺设备（如果没有确定的平面布置图，则为最近的工艺装置界限）	1个罐直径 但不小于45m，不超过60m（1）	60m（1）
非制冷压力储存设施	1个罐直径 但不小于30m，不超过60m（1）	1个罐直径 但不小于30m，不超过60m（1）
常压储罐（储存介质闭杯闪点55℃）	1个罐直径 但不小于30m，不超过60m（1）	1个罐直径 但不小于30m，不超过60m（1）
常压储罐（储存介质闭杯闪点55℃或更高）	1个罐直径 但不小于30m，不超过45m（1）	1个罐直径 但不小于30m，不超过45m（1）

注：从边界线或设施到储存容器周围外围堤中心线的距离在任何一点都不得小于30m。

表 9.6　常压储罐与边界和其他设施的距离

边界线或其他设施	最小距离			
	浮顶储罐中的低闪点储存介质或原油	固定顶储罐中的低闪点储存介质	固定顶储罐中的原油	任意类型储罐中的高闪点储存介质
与已开发或可能在公路、主线、铁路和位于海上码头的突堤上建造的土地相邻的建筑红线	60m	60m	60m	45m
高使用率建筑（办公室、车间、实验室、仓库等）	1个半罐直径 但不小于45m，不超过60m	1个半罐直径 但不小于45m，不超过60m	60m	1个半罐直径 但不小于30m，不超过45m
最近的工艺设备或公用设施（如果没有确定的平面布置图，则为最近的装置界限）	45m	45m	60m	1个半罐直径 但不小于30m，不超过45m

表 9.7　常压储罐的间距

储存介质和罐容类型	罐（组）之间的最小间距		
	单罐或双罐	罐组	相邻的几排独立的罐组
浮顶储罐中的低闪点储存介质或原油	3/4 个罐直径 不超过 60m	半个罐直径 不超过 60m	3/4 个罐直径 但不小于 25m，不超过 60m
固定顶储罐中的低闪点储存介质	1 个罐直径	半个罐直径	1 个罐直径，不小于 30m
浮顶油罐中的原油	3/4 个罐直径 不超过 60m	不允许	
固定顶油罐中的原油	1 个半罐直径 （不允许成对设置）	不允许	
任意类型罐中的高闪点储存介质	半个罐直径 不超过 60m	半个罐直径 不超过 60m	半个罐直径 但不小于 15m，不超过 60m

表 9.8　非冷藏压力储存容器／圆柱形罐与边界和其他设施的距离

边界线或其他设施	球罐、球形罐和圆柱形罐的最小间距
与已开发或可能在公路、主线、铁路和位于海上码头的突堤上建造的土地相邻的建筑红线	60m（1）
高使用率建筑（办公室、车间、实验室、仓库等）	60m
最近的工艺设备或公用设施（如果没有确定的平面布置图，则为最近的装置界限）	60m
冷藏储存设施	3/4 个罐直径 但不小于 30m，不超过 60m
常压储罐（储存介质闭杯闪点 55℃及以下）	1 个罐直径 但不小于 30m，不超过 60m
常压储罐（储存介质闭杯闪点 55℃以上）	半个罐直径 但不小于 30m，不超过 45m

注：从边界线或设施到储存容器周围外围堤中心线的距离在任何一点都不得小于 30m。

紧急停车（ESD）系统的相关说明如下：

气体和产品管线控制阀：高压气体管线不得穿越工艺区，或在没有关断阀的情况下不得位于重要建筑物或设备的 30m 范围内，以确保工艺区内的管段可以与主气体管线隔离，并在紧急情况下泄压。然而，可能不需要大量使用关断阀，因为如果应避免不必要的关断，系统复杂性的增加将需要更大程度的预防性维护。进出装置的所有气体和产品管道上都应设置关断阀，有时称为"站隔离阀"。在装置进口和排放管线之间可能需要一条带有常关阀的旁通管线。所有站隔离阀和旁通阀（如有）应位于距离生产装置的任何部分至少 75m 但不超过 150m 的位置。在确定这些阀门位置时应小心，以免它们受到装置设备或车辆交通的损坏。

紧急关断站：应至少设置两个远程紧急关断站，相距至少 75m。起动站点距离压缩机厂房和高压气体管线至少 30m。根据给定装置的规模和复杂性，可能需要两个以上的关断站。其中一个起动站应位于控制室内；它应该有明显的标志，并配备指示紧急情况下正确启动方法的标志。

污水分离器：处理烃的污水分离器应与处理易燃液体的工艺装置、设备至少相距30m，与加热器或其他连续火源相距60m。污水分离器最好位于工艺设备和储罐的下坡处。

TEL调和装置：四乙基铅（TEL）调和装置应与处理易燃液体的工艺设备相距30m，与燃烧的加热器或其他持续明火火源相距45m。设计减少TEL工厂附近排放易燃液体的可能性。

火炬：火炬与工艺设备的间距取决于火炬筒高度、火炬排放量（单位：lb/h）以及设备位置的允许辐射热强度。火炬位置海拔应低于工艺区海拔，应控制火炬气体携带的烃量，且距离含有烃的设备至少60m。此外，必须考虑人员可能出现及公众可以自由进入的区域。有关间距要求，请查阅油气分离装置附图（另见表9.9和表9.10）。

表9.9　生产装置火炬与公共道路的最小距离

火炬	公共主要道路，m	专用道路或支路，m
原油或天然气燃烧	200	200
地面燃烧池火炬	200	150
高空火炬	150	100
装置冷备火炬	100	50

表9.10　油气井和其他生产设施的最小距离

构筑物			
序号		Asmari, m	Bangestan, m
1	地面铺设的天然气管道	200	200
2	埋地天然气管道	600	600
3	地面铺设的原油管道	200	200
4	埋地原油管道	600	600
5	高压电杆	200	200
6	电话线	200	200
7	油气生产装置和设施	400	400
8	生产装置的燃烧池	300	300
9	地面火炬	300	300
10	生产装置火炬筒	150	150
11	冷备火炬	300	300
12	居住区	400	400
13	公共道路	300	300
14	专用道路和支路	200	200
15	油/气井	200	200

排污罐：排污罐用于紧急情况下的液体泄放，通常在设置了泄压系统和火炬的情况下不安装。当设计了排污罐时，排污罐应距离工艺装置界区至少 30m，距离储罐和其他炼油厂设施至少 60m。

消防训练区：消防训练区在使用时是点火源。由于产生的烟雾，它们还会对炼油厂和周边设施造成滋扰。消防训练区应距离工艺装置界区、主控制室、燃烧蒸汽发生器、消防泵、冷却塔和所有类型的储罐 60m。它们还应距离物业边界、企业、学校和政府等部门、商店和类似建筑及主变电站 75m。

（1）对于满足以下所有条件的罐或罐组，间距可减少至 30m：

① 所有罐都是给定工艺运行的组成部分；

② 每个罐的直径小于 15m；

③ 罐组的总容量不超过 7950m³（50000bbl）；

（2）间距不需要超过 30m，前提是满足以下所有要求：

① 储存在环境温度下，且闭杯闪点高于 93℃，或者如果受热，不高于 93℃ 且不在其闪点内；

② 储存介质不是直接从工艺装置接收的。在工艺装置中，不稳定的条件可能会降低其闪点；

③ 任何罐的总容量不超过 31800m³（200000bbl），任何罐组的总容量不超过 7950m³（500000bbl）；

④ 同一组内没有储存低闪点液体的罐。

（3）间距不需要超过 15m，前提是满足以下所有要求：

① 所有罐都是给定工艺运行的组成部分；

② 每个罐的直径小于 25m，一组罐的总容量不超过 7950m³（50000bbl）；

③ 同一组内没有储存低闪点液体的罐。

（4）高闪蒸罐组和低闪蒸罐组之间的间距应符合低闪点罐标准。

（5）任何罐外壁与围堤或趾墙之间的最小间距应为 3m。

（6）如果满足以下所有要求，闭杯闪点高于 93℃ 的最终产品罐可至少间隔 2m：

① 储存在环境温度下：如果受热，不超过 93℃，且不超出其闪点的 10℃ 范围；

② 储存介质不是直接从工艺装置接收的，在工艺装置中，不稳定的条件可能会将其闪点降低到低于上段所述的限值；

③ 同一组内没有储存低闪点液体的罐。

（7）闭杯闪点为 54℃ 或更高但低于 43℃ 的最终产品罐外缘之间可相隔罐直径的 1/6 距离，但以下情况除外：

（8）如果一个罐的直径小于相邻罐直径的一半，则罐之间的间距不应小于较小罐直径的一半，前提是满足以下所有要求：

① 罐间距不小于 2m；

② 储存物受热温度不超过 93℃，且不超出其闪点的 10℃ 范围；

③ 罐组总容量不超过 15900m³（100000bbl），同一罐组内没有储存低闪点液体的罐；

④ 储存物不是直接从工艺装置接收的，在工艺装置中，不稳定的条件可能会将其闪点降低到低于上文 b 段所述的限值。

10 安全和消防装备（Ⅱ）

本章供负责采购和运行消防设备的相关部门和人员使用并提供指导，以使消防设备在其全生命周期内按设计正常运行。

如果向公司消防部门和安全部门提交了足够的技术数据，证明新方法或新设备在质量、效率和使用寿命方面与标准中所述的方法或设备相当，则允许使用新方法或新设备。负责设备采购和审批的人员可能需要咨询经验丰富的、具有业务能力的消防工程师，以选择符合标准的最佳安全设备和消防设备。

标准涵盖了石油、天然气和石化工业使用和采购的消防设备的物理特性和性能的最低要求。本章的标准仅包括使标准在该领域专业人员手中可行的必要要点。

10.1 消防阀门

安装在主水管线上的消防栓和隔断阀，以及装置单元和工业区使用的其他类型的阀门，是专门为消防和防火系统设计制造的，其中可快速操作和可靠性是主要考虑因素。

本节讨论了以下类型的消防阀门：

（1）地下式消防栓阀门；

（2）地上式消防栓软管阀；

（3）地上式蝶阀（橡胶衬里）；

（4）用于消防车和泡沫系统的球阀；

（5）消防系统中使用的止回阀。

10.1.1 地下式消防栓

地下式消防栓应为以下类型：

（1）楔形闸板式；

（2）压下式；

（3）蝶式（图10.1）。

楔形闸板阀应符合（BS 5163）对PN 16的要求，直角弯头的材料应选用灰铸铁（CI）或球墨铸铁（SG）。螺栓孔处的法兰厚度不得小于17mm。

材料：消防栓应安装固定式阀门，并应使用以下材料：

①用于与阀杆啮合的螺纹部分：青铜或高强度黄铜；

②阀体：灰铸铁（CI）或球墨铸铁（SG）；

③阀座：青铜或高强度黄铜；

④阀杆：高强度黄铜或不锈钢；

⑤螺纹出水接口：青铜、压铸黄铜或高强度黄铜；

⑥阀盖：铸铁；

⑦表面基底和本体结构：灰铸铁或球墨铸铁。

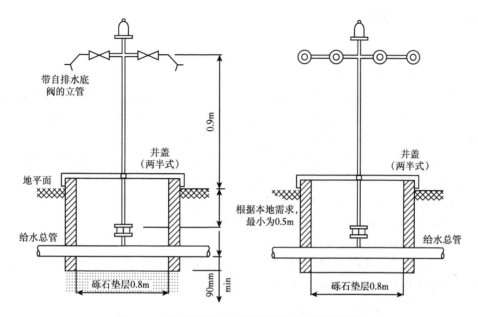

图 10.1 地下式消防水干线的两路和四路消防栓

制造和工艺：所有铸造单元应清洁铸造，无气孔、砂眼、冷疤和激冷疤。阀门应该外观整洁，精心清理。无论是由于收缩、夹杂气体或其他原因，所有铸件都应无空洞。

一般要求：

（1）螺纹出水接口：应提供盖子以盖住出口螺纹，且其应该通过链条牢固地连接到消防栓出口；

（2）螺栓连接：螺栓连接的尺寸应符合相应 ISO 公制标准的要求；

（3）相同设计和制造的消防栓的相应部分应可互换；

（4）从上方看，阀门应该通过顺时针转动阀杆来关闭；

（5）所有铸铁件在生锈前应彻底清洁和涂漆。

阀杆密封应为以下类型：

（1）填料函和压盖类型。

（2）环形密封圈（O 形圈）。

①如果阀杆密封为环形密封，则应使用两套同样的密封。所有类型的填料和密封件应能在阀门带压的情况下更换；

②当安装标准的圆螺纹出水接口时，消防栓应在 1.7bar 的恒定压力下，在消防栓吸水口处输送不低于 2000L/min 的水流量。

测试要求：仅需进行一组测试，以确定消防栓设计符合本条款规定的要求：

（1）静水压力；

（2）楔形闸板。

③消防栓阀门和阀座：当按照该条款的方法进行测试时，阀门应符合 BS 5163：1986 的要求。

④直角弯头：测试时，直角弯头不应有明显的泄漏迹象。

10.1.2 折叠式消防栓

消防栓底座：测试消防栓时，阀门应无明显泄漏迹象。

消防栓整体：测试时，消防栓不应有明显的泄漏迹象。

螺纹出水接口：测试时，螺纹出水接口不应有明显泄漏迹象。如果设置了螺纹出水接口并将其连接至消防栓，则应将其与消防栓整体或从消防栓中移除后进行测试。

水压试验证书：应提供证书，证明消防栓符合要求。

标志：每个消防栓阀门、直角弯头和出水接口应清楚标记，或与所述组件整体标记，或在牢固固定在该组件上的耐用材料板上标记，如下所示：

（1）压盖上或消防栓上部的阀门开启方向；

（2）灰铸铁"CI"或球墨铸铁"SG"的材料名称；

（3）制造商名称和商标。

涂漆：在进行以下短期涂漆之前，应彻底清洁并干燥消防栓：

（1）热涂煤焦油或沥青基涂层材料；

（2）冷涂黑色沥青液。

净孔径和盖子：地上消防栓出水接口的最小净孔径应为：

（1）对于楔形闸板式最大为 220~500mm；

（2）对于压下式最大为 230~380mm。

对于坡楔阀门，栓口深度不应小于 100mm，对于坡度压下，栓口深度不应小于 75mm。栓口的最小垫层宽度应为 50mm。地上栓口和盖子的设计应确保盖子顶部与栓口顶部齐平。地上压盖上应清楚地标记"消防栓"字样，字母高度不低于 30mm，或首字母"FH"字样，字母高度不低于 75mm，铸在压盖上。

10.1.3 地上式消防栓阀门

地上式消防栓阀门通常有两种类型：衬胶蝶阀和软管阀。

10.1.4 衬胶蝶阀（图 10.2）

衬胶蝶阀是为了寒冷气候而设计和使用的。

阀门设计规范：蝶阀的设计应符合英国标准 BS 5155。

所有阀门的额定压力应为 PN 16，这是消防水系统的额定压力。地上式阀门应为带扳手的蝶板式，地下式阀门应为带齿轮的单法兰或带传动装置的手柄式。有关设计和材料的进一步说明可参见图 10.2。

附加设计要求：

（1）设计应包括一个单独的阀杆密封，即使主密封是由内衬层实现的。

（2）阀门的设计应确保其可以锁定在打开位置。

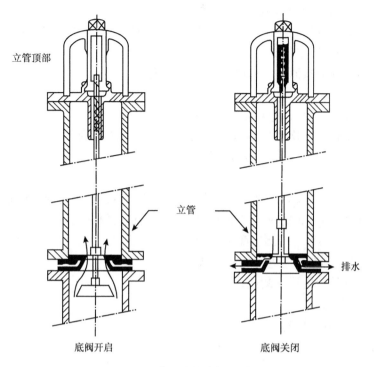

立管顶部

立管

排水

底阀开启

底阀关闭

图 10.2　典型自排水蝶阀详图

（3）防水齿轮箱应设置一个指示器，以指示在 15m 范围内的所有位置可见的"打开"和"关闭"状态。

（4）阀门和齿轮箱的装配不允许指示器错误地指示阀盘的状态。

（5）地下式阀门外伸部外筒直径不小于 60mm，厚度不小于 5.5mm，应由碳钢管制成。

（6）当暴露在介质中时，栓体应由蒙乃尔合金 k-500 制成。当使用内衬层将栓体与介质隔离时，它可以用不锈钢材料制成。栓体外伸部可以由碳钢制成。

阀门尺寸和选型：待测试阀门的公称尺寸和类型应在与买方和制造商协商后确定。对于所选项，应书面说明以下内容：

（1）由买方提供：

① 阀门尺寸；

② 划分的等级；

③ 阀门类型：对夹式、单法兰式或凸耳式。

（2）由制造商提供：

① 图纸和规范编号；

② 内衬材料；

③ 栓体和外伸部材料；

④ 齿轮和材料的型号。

材料的具体要求：

（1）内衬：橡胶内衬不应有表面缺陷，如起泡、裂纹、气孔或其他缺陷。

① 内衬不可进行修复后再使用。

② 内衬应按照 ASTM D 1418 进行分类。

③ 为了验证阀门制造商使用的内衬是否为规定的类型，需要按照 ASTM D 3677 或 BS 903 中描述的方法进行鉴定测试。

④ 内衬厚度应在制造商申明的厚度的 ±10% 范围内。

⑤ 至少应进行三次测量。

⑥ 橡胶的硬度应符合所用类型或等级的规定值。

⑦ 内衬至少应进行三次硬度测试。根据 ASTM D 2240，硬度读数应以硬度计 A 或硬度计 D 表示，且应在规定值的 ±5% 范围内。

（2）测试。

附着力测试：为了测试附着力，应使用与内衬和栓体材料相同的材料制备试样。附着力应按照 ASTM D 429 中的方法 B 进行测试。附着力值可根据失效时的载荷、原始黏合面积计算得出，且该值不得小于制造商申明的值。

（3）其他测试：制造商应进行以下测试：

① 阀座和密封系统的泄漏测试；

② 栓体强度测试；

③ 阀盘和阀杆强度试验；

④ 周期性运作测试；

⑤ 扭矩测试；

⑥ 容积阀测试；

⑦ 干燥条件下的扭矩测试。

（4）证书：应为栓体、阀杆和阀盘提供符合 DIN 50049-3.1 B 并附有物理性能和化学分析内容的材料证明书。橡胶制造商应提供橡胶内衬材料物理性能的证明书，以及阀门制造商的声明，说明认证的材料已应用于阀门。

（5）标志：阀门应在永久附在阀门上的耐腐蚀铭牌上标记以下信息：制造商名称、系列参考编号、尺寸、等级、压差额定值和材料标识，还包括栓体信息和制造时间。

（6）包装：阀门包装应用托盘包装，或用盒子、箱子或木箱包装。

（7）运输：开启阀端部应完全盲死，以在运输和储存期间保护密封面和阀门内部构件。

10.1.5 消防水带阀

这些要求涵盖了为消防供水的竖管、消防泵和消防栓而使用的角度型和直通型水带阀。

10.1.5.1 类型和尺寸

（1）角（90°）度型，用于具有相同尺寸入口和出口开口或入口大于出口 [出口接口 65mm（2½in）] 的竖管。

（2）角（90°~120°）度型，用于公称出口为 40~65mm 的带吸水管的消防喷淋设备。

（3）直通型，用于具有相同公称尺寸 65mm（2½in）的入口和出口开口的消防泵和消防栓。

（4）直通型，用于具有相同尺寸的入口和出口开口或入口大于 65mm（2½in）出口开口的竖管。

10.1.5.2　工作压力

所有类型的水带阀门的最小工作压力应为 12bar。

10.1.5.3　材料

使用目的：用于竖管和消防泵的水龙带阀应完全由黄铜和青铜制成，手轮和阀门密封除外。用于消防栓的水龙带阀，通过将阀门栓接至消防栓体外部进行组装，其铸铁阀体和阀盖可栓接在一起。

其余阀门部件应由黄铜、青铜或其他具有同等耐腐蚀性能的材料制成。

铸件：铸件应光滑，无锈垢、凸峰、裂纹、气泡、砂眼和其他可能影响其设计用途的缺陷。

打开方向：俯瞰，应通过向左（逆时针）转动手轮打开水龙带阀。

阀座：阀座应由黄铜、青铜或其他同等耐腐蚀材料制成。

出口和附件：用于消防泵和竖管的水龙带阀应安装在出口处，带有 65mm（2½in）的内螺纹快速接头（BS 336）。

水龙带出口盲帽应由黄铜或同等耐腐蚀材料制成。盲帽应为外螺纹，带有黄铜链条附件（BS 336）。

10.1.5.4　填料函和密封件

阀门应包括填料函或其他密封方式，以使阀杆处不会出现泄漏。填料函压盖或阀杆密封圈形成的密封面应由具有相当于黄铜或青铜的耐腐蚀性的材料制成。

填料函应包括带有填料螺母的压盖或压环。填料函内不得有螺纹。

填料函应具有足够的宽度容纳填料，以使阀杆周围不会出现泄漏，并应有足够的空间供填料拆除工具进入。

填料函底部和压盖端部应为倾斜面。

用于密封阀杆的橡胶圈（如 O 形圈）应由硫化天然橡胶或具有相同尺寸的合成橡胶化合物制成。密封圈应具有 UL 668 中的 13.5 A.B.C 项的特性。

阀门的结构应允许在阀门完全打开且处于额定工作压力下时重新添加填料函或更换至少一个密封圈。阀杆密封形成的橡胶圈应至少有两个圈，使用 O 形圈的阀杆密封应至少有一个圈。

在铸铁阀门中，整个填料函应由黄铜或青铜制成，穿过阀盖的阀杆开口应为黄铜或青铜衬套。

10.1.5.5　手轮

手轮的直径不应小于 100mm。

10.1.5.6　阀座环角型

安装好的阀座环不应伸到阀门内部，不应超出出口开口的内缘。

阀座密封支架应能在阀杆上自由转动，以便密封件能够在没有任何旋转的情况下就位，因为刮擦动作可能会损坏密封件。

用于将密封支架固定到阀杆上的锁紧螺母的固定方式应与使用销固定的方式相同。

用于密封阀座的橡胶部件应由硫化天然橡胶或合成橡胶化合物制成，且具有相同的尺寸。阀座密封材料应具有 UL 668 第 15.6 中 A、B、C 项的性能。

弹性阀座密封件应由非金属材料制成，并牢固固定和组装，以便于更换。密封件支架应将密封件的外缘全宽度包裹起来。阀门密封件、密封座和密封夹紧环的尺寸应确保密封面在内部和外部都突出阀体座圈。

密封座边缘和阀体内部之间的间隙不得小于标准的规定。阀座内侧与密封螺母和夹紧环之间的间隙不得小于 1.6mm。

密封固定螺母或夹紧环应固定到位，或通过锁定功能限制其移动。

10.1.5.7 直通型阀门的附加要求

（1）直通型阀门可以是非上升阀杆或上升阀杆结构。

（2）当完全打开时，直通型阀门应具有圆形横截面的直通无障碍水道，其在任何点的面积不得小于拟使用阀门的管道的水道横截面积。

（3）直通型阀门的阀门应为以下任意一种类型：实心楔、劈楔或平行阀座类型。

（4）直通型阀门应具有与阀体一体铸造的闸板导槽。

（5）仅在一个位置与阀门紧密坐合的阀门应具有宽度不等的整体铸造导槽或其他等效方式，以便于按照设计装配。

（6）消防栓上使用的阀门可能有一个带有单个阀座面的阀门，并在阀体内带有铸造导槽。

（7）阀体应在出口端的底面上形成一个毂，该凸台可钻孔以接纳放泄旋塞。

性能测试：阀门的代表性样品应进行标准中规定的测试。

制造测试和生产测试：制造商应进行必要的生产控制、检查和测试。该程序应至少包括以下内容：每个阀门都应在工厂进行阀体和阀座泄漏测试。每次测试应在两倍额定工作压力下持续 1min。阀座泄漏测试应在入口和封闭阀座之间进行静水压测试。阀体泄漏测试应在阀门部分打开并对所有部件施加压力的情况下进行，包括阀盖和阀体接头，以及填料函或密封装置。阀门应无阀座泄漏、无渗漏或通过阀体和阀盖铸件或两个铸件之间的连接处泄漏，且无通过填料函或密封装置的泄漏带有金属—金属阀座且仅用于连接消防栓的直通型阀门，其通过阀座的漏水量不得超过轻微漏水量。阀杆允许有轻微泄漏。

10.1.5.8 标志

软管阀应标记以下内容：制造商名称、系列参考编号、尺寸、等级、压差额定值和材料标识，还包括栓体信息和制造时间。

（1）制造商或商标持有人的名称或标识符。

（2）阀门公称尺寸。

（3）独特的型号、目录名称或相似信息。

（4）额定工作压力。

（5）阀门的标志应铸成凸起的字母，印刻在永久性冲压金属铭牌上，或者采用同等持久性的方法。标志可位于阀门上任何方便的位置。

应在手轮边缘铸造一个长 31.8mm（1¼in）的箭形，指示转动手轮打开阀门的方向，在箭尾或在箭身的中断处应标有"打开"字样，以便于识读。如果为了标记"打开"字样而导致箭身中断，以允许出现，则箭形各部分的总和不得小于 24mm。如果供应商在多个工厂生产阀门，每个阀门应具有独特的标志，以将其作为特定工厂产品的识别标志。

10.1.6 球阀

球阀通常用于泵、泡沫系统、灭火系统的消防车供水部分，以及需要快速开启水流的地方。球阀也用于需要通过快速动作同时打开和关闭两个或三个阀门的场合。

阀体应为一体式或分体式结构：如果是分体式阀，则为分体式阀体的最小设计强度。接头应等同于法兰的阀体端法兰，或对焊端、承插焊端或螺纹端的相应等效法兰。螺栓盖应配备不少于四个螺栓、双头螺栓、双头螺栓或螺帽或六角头螺钉（图 10.3）。

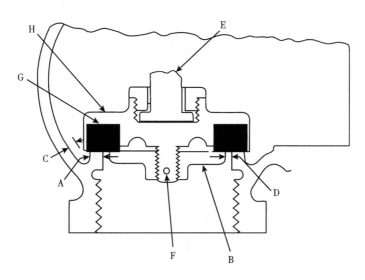

图 10.3 角度型阀阀座详图

A—阀座宽度；B—弹性阀座密封螺母或夹紧环；C—弹性阀座密封支架边缘与阀体内部之间的间隙；D—阀座内部与弹性阀座密封的螺母或夹紧环之间的间隙；E—阀杆；F—固定螺母或夹紧环的锁销；G—弹性阀座密封；H—弹性阀座密封的支架

法兰端：端部法兰应铸造或锻造成与阀体或分体式阀体设计的端件一体，或通过对焊连接。

阀杆、球柄、阀杆加长件：阀杆、球柄、阀杆加长件、安装在阀杆上的手轮或其他附件应设置指示端口位置的永久方式，并应设计防止方向指示错误的措施。

阀杆固定：阀门设计应确保阀杆密封固定紧固件（例如填料压盖紧固件）不是单一固定阀杆。设计应确保当阀门处于压力下时，仅拆除阀杆密封护圈（例如压盖），阀杆不能从阀门中弹出。

阀体阀座环：阀体阀座环或阀座环组件的设计应确保可更换，但具有一体式密封（焊接）阀体结构的阀门除外。

球体：在全通径阀门上，球体端口应为圆柱形。密封腔球的设计应能承受整个静水压阀体试验压力。钢球结构的典型类型如图 10.4（b）所示。

注：（1）买方应在其询函或订单中说明是否需要使用带有圆柱形端口的球阀的缩径阀。

（2）图 10.4（a）所示为实心、密封腔和两片式球阀，带有圆柱形端口。

扳手和手轮：使用时，扳手和手轮应设计为能承受不小于 BS 5351 规定的力。

防静电设计：阀门应具有防静电功能，以确保 DN 50 或更小阀门的阀杆和阀体之间的电气连续性，或更大阀门的球阀、阀杆和阀体之间的电气连续性（如有规定）。允许使用导电填料，前提是填料：

（1）构成主阀杆密封的一部分；

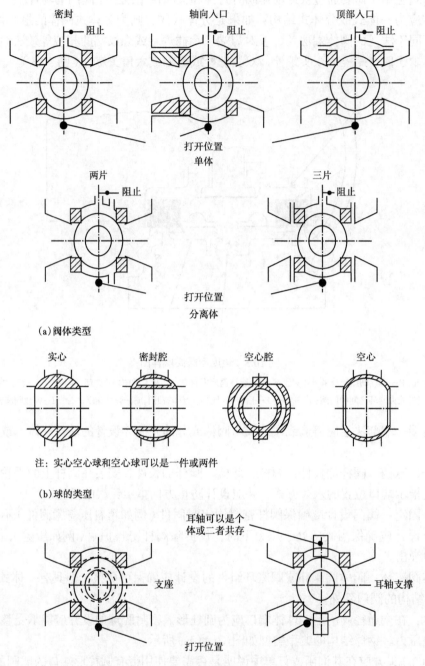

图 10.4　球阀结构的典型变化形式

（2）对于阀门的正常运行至关重要；

（3）不能仅通过移除压盖和压盖填料来移除。

操作：阀门应使用手轮或扳手操作。

注：对于手动操作的阀门，将始终设置顺时针关闭。逆时针关闭应根据特殊要求设置直接操作阀门的扳手长度或手轮直径（打开和关闭新阀门至少三次后）应确保在制造

商推荐的最大压差下，从打开或关闭位置操作阀球所需的力不超过 350N。

手轮应标识指示阀门关闭的方向。

手轮和扳手的安装方式应确保在牢固固定的情况下，在必要时可以拆卸和更换。

所有阀门都应设置一个指示器，以显示球形端口的位置。当扳手是指示端口位置的唯一方式时，其设计不应允许不正确的装配，然后应将其设置成处于打开位置时扳手柄平行于水流向线。

阀门的全开和全关位置都应设置限位器。所有阀门都应设置相同形式的球形端口位置指示器。

材料：选择的阀体、阀体连接器、插件和包裹材料应能承受至少两倍的工作压力，即消防用的 12bar（75psi）。用于泡沫液系统的阀门应选用耐腐蚀的材料。阀体座圈、阀杆密封件、阀体密封件和垫圈应适合使用泡沫浓缩液。采购订单中应详列可用于盐水或干粉灭火剂的阀门。扳手和手轮应由钢、可锻铸铁或球墨铸铁制成。螺纹阀体端部应具有符合适用 ISO 标准要求的内螺纹，制造商可选择锥形或平行方式制造，除非采购订单中规定了特定形式。法兰端、对焊端、承插焊端、延伸焊端和螺纹端阀门应符合 BS 5351 的要求。

测试：所有阀门应在发货前由制造商进行静水压测试。测试应用水进行。阀体和阀座的测试要求应符合 BS 5146 第 1 部分的要求。

保压能力：所用球阀应能承受 22.5bar 水压测试，且持续 2min 而不泄漏。

测试证书：制造商应出具测试证书，确认阀门已按照 BS 5146 第 1 部分进行测试，并说明测试中使用的实际压力和介质。

发运准备：测试后，应对每个阀门进行排空、清洁、准备，并对其进行适当的发运保护（应在采购订单中明确规定成品阀门的涂漆），以尽量减少运输和储存过程中损坏和变质的可能性。发运时，所有球阀应处于打开位置。阀体端部应密封，以防止运输过程中有异物进入。阀门的接合面应受到保护。

标志：每个阀门应在阀体上或牢固固定在阀体上的金属牌上清楚标记。标识应符合 BS 5159 第 7 节第 28 至 31 项的要求。标志信息应由买方规定。

10.1.7　闸阀

这些要求涵盖的闸阀为阀盖外的阀杆螺纹型和适用于非明杆型的轭型及法兰端适用于地上或地下安装。这些要求涵盖的闸阀用于安装和使用：

（1）低倍数泡沫混合液和淹没泡沫—水喷雾系统；

（2）自动喷水灭火系统安装工程；

（3）竖管、水龙带系统和软管卷盘的安装工程；

（4）固定式消防水喷雾系统；

（5）消防水主干管的隔断。

结构和设计：阀盖外的阀杆螺纹型和轭型闸阀的结构应适用于尺寸为 12.5mm 或更大的标准管螺纹。非升杆式闸阀的结构应适用于标准管螺纹尺寸为 65mm 或更大。阀门尺寸是指连通入口和出口的水道的公称直径，以及连通的管道尺寸。例外情况：尺寸为 12.5mm 的阀门可能由一个 20mm 的阀门组装而成，该组件在阀体的金属部位上有 12.5mm 的管螺纹（图 10.5 和图 10.6）。

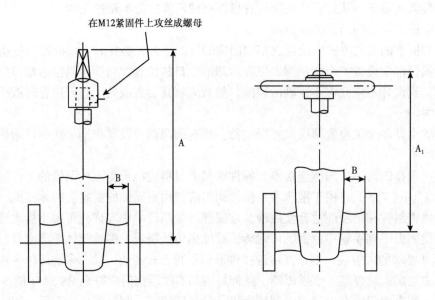

在M12紧固件上攻丝成螺母

图 10.5　典型的闸阀（1）

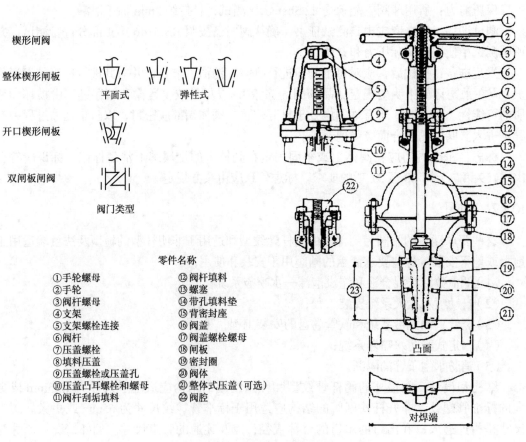

楔形闸阀

整体楔形闸板

平面式　　弹性式

开口楔形闸板

双闸板闸阀

阀门类型

凸面

对焊端

零件名称

①手轮螺母　　　　⑫阀杆填料
②手轮　　　　　　⑬螺塞
③阀杆螺母　　　　⑭带孔填料垫
④支架　　　　　　⑮背密封座
⑤支架螺栓连接　　⑯阀盖
⑥阀杆　　　　　　⑰阀盖螺栓螺母
⑦压盖螺栓　　　　⑱闸板
⑧填料压盖　　　　⑲密封圈
⑨压盖螺栓或压盖孔　⑳阀体
⑩压盖凸耳螺栓和螺母　㉑整体式压盖（可选）
⑪阀杆刮垢填料　　㉒阀腔

图 10.6　典型的闸阀（2）

材料：阀门应为以下类型之一：

（1）A 型，仅用于 T 型扳手操作；

（2）B 型，用于键 / 杆操作，但可通过 T 型扳手操作。这两种类型都应该能够通过手轮操作。

注：B 型阀门设计用于比 A 型阀门更重的载荷，能够承受更高的扭矩载荷。

阀体和阀盖：

阀体应为直通式，当阀门完全打开时，应提供大于或等于配套管道内径的水道通径。通径测量应在远离用于阀座环装配的凸耳的位置进行。例外情况：如果包含水道的阀门符合减少水道阀门摩擦损失试验的要求，则提供水道通径小于配套管道直径的闸阀是可接受的。

尺寸为 50mm 或更小阀门的阀体和阀盖应由强度、刚度和耐腐蚀性至少相当于青铜的材料制成。尺寸大于 50mm 的阀门的阀体和阀盖应由强度、刚度和耐腐蚀性至少相当于铸铁或青铜的材料制成。

铸件应光滑，无锈垢、凸峰、裂纹、气泡、砂眼和任何可能使其不适合设计用途的缺陷。铸件不应封堵或填补，但可以浸渍以消除孔隙。

导槽应与阀体整体铸造。如果阀门的组装方式与设计不同，则导槽的宽度应不等，或应提供其他等效方式，以便于正确组装。

尺寸：端面到端面、阀体法兰、最大高度和法兰到阀体的尺寸应符合 BS 5163 第 1.6 节的要求。

闸板：

尺寸为 50mm 或更小阀门的闸板应采用至少相当于青铜的耐腐蚀材料。

尺寸大于 50mm 的阀门的闸板应由铸铁或至少具有同等耐腐蚀性的其他材料制成。

对于尺寸大于 25mm 的阀门，闸板的中心部位应凹进。

闸板的任何铸铁表面的构造应确保在所有位置都能无接触地通过阀体座圈。

对于铸铁阀体阀门的铸铁闸板，应提供导槽或连杆，以减少操作期间闸板环座面摩擦阀体或阀盖的风险。

10.1.8 阀座表面

对于具有金属—金属阀座表面的阀门，闸板和阀体的所有阀座表面应为青铜或至少具有同等耐腐蚀性的材料。

由弹性材料制成的阀座表面应由青铜或至少具有同等耐腐蚀性的其他金属制成，或具有保护性有机涂层。

阀杆：

阀杆应由螺纹标准强度和耐腐蚀性至少相当于青铜的材料制成。

阀杆螺纹应符合英制梯形螺纹、修正的英制梯形螺纹、半 "V" 形或正方形。

阀杆和闸板之间的连接应平齐，以使在阀门到位时不会限制阀杆。

阀杆螺母的材料应具有至少相当于青铜的强度、耐磨性和耐腐蚀性。

当阀门关闭时，非上升阀杆阀门的阀杆应进入阀杆螺母的深度至少等于阀杆外径的 1¼ 倍。

125mm 或更大的外螺纹—架型闸阀应在支架和手轮之间配置一个青铜垫圈，除非阀杆螺母的结构不允许支架和手轮接触。

非明杆阀门的阀杆应设置一个正方形的锥形端，以便与扳手螺母紧密配合。正方形底部的对角线应至少等于杆的直径。

阀杆密封：阀杆密封阀的设计应符合以下要求之一：

（1）填料函和压盖；

（2）注入器填料形式；

（3）环形密封圈（O形圈）。

密封件或填料应能够在阀门处于带压和全开位置时进行更换。

注意：警告用户，在此操作过程中可能会有一些物质泄漏到大气中。当密封圈为环形密封圈时，应采用以下附加要求：

（1）至少应使用两个此类密封件；

（2）防尘密封件应位于密封件上方，以防止异物进入。

手轮：

手轮的构造应易于用手握住。

应在手轮上铸造一个箭形，指示转动手轮以打开阀门的方向，在箭尾或箭身空隙处标有"打开"字样，以便易于识读（图10.7）。

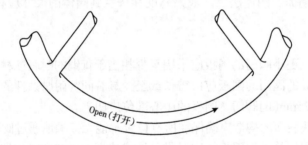

图10.7　手轮详图

关闭方向：当面向阀门顶部时，应顺时针或逆时针转动扳手或手轮，关闭手动操作的阀门。

扳手螺帽：非明杆阀门的扳手螺帽应由强度和耐腐蚀性至少相当于铸铁的材料制成（图10.8）。应将其安装在阀杆的锥形方端，并用螺母、销、键或带帽螺钉固定。

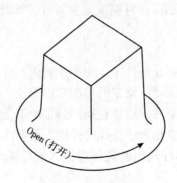

图10.8　扳手螺母

354

测试：制造商应对每种类型和尺寸的阀门进行型式试验。型式试验应包括按照 BS 5163 规定的顺序进行的下列测试。

（1）压力测试；

（2）强度测试，然后是压力测试；

（3）功能测试。

测试结果应由制造商记录和保存，并应包括型式试验后阀门部件的外观检查结果。

在开始测试之前，应确定阀杆的转动圈数，以完成测试中特定阀门的全封闭行程。强度测试后，应要求阀门转动相同的圈数，以确认部件没有损坏。

根据 UL 262 或 BS 5163 第 4 节，每种尺寸闸阀的代表应接受以下测试：

（1）金属材料测试验；

（2）非金属材料测试；

（3）拉伸强度和伸长率试验；

（4）加速氧压老化试验；

（5）硬度测试；

（6）阀座表面用有机涂层材料测试；

（7）弹性阀座材料紧固和循环交变测试；

（8）填料函更换填料测试；

（9）泄漏测试；

（10）机械强度试验。

为了验证生产制造过程中是否符合这些要求，制造商应进行必要的生产控制、检查和测试。该程序应至少包括每个阀门的阀体和阀座泄漏工厂测试。阀体泄漏测试应在阀门打开并在闸板两侧施加作用力的情况下，以两倍额定工作压力对所有内部部件进行静水压试验。阀体不应有泄漏或变形。阀座泄漏测试应在两倍额定工作压力下进行静水压测试，或在额定工作压力下进行气动测试。

应在一端和关闭的闸门之间施加作用力，对于双闸板闸阀，应在闸板之间施加作用力。如果进行气动测试，阀门应完全浸入水中。如果进行静水压试验，通过金属—金属闸板座的泄漏量不应超过标准中规定的量。

标志：闸阀应标记以下内容：

（1）公称尺寸；

（2）制造商名称或标识符；

（3）额定压力；

（4）独特的型号或目录名称；

（5）材料标识符。

10.1.9　止回阀（单向阀）

这些要求涵盖的止回阀旨在安装并用于：

（1）泡沫／水比例混合系统；

（2）泡沫／水消防车；

（3）高位水箱；

（4）水回流至交叉连接系统和多机组泵送系统。

材料：用于咸水的止回阀应由适合该用途的材料制成，并从 BS 1868（第 3 节）规定的材料中选择。用于泡沫水系统的止回阀应由与黄铜相同的耐腐蚀材料制成。

检查和测试：止回阀应按照 BS 5146 的要求进行检查和压力测试，制造商应证明已经进行了相应的测试。

标志：识别标志包括以下内容：

（1）公称尺寸 DN；

（2）额定压力 PN；

（3）每个阀门阀体上铸造或压印的流动方向（箭形）；

（4）制造商的名称或商标；

（5）阀体材料标识。

发运准备：所有阀门应彻底清洁和干燥。未经机加工的阀门外表面应涂上铝面漆。机构或螺纹表面应涂上易于清除的防锈材料。阀门的包装应尽量减少储存和运输过程中损坏的可能性。

10.2 软管卷盘

本节的要求旨在确保设备可由一个人操作，同时确保设备具有合理的坚固性，以实现长寿命、高效运行，并避免过度维护（图 10.9 至图 10.12）。

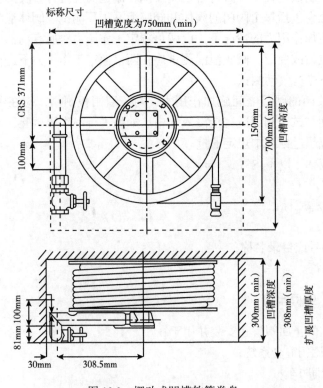

图 10.9 摆动式凹槽软管卷盘

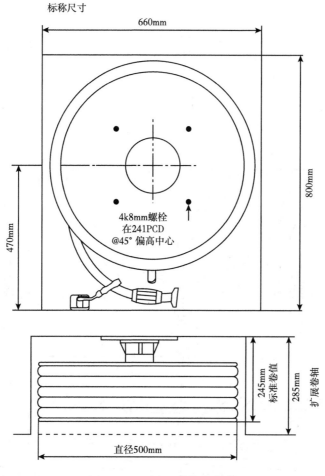

图 10.10　固定凹槽软管卷盘

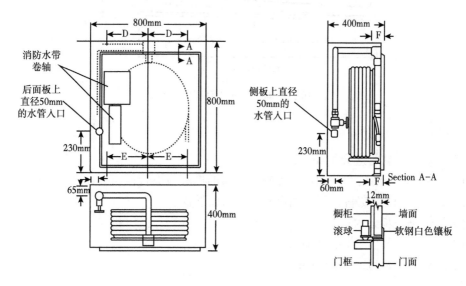

图 10.11　门装式软管卷盘柜

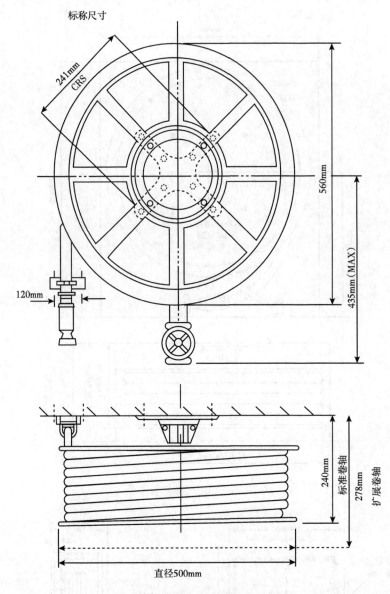

标称尺寸

图 10.12　固定开放式墙装软管卷盘

10.2.1　分类

标准中规定的软管应分类如下：

（1）A 类：用于消防车和固定装置软管卷盘的橡胶包覆管；

（2）B 类：热塑性塑料，用于固定安装的软管卷盘。

每类软管进一步分为：

（1）类型 1：设计压力为 15bar；

（2）类型 2：设计压力为 40bar。

注：

（1）环境温度应由买方指定；

（2）A 类软管在接触热表面时具有更好的阻力；

（3）软管可以是心轴制造或非心轴制造，表面光滑，有明显的凹槽纹或结构。

10.2.2 结构

A 类软管应包括：

（1）无缝橡胶衬里；

（2）织物增强；

（3）橡胶包覆。

消防车用包裹橡胶软管应为黑色，固定装置用包裹橡胶软管应为红色。

B 类软管应包括：

（1）无缝橡胶衬里；

（2）织物增强。

这两类软管的衬里和包覆层应无气孔、孔隙和其他缺陷。

规格：软管的内径应为 19mm 或 25mm。内衬层的最小厚度应为 1.5mm。内径和外径之间测量的同心度变化不应超过 2.0mm。软管的最大长度质量应如下所示：19mm 内径（3/4in）：0.75kg/m；25mm 内径（1in）：0.90kg/m。

10.2.3 固定装置用整套软管组件的要求

整套组件应能在 10bar 的最大工作压力下运行，并能将水输送到其规定范围内的任何点而不会发生泄漏。测试时，组件的任何部分都不应泄漏。

软管应能够通过软管导向器（如安装）在任意水平方向上完全抽出，直至受到软管长度限制。测试时，启动或重新启动卷盘旋转所需的力不得超过 200N。

水也应在卷盘上接入：当卷盘展开时自动打开，在这种情况下，当喷射范围不小于 6m 时，卷盘旋转不超过四整圈时阀门应完全打开，或通过手动操作进口阀。

应安装一个联锁装置，在供水打开之前不能取出喷枪。测试时，水流量不应小于 24L/min，喷射范围不应小于 6m。

10.2.4 设计

软管卷盘应围绕主轴旋转，以便软管可以自由抽出。

第一圈软管的卷筒或软管支架直径不得小于 150mm。将软管连接到卷筒上的布置方式应确保软管不会受到附加软管层的限制或被压扁。

手动卷盘的进口阀应为旋紧截止阀或闸阀。应顺时针转动手柄关闭阀门。打开方向最好用刻有箭形和"打开"字样的符号标记在手柄上。不应有可见的泄漏或变形。

卷盘的尺寸应足以在端板限定的空间内缠绕装备的软管长度（喷枪除外）。对于内径为 19mm 的固定安装软管卷盘，安装的软管长度不应超过 45m，对于内径为 25mm 的固定安装软管卷盘，安装的软管长度不应超过 35m。通常使用以下类型和型号：

（1）摆动和固定开放式墙装软管软盘。摆臂允许软管在 180° 的运动中抽出（图 10.9 和图 10.10）。

（2）箱式软管卷盘，带有可沿任意方向拉出的全向软管导向器。门装式软管卷盘柜（图 10.13）可能还需要设置防过抽装置，以防止软管在用完时缠绕。

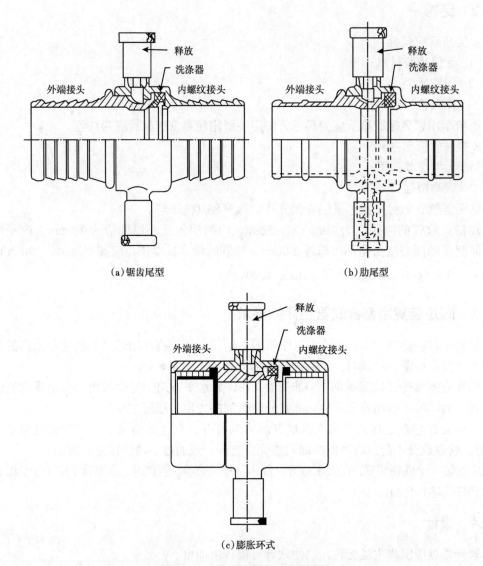

(a)锯齿尾型　　　　　　　　　　(b)肋尾型

(c)膨胀环式

图 10.13　拉出消防软管接头装配图

材料和成品：软管卷盘制成时应涂上红色消防信号。铁质材料不应用作水道的一部分，这并不包括阀门和主轴之间的连接管和接头。应对所有可能受到外部环境条件不利影响的部件进行防腐处理。

软管：软管应符合标准要求。用于固定安装且 A 类 2 型用于消防车安装。

喷枪：每根软管应止于开关喷枪，以提供直流喷射或喷雾。

出厂测试：每个卷盘和组件应根据 BS 5274 进行以下测试，并由制造商认证：

（1）泄漏测试；

（2）强度测试；

（3）接入测试；

（4）载荷测试；

（5）展开测试；

（6）流量和射程测试；

（7）自动阀的动作测试；

（8）耐压测试。

标志：每个卷盘和阀门组件应清楚地标记：

（1）制造商的名称和地址；

（2）日期和使用的标准编号。

注意事项和操作说明：

消防软管卷盘组件应在一个红色背景上或在相邻的软管卷盘上设置白色字体的注意事项（消防软管卷盘）。

应在消防水龙带卷轴上或附近提供完整的操作说明。消防软管卷盘组件应在软管卷盘上或附近设置展示完整的操作说明。

发运准备：软管卷盘组件应装在木箱或纸箱中发运，以尽量减少运输和储存过程中损坏的可能性。

安装在消防车上的软管卷盘：

（1）软管：软管应为 A 类。工作压力为 40bar 的 2 型橡胶包覆，且包覆层应为黑色；

（2）规格：软管的内径应为 25mm，长度应为 43m 或以上；

（3）阀门：软管卷盘阀门应为快开式球阀；

（4）喷枪：软管卷盘应端接至带有夹紧器的超细雾喷枪。必要时，可将喷枪更换为带折流板的泡沫支管喷枪。

10.3 消防水带和接头

10.3.1 消防水带

消防水带应在各种条件和危险下（如撞击、磨损、损坏、污染、燃烧和风化作用）长期有效输水，包括撞击、磨损、损坏、污染、燃烧和风化效应。消防水带应轻量、柔韧，可应对潮湿或干燥条件，高抗化学品、热、撞击和磨损，易于清洁，并且需要的维护最少且可简单有效地进行维护。

水带应包括以下部件：

（1）不透水的弹性衬里；

（2）合成纤维增强层；

（3）增强层的外涂层。

规格：消防水带的标称长度应为 25m，内径为 45mm 和 70mm。每 1m 宽 45mm 水带的单位长度质量不应超过 0.37kg，每 1m 宽 70mm 水带的单位长度质量不应超过 0.68kg。

结构：消防水带应为全合成材料。尼龙包裹材料和纬线完全包裹在 PVC 中，形成一体的衬里和盖层。水带应由优质材料制成，并应防止衬里被刺破。水带应易于清洁和修复。

水带套件应配备输送水带接口，用直径为 1.6mm 的镀锌低碳钢丝绑扎连接，并垫有合成纤维软管防护套（以保护水带免受钢丝损坏）。管牙型接口应通过 20 个连续的钢丝圈扎紧，螺纹型接口应通过螺纹两侧至少 8 个连续圈的钢丝扎紧。钢丝末端应通过将其拧在一起并插入水带防护装置中来固定。

要求：消防水带的工作测试压力应由用户指定，但在任何情况下，每个水带套件都应承受 22.5bar 的检验测试压力。

测试：制造商应根据 BS 5173 进行以下测试：

（1）静水压测试；

（2）受压试件扭转测试；

（3）爆破压力测试；

（4）黏附性测试；

（5）热空气老化测试；

（6）撞击测试；

（7）臭氧测试；

（8）磨损测试；

（9）油测试；

（10）酸测试。

测试报告应包括：

（1）测试日期和测试结果；

（2）在测试中能完整鉴定水带的所有详细信息。

10.3.2　泵吸入软管

本节介绍了三种吸入软管的物理特性和性能，并根据设计工作压力也分为三类。

分类：软管和软管组件应分类如下：

（1）A 类：光滑内壁橡胶软管；

（2）B 类：半嵌入式橡胶软管；

（3）C 级：光滑内壁聚合物加强热塑软管。

A 类和 B 类进一步分为：

（1）1 型：设计压力不小于 5bar 的中压软管；

（2）2 型：设计压力不小于 7.5bar 的高压软管。

注：需要明确规定环境温度。

C 类进一步描述为：

3 型：设计压力不小于 5bar 的中压软管（需要明确规定环境温度）。

结构：A 类和 B 类软管应包括：

（1）橡胶衬里；

（2）编织物加强层；

（3）嵌入式单或双螺旋线；

（4）橡胶包覆层。

衬里和包覆层：衬里和包覆层应同心，且应无孔洞、孔隙和其他缺陷。

金属丝螺旋线：所有的螺旋线都应按照 BS 443 的规定镀锌。B 类软管内的内螺旋线和 A 类软管内的嵌入式螺旋线所用的钢丝应具有 $1250N/mm^2$ 的最小抗拉强度。用于 B 类软管的嵌入式螺旋线的钢丝应具有最小抗拉强度 $650N/mm^2$。

软管端部：软管端部应与吸入软管接头相配套，软管端部应有附加橡胶织物加强层作为根套。

表面处理：软管应固结并均匀硫化。

规格：吸入软管的标称内径应为 75~100mm 和 140mm，软管质量（不包括接头）不应超过表 10.1 中的数值。

表 10.1 软管长度质量（不包括接头）不应超过下列值

标称	最大长度质量	
内径，mm	类型 1，kg/m	类型 2，kg/m
7.5	3.7	4.1
100	6.0	6.7
140	8.0	8.9

测试：制造商应根据 BS 5173 进行以下试验，并颁发试验证书：

（1）静水压测试；

（2）真空测试；

（3）弯曲真空测试；

（4）黏附性测试；

（5）柔韧性测试；

（6）装有接头的吸水软管静水压测试。

接头附件：安装接头时，应使用符合 BS 3592：第 1 部分要求的钢丝绑扎，最小抗拉强度为 $380N/mm^2$，并按照 BS 443 的规定镀锌，或使用不锈钢带和扣式夹子扣紧。

聚合物增强热塑性软管（C 类，3 型）：软管的颜色、不透明度和其他物理性能应均匀一致。软管应由一种柔性热塑性材料制成，其体积由一个类似分子结构的螺旋聚合物材料支撑。管壁的加强件和柔性构件应熔合，且无可见裂纹、异物及孔隙。

规格和公差：当按照 BS 5173：第 101.1 节中所述的方法进行测量时，软管内径应与吸入软管接头相匹配。与吸入管接头相匹配的软管内径和不包括接头的软管质量不应超过表 10.2 中的值。

表 10.2 与吸入管接头相匹配的软管内径和不包括接头的软管长度质量不应超过下列值

标称内径，mm	最大长度质量，kg/m
7.5	3.7
100	6.0
140	8.0

静水压测试：在检验压力下，软管不得出现泄漏、开裂或突然变形等表明所用制造材料不合格的迹象，BS 3165 中规定的测试应由制造商进行。

标志：对于橡胶软管和套件，应在距离软管一端约 0.5m 的地方将橡胶标签硫化，标签上应给出以下信息。对于热塑软管，应标有以下信息：

（1）软管制造商的名称或标识；

（2）使用的标准编号；

（3）标称通径；

（4）制造年月；

（5）设计工作压力。

10.3.3　消防水带接头

用于石油、天然气和石化行业的消防水带接头有两种类型：

（1）输送水带快速接头；

（2）泵吸入水带圆螺纹接头。

这两种型号都应符合 BS 336（1989）的要求。输送水带接头的解脱机构应为拉脱型，输送接头母接头应为单耳扭转型。

输送水带接头：尾部设计应为表 10.3 所示尺寸的管牙型或螺纹型。

表 10.3　尾部设计应为以下尺寸的管牙型或螺纹型　　　　　　　　　单位：mm

标称尺寸	标称软管通径	尾部通径	螺纹外径	螺纹内径	
1¾	45	44.5	42	32.9	33
2¾	70	69.9	65.9	56.8	58

对于输送水带接头尺寸，应参考 BS 336。

顶杆锁定：顶杆上的螺母应为自锁型。

注：在顶杆端部进行锤击不被视为锁定顶杆的有效方法。

弹簧销：弹簧销金属输送水带接头的强度应足以将其压缩至足够的程度，以使弹簧销在不小于 55N 或大于 110N 的力作用下脱离啮合，对于塑料接头，其强度应不小于 45N 且不大于 65N。

垫片：接头垫片应为符合 BS 1154 的天然橡胶（Y40 级、Z40 级）或符合 BS 2752 的氯丁橡胶（C40 级）。水带箍垫片应为最大肖氏硬度为 70 的弹性体。所述尺寸的公差应符合 BS 3734 的 M3 级。

材料：在所用部件的结构中，锌含量超过 15% 的铜合金部件应具有与高强度黄黄铜或青铜（BS 2874）相同的耐腐蚀性能。可根据 BS 336 CZ 112-121-122-DCB3-LG2 PB 102 PB 103 使用材料。如果买方指定，可使用高强度铝合金和塑料材料。接头可使用符合 BS 336 的任何塑料材料，但拉脱弹簧销应由金属制成。

注：在压铸件和注塑件上，如果孔显示为平行的，则应允许有合理的锥度，以便于取芯，但该锥度应保持在达到目的所需的最小值。

铸件和模塑件：铸件应清洁、完好，无明显气孔、裂纹和其他表面缺陷。未经买方批准，不得对铸件进行填补或类似的后处理。

表面处理：金属接头应光滑、抛光。如果买方明确规定，交付接头可以镀铬。

测试：制造商应证明消防水带接头和橡胶密封材料的测试符合 UL 236 的要求：

（1）静水压测试；

（2）蠕变测试；

（3）拉伸测试；

（4）挤压测试；

（5）野蛮使用测试；

（6）硝酸亚汞浸泡测试；

（7）盐雾腐蚀测试；

（8）橡胶密封材料测试。

吸水水带接头：接头应由铜合金或压铸黄铜制成的刚性材料制成。一端为内管牙接口，另一端为外管牙接口。每端的接头应有两个便于消防接头扳手使用的凸耳。两个螺纹均应为圆螺纹，符合 BS 336 标准，如图 10.14 所示。

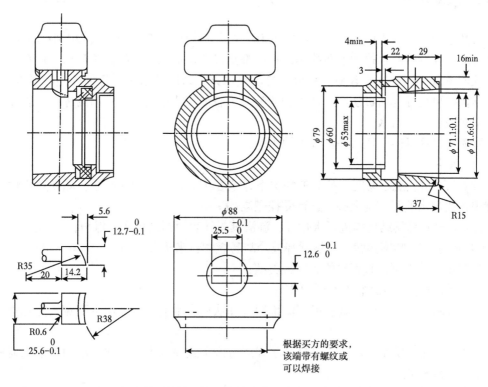

图 10.14　单耳扭转型输送软管接头。所有尺寸单位均为 mm。

尺寸：标称孔径应符合以下要求：

（1）75 mm（3 in）；

（2）100 mm（4 in）；

（3）140 mm（5.5 in）。

吸入水带的直径和长度应由买方规定：接头应进行以下测试，并由制造商认证：

（1）撞击测试；

（2）野蛮使用测试；

（3）硝酸亚汞浸泡测试；

（4）盐雾测试；

（5）静水压力测试；

（6）垫片测试。

10.4　消防水枪

消防水枪通常用于：

（1）喷水；

（2）泡沫施用；

（3）其他灭火剂。

10.4.1　水雾水枪

与其他形式的水不同的是，水喷雾的基本特征是使用特殊类型的喷头以小水雾滴的形式喷射水。软管管路水枪和消防喷淋的释放都是以特定形式进行的简单喷水。现在，人工定向软管系统和固定式水雾喷头系统及自动喷水灭火系统都采用了各种各样的喷水模式。水喷雾保护可设计为通过使用特殊类型的喷头为各种工业应用提供专门的保护，以在给定压力下实现更好的布水。

水喷雾可用于以下任何一种或多种用途：

（1）灭火；

（2）在物料燃烧不易完全扑灭的情况下，或在不需要扑灭的情况下，如在爆炸性气体环境中，通过水喷雾控制火势，进行受控燃烧；

（3）通过对暴露结构体进行水喷雾，湿润其暴露表面而进行暴露保护；

（4）通过使用喷雾溶解、分散稀释或冷却易燃物料来防火。

软管用水枪类型：软管水枪有三种类型：

（1）开式充实水流水枪（不可调节）；

（2）可调节雾化水枪，具有可变流量调节和从充实水流切断到从窄到宽的雾化角喷雾工作模式。

（3）多用途充实水流水枪，具有固定式或可调节式喷雾模式和通常由两通或三通控制阀选择的切断模式。

结构：水枪喷嘴应由买方指定的黄铜铝合金和塑料制成。水枪整体应由金属或塑料制成。手持操作式枪体应由金属或塑料制成。控制水流的方式应设置切断或喷射装置，并额外设置一个喷雾装置。消防用水枪可采用双手持法或单手握法。根据 BS 336，水枪连接软管的外端接口应为快速外螺纹。

软管卷盘喷枪：符合标准的软管卷盘喷枪有两种类型：

（1）超细雾喷枪：19~25mm 软管卷盘，内外接口，可调节至直流，对于消防车用软管卷盘可调节至超细雾。适用压力为7~10bar或更大，带关断手柄，在压力为10bar时，流量为60~100L/min。

（2）细雾喷枪：19mm（3/4in）软管卷盘，带内外接口或圆螺纹标准接头，可调节至直流或喷雾，带关断操纵杆，适用于4~10bar水压标准软管卷盘。

水雾喷枪：制造商制造了各种各样的喷雾喷枪，但最合适的手持设备是那些具有恒定或可选择流量功能的喷枪，允许现场手动调节。模式选择从直流喷射到宽喷雾角喷射，在压力10bar时，流量为100~350L/min。

固定式水雾喷头：固定式喷雾系统需要正确的工程实践，要考虑许多因素，包括危险的具体特征、分散水滴的大小和速度、喷头的位置和水量。为了选择合适的喷头，应使用以喷雾圆锥体形式洒水的高速喷头或通常以球体或合适的圆锥体形式喷洒更细的喷雾的低速喷头。一般来说，水滴的速度越高、流道和尺寸越细，水雾的有效射程就越大。

材料：用于制造任何部件的金属应具有与高强度黄铜相当的耐腐蚀性能。

橡胶密封：

（1）应由合成化合物的硫化天然橡胶制成；

（2）应具有均匀尺寸；

（3）应具有能承受常规使用和被水携带的异物的尺码、形状和弹性。

测试：每个用于洒水或任何类型喷水保护的水雾喷头应进行以下测试：

（1）喷射标定；

（2）静水压测试（2倍工作压力）；

（3）流量和模式；

（4）盐雾腐蚀测试。

便携式直流型或雾化型消防软管水枪应进行以下测试：

（1）流量和模式；

（2）静水压测试（3倍工作压力）；

（3）非金属件高温；

（4）泄漏；

（5）野蛮使用；

（6）盐雾腐蚀；

（7）非金属件盐水；

（8）抗拉强度。

制造商应证明上述试验已进行。

标志：水保护水雾喷头上应标记以下信息：

（1）制造商名称或标识符；

（2）特别的产品目录名称；

（3）在设计压力下的流量。

10.4.2　泡沫枪

泡沫枪是一种便携式设备，用于喷射泡沫，可以是吸气式，也可以是非吸气式。便携式泡沫枪可直接从容器中吸取泡沫浓缩液（自吸入），或使用在引入喷枪之前的某个点产生的泡沫溶液。

便携式和手持式泡沫枪可用于扑灭各种易燃液体火灾。它们还提供了一种快速的防火方法，在着火之前用蒸汽抑制泡沫厚覆盖层覆盖泄漏的易燃液体。便携式低发泡倍数泡沫枪的流量从 220~900L 不等，在 5.5~8 bar 压力下，溶液的膨胀比为 8：1 到 10：1。

注：中发泡倍数泡沫枪的膨胀比为 50：1~150：1。

类型：泡沫枪的设计应能用所有类型的低发泡倍数泡沫浓缩液产生完全膨胀的泡沫液。泡沫枪的工作压力应低至 3.4bar（50psi），但在 5.4~8.6bar（80~125psi）时可达到最佳性能。泡沫枪应按照规定设置使用控制杆进行 3% 或 6% 配比操作的吸液管。在这些泡沫枪中，泡沫液的正确配比是通过水流经泡沫枪泡沫发生器的文丘管产生的吸力实现的。泡沫枪应能与任何远程配比系统配合使用。消防车软管卷盘使用的泡沫喷枪应有 25mm 的内外接口端和压挤手柄阀。泡沫枪应为直流或喷雾切换型，允许操作员在不关闭泡沫枪的情况下从远程直流切换到喷雾射流模式。

10.4.3 结构

泡沫枪通常应由适用于盐水的黄铜或阳极氧化铝合金制成。可接受非金属手持式泡沫枪，并应按照标准进行测试。用于任何部件制造的金属应具有与高强度黄铜相当的耐腐蚀性能。

泡沫枪应包括以下部件：

（1）进水口外螺纹快速接头（BS 336）；

（2）枪体；

（3）泡沫混合液吸管接头；

（4）空气进口；

（5）内压管；

（6）手轮和启闭柄；

（7）如果买方指定，用于喷射泡沫的内螺纹快速接头。

性能测试：应对泡沫枪进行测试，以确定具有预定发泡倍数的泡沫喷射流量。

应测量带手轮的泡沫枪在静止大气环境中的射程和喷雾模式。

应测量泡沫枪在预定压力下从吸液管吸取的泡沫浓缩液流量。

杂项测试：每个尺寸的代表性泡沫枪应进行以下测试：

（1）喷射标定；

（2）流量和模式；

（3）液压操作；

（4）非金属件高温；

（5）野蛮使用；

（6）静水压力；

（7）盐雾腐蚀；

（8）泄漏；

（9）空气烘箱；

（10）非金属件水和热水；

（11）抗拉强度、极限伸长率。

标志：每个泡沫枪应使用高度不小于 4mm 的冲压或铸造数字和字母标记以下信息：

（1）制造商名称或其标识符；

（2）特别的产品目录名称；

（3）生产日期；

（4）直流和全喷雾位置的流量。

10.5 消防炮

消防炮通常分为两类：

（1）水炮、水／泡沫炮；

（2）干粉炮。

10.5.1 便携式水／泡沫炮

消防炮应配备便携式底座稳定装置。稳定装置的支腿应可拆卸，以便于存放并将底座安装到消防车或拖车装置上。最小旋转角度不得小于 130°，水平角度不得小于 45° 消防炮应具有以下设计优点：

（1）内部浇铸水道应相异，以减少湍流和摩阻损失；

（2）半圈垂直和水平行程锁；

（3）不锈钢或阳极氧化铝合金结构，坚固耐用、质量轻；

（4）平衡，便于操作；

（5）便携式消防炮应能在 10bar 压力下喷射 800~1500L/min 的泡沫液和水，直流射程不小于 45m，高度为 18~20m；

（6）消防炮应配备手动喷雾控制操作装置；

（7）便携式泡沫炮应配备吸液管和计量阀，以便通过吸液管从容器中吸取泡沫浓缩液。

（8）进口接头应为 2×65mm 快速外螺纹接头（BS 336）；

（9）重心位置应以水平位置的喷嘴为基础，无需安装吸液管。

10.5.2 拖车式水／泡沫炮

这种类型的水／泡沫炮可设计为喷射流量为 1000~2000L/min 或以上的水或泡沫液，在压力为 10bar、泡沫枪仰角 +25° 时，射程 60m。拖车可为双轴，带软管箱和高达 2000L 的泡沫浓缩液罐。如有规定，消防炮可为自摆式。消防炮可配备喷雾或直流操作臂，可调节从全喷雾到直流的喷洒模式变化。

10.5.3 安装在消防车上的水／泡沫炮

消防车消防炮的设计应符合标准的规定。如有规定，消防车消防炮也可设计为从驾驶室进行液压操作。

10.5.4 高架固定式水 / 泡沫炮

高危险区域需要更大容量的高架固定式消防炮，如在石油化工联合体、炼油厂、装卸码头的靠近工艺和生产装置的区域，在消防船、拖船上，和在油轮上的货舱保护。应根据危险因素考虑以下类型：

无人扫射保护水力自摆消防炮应具有以下特点：

（1）自动水平摆动扫射，带有可在使用超控机构操作之前锁定的手动可调俯仰机构；

（2）配置摆动机构设置的测试连接；

（3）炮头应为吸气式，适用于 3%~6% 泡沫浓缩液的泡沫液；

（4）摆动速度可在每秒 0~30° 之间调节；

（5）摆动回转角可在 10~180° 之间调节；

（6）俯仰回转角可从水平面以下 45° 调节到水平面以上 60°；

（7）在 7bar 压力下，自摆消防炮需要 4L/min 的水量；

（8）消防炮进口压力为 5~10bar；

（9）泡沫吸入消防炮的入口流量应在 1200~4000L/min 之间或更大（如有规定）。

自摆液动远控消防炮具有以下特点：

该类消防炮通常用合适的塔架升高，以提供最大的覆盖面积；

监视器配备了液压马达通过 340° 导线弧和 125° 高程弧提供监控远程控制（–45°~80°）消防炮配备液压马达以进行远程控制，水平回转角为 340° 和俯仰回转角为 125°（–45°~80°）。

通过选择通过连接至消防炮上垂直和水平接头的直接蜗轮组驱动的旋转液压马达来完成消防炮驱动。

10.5.5 电动远控消防炮

使用并入控制台控制中心的电子遥控器，一个单独的控制模块应操作一系列消防炮，以防护视野内的任何潜在危险。液压电动远控消防炮的泡沫吸嘴可以具有不同的流速，对于 3%~6% 的泡沫浓缩液或水，流速可从 700~4000L/min。

10.5.6 干粉灭火消防炮

干粉炮通常安装在卡车上或高危险区域。其安装方式应便于操作。应选好其喷射速率，以应对大规模火灾而无瞬间复燃的风险。消防车干粉炮的喷射速率应不小于 20kg/s（1200kg/min），其射程应在 30~50m 之间。

干粉炮应可从正直位置在每一侧在水平方向调节至 140° 以上。垂向仰角应至少与最下方的位置成 90°。干粉炮应安装一个操作手柄用于开关。干粉炮应配备锁定装置和炮管盖以防止进水。

10.5.7 材料和结构

干粉炮和轴承应由不锈钢、铝合金或青铜耐腐蚀材料制成，见 ASTM A 276，炮管和导流板见 ASTM B 179。在选择材料时，还应适当考虑使用不同金属和接触湿气时可能发生的金属腐蚀。

自摆机构组件应由铸造黄铜和不锈钢制成，外壳应由钢制成。如果干粉炮为电驱动，则电机应为防爆型或全封闭型。如果从远程位置操作系列干粉炮，控制台控制应包括以下标准功能：

（1）液压泵启动开关；

（2）运行灯亮指示液压泵通电；

（3）带护罩按钮，用于选择喷雾或直流；

（4）干粉炮水平和垂直方向操作机构。

焊缝应无未焊透、裂缝、非金属夹杂物、气孔和空洞。

表面处理：机加工表面应光滑，并应为符合 BS 1134 的 N7 级。当铝用于外露表面时，其应具有厚度小于 BS 1615 或 BS 5599 所述方法规定等级的密封阳极氧化表层。未经机加工的部件应如同铸件一样进行清洁处理。水道内壁应光滑。所有部件的外部应充分磨圆和平滑处理。干粉炮喷枪应为铝合金或不锈钢表层，其他部件应涂上红瓷漆。

性能测试：测试应符合 UL 162，如下所示：

（1）承压部件应能承受不低于最高工作压力 2 倍的水压试验压力而无泄漏；

（2）应保持用户规定的流速（以 L/min 为单位）；

（3）应注明泡沫浓缩液的发泡倍数和析液时间；

（4）应规定静止空气中的直流射程（以 m 为单位）；

（5）应规定自摆速度和自摆需水量；

（6）如果自摆系统为电动机，则电动自摆电动机也应进行测试和认证；

（7）远控消防炮也应进行书面测试和认证。

标志：每台消防水 / 泡沫炮应使用冲压和铸造的数字或金属铭牌和高度不小于 8mm 的字母标记以下信息：

（1）制造商名称或其标识符；

（2）特别的产品目录名称；

（3）制造日期；

（4）在 10bar 压力下的流速和发泡倍数；

（5）最低工作压力。

发运：消防炮和相关设备应做好充分运送准备，以防止在搬运、仓储或装运时受损，并应贴上标签，以确保其在运输过程中不会丢失，并应采取以下措施：

（1）所有外部连接口应进行临时封闭保护；

（2）每个包装内应包含一份装箱清单；

（3）应进行合格的运送支固和打包装箱，以防止运输过程中的内部损坏；

（4）对于海运，设备应装在重型集装箱中，用强力胶带或金属带封固。

保修单 / 保用证书：制造商应通过信函保证接受标准所有章节中提及的设备性能符合要求，并在装运日期后的 18 个月内免费更换因材料错误、设计或不良工艺而造成有缺陷的任何（或所有）部件。

10.6 蝶阀规范

适用于寒冷气候的碳钢、带衬里阀体、地面上式蝶阀

设计、规格和标志通常遵循 BS 5155。

类型	对夹，紧密关闭，PN 16，适于安装在凸面法兰之间，ANSI 150 级，带锯齿形螺旋面
阀体	ASTM A 216 WCC 或 WCB，最大碳含量为 0.25%，或 ASTM A 105 正火或球墨铸铁 GGG 40.3
内衬	氯丁橡胶或丁腈橡胶
阀盘和轴承	铝青铜合金 ASTM B 148-C 95800 或 BS 1400：AB2
阀杆	不锈钢 AISI 316 或 SAF 2205 或同等材料，前提是钢通过衬里与介质分隔。否则，应按照 BS 3076 NA 18（蒙乃尔合金 K-500）的规定制造
销	BS 3076 NA 18（蒙乃尔合金 K-500）
表面防护	阀门和阀体的外表面防护应为防锈底漆，上涂消防红磁漆

尺寸，in	公称直径，mm	法兰面间距离，mm	操纵机构
2	50	43	扳手
3	80	46	扳手
4	100	52	扳手
6	150	56	扳手

10.7 泡沫产生支管泡沫枪

用于产生泡沫的吸液装置可分为三个基本类别：
（1）用于 LX 或 MX 泡沫的泡沫产生支管（FMB）；
（2）LX 泡沫发生器；
（3）HX 泡沫发生器。

购得可提供从 100L/min 以下到 6000L/min 以上的不同泡沫液流量的上述设备。很明显，为泡沫产生供水的泵必须能满足所使用的特定类型和数量的泡沫产生设备的需要。

一些吸液装置配备有吸取浓缩液的方式，称为自吸式。对于其他类型的装置，必须在早期通过某种形式的吸入设备将浓缩物引入水的射流中。

LX 泡沫产生支管：对于 LX FMB 设计将有所不同，并将包含部分或所有这些功能。过滤器和开关控制装置经常被省略。LX FMB 结构图中有两个孔板。上游节流孔是两个节流孔中较大的一个，其功能是在两个节流孔板之间的空间产生湍流，以使当射流从下游节流孔喷出时，湍流会迅速分散成密集的喷雾。这将填满泡沫产生管的狭窄入口段，并通过进气孔吸入最大体积的空气。一些 FMB 的上游孔板安装有扰流槽口。下游孔较小，经过精确校准以达到设计流速。一些支管装有一个旋转装置代替该孔；其他的装有几个汇流孔。大多数 FMB 在入口端有一个夹带空气的狭窄段，然后是一个形成泡沫的更宽的段。泡沫产生管的较宽段通常含有旨在提高泡沫质量的"改进剂"，例如半圆挡板或圆锥体。在出口处，支管的直径减小以提高喷出速度，从而帮助泡沫流投射出有效的距离。设计至关重要：出口太窄会产生背压，夹带空气较少，泡沫发泡较低（稀疏）。如果出口太大，发泡会更高，但射程会减少。一些支管装备分散机构，例如喷枪内的可调叶片可产生空心锥形喷雾。这克服了泡沫保持在一条连贯的"绳索"中的倾向，并让泡沫更加轻柔地落在燃料上。

　　注：FMB——泡沫产生支管；LX——低发泡倍数；MX——中发泡倍数；HX——高发泡倍数。

　　为了区分 FMB 的处理能力，有必要使用一个通用的评价要素。由于相同的 FMB 可以从不同的浓缩液中产生不同数量的泡沫，因此按泡沫产生数量分类是无用的。因此，使用的分类要素是泡沫液的标称流量（单位：L/min）。该数字在每种情况下都对应于特定支管的标称工作压力。表 10.4 列出了 LX FMB 的一些常见型号及其性能特征。B225 FMB 是专门设计用于 AFFF 或 FFFP 的，尽管它可以用于合成泡沫。请注意，可调节的枪头可选择内聚射流或喷雾，以及开关触发机构可控制泡沫的喷射。表 10.4 给出了该支管的性能数据。特殊类型的支管可用于软管卷盘设备。

表 10.4　LX 泡沫产生支管的性能数据

支管型号	标称流量 L/min	标称工作压力 bar	最大工作压力 bar	标称工作压力射程 m	最大工作压力射程 m	标称工作压力膨胀比（近似值）	自吸能力	备注
FB 5 X MK II	230	5.5	19.5	20	74	10：1	是	在自吸模式下喷雾时，浓度可以从 3% 到 6%
F225	225	7	10	12[*] 20[†]	14[*] 23[†]	81[*] 10：1[†]	是	
B255	225	7	8.8	13[‡] 7[§]	14 8[§]	10：1	否	设计用于成膜泡沫
FB 10/10	455	7	10.5	21	25	10：1	否	能从直流喷射调为锥形喷雾
F450	450	7	10	18 21[†]	20 23[†]	8：1 10：1[†]	是	
FB 20X	970	7	10.5	25	27	10：1	否	需要两个人操作。通常改装为独立的或安装在设备上的消防炮
F900	900	7	10	21 24[†]	23 26[†]	8：1 10：1[†]	否	无结构图，但外观与 F 450 相似

　　注：* 基本模型，提供内聚"绳"型泡沫射流；† 提供非黏性泡沫流的替代型；

　　　　‡ 枪头打开，即喷射模式；§ 枪头关闭，即喷雾模式。

中发泡倍数泡沫支管：中发泡倍数泡沫支管设计用于合成泡沫浓缩液，通常在50：1~150：1的膨胀比范围内产生泡沫。中倍数泡沫有较大发泡量是因为它的喷射距离小于低倍数泡沫。支管将泡沫液流溶解并充气，然后将其通过固定发泡网喷射，以产生大小均匀的气泡。

10.8　消防船的材料和设备标准

用于停泊和离泊油轮的拖船通常设计和建造用于消防和紧急救援作业。本材料标准中的要求适用于主要用于海上和陆上构筑物灭火和救援作业的拖船和船舶。本规范涵盖石油石化行业海上和陆上石油装货码头消防和救援作业设备的初步考虑和规划、报价要求、检验质量控制、认证和所有其他采购手续。

使用条件

消防拖船和船舶通常驻扎在装油码头，而拖船的正常任务是停泊和离泊油轮。在发生火灾和紧急情况时，它们应参与消防和救援行动。消防系统和救援设备应按照标准中规定的分类和船级符号安装在拖船和船舶上。

现场条件：船舶的设计和制造应适于装油码头，应根据当地条件考虑温度、湿度、尘土、大气环境和风速。海水相对密度为1.03，含盐量为35~40000mg/L，温度约为32℃，可用于制造泡沫。

作业条件：拖船的主要任务之一是将着火的油轮拖离或推离，或将相邻油轮离泊至安全位置，并参加消防和救援行动。在接到指令后，拖船还将参与处置失火船舶和其他紧急情况。拖船也可参与海洋石油的污染控制工作。

10.9　采购前的初步咨询和规划

业主应尽可能完整地说明其要求，以便供应商编制其建议书。然后，双方应审查相关信息，以便准备合适的材料规格书和设备设计。所选的咨询专家应是设计和材料方面的专家。

规划：在船舶消防设备的规划和平面布置设计中，应特别考虑以下方面：

（1）火灾和紧急情况，为消防船的分类提供了船级符号；

（2）考虑到降低潜在的火灾危险造成的财产损失，应考虑消防和应急设备的要求；

（3）还应考虑到最新的《国际海上生命安全公约》及其细则和条例。

10.10　报价和技术信息

船舶的一般技术信息包括：

（1）船舶尺寸、推力、侧推器、动力、稳定性和控制系统；

（2）通信系统；

（3）消防船级符号；

（4）船员人数和住宿布置；

（5）燃料储存量。

消防系统的一般技术信息：

（1）消防炮的数量、类型和设计；

（2）水/泡沫的射程和喷射高度；

（3）消防炮控制类型和设计依据；

（4）水泵数量及详细规格，包括数据表和流程图；

（5）消防水给水、泡沫生成和比例混合系统；

（6）泡沫浓缩液罐容量、泡沫液类型和备用容器（应在采购订单中规定泡沫剂类型）；

（7）火灾报警系统。

船舶自身消防的一般技术信息：

（1）消防水喷雾系统；

（2）消防管道和喷头；

（3）给水系统、流量和数据；

（4）消防水带站；

（5）高倍数泡沫发生器和流量；

（6）灭火器。

其他：

（1）泛光灯和探照灯；

（2）海水吸入口和海水箱；

（3）消防员装备；

（4）呼吸器和空气压缩机供气系统；

（5）防腐和涂漆；

（6）通风和空调系统；

（7）打捞作业系统；

（8）标志牌、标志和警示牌；

（9）发电机和电力系统布置。

应急和救援设备：

（1）生命安全和救援设备；

（2）急救和复苏设备。

10.11　质量控制

10.11.1　质量控制检验

制造商应书面证明所有质量控制检验（包括焊接）均已按照 DNV 第 2 部分第 3 章 "材料和焊接标准" 执行。制造商还应引用所有要求的正常检验及以下规定的静水压和运行模拟测试：所有承压部件（包括消防水管道系统）应在不低于设计压力 1.5 倍的压力下进行水压试验。

10.11.2　制造检验

应在使用消防设备的情况下，尽可能模拟实际设计操作条件，对船舶进行运行检验。应进行试验，以验证配备了消防系统和设备的船舶能够按预期运行，并具有所需的能力。除非给出书面豁免文件，否则制造商应在选定的船东代表在场的情况下进行该检验。

制造商应提供检验所需的所有设备、材料和人员；如果存在缺陷零部件，应使用新的零件更换，并重新检验系统，直到完全可靠并被接受为止。

10.12　检查

船东代表应见证制造、测试和组装等任何涉及船舶的制造工作。供应商应根据接受的采购订单，同意按照规定的惯例和规范进行任何检查和拒收。任何检查和测试都不能免除制造商对满足适用规范所有要求的船舶的任何责任。

制造商应根据相关标准公布适用质量检查的指南。焊接应由授权的船用焊接检验员按照"ISO 组 0520 焊接（钎焊、钎焊）设备 ISO 规范和惯例"进行检查。供应商应在正式交付至制造泊位之前，根据标准颁发并提供正式证书。

消防炮：消防泡沫 / 水炮和泡沫 / 水高架固定消防炮应为固定式自摆机构装置。消防炮的操纵应通过液压装置和电动装置或液压装置和气动装置进行远程控制，并应复制（两个系统）。遥控器应设置在受保护的控制站，并具有良好的全景视野。泡沫炮的流量应不小于 5000L/min，泡沫发泡倍数为 15。在压力为 10bar 的静止空气中的喷射垂直高度为 50m 以上，直流射程约为 70m。液压缸用于喷射和直流功能。

泡沫产生和比例混合系统：泡沫比例混合系统应为旁路可变感应器型，可灵活使用单台泵中的泡沫和水。它也能与大型泡沫 / 水炮或甲板消防栓配合使用。当少量水流过文丘里管时，它会引起泡沫原液以大约相同的速度流动。泡沫原液 / 水溶液在低压（1.5bar）下输送至装有专用感应孔板的消防炮头顶部或底部。负压条件会将溶液引入水流中，泡沫液的量可预设为所用泡沫原液浓缩液的类型（比例 3%~6%）。泡沫注入装置可用于产生泡沫的方法，它应被安装在船舶上。

泡沫浓缩液：为了便于船舶的补充，应使用当地现存的泡沫原液储罐。泡沫原液的类型应与油码头中使用的类型相同。目前使用的泡沫原液溶液类型为氟蛋白，并在油码头储存（3% 浓缩液）。

手提式灭火器：手提式灭火器的标准也应与油码头使用的灭火器相同。为便于充装和更换，买方应规定类型和供应商名称。

消防水枪：消防水枪应为型号为 6 位数，手持式，具有恒定 / 选择流量特征，允许现场手动调整。模式选择从直流到宽喷雾角，流量 300~600L/min。

用于船舶自我保护的固定式水雾雨淋喷头应按照标准设计和安装。

消防阀门：消防栓应为四通型，水带出水阀应为直通式，入口尺寸和出口尺寸相同，为 65mm。阀门应由青铜或其他具有耐海水腐蚀性能的材料制成。水带阀应安装在出口处，带有 65mm 内螺纹快速接头（2½in）。水带阀门应配备由耐腐蚀材料制成的出口闷盖。闷盖应为外螺纹快速接头，带有黄铜挂链。水带阀的设计和专门制造应确保快速操作的可靠性。

消防水带：采用与油码头消防队相同的标准和材料。以下是最低要求：出水水带接头应为快速型；采用黄铜或耐腐蚀材料；展开机构应为拉动展开式。

75mm 口径	15m	长	5 型
75mm 口径	25m	长	10 型

面罩和呼吸器：呼吸器应与油码头消防队使用的呼吸器相同，并经船级社认可。自给式呼吸器，开路式压缩空气型。气瓶的最小容量应为 1200L，持续使用时间至少为 30min。该设备应具有声音警告装置，当气瓶压力下降时，该装置可以警告佩戴者。

所需数量	六套 MESC
备用气瓶	六个 MESC 型号

个人安全和消防员防护服：合适尺寸的消防员装备（防护服）12 套。防护服应有衣服、裤子、手套、头盔和鞋靴。衣服应由外层防水层和隔热层组成。衣服反光标志带用于满足 50mm 反光可见性和荧光表面的要求。衣服设计用于为上半身、手臂和腿（不包括头、手和脚）提供保护。头盔基本上应由帽壳、能量吸收和阻滞系统、面罩、披肩和反光标志组成。鞋子应保护消防员的脚和脚踝免受不利环境的影响。鞋靴应包括带鞋跟的防滑鞋底、带有衬里的鞋帮、带有防刺穿装置的鞋垫、永久固定的耐冲击和抗压的鞋头。手套应保护消防员的手和手腕免受不利环境的影响，并应将热且尖锐的物体影响降至最小，以及用于其他危险防护和使热和潮湿作业安全。

10.13　系船柱拉力测试程序

测试过程

应遵守下列测试程序：

（1）测试前应提交推荐的测试计划；

（2）在测试连续系船柱拉力 BPcont 期间，主引擎应在制造商建议的最大连续功率（MCR）下运行；

（3）在过载拉力测试期间，主引擎应在制造商建议的最大功率下运行，该功率可维持至少 1h。过载测试可省略；

（4）进行测试时安装的螺旋桨应为船舶正常运行时使用的螺旋桨；

（5）测试期间，应连接所有辅助设备，如泵、发电机和其他在船舶正常运行时由主机或传动轴驱动的设备；

（6）系船缆的长度不应小于 300m，从船尾到岸测量；

（7）测试位置的水深在以船舶为中心 100m 半径范围内不得小于 20m；

（8）测试应在船舶排水量与全压载和半燃料容量相对应的情况下进行；

（9）船舶应按纵平浮或不超过船舶长度 2% 的船尾纵倾进行纵倾；

（10）船舶应能在标准规定的拉动过程中保持固定航向不少于 10min；

（11）测试应在风速不超过 5m/s 的情况下进行；

（12）测试位置的水流在任何方向都不应超过 1 节；

（13）用于测试的测力传感器应获得挪威船级社的认可，并至少每年校准一次；

（14）测力传感器的精度应为 ±2%，温度范围为 –10~40℃，拉力在 25~200tf 范围内；

（15）应将提供连续读数的仪器和以图表方式记录系船柱拉力随时间变化的记录仪器连接至测力传感器。这些仪器应放置在岸上并要求被监控；

（16）测力传感器应安装在导缆孔和系船柱之间；

（17）被证明为船舶连续系缆柱的图形中，拉力应为牵引力，并被记录为在不少于 10min 的时间内保持无任何下降趋势；

（18）在过载、转速降低或主引擎或螺旋桨数量减少的情况下运行发动机时记录的系船柱拉力图形的认证可以给出，并在证书上注明；

（19）在测试期间，应使用 VHF 或电话终端在船舶和岸上监控测力传感器和记录仪器的人员之间建立通信系统；

（20）测试项目结束后，应立即将测试结果提供给法国验船协会验船师；

（21）测试系船缆的平均断裂强度。

10.14　泡沫浓缩液（FLC）比例混合器、发生器和双剂灭火器

根据泡沫液的浓度，泡沫发生器和比例混合器通常设计为将某些浓缩泡沫液与水混合，然后与空气混合，以生成泡沫。有四种方法可以将泡沫施加到着火对象上：

非吸气	0~2 发泡倍数
低倍数	2~20 发泡倍数
中倍数	20~200 发泡倍数

高膨胀 201 和更大的发泡倍数：生成的泡沫是泡沫浓缩液与水和空气的混合物，或泡沫是泡沫溶液形成的相对密度低于易燃液体或水的充满空气的气泡的集合体。低倍数泡沫在其从上方施加落下的过程中和在最初形成泡沫覆盖层之处通过阻燃和阻隔热辐射而灭火。可施加到正在燃烧的可燃或易燃液体表面，此处泡沫可自由地、持续稳定地流动，并带着热量，形成覆盖在燃烧液体上的隔绝空气的连续厚盖层或膜，从而密封挥发性可燃蒸汽，防止其进入空气。与其他泡沫系统中产生的泡沫相比，这些系统产生的泡沫具有更低的发泡倍数、更高的流动性和更快的泡沫溶液释放速度。中倍数泡沫和高倍数泡沫可用于固体燃料和液体燃料火灾，但需深厚覆盖。高倍数泡沫是一种控制和扑灭 A 类和 B 类火灾的灭火剂，特别适合作为密闭空间中的淹没灭火剂。

本节详述了泡沫浓缩液性能、测试、生成设备的最低要求，包括购买泡沫浓缩液和所用设备的材料规范，以及低倍数泡沫系统、中倍数泡沫系统、高倍数泡沫系统的应用方法。标准中还包括双灭火剂"泡沫 / 干粉灭火器"的应用和材料规范。本标准由以下三部分组成：

（1）第一部分"操作方法——泡沫液和比例混合器"；

（2）第二部分"材料规范"；

（3）第三部分"双联用——泡沫/干粉灭火器"。

10.14.1　泡沫浓缩液（FLC）

液体浓缩液应被制定出来，以便在管道压力下，通过压力感应、真空感应或通过泵和马达（结合平衡阀）诱导方法引入液体。泡沫可任意细分为三个膨胀范围：应配制浓缩液，以便通过压力压入、负压吸入或泵和电机（与平衡阀联用）泵入的方法，将浓缩液引入管道中带压流动的水中。泡沫可任意细分为三个发泡倍数范围：

（1）低发泡倍数泡沫（LX）：发泡倍数 2~20；

（2）中发泡倍数泡沫（MX）：发泡倍数 21~200；

（3）高发泡倍数泡沫（HX）：发泡倍数 201 以上。

10.14.2　低发泡倍数泡沫的应用

泡沫系统应包括将泡沫应用于 100℃以上液体、通电电气设备或反应性材料时的危险降至最低的预防措施。由于所有泡沫均为水溶液，当液体燃料温度超过 100℃时，泡沫可能无效，尤其是在燃料深度相当大（例如储罐）的情况下，使用时可能很危险。泡沫和从泡沫中析出的水可以冷却易燃液体，但这些水若沸腾可能会导致燃烧液体（尤其是原油）沸溢或喷溅。即使未使用泡沫，也可能发生沸溢，将更为严重和危险。大量的储罐内的燃烧介质溢出是由于储罐底部或悬浮在燃料中的水突然而快速的沸腾造成的，其致因是储罐中被火加热到 100℃以上的上层燃料与水层接触。

在 100℃以上的高黏度液体（如燃烧的沥青或重油）上使用泡沫时，应特别小心。因为泡沫是由水溶液制成的，因此在与水发生剧烈反应的材料（如钠或钾）上使用可能是危险的，因此不应在它们存在的地方使用泡沫灭火。其他一些金属（如锆或镁），也存在类似的危险，但只在它们燃烧时才存在危险。低倍数泡沫是导体，不应在通电的电气设备上使用；在这种情况下使用泡沫，对人员来说是一种危险。

10.14.3　与其他灭火剂的兼容性

系统产生的泡沫应与同时或大约同时使用的任何灭火介质兼容。某些润湿剂和某些灭火剂可能与泡沫不相容，导致后者快速分解。只有与特定泡沫基本兼容的介质才能与之配合使用。使用喷水或喷雾可能会对泡沫覆盖层产生不利影响。除非已考虑了此类影响并采取了相应措施，否则不应将其与泡沫一起使用。

泡沫浓缩液的兼容性：添加或注入系统的泡沫浓缩液（或溶液）应适合使用，并与系统中已存在的任何浓缩液（或溶液）兼容。泡沫浓缩液或泡沫溶液，即使是同一类，也不一定是相容的，在混合两种浓缩液或预混合溶液之前，必须检查相容性。

用途：低倍数泡沫系统适用于一般水平的易燃液体表面的灭火。扑灭是通过在燃烧液体的表面形成一层泡沫覆盖层来实现的。这在燃料和空气之间设置了一道屏障，降低了易燃蒸汽排放到燃烧区的速度，并冷却了液体。低倍数泡沫通常不适用于扑灭流淌燃料火灾，例如从泄漏容器或损坏的管道或管道接头流出的燃料。然而，低倍数泡沫可以控制流淌火下的池火，然后可以通过其他方式将流淌火扑灭。低倍数泡沫不适用于沸点低于 0℃ 的气体或可液化气体火灾。

10.14.4　中、高倍数泡沫和抗溶泡沫液

中倍数泡沫（发泡倍数 21~200）通常用于以下方面的防火：

（1）平均深度不超过 25mm 的溢出的易燃液体；

（2）限定区域内的易燃液体，如堤和热处理槽；

（3）易燃固体，其中需要高达 3m 的泡沫堆积来覆盖危险源，例如发动机测试室和发电机组。

高倍数泡沫（发泡倍数 201 或更大）。该泡沫浓缩液适用于全淹没系统、局部应用系统、便携式和移动式系统。高倍数泡沫通常用于仓库、飞机库家具店和其他类似场所的全淹没式灭火。高倍数泡沫也可用于将人员送入可能会在烟雾中行进的地下围挡结构，且造成很难找到出口路线的危险情况。在局部应用系统中，对较大区域（如坑、地下室等）内的较小围挡空间进行泡沫填充是处理无法接近的火灾的有效方法。该系统可在室内和室外使用，前提是有一种保护泡沫免受风影响的方法。

抗溶：抗溶（AR）泡沫浓缩液是为泡沫破坏性液体而配制的，所生成的泡沫比普通泡沫更耐液体分解。它们可以属于任何类别，并可用于烃类液体的火灾，其燃烧性能通常与母料类型相当。成膜泡沫不会在水溶性液体上形成膜。抗溶泡沫浓缩液通常用于水溶性燃料，浓度为 6%。

10.14.5　泡沫液比例混合器和产生器

低倍数泡沫液比例混合器：对于低倍数泡沫液，可通过以下一种或多种方法进行配比和与水混合：

（1）带有内置扩散管的空气泡沫喷嘴：在这种比例混合器中，泡沫发生器中的喷嘴用于抽吸泡沫液。吸液管、泡沫液储罐和泡沫产生器的长度和尺寸应符合制造商的建议，泡沫液储罐的底部不应低于泡沫喷嘴的 1.8m 以下。

（2）管线式混合器：该装置用于将泡沫浓缩液吸入供水系统，通过文丘里管系统产生溶液。该混合器用于安装在水带管路中，通常与泡沫产生器有一定距离。它必须针对使用它的特定泡沫产生器的流量进行设计。该装置对下游压力非常敏感，因此其被设计用于混合器和泡沫产生器之间的水带和管道时应明确长度。压降约为 35%（不超过 40%），配比为 2%~6%。还可使用由水带、固定式混合器、支管和 FLC（泡沫浓缩液）储罐组成的移动式装置。消防作业期间，可以对 FLC 储罐进行加注。

（3）移动式装置：移动式装置由玻璃纤维泡沫储罐、固定式混合器、连接至泡沫产生支管的入口和出口水带组成（图 10.15）。该装置可供一人或两人使用。

（4）主次混合法：图 10.16 为将空气泡沫浓缩液引入固定式泡沫产生器的水流中的方法。该装置由两个称为主混合器和次混合器的混合器组成。主混合器位于防火围挡之外，装在旁通管路中，该旁通管路与泡沫产生器的主供水管路连接并与之平行。一部分水流经主混合器，并使用吸液管从储罐中吸取浓缩液。主水管线通过位于泡沫产生器本体的次混合器的喷嘴喷入，水和浓缩液的混合液从主混合器输送到次混合器的吸入侧。

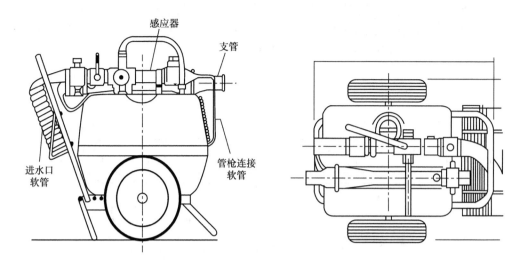

图 10.15 移动式装置

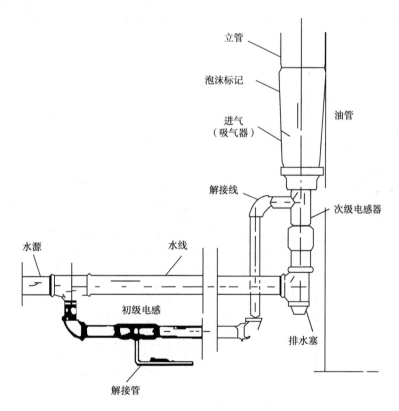

图 10.16 将空气泡沫浓缩液引入水流中，然后输送至固定式泡沫产生器（机械泡沫产生器）

（5）限制条件：主混合器可以安装在距离次混合器 150m 的地方。水和溶液管线采用的管道尺寸应符合制造商的规定。浓缩液储罐底部的高程不应超过主混合器下方 1.8m。

（6）机械泡沫产生器：该方法包括在一个装置中完成吸取泡沫液、进气和生成泡沫。它主要用于需要"串联"喷射的便携式设备（图 10.17）。产生器处有相当大的压力损失，且由于这个原因，产生器进口压力不应小于10bar。

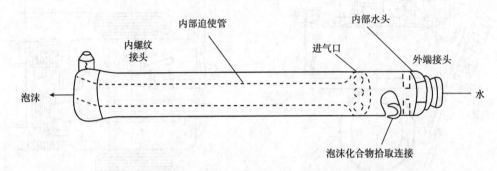

图 10.17　在一个装置中吸取泡沫液、进气和生成泡沫

（7）高背压泡沫产生器：固定顶油罐火灾的半液下喷射需要使用高背压泡沫产生器。当泡沫产生器使用 10bar 的水压时，典型的系统将在高达 18m 的储罐中灭火。应为每个单独的装置或罐确定供水压力，且这将取决于泡沫产生器、喷射装置和储罐高度的要求（图 10.18）。

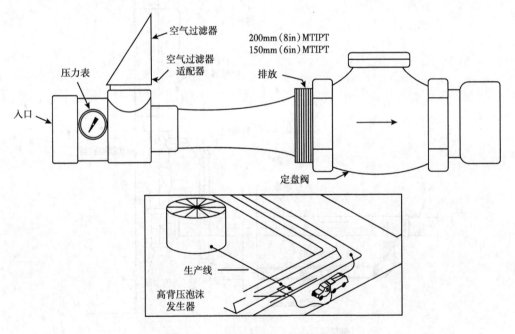

图 10.18　固定式高背压泡沫产生器

10.14.6　旁路可变混合器

这是消防船或拖船的首选方法，因为它可以灵活地使用通过单台泵输送的泡沫和水。它还与某些大型泡沫/水炮或甲板消防栓结合使用。少量的水使用旁通通过一个文丘里管，

该文丘里管以大约相同的流量吸取泡沫液。生成的 50/50 泡沫液 / 水溶液以 1.5bar 的低压输送至泡沫炮的底部或采集器，采集器有手动操作的水 / 泡沫阀和特殊的感应孔板。当这些阀门处于有泡沫的位置时，阀门出口侧存在负压状态，从而将溶液引入水流。泡沫液的量可通过操纵杆在 0~360L/min 或更大范围内进行调节。

10.14.7　环泵式比例混合器

该比例混合器可与固定或可变混合器一起使用。该系统可用于配备了大型泡沫 / 水炮但不适用于旁路混合法的消防拖船和船艇。该系统也可用于通过管道泵送水 / 泡沫溶液的固定设备。该系统也可安装在带水罐的消防车上，或安装在消防栓中的水可用于水罐补水的地方。泡沫 / 水由消防车泵混合。可设置一个便携式泡沫浓缩液罐或一个称为（M-J 混合器）的吸液管（图 10.19）。

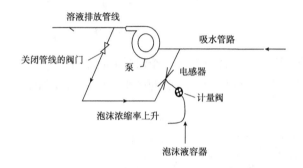

图 10.19　环泵式比例混合系统典型布置

系统从泵的输送侧旁路输送少量水。这将通过固定或可变混合器吸取泡沫浓缩液，并将泡沫液 / 水溶液返输送回到泵的低压侧（吸入管路）。然后溶液通过泵输送出去。该系统的一个缺点是缺乏灵活性，因为单台泵不能同时使用水和泡沫。

10.14.8　自动泡沫比例混合器

有几种方法可选用，其中一种可用于移动消防车。无论水压和流量如何，系统都会自动将泡沫液的正确百分比与泵的最大容量进行比例调整。混合器连接在泵的进水口上。该方法的操作是通过平衡作用在调节部件上的液压力，而调节部件反过来又控制溶液供应流中的多个部件。一个来自水流撞击的力连接到调节部件上游端的圆盘的动能，另一个相对比的力来自连接到下游端的喷嘴产生的泡沫溶液的射流反作用力。当两种液体的流量比达到所需浓度时，力就会达到平衡（图 10.20）。

10.14.9　压力式比例混合罐

这种方法利用水压作为动力源。供水系统利用该装置对泡沫液储罐加压。同时，水流过相邻的文丘里管或孔会产生压差。

文丘里管的低压区与泡沫液储罐相连，因此供水系压力和低压区之间的压差驱使泡沫液通过计量孔进入文丘里管。此外，流经文丘里管的流体压力差与流量成比例变化，因此文丘里管准确的成比例的流量范围较宽。通过该装置的压降相对较低。

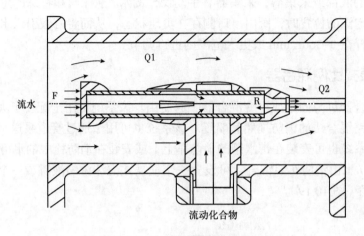

图 10.20　自动泡沫比例混合器

该系统可设计为双罐，一个罐可在第二个罐使用时补液。在测试压力式比例混合系统时，可使用特殊的测试程序，以确定浓缩液的最小允许使用量（图 10.21）。

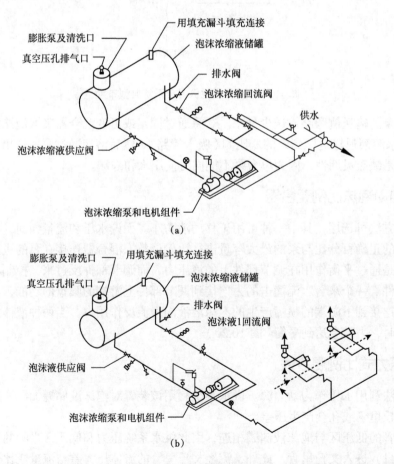

图 10.21　压力式比例混合罐（水平）（a）、带多个泡沫站（计量配比）的平衡压力式比例混合罐（垂直）（b）

局限性：

（1）比重类似于水的泡沫浓缩液可能会因混合而产生问题；

（2）这些比例混合器流量的变化范围大约是设备额定流量的 50%~200%；

（3）通过比例混合器的压降范围为（1/3~2 bar），具体取决于在上述流量限制范围内流动的水量；

（4）当浓缩液耗尽时，必须关闭系统，并排空储罐中的水和重新加注泡沫浓缩液；

（5）由于泡沫浓缩液被吸出时水进入储罐，因此在操作过程中无法像其他方法那样补充浓缩液；

（6）该系统将在低流速下以显著降低的百分比进行配比，并且不应在低于最小设计流量的情况下使用。

10.14.10　囊式（气囊）压力比例混合罐

这种方法同样使用水压作为动力源。该装置结合了压力式比例混合罐的所有优点，以及可折叠胶囊的额外优点，该胶囊可将泡沫液与供水进行物理分离。囊式压力比例混合罐通过类似的水流范围运行，并遵循与压力比例混合罐相同的原理。附加的设计特点是增强弹性胶囊（气囊），能与列出的可与该特殊胶囊（气囊）材料相宜的所有浓缩液一起使用。

比例混合器是一种经过改进的文丘里管装置，带有一条泡沫液供给管线，该管线从囊式比例混合罐连接到文丘里管的低压区。压力水通过控制器，部分流量被分流到囊式比例混合罐的供水管路中。这些水给储罐加压，驱使充满泡沫浓缩液的胶囊慢慢被挤压。这驱使泡沫液通过泡沫液供给管路挤出，进入比例混合器控制器的低压区。浓缩液通过孔板或计量阀进行计量，并按正确的比例汇入主供水系统，将正确的泡沫溶液输送至下游的泡沫产生器（图 10.22）。

局限性：其局限性与压力比例混合器所列的局限性相同，但该系统可用于所有 F 型浓缩液。

10.14.11　轮式囊式比例混合器

该装置包括一个泡沫罐、文丘里型比例混合器，该比例混合器带有 1%~6% 泡沫液计量孔板、消防软管和泡沫支管喷枪。该装置的固定型配有安装在储罐上的软管卷盘。该装置适用于炼油厂区域、海上平台、卡车装载架和工业工艺区域。

10.14.12　典型的平衡式压力比例混合系统

管线式比例混合系统利用泡沫液泵，通过压力调节平衡阀和计量孔板将泡沫液输送至比例混合控制器。泵回流管路中的压力调节阀在所有设计流量下保持泡沫液供应管路中压力恒定。在所有状况下，该恒定压力必须大于最大水压。当使用远离中央泡沫液站的多个比例混合控制器时，这种类型的设计是合适的。一条通用的泡沫浓缩液供应管线可将浓缩液输送至每个比例混合控制器。

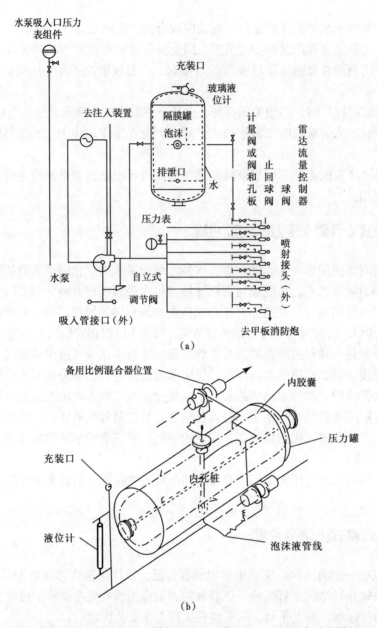

图 10.22　囊式压力比例混合立式罐装置（a）、囊式压力比例混合卧式罐装置（b）

10.15　中（高）倍数泡沫产生器

中（高）倍数泡沫是由空气或其他气体通过网、筛网或其他多孔介质（被表面活性发泡剂的水溶液润湿）机械产生的气泡集合体。在适当的条件下，可以产生发泡倍数为 20 或更大的消防泡沫。这种泡沫提供了一种独特的化学剂，用于将水输送到无法接近的地方，从而使封闭空间完全淹没，同时对蒸汽、热量和烟雾进行体积置换。

试验表明，在某些状况下，高倍数泡沫与洒水喷头一起使用时，可比单独的灭火系统提供更可靠的控制效果和灭火效果，卷筒纸的在库房的高垛存储就是一个实例。任何一种危险的最佳灭火效果在一定程度上取决于泡沫施加速度及泡沫发泡倍数和稳定性。

中（高）倍数泡沫通常由相同类型的浓缩液制成，其主要的不同在于发泡特性不同。中倍数泡沫可用于需要一定深度覆盖的固体火灾和液体火灾，例如用于小型封闭或部分封闭空间（如发动机测试室、变压器室等）的全淹没。它可以快速有效地覆盖易燃液体泄漏火灾或一些泄漏出的有毒液体，其对蒸汽的快速抑制至关重要。且它在室内和室外都有效。

高倍数泡沫也可用于固体火灾和液体火灾，但其深度覆盖范围比中倍数泡沫更大。因此，它最适合充填存在不同程度火灾的空间。例如，实验表明，只要泡沫尽早开始施加，泡沫深度迅速增加，高倍数泡沫可以有效地用于扑灭高架仓库火灾。它还可用于扑灭可能对人员进入造成危险的封闭空间内的火灾，例如地下室和地下通道内的火灾。它可用于控制 LNG 和 LPG 导致的火灾，并为 LNG 和泄漏的氨提供蒸汽扩散控制。高倍数泡沫特别适用于封闭空间的室内火灾。由于风的影响和缺乏限制条件，其在室外的使用可能会受到限制。

中（高）倍数泡沫对火灾有以下有效作用：

（1）当产生足够的量时，它们可以阻止空气的自由流动（这是持续燃烧所必需的）；

（2）当迫入火灾的热影响范围时，泡沫中的水会转化为蒸汽，可通过稀释空气来降低氧气浓度；

（3）水转化为蒸汽吸收燃烧燃料的热量。任何接触泡沫的热物体都将持续进行破坏泡沫、将水转化为蒸汽和冷却的过程；

（4）由于其相对较低的表面张力，未转化为蒸汽的泡沫溶液将会渗入 A 类材料。无论如何，深层火灾可能需要彻底检查；

（5）当中高倍数泡沫厚度不断加深时，可为暴露的物料或建筑物提供隔热屏障保护，从而防止火灾蔓延；

（6）对于液化天然气（LNG）火灾，高倍数泡沫通常不会扑灭火灾，但它通过阻止辐射热反馈到燃料来降低火灾强度；

（7）当泡沫完全覆盖火和燃烧材料时，可控制 A 类火灾。如果泡沫足够潮湿并可保持足够长的时间，火可能会被扑灭；

（8）当表面温度冷却到闪点以下时，可扑灭涉及高闪点液体的 B 类火灾。当在液体表面形成足够厚的泡沫覆盖层时，可以扑灭涉及低闪点液体的 B 类火灾。

10.15.1 灭火机理

中（高）倍数泡沫通过降低火场的氧气浓度、冷却、阻止对流和辐射、隔绝外加空气和阻止易燃蒸汽扩散来灭火。

10.15.2 用途和局限性

虽然中（高）倍数泡沫被发现有广泛的消防方面的应用，但应具体评估每种类型的危险，以核实中倍数泡沫或高倍数泡沫作为灭火剂的适用性。中高倍数泡沫系统可以保护的一些重要危险类型包括：

（1）普通易燃物；

（2）易燃可燃液体；

（3）（1）和（2）的组合；

（4）液化天然气（仅适用高倍数泡沫）。

运行装置：典型的自动中倍数或高倍数泡沫系统框图如图10.23所示。

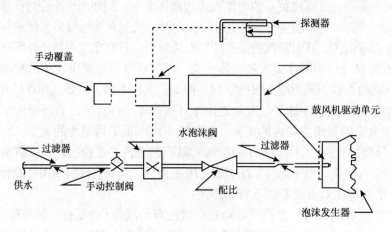

图10.23　自动中（高）倍数泡沫系统框图

泡沫产生器：目前，针对中（高）倍数泡沫的泡沫产生器有两种类型，具体取决于引入空气的方式，即通过吸气器或鼓风机。在任何一种情况下，均应使正确配比的在运动气流中的泡沫溶液以恰当的速度撞击发泡网或多孔或筛孔膜或一系列发泡网（图10.23）。在发泡网上形成的液膜被运动的气流膨胀，形成大量气泡或中发泡倍数或高发泡倍数泡沫。泡沫体积约为液体体积的20~1000倍，具体取决于产生器的设计参数。泡沫产生器的发泡量通常取决于在1~5min内通过液上喷射充填已知体积的封闭空间所需的时间。

泡沫产生器吸气器类型可为固定式或便携式。泡沫溶液的射流吸入足量的空气，然后这些空气被携至发泡网以产生泡沫。通常这样产生的泡沫发泡比不超过250：1（图10.24）。

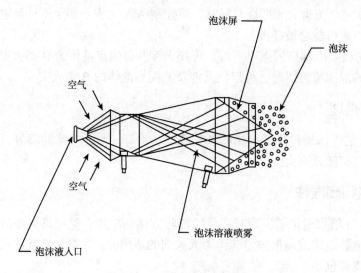

图10.24　吸气式泡沫产生器

泡沫产生器鼓风机类型可为固定式或便携式。泡沫溶液以喷雾形式通过风叶或鼓风机产生的流动气流喷射到发泡网上。鼓风机可由电动机、内燃机、空气、天然气或液压马达或水力马达驱动。水力马达通常由泡沫溶液驱动（图10.25）。

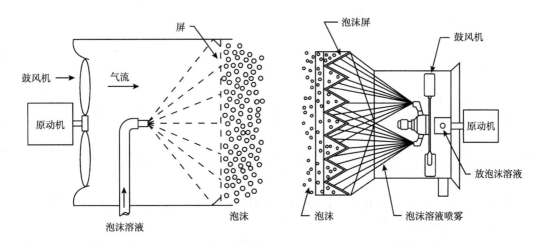

图 10.25　鼓风机式泡沫产生器

10.16　材料（液体）规范

10.16.1　泡沫浓缩液

多年来，泡沫被认为是扑灭易燃液体火灾的有效介质。泡沫浓缩液按成分分类如下：
（1）蛋白（旧型化合物）（P）；
（2）氟蛋白（FP）；
（3）成膜氟蛋白（FFFP）合成物（S）；
（4）水成膜（AFFF）抗溶（AR）或通用。

由于泡沫是由水溶液制成的，因此在与水发生剧烈反应的材料（如钠或钾）上使用泡沫很危险。本节详述了泡沫液类型和抗溶（AR）火灾专用泡沫浓缩液的要求，泡沫液的发泡倍数取决于其应用范围，并应用于液态烃灭火。还包括中（高）倍数泡沫浓缩液的要求。

10.16.2　低倍数泡沫液

等级：泡沫液的等级应为：
（1）灭火性能为Ⅰ、Ⅱ和Ⅲ级；
（2）A、B、C和D级抗烧性。

典型预期灭火性能等级和抗烧级别见表10.5，应根据 ISO 7203-1 进行测试。

适用于海水：如果泡沫浓缩液标记为适用于海水，则适用于淡水和海水的浓度应相同。

泡沫液的抗冻结、融化性：应按照此要求对泡沫液进行测试和分级。

表 10.5　灭火性能等级和抗烧级别附录 G

类型	灭火性能	抗烧性	类型	灭火性能	抗烧性
AFFF	I	A	FP（AR）	II	A
AFFF	I	A	P（AR）	III	B
FFFP	I	A	P（AR）	III	B
FFFP	I	A	S（AR）	III	D
FP	II	A/B	S（AR）	III	C

注：对于灭火性能等级，I 是最高级，III 级是最低级；对于抗烧级别，A 级是最高级，D 是最低级。

泡沫液中的沉淀物：测试时，沉淀物的体积百分比不得超过试样体积的 0.25%（老化前），老化后不得超过 1.0%。

比流动性：当根据附录 D ISO 7203-1 在温度处理前后进行测试时，浓缩液的流速不得小于 200mm I/S 的动力黏度。

pH 值：温度处理前后泡沫液的 pH 值在 20（±2）℃时不得低于 6.0，不得超过 9.5。如果两个值之间的偏差超过 0.5，则泡沫液应判定为温度敏感性。泡沫溶液的表面张力、泡沫溶液与环己烷之间的界面张力以及泡沫溶液在环己烷上的扩散系数均应进行测试，并根据 ISO 7203-1 判定其温度敏感性。

10.16.3　泡沫的发泡倍数和析液时间

发泡倍数：根据 ISO 7203-1 附录 H.1 进行试验时，由含饮用水的泡沫浓缩液生成的泡沫的发泡倍数应在特征值的 ±20% 或特征值的 ±1.0 范围内，以较大者为准。如果温度处理后测得的发泡倍数值小于 0.85 倍或大于 1.15 倍，则应将泡沫浓缩液温度处理前获得的相应值规定为温度敏感值。

析液时间：当根据 ISO 7203-1 的 F2 进行测试时，使用饮用水和合成海水（如适用）从泡沫浓缩液中生成的泡沫应具有 25% 的析液时间，并在特征值的 ±20% 范围内。如果温度处理后获得的 25% 析液时间的任何值小于温度处理前测得的相应值的 0.8 倍或大于 1.2 倍，则泡沫液被判定为温度敏感性。

注意：取样和温度处理见 ISO 7203-1。

相容性：当同时或连续使用时，泡沫液应与干粉灭火剂相容，制造商应确保用户不会因任何不利的相互作用而导致不可接受的灭火功效变差。不同制造商、等级或类别的泡沫浓缩液通常不相容，除非首先确定不会导致不可接受的灭火功效损失，否则不得混用。

性能和质量保证：制造商应向买方保证，泡沫浓缩液已按照 ISO 7203-1 低发泡倍数和 ISO 7203-2 中（高）发泡倍数的标准进行了样品测试。

标志：应在低倍数泡沫包装容器上标记以下信息：

（1）浓缩液的名称（识别名称）和字样"低倍数泡沫浓缩液"；

（2）灭火性能级别（Ⅰ，Ⅱ，Ⅲ）和抗烧水平级别（A、B、C、D），如果它符合，标"成膜"字样；

（3）推荐使用浓度（通常为1%、3%或6%）；

（4）泡沫浓缩液可引起的有害生理作用的可能性，以及避免方法和伤害发生后的急救处理措施；

（5）推荐储存温度和保质期；

（6）包装容器内的标称量；

（7）供应商名称和地址；

（8）生产批号；

（9）适用于或不适用于盐水；

（10）浓缩液在储存和与海水一起使用时的腐蚀性，视情况而定。

注：

（1）极为重要的是，泡沫浓缩液在用水稀释至推荐浓度后，在正常使用情况下，不得对环境中的生命造成重大中毒危害；

（2）泡沫浓缩液的包装应确保在按照供应商的建议储存和处理时，浓缩液的基本特性得到保持；

（3）运送容器上的标志应永久的且清晰可辨的；

（4）"中（高）倍数"泡沫浓缩液也应带有识别标志；

（5）供应商应在报价阶段提供特性数据表清单。

10.16.4 中（高）倍数泡沫浓缩液

分类：泡沫液应分类为中倍数和高倍数，并应符合以下要求：

（1）适用于海水；

（2）泡沫凝缩液的抗冻结和抗融化性；

（3）泡沫浓缩液中的沉淀物；

（4）比流动性；

（5）泡沫浓缩液的 pH 值；

（6）表面张力；

（7）泡沫溶液与环己烷的界面张力；

（8）泡沫溶液和环己烷的扩散系数。

发泡倍数和析液时间：试验时，由含饮用水的泡沫浓缩液生成的泡沫应在中发泡倍数特征值的20%范围内具有不小于50%的发泡倍数和25%至50%的析液时间，对于高发泡倍数，具有不小于201的发泡倍数和不少于10min的50%析液时间。

如果泡沫液被标志为适用于海水，则由泡沫液与合成海水一起生成的泡沫应具有如下发泡倍数：

（1）对于中发泡倍数，泡沫的发泡倍数值应不小于0.9倍，且不大于用饮用水测试的相同泡沫浓缩液样品发泡倍数值的1.1倍；

（2）对于高发泡倍数，泡沫的发泡倍数应不小于0.0倍，且不大于用饮用水测试的相同泡沫浓缩液样品发泡倍数值的1.1倍。

温度敏感性：

（1）中发泡倍数：如果温度处理后测得的发泡倍数值和25%或50%析液时间小于0.8倍或大于温度处理前测得的相应值的1.2倍，则应将泡沫液判定为温度敏感性；

（2）高发泡倍数：如果使用经温度处理的泡沫液获得的发泡倍数值或50%析液时间小于使用未经温度处理的泡沫液测得的相应值的0.8倍或1.2倍以上，则应将泡沫液判定为温度敏感性。

泡沫发泡倍数和析液速度的测量程序：

（1）泡沫取样：泡沫取样的目的是获得在预计火灾条件下应用于燃烧表面的具有代表性的泡沫样品。由于泡沫性能轻而易举地通过使用不当的技术进行修改，因此遵守规定的程序极为重要。

（2）泡沫收集器（滑动器）的设计有助于快速收集低密度模式中的泡沫；它也可用于所有取样，但从管线接头获取压力产生的泡沫样品的情况除外。挡板以45°角倾斜，适用于从顶部喷射落下的垂直流及水平方向的流（图10.26）。

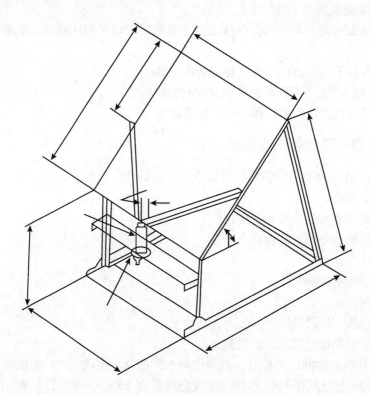

图10.26　典型的泡沫滑动器

（3）析液测定器深20cm、内径10cm（1600mL），最好由厚1.6mm的铝或黄铜制成。底部向中心倾斜，并装有一个带阀门的内径6.4mm排水管，用于排出泡沫溶液（图10.27）。

重要的是，用于分析的泡沫样品应尽可能代表正常灭火过程中到达燃烧表面的泡沫。对于可调节流量装置，通常需要从直流位置和完全开花位置以及某些其他中间位置进行取样。

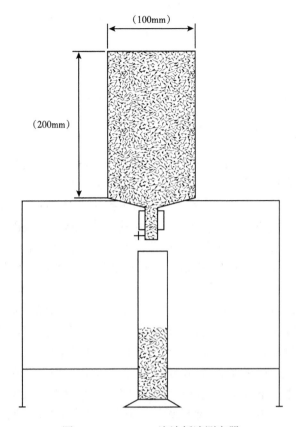

图 10.27　1600mL 泡沫析液测定器

　　收集器应与泡沫喷嘴保持合适的距离，以便成为水平喷射模式的中心位置。当喷嘴被引至收集器一侧时，应将其置于运行状态。压力和喷射运行稳定后，射流转向收集器的中心位置。当收集了足够的泡沫充满样品接收罐时，通常只需几秒钟，两个样品的每一个都使用一个秒表开始计时，以便为稍后描述的析液测试提供"零"时间。立即将喷嘴从收集器上移开，取下样品容器，并用直尺刮平顶部。擦掉析液测定器所有外溢泡沫后，即可对样品进行分析。

　　注：对于液下喷射设备，应从泡沫产生器排放侧的带阀测试接头处获取泡沫样品。

10.16.5　泡沫发泡倍数

　　成膜：在本测试中，在环己烷表面施放一定量的泡沫。通过插入锥形筛网将泡沫从表面带走，并通过火焰探测来测试暴露的燃料表面是否存在水膜。如果膜存在，燃料将不会被点燃。在没有成膜的情况下，燃料将会被点燃。

10.16.6　灭火性能测试

　　若在温度处理之前由泡沫浓缩液生成泡沫，在温度处理之后标明具有温度敏感性，并使用饮用水测试，且依据附录"G"ISO 7203-2，若适用于海水，则受测泡沫的灭火时间应不超过表 10.6 中给出的值，回燃时间应不小于表 10.6 中的中发泡倍数泡沫。

表 10.6　灭火性能测试

时间	中倍数	高倍数
灭火时间 回燃时间 1%	不超过 120s 不超过 30s	不超过 150s 不适用

10.16.7　泡沫质量实验室测试程序

随着泡沫在烃类液体消防中的广泛使用，需要一个标准化的实验室程序来分析和表达机械泡沫的与消防能力相关的重要物理特性。通过试验获得的数据通常能够表征泡沫。只有通过描述在标准化基础上获得的结果，才能描述各种使用条件下需要的最佳泡沫。

考虑到石油、天然气和石化工业使用和储存的泡沫液数量，应配置一台中心实验室测试设备来测试泡沫浓缩液，不建议购买或储存长期处于不利条件下的泡沫液。

测试设备和程序应符合 ISO 7203 第（1）部分低倍数和第（2）部分中高倍数泡沫液的要求（附录 A~J）。

存储检验和简易质量控制测试程序：为了确定泡沫液的状况，应至少每年对泡沫液罐或贮存容器进行一次检验，以确定是否有过多的沉淀物或变质迹象。浓缩液样品应提交给合格的中心实验室进行质量状况测试，或至少进行质量控制测试。

泡沫质量控制测试：如果在恰当的溶液压力和浓度范围内以及在每平方英尺保护表面有足够的喷射强度的条件下施用，泡沫灭火系统将扑灭易燃液体火灾。泡沫系统的验收测试应确定：所有泡沫生成装置均在"系统设计"压力和"系统设计"泡沫溶液浓度下运行。

必要时，应预先进行实验室试验，以确定水质和泡沫液相容。

以下数据对于泡沫系统性能的评估至关重要：

（1）静水压力；

（2）系统中控制阀和远程参考点处的稳定流动水压。

泡沫液消耗强度：应确定泡沫液的浓度。溶液喷射速率可通过利用记录的进口或系统末端的工作压力或者这两个压力的水力计算来计算。泡沫浓缩液消耗强度可通过对储罐在给定排量下进行计时或通过折射仪测量法进行计算。计算的浓度和泡沫溶液压力应在制造商推荐的运行限值范围内。

标志和包装：供应商应在包装容器上标记以下信息：

（1）浓缩液的名称（识别名称）和字样"中倍数"或"高倍数"（视情况而定）；

（2）如果符合，标"成膜"字样。

10.17　材料（设备）规范

10.17.1　泡沫比例混合和产生系统

该系统应设计为使用 3%~6% 泡沫浓缩液的低倍数泡沫系统。设备应由适用于泡沫类型和盐水的耐腐蚀材料制成。用于制造设备的材料应能抵抗电偶腐蚀和由硝酸亚汞和盐雾试验确定的大气条件引起的腐蚀。所有部件，如止回阀、流量控制装置、旁通排水管、闪蒸阀及压力表等，均应按照相关标准制造。根据系统设计，设备应适用于高达 15bar 的水压。

在提出采购申请之前，制造商或供应商应告知与泡沫设备和 FLC 类型相关的所有信息以及相关数据表。

使用的软管接头，进口应为快速外螺纹接头，出口应为快速内螺纹接头（BS336）。

所有"O"形密封圈和非金属部件应符合 ANSI 1474-UL199 标准的要求。预期维护或维修期间可能需要拆除的内部工作部件应易于够到、拆卸和更换，且不会损坏设备。应根据 ASME《锅炉和压力容器规范》第八节的规定，对可能承受空气、气体或水压或其组合的储罐进行设计、制造、测试、检查和标志。

10.17.2 便携式泡沫产生器或比例混合器

便携式泡沫比例混合器应针对所需使用的 FLC、泡沫生成和吸液装置类型进行设计和校准。便携式比例混合器和支管应由黄铜或阳极氧化铝合金制成。吸液管应由经过 20bar 压力测试的合成橡胶制成，带有螺纹或快速脱扣接头。如果背压可能导致 FLC 和水污染，则应使用止回阀。

移动式独立装置的设计和制造应便于一人搬运并用于快速反应。泡沫罐应由适用于炎热气候的高强度耐化学性材料制成。应为移动式比例混合器配置流量调节器，以可将泡沫液注入水流的比例从 1% 调节到 10%。制造材料和零部件应选择尽量减少维护需求的材料和设备。

10.17.3 固定式比例混合器

所用的所有控制阀应为在额定压力下能够平顺且便捷地打开和关闭的类型，应有效切断其控制的系统位置，并且其尺寸应能够承载其控制的系统位置所需的最大流量和最大压力。

控制装置、运行装置、仪表和排水管的功能和操作应清楚标识，并且应易于接近。隔膜或气囊应由能够在长时间接触泡沫液的情况下耐腐蚀、抗破裂或抗失去弹性的材料制成。

10.17.4 测试和质量检验

制造商应书面证明已根据 UL 162 对泡沫设备进行了相应的测试和质量检验。供应商有责任确保泡沫产生器和比例混合器的所有部件都通过测试。

10.17.5 测试类型

比例混合的精度：泡沫系统应在设计流量推荐浓度范围的 ±10% 内将泡沫浓缩液与水进行比例混合。有两种可接受的测试方法：

（1）当泡沫系统在给定流量下运行时，从每个出口收集溶液样品，并按照 NFPA 11（低倍数泡沫和并联系统的标准）中所述使用折射仪测量浓度。

（2）当泡沫系统在给定流量下运行时，使用水作为泡沫浓缩液的替代品，水从校准罐中抽取，而不是吸取泡沫浓缩液。从校准罐中抽取的水量表示系统使用的泡沫浓缩液的百分比。

装运准备：每个包装单元或设备应做好装运准备，以防止搬运和装运时造成损坏，并应贴上标签，以确保在运输过程中不会丢失。此外，应采取以下措施：

（1）所有外部连接都应已保护好；

（2）每个包装内应包括一份包装清单，另一份附在包装上；

（3）如有必要，应提供运输支架。

10.18　干粉和泡沫双剂联用系统

在该系统中，泡沫与干粉同时或依次应用于危险部位。这种类型的系统将干粉的快速灭火能力（及它们扑灭立体火灾的能力）与泡沫的封盖和固定能力结合在一起，对于防护易燃液烃的危险尤其重要。

双剂联用系统：这些系统可以是独立的，并且每个系统的运作都是单独控制的，以便可以根据情况单独、同时或按顺序使用每个系统。

局限性：双剂联用系统的干粉和泡沫浓缩液的制造商应确认其产品相互兼容，并满足联用的目的。对系统中使用的任一系统单独使用的限制也应适用于双剂联用系统。

供给强度：基于所有灭火剂均施放到保护区域的假设，危险防护的最低施放速率应如下所示：

AFFF 溶液应以 4.1（L/min）/m²（0.10gal/min/ft²）的供给强度施放到待保护区域。干粉喷射速率与预混 AFFF 供给强度（干粉和 AFFF 溶液单位：kg/s）的比率应在 0.6:1~5:1 的范围内。这种类型的灭火器旨在防护被保护区域的风险，并且设备的尺寸和规格应满足用户的要求。该装置可以是橇装式、拖车式或消防车车载式，所有相应的组件应符合 NFPA 标准第 11 节第 4 章联合灭火剂系统的要求。本规范的任何例外情况应以书面形式说明，以引起制造商的注意，并将其纳入报价中。

10.18.1　灭火器

双灭火剂：双灭火剂装置应包含干粉和预混合水成膜（AFFF）或（FFFP）筒。两种灭火剂都应通过端接至手动操作喷枪的双联软管卷盘独立喷放。

氮气：应使用调节至约 15bar 压力的压缩氮气对存储容器进行加压，并通过软管卷盘和并行的固定管线系统（如有）单独或一起从加压存储容器中控制喷放灭火剂。

干粉容器：干粉容器应具有以下规格。容器应为球形或圆筒状，并应具有必要的气体供应，以使容器中的干粉在最大紧压状态下完全流化，并在整个过程中保持均匀的干粉喷射速率，不低于规定喷射持续时间的 95%。氮气应作为驱动力。在 15bar（近似工作压力）压力下，每个储存容器应具有规定的干粉容量。容器的设计和制造应符合 ASME 第八节锅炉和压力容器规范的要求。储罐应为焊接钢结构。每个储罐应配备液位指示器和压力指示器。应为未完全耗尽的干粉容器配置手动泄压装置。容器还应配置手动装置，以完全排放和冲洗容器组件。每个容器应配备一个加注口盖。加注口盖体应由铸铝组成，配置有两个在盖相对侧的把手，以使可用手拧紧盖，因此，在正常工作压力下无需使用工具即可避免泄漏。安全通风孔应位于加注口盖中。应设置泄压阀，以防止储罐中的压力超过储罐最大工作压力的 10%。

10.18.2　泡沫溶液储罐

预混合泡沫溶液罐应为球形或圆柱状，并应具有使用气态氮源作为驱动能量对所有储存溶液进行加压和排出的必要功能。在工作压力为 15bar（近似值）下，每个储罐的规定容量应为 600~800L。储罐的设计和制造应符合 ASME Ⅷ锅炉和压力容器规范对规定工作压力的要求。储罐应为不锈钢焊接结构。

10.18.3　氮气钢瓶

氮气系统应是具有相关氮气储存罐的双灭火剂装置的组成部分。应提供具有足够容量和 197bar 设计压力的标准氮气瓶作为两种灭火剂的驱动力。氮气的量应足以驱出全部泡沫溶液和干粉，并将其冲出系统。氮气瓶应牢固地放置在水平或垂直位置。放置方法应便于操作和更换钢瓶。

氮气瓶应经歧管连接至灭火剂罐。每个钢瓶应至少有一个用于干粉氮气供应的调节器。每个调节器应设计 197bar 的进口压力，并应设置为在约 15bar 的压降下输送氮气。每套调节器应配备一个弹簧泄压阀，并应连接到氮气瓶。每个阀门应安装在每个灭火剂的氮气供应管线末端。系统的设计应确保每个系统可以单独输送或一起输送。

10.18.4　软管和软管卷盘

应提供可安装在适当位置的单根连接软管。软管材料应为非扭结橡胶型，适用于至少 17bar 的工作压力。泡沫软管的最小直径应为 25mm，干粉软管的最小直径应为 20mm。应提供带有手动重绕和穿过设计用于最小压降的直通式内部装置的金属软管卷盘。

10.18.5　喷枪

应提供可供单个操作员使用的、手动开启的（手枪握把型）、物理连接的、喷射液体灭火剂和干粉的喷枪。根据技术参数，喷枪应具有最小有效液流射程和喷射流量。喷枪应配置一个整体式切断阀。

10.18.6　灭火剂类型

水成膜或成膜氟蛋白泡沫浓缩液（AFFF 或 FFFP）的使用浓度应为 3%~6%。如果采购订单中有说明，制造商应提供所需数量的泡沫。此外，如有说明，制造商应写明储备量及储存泡沫所需的方法和条件。

10.18.7　干粉

虽然首选碳酸氢钾干粉或 Monnex 干粉，但可使用与 AFFF 泡沫相容且适用于"B"级和"C"级的任何碳酸氢钠或硫酸钾碱（如果买方指定）。应保证供应的干粉不会加速分解或与根据本规范提供的泡沫相互作用。

10.19 系统运行和控制

10.19.1 启动

系统应通过本地和远程（软管卷盘站）的手动引线盒手动启动。阀门和管道的安装应确保正常运行时，来自钢瓶的氮气通过调节器、歧管和管道进入灭火剂罐，以充分流化和加压储罐。灭火剂从储罐流入软管应由球阀控制。作用系统的设计应确保操作员可以同时喷放两种灭火剂。

10.19.2 运行设备

运行装置应包括带有快速开启球阀的氮气压力调节器喷放控制装置、关闭设备、驱动阀、软管卷盘、手动超控装置和带有切断阀的灭火剂喷枪。所有被视为系统组成部分的运行装置应随系统运行一起运作。

10.19.3 警报器

如果买方需要，应提供可视信号器和声音警报器，以召唤援助。

10.20 油漆和涂装

油漆和涂料应符合制造商的标准，并应充分保护所有部件免受环境影响。但是，应考虑腐蚀、潮湿和化学的环境条件，设备应涂上合适的耐腐蚀底漆和面漆，以抵抗高温、潮湿、腐蚀和无遮蔽的环境状况。应使用公司的色码。

标志：每个双灭火剂灭火系统应有永久性防腐铭牌识别。铭牌应位于安装后容易看到的位置。铭牌应包含以下信息：

（1）制造商名称或商标持有人标识或其标识符；

（2）订单号、产品编号和标签号；

（3）每个灭火剂储罐容量和工作压力；

（4）氮气瓶容量和压力；

（5）标记牌应永久固定在最合适的位置，以注明"如何操作灭火器"。

10.21 制造商供货清单

作为最低要求，以下应由制造商提供：

（1）装置包括泡沫溶液罐、干粉罐、氮气喷射剂系统、手动启动装置、灭火剂（如买方规定）和自动调节器；

（2）两条用于与相关软管卷盘连接的 20m 软管，一条用于装置，另一条用于另外的软管卷盘站（如有规定）；

（3）双灭火剂喷射喷枪或双喷射喷枪（按规定）；

（4）装配图，包括管道布置支架图、安装详图和接线图（如有）；

（5）与警报器相配所需的所有运行设备（如果系统包含）；

（6）将系统连接成为一个单位装置所需的所有连接；

（7）操作、维护说明书和备件清单；

（8）初始和周期性系统测试程序，包括用于此目的的专用工具；

（9）装配和安装所需的螺栓、螺母、螺母垫片、夹具、密封垫等。提供的材料应适用于规范中说明的环境条件。

测试：制造商应引证所有有要求的常规测试以及以下规定的静水压和模拟测试。双灭火剂灭火器系统的所有承压部件应在不低于该部件设计压力1.5倍的压力下进行水压试验。应在装运前对系统进行运行测试，尽可能接近实际设计运行条件，并进行灭火喷射测试。除非有书面弃权申明书，否则制造商应在买方或其代表在场的情况下进行此类测试。买方应在测试日期前30d收到制造商的测试通知。

如果存在缺陷零部件，应用新零部件更换，并重新测试系统，直到完全认可可靠为止。

制造商应公布操作指南，以便在不损失灭火剂的情况下，对已安装的系统进行相应的初始和周期性测试，并应提供系统运行期间校准和测试所需的任何特殊设备。

应在信函中提供以下规定的测试信息和结果，证明系统已测试并满足所有规定的要求。应包括：

（1）测试日期；

（2）订单号、产品编号和标签号；

（3）运送目的地；

（4）设备序列号；

（5）测试程序。

正式认证的测试观察结果和结论的总结、任何出现的故障或系统连接情况均应被报告。此外，还应提供系统的照片。

检验：如果需要的话，买方代表应有机会见证发现故障、测试、组装或制造商工作中与订购的系统有关的任何部分工作。制造商应在接受采购订单后同意按照本文规定的标准惯例和规范进行任何检验和拒收约定。任何检验和测试都不能免除制造商对系统满足本规范和适用规范所有要求的任何责任。制造商应根据可接受的国际和NFPA标准公布系统正确检验操作指南。

制造商应提供的信息：制造商应在其报价中至少提供以下信息：

（1）制造商名称和型号；

（2）供应设备的全部产品目录、技术参数和商品说明书；

（3）任何偏离本规范的明确声明；

（4）用于调试的备件清单和两年的运行价格；

（5）初步尺寸图和操作说明；

（6）所有必要测试的价格清单，包括本文规定的测试；

（7）安装和未来维护的推荐专用工具清单及其价格。

订购阶段：制造商应在收到采购订单后六周内向买方提供以下信息：

系统及其组件的五套图纸。在制造商收到买方核准的图纸之前，不得开始制造。供应商应在收到已核准或标有"同意"的图纸后的数周内提供一套更正的图纸。

制造商应在装运前向买方提供以下信息：

（1）十份测试证书副本。这将是最终接收和同意开发票的先决条件；

（2）五套推荐的用于调试的和两年运行的备件清单，以及一份库存专用工具清单；

（3）五套安装、维护和操作说明书，包括全部的故障排除说明书；

（4）经核准的略图五份。

装运：每个包装单元和相关设备应做好运输准备，以防止搬运、仓储或运输过程中造成损坏，并应贴上标签，以确保其在运输过程中不会丢失。此外，应采取以下措施：

（1）所有外部连接件应采用临时封盖进行保护，以防尘污和其他异物进入；

（2）每个包装内应包含一份装箱单，装箱单应装在附在包装上的金属盒内；

（3）应提供足够的运输支撑和包装，以避免运输过程中的内部损坏；

（4）海洋运输时，设备应装在重型集装箱中，用强力胶带或金属带封闭；还应采取措施保护设备免受可能的海上暴露。

术语表

化学防护服在本标准中，参考以下定义。

验收测试：在设备调试时进行的测试，以确保满足采购合同的性能要求。

声学测试装置：一种近似于普通成人头部尺寸的装置，用于测量耳罩的插入损耗，它具有用于测量声压等级的麦克风装置。

不透气材料：气体不能透过的材料，除非经过溶液处理。

空气供应服装：内部具有一定量的空气，可以为使用者提供呼吸或热调节。根据使用环境，衣服还可以覆盖使用者的整个身体或身体的一部分。

镀铝服装：采用镀铝涂层防火织物制成的陶瓷纤维（耐温 1450℃）服装，可在短时间内反射热辐射并隔热和防火，分为两种类型：

（1）在没有进入火焰的高温下或需要提供导电保护时，以及在对流和热辐射情况下使用；

（2）入口防护服旨在提供导电、对流和热辐射保护，并允许进入火焰。

锚地线：固定结构的刚性或柔性线，定位装置可固定到该线上。

用于伽马射线照相的仪器：一种内置曝光容器和附件的装置，其被设计为能够使密封性放射源发射的辐射用于工业射线照相。

水性成膜泡沫：泡沫或泡沫溶液在某些烃类液体上形成水膜的特性。

吸气泡沫：在相关容器内混合空气时能够吸收空气的泡沫。

部件成型模块化系统：当制造商不需要把各个零部件装配在一起，且按照部件的功能分开放置在市场中销售时，能够从指定的范围中根据说明进行选择和组合部件的系统。

具有完全指定的零件配置的装配体：它们被组装在一起并由组件制造商作为单个功能单元投放市场。制造商承担整体装配符合指令的责任，因此必须提供有关装配、安装、操作、维护等明确说明。EC 符合性声明及使用说明必须参考整个组件，必须清楚哪些是构成组件的组合。

部件：两个或更多设备的进行组合，并将组件投放市场或作为单个功能单元投入使用。

并联设备：包含本质安全和非本质安全电路的电气设备，其结构使得非本质安全电路不会对本质安全电路产生不利影响。

假设的最大操作面积（AMAO）：出于设计目的，假设喷头装置在火灾中运行的最大面积。

衰减：在特定条件下特定声场中，人耳在阈值处感知到的 1/3 倍频程压力水平之间的代数差异，佩戴听力保护器的声压水平与其他条件相同。

自动消防水龙带组件：主要由卷轴、进水管、自动阀、软管、关闭喷嘴和软管导向装置组成的消防器具。

自动复苏器：用于人体肺部充气的循环气流，与患者的任何吸气动作或操作者的重复动作无关。

自动 / 手动或仅手动转换装置：一种可以在人进入灭火系统保护的空间之前启动，防止火灾探测系统激活二氧化碳自动释放的装置。

辅助设备：列出与干式化学系统配合使用的设备（即，关闭粉末、燃料或通风设备保护或启动信号装置）。

回流：使呼出的气体不通过出气端口返回复苏器。

背缝：在接缝的开始或结束处缝制，并反向缝制以确保缝合。

背透镜：在眼睛和焊接过滤器之间使用的透明板。

袋式进气阀：在复苏器的可压缩单元中由低于大气压的压力启动的阀，在环境压力下用气体填充可压缩单元。

袋式补充阀：无手动触发器的阀门通过复苏器的可压缩单元中低于大气压的压力启动，用压缩气体填充可压缩单元。

平衡系统：粉末灭火系统，带有一个以上的排放喷嘴，粉末流在管道中的每个连接处均匀分配。

套结：应在应力点处缝合加固，例如纽扣孔、口袋拐角、接缝端和环缝处。

树皮口袋：树皮年度年轮之间的开口。主要呈现为径向表面的暗条纹，切向表面的圆形区域。

基本眼睛保护器：满足最低要求的护眼器，但不提供以下 5 种护目镜所能提供的额外保护：

（1）冲击护目器：能够承受 1 级或 2 级冲击的护目镜，并为眼眶提供侧向保护。1 级冲击护目镜能够承受 120m/s 的冲击速度，2 级能够承受 45m/s 的冲击速度；

（2）熔融金属护目器：可防止熔融金属和热固体飞进眼睛的护目镜；

（3）气体护目器：可隔绝气体和蒸汽的护目镜；

（4）防尘护目器：可提供防尘保护的眼罩；

（5）防液体护目器：可防止液滴飞溅的护目镜。

防溢管：入口处的一小段管道顶部，对着其上的孔将工具引导到孔中。通常具有用于填充和钻井液返回的侧面连接装置。

混合罐：用于制备特殊混合物的罐，例如炼油厂销售的混合产品。

清空鼓：在紧急情况下清空装置内的库存。

爆裂：当高压储层防止或控制泄漏的操作失败时，来自钻井储层的流体不受控制且剧烈泄漏。由于地面设备的故障或井维修操作的失控，生产井也会爆裂。

沸点：在大气压下，液体转化为气体时的液体温度。

增压泵：自动泵从高架水库或城镇供水给喷水灭火系统。

束缝：接缝，其材料边缘与一条附加材料结合。

边界：设备的边界是在处理设施中使用的术语。该术语区分责任范围，并为所需的工作范围定义处理设施。

边界区域：围绕洪水系统保护围栏的真实边界或表面（侧面、底部和顶部）的区域。

呼吸设备：能够使使用者独立呼吸并且符合本书标准规定的装置。

呼吸管：能通过空气或氧气的柔性管，能使空气流到呼吸器或呼吸面罩内的装置。

臀部受力附件：支持佩戴腰带的附件，以便由使用者的臀部承担使用者所受的压力。它由带有两个或多个有吊杆的腰带组成，吊杆连接在吊带上。

边：壳体的整体部分在整个圆周上向外延伸的部分。

罐：含有某种过滤材料的容器，可以清除通过空气中的某些污染物。

胶囊：保护封套避免对放射源造成任何损坏并易于处理。

溶液：本标准中指沸点低于60°C的液体。

盒式磁带：一种小型、密封、可更换的装置，装置内具有可去除通过其内部空气中的某些污染物的材料。

粘合加工：鞋面外围延伸至鞋垫的过程，粘合剂涂在外底的上部和鞋面周边，然后使用鞋底压力机将鞋底底部打底。

认证测试：在泵的制造工厂进行测试，由测试小组代表见证并经伊朗的石油、天然气和石化工业批准。

链式针脚：由一个或多个针线形成的针脚，其特征在于内圈。

分离：木材沿纤维方向的分离，通常延伸到年轮环上，通常由生长期间树木中产生的应力引起的。

化学危害：化学物质的潜在危害，源自化学物质的固有特性，通过与皮肤接触对人体造成伤害。

下巴带：用于将头盔固定在头部，且系在下巴上可调节松紧带。

C级喷嘴：喷嘴产生最小锥角为30°的喷雾。

闭路式循环呼吸装置：在这种装置加入碳之后，可以将使用者呼出的二氧化碳转化为氧气，可供使用者循环呼吸。

克鲁手套：按照人体手指形状设计的手套，有一个单一的手掌，四个手指的掌心面和一个单独的袖口，手套的背部由四中特殊材料中的三种组成（图a）。

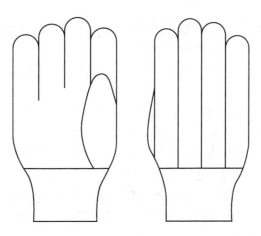

图a 克鲁手套

准直器：能将有用辐射限制在特定方向和指定尺寸的装置。

可燃粉尘：公称尺寸为500μm或更小的细碎固体颗粒，可以悬浮在空气中，在自身重量下从大气中沉淀出来，在空气中燃烧或发光，并在大气压和常温下与空气形成爆炸性混合物。

调试测试：当设备未安装在其正确位置上并需要用消防管道和消防栓系统固定时进行的测试。便携式抽油机在投入使用前立即在现场接收后进行测试。

主管部门：由伊朗原子能组织任命的一个机构。

组件：任何对设备和保护系统安全运行至关重要的，但没有自主功能的组件。

复合仪表：能够显示高于和低于大气压力的仪表。

压缩空气管线装置：用压缩空气供给使用者提供动力的装置。

压缩失败：由于沿着纹理的过度压缩导致的纤维变形（弯曲）。这种变形可能表现为整个表面的裂纹。在某些情况下，压缩失败可能存在但看不见裂纹；在这种情况下，它们通常表示在端部颗粒表面上的"纤维断裂"。

压缩木材：在针叶树种中出现的一种异常发育且高度可以调控的木材。

浓度：泡沫溶液中含有的泡沫浓缩物的百分比。所用的泡沫浓缩物的类型决定了所需浓度的百分比。3%泡沫浓缩物以97份水和3份泡沫浓缩物的比例混合制成泡沫溶液。6%浓缩物以94份水混合到6份泡沫浓缩物中。

浓度：泡沫溶液中含有的泡沫浓缩物的百分比。

导电性：电阻率不大于$103\Omega \cdot m$的粉尘。

连接器：将安全带或安全线连接到定位装置或锚固线上的装置，以及任何做此类连接的装置。

恒流量（加仑）喷嘴：一种可调节的喷嘴，喷嘴可以用指定的压力输出。在额定压力下，喷嘴将通过直流方式恒定输出（单位：gal）。这是通过在流型调整期间保持恒定的孔口尺寸来实现的。

恒压（自动）喷嘴：一种可调节的喷嘴，能够通过一定的压力使喷嘴流量保持恒定。恒定压力可以为多种不同流速的流体提供有效恒定的动力，这是通过需要用压力激活的自动调节节流孔来实现的。

选择流量（加仑）特征：允许现场手动调节节流孔以将流量改变为预定流量。再从直流到宽喷嘴的整个模式范围内，流量保持恒定。

施工类别号：从0.5~1.50的一系列数字，是公式中用来确定本书总供水需求的必要条件。

集装箱：一般术语指定任何可能包装密封性放射源的箱子。

污染物：任何对人体和周边环境有害的粉尘和有害气体。

放射性污染：在某一个地方放置的放射性材料，或者是某种材料当中具有放射性物质的情况都会对其周围的人与自然造成辐射污染。

持续性放射源：持续不断地的放射，或是在较长或是较短时间内持续放射源。

控制：具有X射线管的，能显示电位、电流、曝光时间和任何其他参数的控制和指示的面板。

连接器：此装置是用来连接长管确保水源到其输送点之间的连续性。

焊接透镜：焊接作业时，覆盖在工人眼睛上一种透明罩，用于防止焊接飞溅等进入眼睛。

工装裤：一种长腿的工作裤，可以加固使用者的脚踝和膝盖。

团队队长：消防车团队的队长。

横向纹理（晶粒斜率）：纹理方向偏离于晶粒平行线的偏差。横向纹理可以是对角线或螺旋，或者两者都可以。

克朗带：在头部上方的悬架连接带。

护手装置：覆盖在手腕上的手套或手套的附加套件。

头罩：一种中空的、近似半球形的部件，安装在头带上，一般内部装有垫子和衬垫。

注意：在这种情况下，杯子有时被称为外壳。

垫子：一种可变形的垫子，通常是用泡沫塑料或液体填充，安装在头套的边缘上，以改善头部上的耳罩的舒适性和适宜性。

注意：在这种情况下，垫子有时被称为密封。

危害性：化学危害与其相关风险的综合概念，包含发生事故时可能会造成危害的化学物质的数量。

遮光率：与光透射率最小值对应的遮光率。

冗余控制：当力被释放时，关闭或显著减少水流的控制。

腐朽：木材破坏的原因是木材上的真菌的造成的；也称为腐朽和腐烂

分贝：表示两种电或声功率之比的一种单位，它等于功率比的常用对数的 10 倍，写为 dB。

甲板：船面上的平台。

甲板室：船的一种内部或船舱结构，建造在船的上层甲板上，但不延伸到船侧。

甲板灯：在船甲板或船壳中，且由透光重玻璃装成的照光灯。

可燃物的危险程度：危险程度根据材料的可燃性进行分级，分为 4 级到 0 级。4 级表示有严重的危险，材料容易燃烧；0 级表示材料不会燃烧。

健康危险程度：健康危险程度根据人员所受危害的严重程度进行排序，分为 4 级到 0 级。4 级表示有危害，0 级表示无危害。

反应危险程度：反应的危险程度是根据反应的剧烈程度、反应速率和反应释放的能量所定，分为 4 级到 0 级。4 级在不正常的温度和压力下容易爆炸的材料，0 级是稳定且不与水反应的材料。

氧气浓度：复苏器输送的气体中的氧气的平均浓度。

喷水装置：尾部具有开放式喷雾器和溢流阀等多个控制装置，以便在安装操作时可以将整个区域喷洒水。

喷水阀：适用于喷水装置的阀门。注意，阀门是手动操作的，通常也由火灾探测系统自动操作。

供应阀：一种安装在呼吸装置中的阀门，通过该阀门，使用者可以通过该装置呼吸来源于空气供应源的空气。

设计密度：洒水装置的最小排水密度（以 mm/min 计）。

设计点：管道下游安装的一个有预算功能的装置上的一个点，管道的尺寸根据工作台的尺寸和管道的上游通过水量来确定。

探测器喷头：一种安装在加压管道上的密封喷水器，用来控制溢流阀。探测器喷水器的操作会导致空气压力的损失从而打开阀门。

设备：任何指定可以使用密封性放射源的装置。

扩散仪：能通过扩散作用时大气中的气体转移到气敏元件的装置。

直接硫化工艺：将鞋帮的周边延续到鞋垫上，然后将该组件和鞋底设置在硫化机中，将未硫化的橡胶引入到相关机器中，将鞋底固定在鞋帮上，通过加热而硫化橡胶。ID 组件被按下。注意：鞋底包括鞋跟。

放电装置：固定的、半固定的或便携式的装置，如泡沫室、固定泡沫机、监控器喷嘴、喷雾喷嘴，这些喷头可引导易燃液体的流向。

排气压力：吸入压力和排出压力的差压，泵在运行时能够变大，并由仪表来确定。

地区消防队长：一个地区的消防队负责人。

排水时间：在规定条件下，排出液体含量百分比的时间。

滴管：在腰带和极带之间提供连接的部分装配的充气装置。

阴暗光片：一种焊接过滤器，其中一部分是用打火机制造的。在开始焊接操作之前，允许焊工设置头盔或头罩的工作位置；在焊接过程中，焊工通过过滤器较深的部分观察焊接过程。

虚拟密封性放射源：无线电传真机里边有虚拟密封性放射源，它与密封性放射源具有相同的结构，其制作材料与密封性放射源完全相同，优点在于不使用密封性放射源，它是一种其物理和化学性质相近的物质。

动力吸入总合：过滤器和软管的吸入能量、流动能量、摩擦耗费能量以及入口损失能量的总合。

耳套：一种听力保护器，用于覆盖耳廓并封闭头部（圆形）或对耳廓（上耳）进行密封。

耳罩被设计为戴在头顶和头部后面的头带上。头带通过与头部的顶部接触而支撑在头部耳罩后面。通用耳罩可以穿在任意模式。

耳塞：耳道或耳腔内插入和佩戴的听力保护器。包含以下三种类型：

（1）一次仅用于一个配件；

（2）可用于多个配件可重复使用；

（3）声波耳塞，移动膜片插入式耳部保护器，即在不阻塞正常背景声的情况下衰减有害的高平分贝杂声。

有效持续时间：设备能够按照预期正常工作的时间。这一时间将等于工作持续时间加上最后 10min 的准备期，小于 45min 的工作时间和 15min 的工作时间在 45~75min 之间。

逃逸呼吸器：仅在不可呼吸的环境中用于逃逸的装置。

呼气阀：释放呼出空气的止回阀。

膨胀度：泡沫中的空气与水的比例，每种泡沫溶液体积所产生的泡沫体积的量度。

膨胀比：泡沫体积与泡沫溶液体积之比。

排出气体：从容器中排出干化学品的介质（如二氧化碳气体和氮气）。

呼气口：在呼气过程中气体或蒸汽从患者体内通过的开口。

防爆：任何危险区域内使用的电气设备，包括气体检测设备，必须进行测试和批准，以确保即使在故障情况下也不能引发爆炸。

防爆装置：具有公认保护类型的任何形式的装置。

爆炸性气体：是指在正常大气条件下，以气体、蒸汽或雾的形式与空气混合的混合物，在点燃后，燃烧扩散到未消耗的混合物中形成爆炸性气体。

爆炸下限（LEL）：空气中可燃气体、蒸汽或薄雾的浓度，低于该浓度不会形成爆炸性气体。

爆炸上限（UEL）：空气中可燃气体、蒸汽或薄雾的浓度，高于该浓度不会形成爆炸性气体。

爆炸范围：气体或蒸汽与空气混合的范围，在爆炸的（可燃的）极限范围内，气体混合物是不能爆炸的。

曝光容器：用来控制伽马辐射的一种容器，采用一个或多个伽马射线照相密封性放射源。为了这个目的，根据曝光容器的流动性对伽马射线照相装置进行分类：

P 类：便携式曝光容器，由一个人单独携带。

M 类：一种可移动的但不可单人便携的曝光容器，设计目的就在于进行拍摄时能够借助其他装置适当移动自身的位置。

F 类：固定安装的或是只能在特定工作区域内使用的容器。

曝光头：能将伽马射线照相时使用的密封性放射源定位在选定工作位置的装置。

伸缩梯：一种倾斜的梯子，一般由两个或三个部分组成，高度可以改变，且是在一个梯级间距的范围内，通过相互滑动而改变高度。

眼睛保护：就本标准而言，提供一下具体内容：

（1）目镜：一个气密、透明的镜片或透镜安装在一个完整的面罩中，使用者携带时可视；

（2）护眼器：至少覆盖眼睛区域的，任何形式的保护眼睛的设备；

（3）面屏：一个能够覆盖脸部的一部分或大部分的护眼器；

（4）面罩：戴在脸前以保护眼睛、面部和喉咙的装置。它由过滤器本身的材料制成，与过滤器（S）配合制成；

（5）面罩：一种贴合脸部用来保护鼻子和嘴巴的面具，有两种类型：

① 覆盖鼻子和嘴的半掩罩（或鼻面罩）。

② 全脸面罩，覆盖眼睛、鼻子和嘴巴。

（6）脸部护垫：一种柔性或气垫组成的保护垫，用来将面具舒适的护在脸部。

紧固件：一种用于将管吊架部件连接到建筑物结构或货架上的装置。

故障信号：可听见的、可见的或者能够表示其他指示仪器不能正常工作的信号。

充填密度：容器中二氧化碳的质量与容器体积的比率。

成膜氟蛋白：一种液体浓缩物，它既含水解的蛋白质，又含氟化表面活性剂及稳定剂。

滤波器：眼睛保护器的一部分，通过该保护器，设计用来减少使用者接收的入射辐射的强度。

火焰：燃烧的过程，其特征是伴随着烟雾和燃烧热量散发。在时间和空间上不受控制的燃烧扩散。

火灾和气体检测系统（FGDS）：火灾和气体检测原件组合的系统，系统连接到紧急停车系统，还能启动自动灭火系统。

火灾探测系统：该系统由火灾探测器和相关的控制面板组成，以检测火灾并提示人员撤离工厂区域和建筑物，以及指示事故的发生位置，以便消防队快速准确前往事故现场（如果可用）。

火灾风险评估：在实验室条件下测量得出的符合相关条件的材料，并且检测时考虑过可能导致火灾的所有其他因素。这种材料可以用作火灾风险评估的材料。

消防水管：一种编织的带衬套的柔性管道，用于输送消防用水。

消防栓（地下消防栓）：一个装在地面以下的坑或盒子中的装备，它包括一个供水主管道的
阀门和出水口连接端。

消防栓柱：一种消防栓，其出口连接件安装在垂直于地面上方的垂直构件上。

着火点：打开容器中液体的最低温度，一旦点燃，就会放出足够的蒸汽燃烧。它通常略高于闪点。

防火幕：固定在舞台前部开口上方的壁式幕墙，以防止舞台发生火灾，防火幕可以自动关闭而不使用外加电源。

耐火屏蔽：一种当地制造的盾牌，可供消防队员使用，以对抗烈火，如油井火灾。

消防水龙头：一种具有合适的阀门的装置，通过它可以从总水管排出水。

沼气：煤矿中形成的可燃气体。

耐火材料：耐火时间以分钟或小时作为单位的，这种材料或其组件必须承受火灾检测，根据 NFPA251 测试规定进行。

急救：在医生或外科医生到达前，紧急情况下受伤人员的第一次急救，如人工呼吸、包扎、按摩和使用吊索、夹板、止血带、担架、防腐剂、催吐剂等的急救措施。

阻燃性：材料的燃烧性质，这种材料用于防止、终止或抑制火焰燃烧，阻燃性可以是防火材料的固有特性，也可以使防火材料通过特定的处理来获得阻燃性。

火焰蔓延：低火焰蔓延意味着充分限制火焰在有关空间中的蔓延，这是由可接受的测试程序确定的。

防爆装置（欧盟）：能点燃爆炸性气体的部件被放置在一个能承受混合爆炸物爆炸所产生的压力的外壳内，并防止爆炸性物质在环境中传播。防爆装置中的液体在最低温度，其中液体放出一定数量的蒸汽，例如能够形成可点燃的蒸汽 / 空气混合物。

易燃风险性：这是材料易燃的程度。许多在相同条件下燃烧的材料，不会在其他条件下燃烧。材料的形式和条件及其固有特性影响着其燃烧的风险性。

易燃（爆炸）极限：所有可燃性气体或蒸汽的可燃极限，其中与空气混合的气体或蒸汽能够维持火焰的传播。下限和上限通常表示与空气混合的体积百分比。

易燃（爆炸）范围：可燃性气体或蒸汽，空气混合物在可燃上下极限之间的范围称为可燃范围或爆炸范围。

可燃性气体或蒸汽：可燃性气体或蒸汽，当与空气混合一定比例时，会形成爆炸性气体氛围。

易燃液体：一种能够在任何可预见的操作条件下产生可燃性蒸汽或薄雾的液体。

易燃材料：由可燃性气体、蒸汽、液体或雾气的构成元素组成的材料。

可燃雾：易燃液体的液滴分散在空气中，形成爆炸性的气体氛围。

闪点：液体的最低温度，它释放足够的蒸汽与表面或使用的容器内的空气形成可燃混合物。

植绒（橡胶或PVC）手套：其内表面覆盖一层纯棉纤维，在生产过程中固定在PVC橡胶中。与能够吸收汗液，并帮助在温暖的环境中使用时保持双手凉爽的手套不同；植绒手套有助于在寒冷的条件下使用时保持双手温暖。

氟蛋白：一种类似于蛋白质的液体浓缩物，但含有一种或多种氟化表面活性添加剂。

泡沫灭火剂：通过机械力的帮助将空气与含有盐水的溶液混合在一起，并其中添加泡沫液体浓缩物的一种灭火器。

泡沫：由泡沫和水溶液的机械搅拌形成的大量气泡。

泡沫支路：在使用过程中手持的便携式设备。市场上有各种各样的泡沫分支。

泡沫浓缩物：由制造商手中接收的液体发泡剂，将合适的水量和空气混合以产生泡沫。本标准中使用的术语包括以下类型的浓缩物和成膜氟蛋白（FFFP）：蛋白泡沫、氟蛋白泡沫、水性成膜泡沫（AFFF和其他合成泡沫）。

泡沫浓缩物：从制造商手中接收的浓缩液体发泡剂。

泡沫浓缩倍率器：一种控制泡沫浓缩物与水量的比率的装置。

泡沫入口器：由入口连接、固定管道和排放组件组成的固定设备，使消防员将泡沫引入封闭舱室。

泡沫溶液：按照一定比例混合的预混合泡沫液体浓缩物，溶解于淡水或盐水中。

泡沫溶液：水和泡沫的均质混合物，并以适当的比例浓缩。

泡沫喷雾系统：泡沫喷雾系统是一种特殊的管道系统，它连接到泡沫浓缩物的源头和水供应层，并配备泡沫喷淋喷嘴，用于灭火剂排放（泡沫或水按顺序或顺序相反）在受保护区域上。系统运行安排与前段所述的泡沫喷淋系统相平行。释放的来源可以是上述三个等级中的一个，或者可以是两个或三个组合，在这种情况下，它被认为是一个多层次的释放源。

泡沫喷淋系统：泡沫喷淋系统是一种特殊的管道系统，它连接到泡沫浓缩物的源头和供水系统，并配备有用于灭火剂排放的排放装置，并在要保护的区域上分布。管道系统通过控制阀连接到供水系统，该控制阀通常由安装在喷洒器相同区域的自动检测设备来驱动。当这个阀门打开时，水流进入管道系统，随后泡沫浓缩物被注入水中，产生的泡沫溶液通过排放装置排出并产生泡沫。当泡沫浓缩物供应被耗尽时，水会跟随泡沫持续排出，直到手动关闭。系统可以首先用于水的排放，接着是泡沫的一定时间的排放，然后是水，直到手动关闭。已被转化为使用水性成膜泡沫的现有的喷淋式喷淋系统被归类为泡沫喷淋系统。

折叠栈桥：铰接在一起的两个框架的排列，每一个框架都配有适于支撑工作平台的交叉承载件。

前向泄漏：吸气器在吸气阶段产生的气体，它不会通过病人的嘴巴而传播到大气中。

新鲜空气软管装置：在风机的帮助下，从新鲜空气源抽出空气的装置。

烟雾：空气中的固体颗粒，通常其直径大于微米，有时也小于微米；像云或烟一样可见。

服装：一个单独的保护设备，它可以防止皮肤磨损。

气密服：一种带有保护罩、手套和靴子的单件衣服，当穿着独立的或压缩的空气线呼吸装置时，为使用者提供了对有害液体、灰尘和气体等污染物的高度保护

长手套：与腕部手套相对应的一种手套，为腕部和手臂的一部分或整个部分提供额外的保护。

护目镜：装有单个或两个分开的眼窝的眼部保护器。

固特异韦尔特法：鞋帮的周边延续到鞋垫上提供的肋条，由缝纫机缝合到贴边上，该组件设置在外底上，然后用外底缝纫机将贴边锁住到外底周边。

梯度滤波器：配置在太阳眩光眼镜上的一种滤光器，在垂直子午线中，当滤光器安装在滤光片上时，透光率会逐渐降低。

网格配置管状阵列：一种水管阵列，其中水流通过一条以上的路径流向每个喷洒器。

Ⅰ类仪器：便携式、可移动和固定的仪器，用于检测空气中可燃气体的浓度。该类仪器可安装在易受沼气影响的矿井中。

Ⅱ类仪器：在易受沼气影响的矿井以外的潜在爆炸性环境中使用的设备。

耿氏模式：一种四指和拇指设计，具有拇指、手掌和第一（索引）和第四（小）手指的一片或两片材料制成的面。背部是一个部分的袖带，至少包括背部的四个手指。第二和第三指的前部可以是一块，在适当的手指的基部与手掌接合。手套的背面可以接合。

半衰期：由于无线电有放射源的衰变，放射源的活性根据特定的物理定律而减小。放射源损失一半原来的活性（AO）的时间称为放射源的半衰期（HLT）。

半衰期，无线电活跃：在给定的无线电放射源活性衰变过程中，一半的原子转化所需的时间，遵循指数定律（物理半衰期）。

手盾：一种放在手上以保护眼睛、脸和喉咙的装置。它装有过滤器（S）和过滤器盖（S）。

衣架：一种用于从建筑结构的构件悬挂管道的组件。

硬吸管：橡胶增强体包含刚性螺旋，以抵抗真空下的坍塌。

协调标准：专门制订的标准，允许假定与 ATEX95 的 EHSR 一致。

挽具：通过头盔的完整组装，将头盔保持在使用者头部的位置上。

危险区域：爆炸性气体氛围存在或可预设存在的区域，需要对电气设备的建造、安装和使用采取特殊预防措施的区域。

头带：通常由金属或塑料制成的带子，用来使耳罩通过在垫子上施加压力使其牢固地安装在耳朵周围。

水头深度：坐姿直立时耳垂与垂直线的水平距离。

头带：把面罩固定在头部适当位置的带子。

头高：当坐姿直立时，耳屏与头部之间的垂直距离。

头带：安装在每一个杯子上的柔软的带子，或者靠近杯子的头带。它可以调整，以支持耳罩，通常是安装在头部的类型，密切配合顶部的头部。

头宽：当主体直立时头部的最大宽度。

头带：环绕头部的线束的一部分。

健康危害：任何可以直接或间接危害人体健康的材料，无论是暂时性还是永久性的，

以及当接触、吸入或摄入时能够造成的危害。

头盔：遮蔽眼睛、脸、脖子和头部其他部位的装置。

头盔：一种用于保护头部或其部分免受冲击、飞行微粒、电击或其任何组合的装置，并且包括合适的线束。

头盔：头部支撑的装置，用于保护面部、耳朵、喉咙及头部的一部分。它装有过滤器（S）和过滤器盖（S）。

头盔：一种覆盖头部大部分的装置，通常具有除听觉保护之外所有的保护功能。

折叠：通过翻转材料的边缘并固定它来产生折叠边缘。

密封部件：一种密封部件，用于密封外部气体的入口，其中密封件是熔合制成的，例如钎焊、钎焊、焊接或玻璃与金属的熔合。

高膨胀：膨胀率大于 200（通常约 500）的泡沫。

高闪存：具有 55℃ 或以上的封闭闪点（如重油、润滑油、变压器油等）。该类别不包括任何储存在其闪点上方或 8℃ 以上温度的闪存。

体罩：一种完全覆盖头部、颈部和肩部的装置。

体罩与斗篷的结合：一种完全覆盖头部、颈部和肩部或躯体的衣服。

软管卷筒：消防设备，由一段装有关闭喷嘴并安装在卷筒上的管子组成，并与加压供水源保持永久连接。

软管卷筒系统：包括一个软管，装在一个卷轴或一个齿条上，带有一个手动和可控制的排放喷嘴。

撑架：过滤器、过滤器盖和背衬透镜的支撑设备的一个部件。

消防栓出口：竖管连接的消防栓的组成部分。

着火温度：在规定的试验条件下的最低温度，当材料在正常压力下与空气混合时，该材料在此最低温度下燃烧或助燃，而不通过火花或火焰点火。

提高安全性：采用附加措施的一种保护措施，以提高对过高温度、内部电弧及火花产生的可能性的准确度。

使用文氏管将一定比例的泡沫浓缩物引入水流中。归纳方法有：

（1）压力诱导：该方法通过用水给泡沫浓缩罐加油。同时，水流通过相邻的孔时产生压力差。供水压力和这个较低压力区域之间的差异迫使泡沫浓缩物通过计量孔进入水流。

（2）真空感应：该方法利用一个风险口的水产生的负压，通过抽吸管从储罐或容器中抽出泡沫浓缩物，并将其与水流混合。

（3）泵和马达感应：通过辅助泵将泡沫化合物注入通过感应器的水流中。然后将所得泡沫溶液输送到泡沫发生器。比例器可以插入在水源和泡沫发生器之间的任何点的管道中。

红外传感器：其工作取决于被探测气体吸收的红外辐射剂量。

注射成型工艺：将鞋帮的周边延续到鞋垫上，将该组件设置在注射机上，通过将未硫化的橡胶注射到模具中而形成鞋底。

同轴电感器：文丘里流量计，位于向泡沫发生器供水的管道中，使管道中的压力降低，使集中物自动按照要求的比例与水混合。它是预先校准的，可以调整。

插入损耗：在特定条件下，在特定的声场中，由声学测试夹具的麦克风测量的 1/3 倍频带压力水平的代数差异，其中没有听力保护器和听力保护器的声压级，其他条件相同。

鞋垫：脚部内侧的一部分，其与鞋底的底部一致。

安装：由一个或多个制造商独立地投放市场的两个或多个设备的组合。

夹克：短外套。

赛马泵：一种用来补充少量的水损失的小泵，以避免不必要地启动自动抽吸泵或增压泵。

比势动能：由无电荷辐射（如电磁辐射或中子）相互作用产生的带电粒子的初始动能之和。

比势动能以 J/kg 或拉德表示。对于在空气中吸收的电磁辐射，比势动能与曝光之间的关系中的主要量是产生离子对所需的平均能量。

结：一部分树枝或肢体，嵌入木材中，在木材加工过程中被切割。根据零件的尺寸、质量、发生和位置进行分类。结的尺寸由其在工件表面上的平均直径决定。

梯阶：一种立柱式梯子，其后部装有支撑工作平台的十字架［参见附录 M（d）］。

着陆阀：由湿或干立管的阀和出口连接组成的总成。

鞋楦：在鞋的周围形成一个足部整体形状。

泄漏：将放射性活性物质从密封源转移到环境中。

倾斜梯子：用单独的结构支撑的梯子，例如墙。

参考等级：控制某一特定行动过程的量的值。可以在辐射防护实践中确定的任何量建立相应的等级；当达到或超过时，考虑所有相关信息，并采取适当的行动。

被许可人：被许可人是指被授予（AEOI）许可证的人。

生命安全：用于喷水灭火系统的术语，是保护生命所需措施的组成部分。

光影：与发光透射率最大值对应的遮光数（参见 BS 679）。

轻量级平台：一种工作平台，由阶梯、十字头和甲板组成，有一个平坦的工作面。

单位：用于测量纽扣直径的以 0.635mm 为一个单位的测量单位。

衬里：杯内含有的物质，可以在一定的频率下增加耳罩的衰减。

内衬：用于描述鞋类鞋帮内部的各种衬里部件的术语。

液滴：能够在气体中保持悬浮的非常小质量的液体颗粒。

承载构件：安全带或安全绳索的部件，在工作时或在坠落时，使用者的身体可以对其施加载荷。

局部应用系统：一种自动或手动灭火系统，在该系统中，固定的二氧化碳供应与固定的管道连接，喷嘴设置在将二氧化碳直接排放到在没有围栏的火灾区域，或部分封闭区域。这不会导致整个容器中含有保护性危害的灭火剂浓度。

局部人工通气：空气的运动，用人工方法（通常是提取）代替新鲜空气，应用于特定的释放源或局部区域。

锁线迹："平针"，其中两个单独的线程用于形成，一个线程是通过材料，形成一个循环，而第二个是通过环在材料的下侧。

循环配置：一种管道阵列，其中有一个以上的分配管道路径，沿着该管道，水可以流向配水支管。

低膨胀：泡沫的膨胀比高达 20（通常约 10）。

低密度木材：特别轻的木材，通常在强度特性方面缺乏。在针叶树种中，低密度通常由特别宽的或有时非常窄的环表示，并且通常具有较低比例的晚材。另一方面，低密度阔叶树，至少在环状多孔树种中，最常见的是年份较窄的年轮，其中早期木材部分占优势。

低光库存：封闭闪点低于 55°C 的物料，如汽油、煤油、喷气燃料、一些取暖油、柴油燃料以及在高于其闪点 8°C 的温度下储存的任何其他原料。

低压储存：在：18°C 的低温下将二氧化碳储存在压力容器中。请注意，此类存储中的压力约为 21bar。

低层系统：喷水灭火系统，其中最高喷水不超过地面 45m。

主配管：输送分配管道。

机械手杆：用于远程处理源铅笔的刚性杆，通常长 2m。

手册：用于修饰或说明在特定条件下通过人工干预发挥作用的灭火系统。

手动消防水带卷盘集成：消防设备，通常由卷轴、进气管、手动阀、软管、关闭喷嘴和软管导向装置组成。

手动软管卷盘系统：由软管、卷轴或机架上组成，带有手动操作的放电喷嘴组件，通过固定管连接到二氧化碳供应的一种手动灭火系统。

材料转换系数（MCF）：当危险材料的二氧化碳最低设计浓度超过 34％时应使用的数值因子，以增加防止表面火灾所需体积因子的二氧化碳的基本量。

最高评级：贝克勒尔表示的最大活动，是制造商为给定放射性核素规定并在曝光容器上标明的伽马射线照相密封源的括号值，并且如果设备要符合则不得超过这个标准。

机械管接头：管道系统的组成部分，不包括螺纹管、螺纹配件、铅或复合密封龙头，以及用于连接管道的插座和法兰接头。

中等扩张：泡沫的膨胀比在 20~200 之间（通常约为 100）。

熔点：纯物质固体变成液体的温度。

MESG：最大实验安全性差距。

MIC：最小点火电流。

连指手套：手和手腕的覆盖物，具有单独的拇指。

移动显示器：监视器安装在带有 2 个或多个 65mm 软管连接的拖车上。带有软管储存箱的单元被拖曳并运送到火灾现场。

模型：特定密封源设计的描述性术语或编号。

防潮层：用于防止液体、水从环境转移到热屏障的组件层。

监控：能够排出大量水 / 泡沫的消防炮，或用于冷却或灭火的干化学品。

监控系统：带有喷嘴的固定管道系统，可以在本地或远程操作。

蒙彼利埃模式：一种四指和拇指的设计，手掌心和四个手指尖的前部合在一起，手背和手背合在一起。

多功能：检测仪器检测 0％：100％ LEL，0％：25％氧气，0％：25％ mg/L 硫化氢和 0：50mg/L 一氧化碳。

多级释放源：释放源是两个或三个等级的组合。注意，不同的条件意味着可燃材料的不同释放速率。如果主要等级频率或易燃材料的释放速率超过连续等级，则基本上分级的释放源可另外被评为初级。如果二级等级频率或易燃材料的释放速率超过连续级和初级等级，则它可以作为初级等级的补充或替代。类似地，如果二级频率或可燃材料的释放速度超过一级，则释放源可分级一级，也可以分级二级。

多重控制：通常由温度敏感元件保持阀门关闭，适用于雨淋系统或压力开关的操作。

颈带：一条安装在头部后面的带子，用于将头盔固定在头部，它可能是头带的组成部分。

自然通风：由于风和温度梯度的影响，空气的移动和新鲜空气的替换。

颈盾：一种防护服，当安装在头盔上时，可以防止辐射到头部和颈部的背部和侧面。

没有通风：如果没有安排用新鲜空气替换空气，则不存在通风。

节点：管道中的一个点，计算压力和流量；每个节点都是一个数据点，用于水力计算。

非吸气泡沫：通过在设备外面混合空气和喷射泡沫溶液产生的泡沫。

不导电的灰尘：电阻率大于 $103\Omega \cdot m$ 的粉尘。

无危险区域：通过对电气设备的制造、安装和使用进行特殊预防而不会出现爆炸性气体环境的区域。

非易燃电路：在设备预期操作条件下产生的任何电弧或热效应在指定的测试条件下不能点燃指定的可燃气体或蒸汽，是空气混合物的一种电路。

非易燃组件：具有破坏易燃电路触点的部件，接触机构应使得部件不能点燃指定的可燃气体或空气，是可燃空气混合物。非易燃部件的外壳不是为了排除易燃性气体或爆炸性气体。

非易燃场电路：在指定的测试条件下，进入或离开设备外壳并且在预期操作条件下不能点燃指定的可燃气体或空气，是可燃空气混合物或可燃粉尘的电路。

不可渗出的：源芯的放射性物质不溶于水，也不可能转变为可扩散的物质。

无火花设备：没有正常电弧部件或能够点火的热效应装置。

非随机辐射效应：高于存在阈值的辐射效应，辐射效应的严重程度随剂量而变化。

正常操作：工厂设备在其设计参数范围内运行的情况。轻微易燃材料的释放可能是正常操作的一部分。例如，依赖于被泵送的流体润湿的密封件的释放被认为是次要释放。涉及维修或停机的故障（例如泵密封件、法兰垫圈或由事故引起的溢出）不被视为正常操作的一部分。

喷嘴排放等级：表示为在预选压力下观察到的阀门流速，例如在 7bar 下为 2250L/min。

尘土作业：无毒颗粒。

占用时间：工作人员或公众在辐射场中花费的总时间的一部分。

占用危险分类号：3~7 的一系列数字，是用于计算消防总供水量的数学因素。NFC 标准已将最低入住危险数的 3 号分配为最高危险分组，将最高入住危险数 7 号分配为最低危险分组。

目镜：眼睛保护器的透明部分，例如镜头、遮阳板、屏幕。

近海设施：该术语用于描述钻井或生产石油或天然气的海上设施。

单指手套：用于手和手腕的覆盖物，是具有单独的拇指和食指以及用于剩余手指的覆盖物。

开路：气缸中携带的压缩空气通过需求阀和呼吸管输送到全面罩。吸入的空气通过止回阀排放到大气。

开放式管道：阀门（包括安全阀）和开口喷嘴之间不能承受连续压力的管道。

开场射线照相术：在车间，安装地点或其他此类区域进行射线照相操作，为放射线照相人员和包括公众在内的其他人员提供足够的放射安全。

开路红外传感器：能够在沿红外光束穿过的开放路径的任何位置检测气体的一种传感器。

眶窝：颅骨上的孔，眼睛和它们的附属物位于其中。

摆动式消防炮：正压式水动力或电动显示器。

外底和鞋跟：鞋子暴露的底部表面。

套装（工作服）：通常设计为穿在日常衣服上，以保护身体和腿部。

缺氧：含氧量不足以维持生命的空气。

颗粒：以微小的单独颗粒的形式存在，例如灰尘、烟雾和雾气。

颗粒物质：空气中细小固体或液体颗粒的悬浮液，如灰尘、雾、烟雾或喷雾。悬浮在空气中的颗粒物质通常称为气溶胶。

峰：壳体仅向前延伸到眼睛上方的一个组成部分。

渗透：化学品以物理形式从外部通过必要的开口、紧固件、接缝之间的重叠、孔隙和建筑材料中的任何缺陷进入内部。

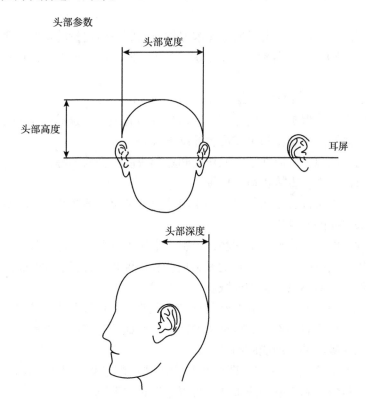

光变色滤光片：用于太阳眩光景观的滤光片，可在阳光的影响下可逆地改变其透光率。

引脚噪声：声压谱密度与频率成反比的噪声，即每 1/3 倍频程带中的相等能量。

管道阵列：给洒水器供水的管道。请注意，管道阵列可以是循环的、网格化的或分支的。

管架：管架是用于在设备之间传送管道的高架支撑结构。该结构还用于与电力分配和仪器托盘相关的电缆托架。

管道尺寸：直径国际命名法为 DN，有 DN15、DN25、DN40、DN50、DN65、DN75、DN80 等型号，用于表示管道尺寸（内径）。

松脂孔：平行于年度生长环延伸的开口，其包含固体或液体沥青。

地基图：地基图是设施按比例绘制的平面图。

极性溶剂型液体浓缩液：一种蛋白质或合成基的低膨胀液体，用于生产泡沫和熄灭碳氢化合物和极性溶剂（水混溶）燃料。

偏光滤光片：在太阳眩光景观上使用的滤光器，其中透射率取决于入射辐射的偏振量和取向。

杆带：腰带和吊带的组合。

系带：绕杆子或类似结构的杆状带的一部分。

便携式设备：使用者可随时随地携带的装置。

便携式显示器：便携式监视器用便携式基座稳定器组件固定。稳定器组件的支撑腿便于存放和安装到消防车或拖车上。

定位装置：通常锁定在锚地线上并需要手动释放以允许自由行驶的装置。

预混料解决方案：将泡沫浓缩物和水以适当的比例混合并储存以备使用而制成的泡沫溶液。

预混泡沫溶液：通过将一定量的泡沫浓缩物引入储罐内定量的水中产生的溶液。

压力等级：国际压力命名称称为 PN20、PN50、PN68、PN100、PN150 等。本标准中应使用法兰等级（见附录 B）。

减压器（减压阀）：一种将高压降低到恒定低压的装置。

加压：向外壳提供保护气体的过程，在保持气体有或没有连续流动的足够压力下，防止可燃性气体或蒸汽、可燃性粉尘或可燃纤维进入。

初级等级的释放源：可以在正常操作期间定期或偶尔释放的源。

主带：在坠落事件中直接负荷的皮带。

投影护套：一种柔性管或刚性管，用于将源支架从曝光容器引导到工作位置，包括曝光容器和曝光头之间的必要连接。

配料：以建议的比例将泡沫浓缩物连续引入水流中以形成泡沫溶液。

防护服：组合装配的服装，其目的是为皮肤提供保护。注意：个别服装的主要功能可能是提供保护作用，而不只是保护皮肤。

防护鞋：鞋类包含专门设计和制造的保护性鞋头盒，以满足本标准的性能要求。然而防护鞋，还提供对使用者的许多其他类型的保护，例如跖骨防护、抗静电性能等。

防护垫：用于吸收冲击动能的物品。

保护系统：设计单元，旨在立即停止初期爆炸或限制爆炸火焰和爆炸压力的有效范围。保护系统可以集成到设备中或单独放置以用作独立系统。

蛋白质泡沫（P）：液体浓缩物，含有水解蛋白质基质和稳定添加剂。

原型来源：密封源模型的原始图像，用作制造相同型号标识的所有密封源的图案。

原型测试：在将设计的密封源投入实际使用之前，对密封源进行性能测试。

清洗：向外壳提供足够流量和正压力的保护气体以将最初存在的任何可燃性气体或蒸汽的浓度降低到可接受水平的过程。

质量控制：确定密封源符合第 7 条标准规定的密封源性能特征所必需的测试和程序。

辐射输出：单位时间内从限定几何形状的密封源发射的电离辐射粒子数或光子数。最好用辐射褶皱率表示。

无线电毒性：放射性核素；核素在结合到人体内时由于其发射的辐射而产生损伤。

放射性：某些材料表现出核辐射自发发射的现象。伽马辐射是在这种核转换中发射的电磁辐射。

影像技师：辐射工作人员，使用辐射源进行工业射线照相操作，并拥有主管当局为此特定目的正式承认或签发的有效证书。

放射安全员（RSO）：拥有有效 RSO 证书的人，由主管当局为此特定目的正式承认或签发证书。

靶管：一种直接或通过限制长度的臂管输送洒水器的管道。

排行：官方职位等级（军事）。

反应性危害：材料自身或与水结合释放能量的敏感性。

招聘或试用培训：基础培训。

卷轴和阀门组件：软管卷盘部分包括卷轴、入口阀和与卷轴的连接，但不包括软管、关闭喷嘴和连接器。

气体或蒸气的相对密度：气体或蒸汽的密度相对于相同压力和相同温度下的空气密度（空气相对密度为 1.0）。

相对蒸气密度：与在相同温度和压力下等体积的干燥空气的质量比。

遥控：一种能够通过远距离操作使 γ 射线照相密封源暴露的装置。

遥控器：监视器配备液压马达，提供监视器横向和纵向移动的远程控制。

呼吸器：一种旨在保护使用者免受有害气体吸入的装置。

RHM / RMM：RHM 是空气中的暴露率，表示距辐射源每米处每小时的伦琴数。RMM 是空气中的曝光率，表示辐射源每米处每分钟的伦琴数。

提升：垂直管道，用于向上方输送到分配管或范围管。

上升主干道，干燥（干燥立管）：安装在建筑物内用于消防目的的垂直管道，在消防入口处设有入口连接，在指定点设有着陆阀，通常是干燥的，但可通过从消防设备抽水。

上升主干道，湿（湿立管）：安装在建筑物内的垂直管道，用于消防目的，并从加压供水中永久充水，并在指定点安装着陆阀。

风险：在规定的时间段或特定情况下发生特定不良事件的可能性（对未受保护的使用者的身体造成伤害）。

罗德·阿诺德：用于复杂的曝光的 X 射线管的延伸阳极。

莲座丛（喷水莲座）：喷洒器的柄部或阀体之间的缝隙。

倾入槽：接收来自静止搅拌器或其他炼油厂设备的冷凝物，并从中将馏出物泵送到工作罐或储罐中。破旧的倾入槽也被称为"平底锅"或接收罐。如果将冷凝物直接接收到较大的储罐中，则蒸馏器的润滑将污染数千升或数千桶的馏出物。

安全装置、控制装置和调节装置：用于潜在爆炸性环境之外的设备，但在爆炸风险方面有助于设备和保护系统的安全运行。

安全挂绳：用于将安全带连接到固定点的绳线。

安全鞋：主要保护使用者的脚趾并且还提供防滑性的鞋。

安全针迹：由链式线迹（或锁定线迹）增强的包缝线形成的线迹。

采样探头：根据需要连接到仪器的单独样品管线。它通常很短（1m）并且刚性，但可以通过柔性管连接到仪器。

卫生：利用科学知识提供保护健康的手段；使用有助于工作场所和生活区卫生和健康清洁的东西。

海水箱：一种铸件，连接到水线以下的船舷和用于获得海水的阀门上。

密封装置：一种装置，没有外部操作其构造成不能打开，并且被密封以限制外部大气的进入而不依赖于垫圈。该装置可能包含电弧部件或内部热表面。

密封源：密封在胶囊中的放射性活性源，胶囊足够坚固以防止放射性材料在其使用和磨损的条件下接触和扩散。

线缝：将服装的组成部分连接在一起。

二级释放源：预期在正常操作中不会释放及即使释放也只是偶尔和短时间的密封源。

二级皮带：用于在组装和使用中连接和定位主带的带子。

区域：由特定立管供给的特定楼层上的设施部分（可以是一个或多个区域）。

安全状态：当源芯被完全屏蔽并且通过锁定或其他方式使曝光容器不能操作时，曝光容器和伽马射线照相密封源的状态。

正压式呼吸器（SCBA）：一种便携式装置，包括为消防员提供可呼吸的呼吸气体。

半导体传感器：一种传感器，其操作取决于由于在其表面检测到的气体的化学吸收而导致的半导体的电导变化。

传感元素：传感器在可燃气体混合物存在的情况下产生一些物理变化，可用于激活测量或报警功能或两者兼而有之。

服务空间：用于厨房，包含烹饪用具的储藏室、储物柜和储藏室，除了形成机器空间的一部分的车间以及类似的空间。

服务测试：在泵投入使用后偶尔（通常至少每年一次）进行测试，以确定性能是否仍然可以接受。

轮裂：沿着谷物的分离，最常发生在年生长的环之间。

剪切应力（N/m²）：常规3%和6% -12-13。

护套不燃：木框架，不可燃护套。

货架梯子：单节梯子，配有踏板，水平使用。

简体：没有安全带，配件和配件的头盔。

短期探测器管：用于评估大气污染物的管及关联吸气泵，其浓度范围为职业接触限值（OEL）。它涵盖了彩色管，旨在显示短时间内的浓度。

关闭喷嘴：一种装置，其连接到软管卷管的出口端，并通过该装置控制水或喷雾的射流。

模拟源：传真的无线电活性密封源，其胶囊具有相同的结构，并且由与其所代表的密封源完全相同的材料制成，但代替放射性材料。机械，物理和化学性质尽可能接近放射性物质并且仅含有示踪剂的放射性物质。示踪剂是可溶于溶剂的标记物，其不会侵蚀胶囊并且具有与其在手套箱中使用相容的最大活性。

单节梯：作为一个整体建造和使用的倾斜梯子。

网站收费：由雇主指定并拥有主管当局为此特定目的正式承认或签发的有效负责证书的人。

尺寸：基于伊朗分级系统的鞋类长度和宽度测量。

吊杆：带有吊环或螺纹端的杆，用于支撑管夹、环、带式吊架等。

软水管：可折叠软管用于从消防栓向消防泵供水。

源驱动系统：灵活的电缆系统将源"铅笔"驱动到所需位置。

电源架：密封源的机械支撑。以下两个术语适用于工业射线照相和伽马测量仪和辐射源：

（1）设备中的密封源，保留在设备中，在使用过程中提供机械保护，免受损坏；

（2）未受保护的密封源，密封源从设备中移除，可提供机械保护，免受损坏。

释放源：可以将气体、蒸汽、雾或液体释放到大气中以形成爆炸性气体环境的点或位置。

源"铅笔"：一种由封装的放射性源组成的装置，有时还包括一种屏蔽插头，它被适当地封装在摄像机或柔性电缆上。

间距（梯级，踏板或交叉承载）：沿阶梯纵向轴线测量的各构件相对位置之间距离。

比重：物质重量与相同体积水或空气重量的之比。

护目镜：眼睛保护装置，其目镜安装在眼镜型框架中，带或不带侧护罩。已安装的目镜包括与框架一体的镜头。

纺锤：卷轴旋转的承载轴。

分裂：由于木纤维的撕裂导致木材平行于纤维方向的分离，通常由外力引起。

点读装置：需要在短时间内使用的装置。

喷雾喷嘴/喷嘴总成：一种水流控制的喷嘴，其可以完全切断通过喷嘴的流动。该控制装置可以是永久安装的阀或断开式关闭对接组件。

喷嘴：可调节式的流量装置，没有永久的关闭对接。当与安装在立管系统上的消防水带一起使用时，具有或不具有关闭能力。用于消防部门的喷嘴从宽喷射到直喷射尖端可包括或不包括扭曲型图案调节或关闭。

喷雾器：洒水喷头，向下呈圆锥形排放水。

喷雾器（高速）：一个开放式喷嘴，用于扑灭高闪点液体的火灾。

喷雾器（中等速度）：密封或开放式喷雾器，用于控制低闪点液体和气体的火焰或冷却表面。

洒水器（自动）：一种温度敏感的密封装置，可打开以排出水进行灭火。请注意，现在很少使用术语"自动喷水器"。

洒水器、冲洗模式的天花板：悬挂式洒水喷头，用于部分安装在天花板，但温度敏感元件位于天花板下方。

站立阶梯：一种自支撑梯子，前后铰接在一起并且能够折叠、上升的前部呈搁板的梯子。

工作站制服：3.9中给出的定义适用于车站消防制服。

阶梯：安装横档、踏板或横梁的侧梁。

针缝：基本单元由缝合材料制成，具有一个或多个缝纫线。

随机辐射效应：辐射效应，其严重程度与剂量无关，其概率假定与辐射防护的低剂量下无阈值的剂量成正比。

储存压力系统：一种系统，其中推进剂气体储存在粉末容器内并对粉末容器永久加压。

结构锚固：可以固定锚固线的安全连接点。

次表面注入：将泡沫排放到罐底附近的液体表面以下的储罐中。

表面泡沫注入：将泡沫排放到罐底附近的液体表面以下的储罐中。

吸气压力：抽吸泵的压力由连接在吸入侧的压力表决定。

吸油泵：从吸水箱、河流、湖泊或运河向喷水灭火系统供水的自动泵。

制服：覆盖身体上部的衣服，从头部到腰部、手臂到手腕，提供适合呼吸的空气。

适合洒水喷头使用：适用于当局接受的设备或组件的术语，适用于系统的特定应用，通过特定测试或符合指定的一般标准。

供应管道：将供水连接到主干道和安装主控制阀的管道，或将水供应到私人水库、抽吸水箱或重力水箱的管道。

表面火灾：涉及易燃液体、气体或非易燃固体的火灾。

表面活性剂：也称为合成洗涤剂或泡沫洗涤剂。

悬浮的开放式天花板：常规开孔结构的天花板，洒水喷头的水可以自由排放。

悬架系统：用作能量吸收的线束，由冠带、防护垫或类似的机构组成。

吸汗带：头带的一部分，无论是整体的还是可更换的，至少与使用者的前额接触。

回转梯：一种站立式阶梯，其中顶部为胎面形状，而后部为支撑框架。

合成物（S）：一种液体浓缩物，其具有氟化表面活性剂或水解蛋白质以外的碱。

尾端交替（干湿管）延伸：湿式设备的一部分，根据环境温度条件选择性地充满水或空气，并由辅助或备用报警阀控制。

尾端干燥延伸：湿式装置的一部分，在压力下永久充满空气。

罐间距：罐壳之间或罐壳与相邻设备、财产线或建筑物的最近边缘之间的无阻碍距离。

终端主干配置：一个管道阵列，每个范围管道只有一条供水路径。

终端范围配置：一个管道阵列，只有一条来自配水管的供水路线。

导热系数传感器：一种传感器，其操作取决于待测气体中的电加热元件的传导而导致的热损失变化。

热半导体传感器：一种传感器，其操作取决于电加热的催化元件上的气体状况。

推进器：由于叶片上的水的反作用力而在螺旋桨轴上端施加力。

脚趾盒：为使用者提供脚趾保护的物件。

脚墙：低土、混凝土或砖石单元在没有容量要求的情况下保持小的泄漏或溢出。

肘环套接：一种旋转装置，用于将吊架固定到天花板或屋顶上。

局部应用：一种泡沫排放方法，将泡沫施加到燃烧的燃料表面顶部。

全淹没系统：一种自动或手动灭火系统，其中固定供应的二氧化碳连接到固定管道，喷嘴将二氧化碳排放到封闭空间中，以产生足以在整个封闭空间内灭火的浓度空间。

运输指数：表示以 mrem/h（1mrem=0.01mSV）测量的距包装表面 1m 处的最大辐射水

平的数字。

可移动设备：设备不是便携式的，但可以很容易地从一个地方移动到另一个地方。

修剪：荧光材料永久地附着在外壳上，以增强能见度。

主干：将两个或更多个供水管连接到安装主控制阀组的管道。

管电位：在 X 射线管的电极上施加电位差产生的 X 射线的能量。通常以 kV 或 mV 表示。

西装：由外套、夹克或其他上衣和单独的裤子组成，至少覆盖躯干、手臂和腿，但不包括面部、手部和脚部。

上部：鞋类的上半部分包括外部和衬里。

使用者：负责或有效控制适用于该处所或建筑物的消防安全规定的人。

可变遮阳窗：一种能够在焊接电弧点火之前观察工件的装置，并且当点燃焊接电弧时，该装置自动将其阴影从浅色变为暗色。

垂直升降机：从水面到泵吸入口中心的垂直距离。

船只：用作水上运输的工具。

船舶推进：前进或前进的动作。

体积因子：一个数值因子，表示防止表面火灾所需的二氧化碳的基本数量（受限于外壳体积的最小值）。

枕木：在一块角落上的树皮或缺木。

水溶性：物质在给定温度下与纯水混合形成分子均相体系的程度。

焊接护目镜：是一种在眼睛前方的装置，焊接产生的辐射只能通过过滤器和过滤器盖（如果有的话）穿透。

井口：带有出口和阀门的井套管顶部组件，用于控制生产流程。

湿水：已加入相容润湿剂的水。

湿水泡沫：将湿水与空气混合形成结构泡沫，在低于水沸点的温度下迅速分解成其原始液态，其速率与其所暴露的热量直接相关，用它可冷却可燃物。

润湿剂：一种化合物，以适当的量添加到水中时，降低其表面张力，增加其渗透和扩散能力，并且还可以提供乳化性和发泡特性。

防寒衬里：戴在头盔下面的头戴式保护套，可保护头部、耳朵和颈部免受寒冷。

木材特性：区别特征，其程度和数量决定了一块木头的质量。

木材不规则：木材中或木材上的自然特性可能会降低其耐用性、强度或实用性。

工作量：工作负荷（也称为周负荷）是距伽马射线源和马明射线源 1m 处的每周伦琴数。

工作时间：设备应使用的最长时间。

工作状态：伽马射线照相装置发射光束进行射线照相时的状态。

手套：一种手腕长度的手套，为手和手腕提供覆盖物。

手腕：在开口袖口末端处附接到手套主体的配件，以求与使用者的手腕紧密贴合。

X 射线电缆：连接控制台和 X 射线管的电缆。

X 射线管：X 射线管是真空管，其中 X 射线由入射在阳极（靶）上的阴极射线束产生。

轭：上衣的上半部分，覆盖在胸部前后面的肩缝处。

持续更新的规范性引用文件清单

BSI（英国标准机构）

BS 443（1990）	"钢丝镀锌层检验及其质量要求规范"
BS 1154（1986）	"天然橡胶化合物规范"
BS 1868	"石油、石化及联合工业用钢制止回阀（有法兰及对焊端）使用规范"
BS 2752（1990）	"氯丁二烯橡胶合成物规范"
BS 3592（1986）	"液压管绑接增强用金属镀层钢丝规范"
BS 3734（1978）	"实心模塑与挤塑橡胶制品的尺寸公差规范"
BS 5163（1986）	"水厂用双法兰楔形铸铁闸阀规范
BS 5173（1977）	"橡胶和塑料软管橡胶及软管组件试验方法"

UL （美国保险商试验所）

UL 162	"静水性能试验"
UL 236（1982）	"消防软管接头"
UL 668	"水管阀门"

ASME（美国机械工程师协会）

第八节"锅炉及压力容器规范"

ASTM（美国材料与试验协会）

ASTM-A 276（1988）	"不锈钢和耐热钢筋规范"
astm－b179（1986）	"钢锭铝合金规范"

BSI（英国标准机构）

bs1134 第 1 部分（1988）	"表面纹理评估方法"
bs1615（1982）	"铝及其合金涂层指定阳极氧化的方法"
bs5599（1978）	"工程用铝及其合金强阳极氧化覆层规范"
NFPA	美国消防协会

NFPA 11   "低膨胀泡沫 / 复合剂系统"

ISO（国际标准化组织）

ISO/DIS 7203（1994）   "灭火器介质 . 泡沫浓缩物"

第 1 部分   "不溶于水的液体顶施用低膨胀泡沫浓缩物规范"

第 2 部分   "不溶于水的液体顶施用高膨胀泡沫浓缩物及介质规范"

第 3 部分   "溶于水的液体顶施用低膨胀泡沫浓缩物及介质规范

UL（美国保险商试验所）

UL 401（1989）   "消防用软管喷头"

UL 262

ANSI（美国国家标准协会）

ANSI＃89.1（1986）   "工业生产者用防护帽要求"

ANSI＃41.1（1986）   "人员防护鞋"

API（美国石油学会）

API 2001（第七版）   "炼油厂消防第七版"

ASTM（美国材料与试验协会）

ASTM D 2582-67   "塑料薄膜和薄板的抗刺孔撕裂扩展性的标准试验方法"

DIN4843（1988）   "安全鞋、安全要求测试"

ASTM（美国材料与试验协会）

ASTM-D 429（1988）   "刚性基板的橡胶性能附着力"

ASTM-D 2240（1986）   "橡胶性能硬度计"

ASTM-A 105（1978）   "管道部件用锻造碳钢规范"

astm－b148（1985）   "铝青铜铸件规范"

ASTM-A 216（1984）   "适用于高温熔焊适用于铸钢碳规范服务"

ASTM-D 1418（1985）   "橡胶格命名规范"

ASTM-D 3677（1983）   "红外橡胶鉴定"

BSI（英国标准机构）

BS5306 第 2 部分第 5 条第 24
（1990）款

BSI（英国标准机构）

BS 5566-1992 | "能量在 50 keV~7 meV 的辐射固定式剂量率仪、报警装置和监测仪

BS 3783 | "个人用防护 X 射线夹铅橡胶围裙规范

BS 5288 | "密封无线电电源"

BSI（英国标准协会）

BS 4667:（1974-1982） | "呼吸设备规范"

第 1、2、3、4、5 部分

BS 7355（1990）EN136 | "呼吸防护装置用全面罩"

BS 7356（1990）EN140 | "半面罩和四分之一面罩"

BS 6016（1980） | "过滤面罩防尘口罩规范"

BS 2091（1969） | "防止有害灰尘、气体与规定农用化学制品的防毒面具规范防护呼吸器规范"

BS 4275（1974） | "呼吸保护设备的选择、使用及维护推荐标准"

BS 6850（1987） | "医用通风机规范"

BSI（英国标准协会）

BS 5240（1987） | "工业安全头盔"

第 1 部分 | "建筑性能规范"

BS 6489 | "用于保护性测试的头盔"

BS 679（1977）"焊接及类似工作中用滤光片的规范"

B S 1542（1982） | "焊接与类似操作时眼、面、颈部的非电离辐射防护设备规范

BS 2092（1987） | "工业和非工业用护目镜规范"

BS 2724（1987） | "普通防日光眩光护目镜规范"

BS 2738（1989） | "眼镜镜片第 2 部分：未经琢磨的镜片光学特性公差的规范"

BS 3199（1972） | "眼镜架测量系统"

BS 903	"硫化橡胶试验方法 A2。拉伸应力—应变特性的测定。A19 耐热性和加速空气老化测试。A38 试验用试片和制品尺寸测量的一般规定"
BS 1651（1986）	"工业手套"
BS 2471（1984）	"纺织品 —纺织物的测试方法"
BS 3144	"皮革的采样和物理试验方法"
BS 5108（1982）	"护耳器衰减测量"
（ISO 4869：1981）	
BS 6344（1988）	"工业用听力保护器"
（第 1、2 部分）	
BS 5145（1989）	"工业硫化橡胶衬里鞋"
BS 5451（1977）	"导电和抗静电橡胶鞋"
BS 2576（1986）	"机织物断裂强度与伸长率的测定方法（条样法）"
BS 3870"针脚和缝"	
BS 3870 第 1（1991）部分	"针脚类型分类和术语"
BS 3870 第 2（1991）部分	"缝分类和术语"
BS 6629（1985）	"公路使用的高能见度砌面和附件的光学特性规范"
BS 903（1987）	"硫化橡胶的测试方法"
A-16 部分	"液体效应的测定"
BS 2576	"机织物断裂强度与伸长率的测定方法（条样法）"
BS 3084（1981）	"拉链规范"
BS 3424	"涂覆织物试验"
第 7 部分，方法 9	"涂层黏附强度的测定方法"
BS 3546	"防水服用涂层织物"
第 1 部分	"聚氨酯和有机硅涂层织物规范"
第 2 部分	"PVC 涂层织物规范"
第 3 部分	"天然橡胶和合成纤维及橡胶聚合物的规范"
BS 4724（1986）	"服饰材料耐液体渗透性"

第 1 部分（1986）   "穿透时间的评定方法"

第 2 部分（1988）   "液体渗透后时间的评定方法"

BS 5438   "纺织品受到点燃的小火焰作用于垂置顶位表面或底部边缘的可燃性"

BS 6249   "耐热与耐火服装的材料及缝合材料

第 1 部分   "可燃性试验与性能规范"

BS 2092（1987）   "工业和非工业用护目镜规范"

BS 2723（1988）   "消防皮靴规范"

BS 5145（1984）   "工业用加衬硫化橡胶靴规范"

BSI（英国标准协会）

BS.AU 183（1983）   "座椅安全带系统规范"

BS EN ISO 7500（1999）

BS 2087（1981）   "防腐纺织品处理"

BS 3144（1987）   "皮革采样和物理测试方法"

BS 3146（1984）   "金属熔模铸造"

BS 3382（1968）   "组件螺纹电镀涂层"

BS EN 818（1996）

BS 7773（1995）

BS EN 696（1995）

BS EN 697（1995）

BS EN 699（1995）

BS EN 700（1995）

BS EN 701（1995）

BSI（英国标准协会）

BS 309   "合成树脂黏合剂规范"

BS 1203   "胶合板用合成树脂胶黏剂（酚醛和氨基塑料）规范"

BS 1204	"酚醛树脂和氨基塑料合成树脂胶粘剂的规范，第1部分规范间隙填充黏合剂，第2部分规范近距离接触胶黏剂规范"
BS 1210	"木螺钉规范"
BS 1449	
BS 1470	"一般工程用可锻铝和铝合金厚板、薄板和带材规范"
BS 1471	"一般工程用可锻铝和铝合金拉制管规范"
BS 1472	"一般工程用可锻铝和铝合金锻坯与锻件规范"
BS 1474	"一般工程用可锻铝和铝合金棒材、挤压圆管和型材规范"
BS 1490	"一般工程用铝与铝合金铸锭与铸件规范"
BS 4300	"一般工程用锻造铝和铝合金规范"
BS 4471	"锯成和加工的软木尺寸规范"
BS 6125	"天然纤维绳索、绳和线规范"
BS 6681	"可锻铸铁规范"
BSI（英国标准协会）	
BS 5306 第1部分	"系统供水设计"
BSI（英国标准协会）	
BS 3120	"防火材料的性能要求"
BS 手册 NO 11	"纺织品测试方法"
BS EN 367	"防护服传热"
BS EN 180 6942	"防护服测试方法"
BS EN 531（1995）	"暴露在高温下工业工人的防护服"
BS 3119	"测试隔爆材料的方法"
BS 3791 EN 367（1992）	"防护服.耐热和防火"
BS 7944	"重型灭火装置"
BS EN 1869	"重型灭火装置"
UL 96	"组件安全防雷标准"

BSI（英国标准协会）

BS 903 Part A2（1989）	"拉伸应力 —应变的测定"
BS 1400（1985）	"铜合金锭和铜合金铸件"
BS 2874	"锰铜"
BS 3076（1989）	"镍和镍合金棒规范"
BS 336（1989）	"消防水带接头规范"
BS 5146（1974）	"阀门的检查和测试"
BS 5155	"阀门设计规范"
BS 5159（1974）	"铸铁和碳钢球阀"

DIN（德国标准化协会）

DIN 44425，DIN-6818

DIN（德国工业标准）

DIN 50049（1986）   "材料测试文件"

国际原子能机构（国际原子能机构）

安全系列第 6 和 37 号

ISIRI（伊朗 ISIRI 强制标准认证）

ISIRI UDC 614-891   "工业安全头盔规范（重负）"

第 1375 号

ISIRI 1944（1992）   "羊毛纤维包装的棉织物，原料羊毛规格

ISO（国际标准化组织）

ISO-8382（1988）   "人用复苏器"

ISO（国际标准化组织）

ISO 361	"电离辐射基本符号 1975 年版 "
ISO 3999	"辐射防护工业用 Y 辐射照相设备规范第一版 1977"
ISO TR 4826	"密封放射源泄漏测试方法 1979"
ISO 2855	"放射性物质包装内容物和辐射泄漏检验 "

ISO（国际标准化组织）

ISO 4850（1979）	"焊接和相关工艺的专用护目镜、滤光镜应用和透射率的要求"
ISO 4851（1979）	"个人用护目镜紫外线滤光镜应用和透射率的要求"
ISO 4852（1978）	"个人用护目镜红外线滤光镜应用和透射率的要求"
ISO 4855（1981）	"个人用护目镜非光学性能试验方法"
ISO 2024（1981）	"橡胶鞋，有衬里导电的规范"
ISO 2251（1975）E	"有衬里的抗静电橡胶靴规范"
ISO 6530（1990）	"防护服对液态化学制品的防护材料抗渗透性的测试"

JIS（日本标准协会）

JIS T 8103（1983）	"有或无脚趾的防静电安全鞋"

NFC（国家消防法规）NFPA

NFC（1991），第 1-4 章

NFC（国家消防法规）- NFPA

NFC Code No. 1971	"消防员用防护服"
NFC Code No. 1972	"消防员头盔"
NFC Code No. 1973	"消防员手套"
NFC Code No. 1974	"工作服"

NFC（NFPA）（国家消防法规）

NFC 第 1231 条	"供水"
NFC 第 15 条	"喷水系统"
NFC 第 22 条	"水箱"
NFC 第 24 条	"水管及供水系统"
NFPA-20	"消防水泵安装标准"
NFPA-15	"消防水雾固定系统标准"

全国消防协会

NFPA 1001 -（2002）	"消防资格专业标准"

全国消防协会

| NFPA 101 | "生命安全守则" |

| NFPA 701 | "纺织品火焰传播火灾试验" |

国家安全委员会工业操作事故
手册第 38 章（第 6 版）

| NFPA 20 | "消防水泵固定装置安装标准 1999 年版 |

消防泵使用试验标准

消防器材系统 2002 版

参 考 文 献

[1] Adams, N. J., & Kuhlman, L. G. (1993). Contingency planning for offshore blowouts. Paper# 7120. SPE.

[2] Altena, J. W., & Zeckendorf, A. (January 16, 1995). Design, simulation creates low surge, low cost gas-injection compressor. Oil and Gas Journal, 12.

[3] American Petroleum Institute. (1998). Welded steel tanks for oil storage (10th ed.) Standard 650. Washington, DC: API.

[4] American Society of Mechanical Engineers Code Committee SC6000. (2000). Hazardous release protection. New York, NY: ASME.

[5] Andrew, H. (1999). For whom does safety pay? The case of major accidents. Safety Science,32, 143–153.

[6] Apeland, S., & Scarf, P. A. (2003). A fully subjective approach to modelling inspection main-tenance. European Journal of Operational Research, 148, 410–425.

[7] API. (2006). Recommended practice for well control operations, Recommended practice 59(2nd ed.).

[8] API RP 2021 (R2006). (2001). Management of atmospheric storage tank fires (4th ed.).American Petroleum Institute.

[9] Apostolakis, G. E., & Lemon, D. M. (2005). A screening methodology for the identification and ranking of infrastructure vulnerabilities due to terrorism. Risk Analysis, 25(2), 361–376.

[10] Argyropoulos, C. D., Christolis, M. N., Nivolianitou, Z., & Markatos, N. C. (2008a).Assessment of acute effects for fire-fighters during a fuel-tank fire. In: Proceedings of the 4th international conference on prevention of occupational accident in a changing work environment, WOS 2008. Crete, Greece.

[11] Argyropoulos, C. D., Christolis, M. N., Nivolianitou, Z., & Markatos, N. C. (2008b). Numerical simulation of the dispersion of toxic pollutants from large tank fire. In M. Papadakis, & B.H. V. Topping (Eds.). In: Proceedings of the sixth international conference on engineering computational technology. Stirlingshire, UK: Civil-Comp Press, Paper 49.

[12] Argyropoulos, C. D., Sideris, G. M., Christolis, M. N., Nivolianitou, Z., & Markatos, N. C.(2010). Modelling pollutants dispersion and plume rise from large hydrocarbon tank fires in neutrally stratified atmosphere. Atmospheric Environment, 44, 803–813.

[13] Arunraj, N. S., & Maiti, J. (2007). Risk-based maintenance – techniques and applications. Journal of Hazardous Materials, 142(3), 653–661.

[14] ASME B96.1. （1999）.Welded aluminium-alloy storage tanks, Publication date: Jan 1.

[15] Attwood, D., Khan, F., & Veitch, B. (2005). Can we predict occupational accident frequency?Process Safety and Environmental Protection, 84(B2), 1–14.

[16] Attwood, D., Khan, F., & Veitch, B. (2006). Occupational accident modelsdwhere have we been and where are we going? Journal of Loss Prevention in the Process Industries, 19(6),664–682.

[17] Aven, T., Sklet, S., & Vinnem, J. E. (2006). Barrier and operational risk analysis of hydrocarbon releases (BORA-Release) Part I. Method description. Journal of Hazardous Materials,137(2), 692–708.

[18] Baker, R. D., & Wang, W. (1992). Estimating the delay-time distribution of faults in repair-able machinery from failure data. IMA Journal of Mathematics Applied in Business and Industry, 3,259–281.

[19] Bakke, J. R., Wingerden, K., Hoorelbeke, P., & Brewerton, B. (2010). A study on the effect of trees on gas explosions. Journal of Loss Prevention in the Process Industries, 23, 878–884.

[20] Balkey, R. K., & Art, J. R. (1998). ASME risk-based in service inspection and testing: An out-look to the future. Society for Risk Analysis, 18(4).

[21] Baron, M. M., & Cornell, M. E. P. (1999). Designing risk–management strategies for critical engineering systems. IEEE Transactions on Engineering Management, 46, 87–100.

[22] Basso, B., Carpegna, C., Dibitonto, C., Gaido, G., Robotto, A., & Zonato, C. (2004). Reviewing the safety management system by incident investigation and performance indicators.Journal of Loss Prevention in the Process Industries, 17(3), 225–231.

[23] Bauer, P. W. (1990). Recent developments in the econometric estimation of frontiers. Journal of Econometrics, 46(1–2), 39–56.

[24] Bedford, T. (2004). Assessing the impact of preventive maintenance based on censored data.Quality and Reliability Engineering International, 20, 247–254.

[25] Bernardo, M., Casadesus, M., Karapetrovic, S., & Heras, I. (2009). How integrated are environ–mental, quality and other standardized management systems: An empirical study. Journal of Cleaner Production, 17, 742–750.

[26] Bevilacqua, M., Braglia, M., & Gabbrielli, R. (2000). Monte Carlo simulation approach for a modified FMECA in a power plant. Quality and Reliability Engineering International, 16,313–324.

[27] Biersack, W. M., Hyder, C. B., James, J. W., King, S. G., Kruse, E. M., & Veatch, J. D., et al.(2002). An infrastructure vulnerability assessment methodology for metropolitan areas. In IEEE annual international Carnahan conference on security technology, proceedings (pp.29–34).

[28] Bird, F. E., Germain, G. L., & Clark, M. D. (2003). Practical loss control leader (3rd ed.).Georgia: Det Norske Veritas (USA), Inc.

[29] BP. (2010). Deepwater horizon accident investigation report.

[30] BP, (March 11, 1993). BP proves compact oil dewatering. The Chemical Engineer, 1.

[31] Brown, K. A., Willis, P. G., & Prussia, G. E. (2000). Predicting safe employee behaviour in the steel industry: Development and test of a sociotechnical model. Journal of Operations Management, 18, 445–465.

[32] Buncefield Major Incident Investigation Board. (2008). The Buncefield incident 11 December 2005. Final report.

[33] Burri, G. J., & Helander, M. G. (1991). A field study of productivity improvements in the man–ufacturing of circuit boards. International Journal of Industrial Ergonomics, 7, 207–215.

[34] Capelle–Blancard, G., & Laguna, M. (2010). How does the stock market respond to chemical disasters? Journal of Environmental Economics and Management, 59, 192–205.

[35] Carter, D. A., & Hirst, I. L. (2000). 'Worst case' methodology for the initial assessment of societal risk from proposed major accident installations. Journal of Hazardous Materials,71, 117–128.

[36] CCPS. (1993). Guidelines for engineering design for process safety. New York: American Institute of Chemical Engineers.

[37] Chang, J. I., & Lin, C. C. (2006). A study of storage tank accidents. Journal of Loss Prevention in the Process Industries, 19, 51–59.

[38] Changchit, C., & Holsapple, C. W. (2001). Supporting managers' internal control evaluations:An expert system and experimental results. Decision Support Systems, 30, 437–449.

[39] Chapman, H., Purnell, K., Law, R. J., & Kirby, M. F. (2007). The use of chemical dispersants to combat oil spills at sea: A review of practice and research needs in Europe. Marine Pollution Bulletin, 54(7), 827–838.

[40] Chen, C. Y., Wu, G. S., Chuang, K. J., & Mac, C. M. (2009). A comparative analysis of the factors affecting the implementation of occupational health and safety management systems in the printed circuit board industry in Taiwan. Journal of Loss Prevention in the Process Industries, 22, 210–215.

[41] Cheyne, A., Tomas, J. M., Cox, S., & Oliver, A. (1999). Modelling employee attitudes to safety:A comparison across sectors. European Psychologist, 4(1).

[42] Christer, A. H., Wang, W., Baker, R. D., & Sharp, J. (1995). Modelling maintenance practice of production plant using the delay-time concept. IMA Journal of Mathematics Applied in Business and Industry, 6, 67–83.

[43] Christou, M., Papadakis, G., & Amendola, A. (2005). Guidance on the preparation of a safety report to meet the requirements of the directive 96/82/EC as amended by the directive 2003/105/EC 2002 (SEVESO II), EUR 22113 EN.

[44] CNPC (China National Petroleum Corporation). (2006). Blowout accidents in China national petroleum corporation. Beijing, China: Petroleum Industry Press. (in Chinese).

[45] Cohen, M., & Santhakumar, V. (2007). Information disclosure as environmental regulation: A theoretical analysis. Environmental and Resource Economics, 37, 599–620.

[46] Comfort, L. K., Ko, K., & Zagorecki, A. (2004). Coordination in rapidly evolving disaster response systems: The role of information. American Behavioral Scientist, 48(3), 295–313.

[47] Commission. (2011a). Chief Counsel's Report 2011. National Commission on the BP Deepwater Horizon Oil Spill and Offshore Drilling.

[48] Commission. (2011b). Report to the President. National Commission on the BP Deepwater Horizon Oil Spill and Offshore Drilling.

[49] ConocoPhillips. (2002). Sustainable growth report. ConocoPhillips.

[50] Cook, W. D., & Zhu, J. (2005). Modeling performance measurement: Applications and implementation issues in DEA (1st ed.). Springer Science.

[51] Cowing, M. M., Cornell, M. E. P., & Glynn, P. W. (2004). Dynamic modeling of the tradeoff between productivity and safety in critical engineering systems. Reliability Engineering and System Safety, 86, 269–284.

[52] Cox, S. J., & Cheyne, A. J. T. (2000). Assessing safety culture in offshore environments. Safety Science, 34, 111–129.

[53] Crawley, F. (July 13, 1995). Offshore loss prevention. The Chemical Engineer, 23–25.

[54] Crippa, C., Fiorentini, L., Rossini, V., Stefanelli, R., Tafaro, S., & Marchi, M. (2009). Fire risk management system for safe operation of large atmospheric storage tanks. Journal of Loss Prevention in the Process Industries, 22, 574–581.

[55] Danenberger, E. P. (1993). Outer Continental Shelf drilling blowouts, 1971e1991. Paper #7248. SPE.

[56] De Dianous, V., & Fievez, C. (2006). ARAMIS project: A more explicit demonstration of risk control through the use of bowetie diagrams and the evaluation of safety barrier performance. Journal of Hazardous Materials, 130(3), 220–233.

[57] Dey, P. M. (2001). A risk-based model for inspection and maintenance of crosscountry petroleum pipeline. Journal of Quality in Maintenance Engineering, 40(4), 24–31.

[58] DiMattia, D. G. (2003). Human error probability index for offshore platform musters, Ph.D.Thesis. Halifax, Nova Scotia: Chemical Engineering, Dalhousie University.

[59] DHSG. (2011). Final report on the investigation of the Macondo well blowout.

[60] DHSG (Deepwater Horizon Study Group). (2010). The Macondo blowout, 3rd Progress Report.

[61] Dobson, J. D. (1999). Rig floor accidents: Who, when and why?—An analysis of UK offshore accident data. In Society of petroleum engineers/international association of drilling contractors conference, Amsterdam, The Netherlands.

[62] Edwards, D. W., & Lawrence, D. (1993). Assessing the inherent safety of chemical process routes: Is

there a relation between plant cost and inherent safety. Trans IChemE (Process Safety and Environmental Protection), 71B, 252–258.

[63] Einarsson, S., & Brynjarsson, B. (2008). Improving human factors, incident and accident reporting and safety management systems in the Seveso industry. Journal of Loss Prevention in the Process Industries, 21, 550–554.

[64] Embrey, D. E. (1992). Incorporating management and organisational factor into probabilistic safety assessment. Reliability Engineering and System Safety, 38.

[65] Englund, S. M. (1991). Design and operate plants for inherent safety—part 1 and 2. Chemical Engineering Progress 87(3) and 87(5), 85 and 79.

[66] Etowa, C. B., Amyotte, P. R., & Pegg, M. J. (2001). Assessing the inherent safety of chemical processes: The Dow indices. In 51st chemical engineering conference, Halifax, Canada.

[67] Fabbrocino, G., Iervolino, I., Orlando, F., & Salzano, E. (2005). Quantitative risk analysis of oil storage facilities in seismic areas. Journal of Hazardous Materials, A123, 61–69.

[68] Fernandez-Mu~niz, B., Montes-Peon, J. M., & Vazquez-Ordas, C. J. (2007). Safety management system: Development and validation of a multidimensional scale. Journal of Loss Prevention in the Process Industries, 20(1), 52–68.

[69] Fitzgerald, M. K. (2005). Safety performance improvement through culture change. Process Safety Environmental Protection, 83, 324–330.

[70] Flin, R. H., Mearns, K., Gordon, R. P. E., & Fleming, M. T. (1996). Risk perception in the UK offshore oil and gas industry. In International conference on health, safety and environment, New Orleans, Louisiana.

[71] Geyer, T. A. W., & Bellamy, L. J. (1991). Pipework failure, failure causes and the management factor. London: The Institute of Mechanical Engineers.

[72] Ghoniem, A. F., Zhang, X., Knio, O., Baum, H. R., & Rehm, R. G. (1993). Dispersion and deposition of smoke plumes generated in massive fires. Journal of Hazardous Materials,33, 275–293.

[73] Giannini, F. M., Monti, M. S., Ansaldi, S. P., & Bragatto, P. (2006). P.L.M., to support hazard identification in chemical plant design. In D. Brissaud (Ed.), Innovation in life cycle engineering and sustainable development (pp. 349–362). Springer.

[74] Goins, W. C., & Sheffield, J. R. (1983). Blowout prevention (2nd ed.). Houstan, Texas: Gulf Publishing Company.

[75] Gordon, J. E. (1949). The epidemiology of accidents. The American Journal of Public Health.

[76] Gordon, R., Flin, R., & Mearns, K. (2001). Designing a human factors investigation tool to improve the quality of safety reporting. In Proceedings of the 45th annual meeting of the human factors and ergonomics society.

[77] Gordon, R. P. E. (1998). The contribution of human factors to accidents in the offshore oil industry. Reliability Engineering & System Safety, 61(1–2), 95–108.

[78] Haddon, W. (1973). Energy damage and the ten countermeasure strategies. Human Factors.

[79] Halliburton. (2001). HSE performance around the world; health, safety and environment annual report. Halliburton.

[80] Hanigan, N. (December 9, 1993). Solvent recovery: Try power fluidics. The Chemical Engineer, 32.

[81] Hansen, M. D. (2001). Improving safety performance through rig mechanization. In SPE/IADC drilling conference, Amsterdam, The Netherlands.

[82] Hansen, M. D., & Abrahamsen, E. (March, 2001). Engineering design for safety: Imagineering the rig floor. Professional Safety, 20–34.

[83]Harnly, A. J. (1998). Risk based prioritization of maintenance repair work. Process Safety Progress, 17(1), 32–38.

[84]Harstad, E. (1991). Safety as an integrated part of platform design. In: Proceeding of 1st international conference on health, safety and environment, The Hague, The Netherlands.

[85]Haugen, S., Seljelid, J., & Nyheim, O. M. (2011). Major accident indicators for monitoring and predicting risk levels. Paper # 140428, SPE.

[86]Hendershot, D. C. (1987). Safety considerations in the design of batch processing plants. Preventing Major Chemical Accidents, 3, 1.

[87]Hendershot, D. C. (1995). Conflicts and decisions in the search for inherently safer process options. Process Safety Progress, 14(1), 52–56.

[88]Hendershot, D. C. (1995). Some thoughts on the difference between inherent safety and safety. Process Safety Progress, 14(4), 227–228.

[89]Hendershot, D. C. (1997). Measuring inherent safety, health and environmental characteristics early in process development. Process Safety Progress, 16(2), 78–79.

[90]Herbert, I. (2010). The UK Buncefield incident – the view from a UK risk assessment engineer. Journal of Loss Prevention in the Process Industries, 23, 913–920.

[91]Hibbert, L. (2008). Averting disaster. Professional Engineering, 21, 20.

[92]Hill, T. G., & Bhavsar, R. (1996). Development of a self-equalizing surface controlled subsurface safety valve for reliability and design simplification. In Offshore technology conference, Houston, TX.

[93]Hills, A. (2005). Insidious environments: Creeping dependencies and urban vulnerabilities. Journal of Contingencies and Crisis Management, 13(1), 12–20.

[94]Holand, P. (1997). Offshore blowouts: Causes and control. Houston, Tex: Gulf Publ. Co.

[95]Holand, P., & Skalle, P. (2001). Deepwater kicks and BOP performance, unrestricted version. Trondheim: SINTEF.

[96]Hollnagel, E. (2004). Barrier and accident prevention. Hampshire, UK: Ashgate.

[97]Houck, D. J., Kim, E., O' Reilly, G. P., Picklesimer, D. D., & Uzunalioglu, H. (2004). A network survivability model for critical national infrastructures. Bell Labs Technical Journal, 8(4),153–172.

[98]Hudson, P. T. W., Groeneweg, J., Reason, J. T., Wagenaar, W. A., Van der Meeren, R. J. W.,& Visser, J. P. (1991). Application of TRIPOD to measure latent errors in north sea gas platforms: Validity of failure state profiles. Paper # 23293. SPE.

[99]Hudson, P. T. W., Reason, J. T., Wagenaar,W. A., Bentley, P. D., Primrose, M., & Visser, J. P.(1994). Tripod delta: Proactive approach to enhanced safety. Paper # 27846. SPE.

[100]Hurst, N. W. (1998). Risk assessment—The human dimension. The Royal Society of Chemistry.

[101]IADC, (2002). Deepwater well control guidelines. International Association of Drilling Contractors.

[102]IADC, (2010). Health, safety and environmental case guidelines for mobile offshore drilling units. International Association of Drilling Contractors.

[103]IChem, E. (2008). BP process safety series, liquid hydrocarbon tank fires: Prevention and response (4th ed.). U.K.

[104]IChemE, (July 25, 1991). Innovative technology: Multiphase pumping. The Chemical Engineer, 22.

[105]ICivilE, (May, 1991). Revolutionary LEO prepares to clean up in oily water stakes. Offshore Engineer, 121.

[106]ICivilE, (May, 1991). Spiral flow boosts shell and tube exchanger. Offshore Engineer, 65.

[107]ICivilE, (August, 1992). Vortex choke cut erosion. Offshore Engineer, 45.

[108] Iledare, O. O., Pulsipher, A. G., & Mesyazhinov, D. V. (1998). Safety and environmental performance measures in Offshore E&P operations: Empirical indicators for benchmarking. In The society of petroleum engineers annual technical conference and exhibition.

[109] International Association of Oil and Gas Producers (OGP). (2002). OGP Safety performance of the global E&P industry 2001 Report no. 6.59/330. International Association of Oil and Gas Producers.

[110] International Association of Oil and Gas Producers (OGP). (2004). OGP safety performance indicators 2003 Report no. 353. International Association of Oil and Gas Producers.

[111] International Association of Oil and Gas Producers (OGP). (2005). OGP safety performance indicators 2004 Report no. 367. International Association of Oil and Gas Producers.

[112] International Labour Organisation (ILO). (2003). Safety in numbers, global safety culture at work. Geneva: The International Labour Organisation.

[113] Jahanshahloo, G. R., Memariani, A., Hosseinzadeh Lotfi, F., & Rezaei, H. Z. (2004). A note on some of DEA models and finding efficiency and complete ranking using common set of weights. Applied Mathematics and Computation, 166(2), 265–281.

[114] Johnson, D. M. (2010). The potential for vapour cloud explosions – lessons from the Buncefield accident. Journal of Loss Prevention in the Process Industries, 23, 921–927.

[115] Johnson, W. G. (1980). MORT safety assurance systems. Basel: Dekker.

[116] Jones, K., & Rubin, P. H. (2001). Effects of harmful environmental events on reputations of firms. In Advances in financial economics, Vol. 6, pp. 161–182.

[117] Jun, W., & Yue Jin, T. (2005). Finding the most vital node by node contraction in communication networks. In: Proceeding of IEEE ICCCA S 2005 (pp. 1283–1286). Hong Kong.

[118] Kaili, X., Liju, D., & Baozhi, C. (1998). Reliability study of man-machine monitoring system on major hazards. In: Proceedings of the international symposium on safety science technology.

[119] Kao, C., & Liu, S. (2000). Fuzzy efficiency measures in data envelopment analysis. Fuzzy Sets and Systems, 113(3), 427–437.

[120] Khan, F. I., & Abbasi, S. A. (1998). Risk assessment in chemical process industries:Advance techniques. New Delhi: Discovery Publishing House. XC376

[121] Khan, F. I., & Abbasi, S. A. (1999). Major accidents in process industries and an analysis of causes and consequences. Journal of Loss Prevention in the Process Industries, 12,361–378.

[122] Khan, F. I., & Abbasi, S. A. (1999). Inherently safer design based on rapid risk analysis.Journal of Loss Prevention in Process Industries, 11(3), 361–372.

[123] Khan, F. I., & Abbasi, S. A. (2001). An assessment of the likelihood of occurrence, and the damage potential of domino effect (chain of accidents) in a typical cluster of industries. Journal of Loss Prevention in the Process Industries, 14(4), 283–306.

[124] Khan, F. I., & Amyotte, P. R. (2002). Journal of Loss Prevention in the Process Industries, 15,279–289.

[125] Khan, F. I., & Haddara, M. R. (2004). Risk-based maintenance of ethylene oxide production facilities. Journal of Hazardous Materials, A108, 147–159.

[126] Khan, K., Sadiq, R., & Haddara, M. (2004). Risk-based inspection and maintenance (RBIM):Multi-attribute decision making with aggregative risk analysis. Process Safety and Environmental Protection, 82, 398–411.

[127] Kjellen, U. (1995). Integrating analyses of the risk of occupational accidents into the design process. Part II: Method for predicting the LTI rate. Safety Science, 19.

[128] Kjellen, U., & Hovden, J. (1993). Reducing risks by deviation control a retrospection into a research

strategy. Safety Science, 16.

[129] Kjellen, U., & Sklett, S. (1995). Integrating analyses of the risk of occupational accidents into the design process. Part I: A review of types of accident criteria and risk analysis methods. Safety Science, 18.

[130] Klassen, R. D., & McLaughlin, C. P. (1996). The impact of environmental management on firm performance. Management Science, 42, 1199–1214.

[131] Kletz, T. A. (1985). Inherently safer plants. Plant/Operation Progress, 4, 164–166.

[132] Kletz, T. A. (1991). Plant design for safety a user–friendly approach. New York: Taylor &Francis.

[133] Kletz, T. A. (1991b). Process safetydan engineering achievement. In: Proceedings of the Institution of Mechanical Engineers. Part E: Journal of Process Mechanical Engineering, 1989–1996 (vols 203–210), 205, 11–15.

[134] Kletz, T. A. (1998). What went wrong? Case histories of process plant disasters (4th ed.). Houston, Texas: Gulf Pub.

[135] Kletz, T. A. (1998). Process plants: A handbook of inherently safer design (2nd ed.). Philadelphia, PA: Taylor & Francis.

[136] Kletz, T. A. (2001). Learning from accidents (3rd ed.). Oxford; Boston: Gulf Professional.

[137] Kletz, T. A. (2009). Accident reports may not tell us everything we need to know. Journal of Loss Prevention in the Process Industries, 22, 753.

[138] Knegtering, B., & Pasman, H. J. (2009). Safety of the process industries in the 21 st century: a changing need of process safety management for a changing industry. Journal of Loss Prevention in the Process Industries, 22, 162–168.

[139] Koseki, H., Natsuma, Y., Iwata, Y., Takahashi, T., & Hirano, T. (2003). A study on largescale boilover using crude oil containing emulsified water. Fire Safety Journal, 39, 143–155.

[140] Kourniotis, S. P., Kiranoudis, C. T., & Markatos, N. C. (2000). Statistical analysis of domino chemical accidents. Journal of Hazardous Materials, 71, 239–252.

[141] Krishnasamy, L., Khan, F., & Haddara, M. (2005). Development of a risk–based maintenance (RBM) strategy for a power–generating plant. Journal of Loss Prevention in the Process Industries, 18, 69–81.

[142] Kujath, M. F., Amyotte, P. R., & Khan, F. I. (2009). A conceptual offshore oil and gas process accident model. Journal of Loss Prevention in the Process Industries, 23(2), 323–330.

[143] Kumar, U. (1998). Maintenance strategies for mechanized and automated mining systems: a reliability and risk analysis based approach. Journal of Mines, Metals and Fuels, 46(11–12), 343–347.

[144] Kumar, V. N. A., & Gandhi, O. (2011). Quantification of human error in maintenance using graph theory and matrix approach. Quality and Reliability Engineering International,27(8), 1145–1172.

[145] Lawley, G. (1974). Operability studies and hazards analysis, loss prevention. CEP.

[146] Le Bot, P. (2004). Human reliability data, human error and accident models—Illustration through the Three Mile Island accident analysis. Reliability Engineering and System Safety,83, 153–167.

[147] Lees, F. P. (1996). Loss prevention in the process industries (2nd ed.). Oxford, U.K: Butterworth.

[148] Lees, F. P. (1996). Loss prevention in the process industries (vol. 1). London: Butterworth Publications.

[149] Lertworasirikul, S., Fang, S. –C., Joines, J. A., & Nuttle, H. L. W. (2003). Fuzzy data envelopment analysis (DEA): A possibility approach. Journal of Fuzzy Sets and Systems, 139(2),379–394.

[150] Lessard, R. R., & DeMarco, G. (2000). The significance of oil spill dispersants. Spill Science & Technology Bulletin, 6(1), 59–68.

[151] Lewis, D. J. (1974). The Mond fire, explosions and toxicity index, applied plant lay-out and spacing, loss

prevention symposium. CEP.

[152] Li, Z., Shu-dong, H., & Xiang-rui, H. (2003). THERP + HCR-based model for human factor event analysis and its application. Hedongli Gongcheng/Nuclear Power Engineering,24(3), 272–276.

[153] Linstone, H. A., & Turoff, M. (1975). The Delphi method techniques and application. London:Addison-Wesley.

[154] Little, R. G. (2004). A socio-technical systems approach to understanding and enhancing the reliability of interdependent infrastructure systems. International Journal of Emergency Management, 2(2), 98–110.

[155] Liu, X., Li, W., Tu, Y. L., & Zhang, W. J. (2011). An expert system for an emergency response management in Networked SafeService Systems. Expert Systems with Applications, 38, 11928–11938.

[156] Lundberg, J., Rollenhagen, C., & Hollnagel, E. (2009). What-you-look-for-is-whatyou- find-the consequences of underlying accident models in eight accident investigation manuals.Safety Science, 47(10), 1297–1311.

[157] Lutz, W. K. (1997). Advancing inherent safety into methodology. Process Safety Progress,16(2), 86–88.

[158] Mannan, M. S. (2005). Lees' loss prevention in the process industries hazard identification, assessment, and control (3rd ed.). Amsterdam; Boston: Elsevier Butterworth-Heinemann.

[159] Mannan, M. S., West, H. H., Krishna, K., Aldeeb, A. A., Keren, N., & Saraf, S. R., et al.(2005).The legacy of Bhopal: The impact over the last 20 years and future direction. Journal of Loss Prevention in the Process Industries, 18, 218–224.

[160] Mansfield, D. (1994). Inherent safer approaches to plant design. HSE Research Project report 233. London: HSEO Office.

[161] Mansfield, D., & Cassidy, K. (1996). Inherent safer approaches to plant design. IChemE sym-posium series 134. Institution of Chemical Engineers, Rugby.

[162] Mansfield, D., Poulter, L., & Kletz, T. A. (1996). Improving inherent safety: A pilot study into the use of inherently safer designs in the UK Offshore oil and gas industry. London: HSE Offshore Safety Division Research Project report, HSE Office.

[163] Mansfield, D. P., Kletz, T. A., & Al-Hassn, T. (1996a). Optimizing safety by inherent off-shore platform design. In Proceeding of 1996 OMAE—Volume II (Safety and Reliability),Florence, Italy.

[164] Markatos, N. C., Christolis, M., & Argyropoulos, C. (2009). Mathematical modeling of toxic pollutants dispersion from large tank fires and assessment of acute effects for fire fighters. International Journal of Heat and Mass Transfer, 52, 4021–4030.

[165] MARS, (1994). MARS: Diver assistance vehicle—ROV for IRM work. Oil and Gas Technology,14(October), 18.

[166] Marsh, (2010). In: I. Clough (Ed.), The 100 largest losses 1972–2009: Large property damage losses in the hydrocarbon-chemical industries. London: Marsh Global Energy Risk Engineering.

[167] McCauley-Bell, P., & Badiru, A. B. (1996). Fuzzy modelling and analytic hierarchy processing to quantify risk levels associated with occupational injuries—Part I: The development of fuzzy-linguistic risk levels. IEEE Transactions on Fuzzy Systems, 4(2).

[168] McEntire, D. A. (2001). Triggering agents, vulnerabilities and disaster reduction: Towards a holistic paradigm. Disaster Prevention and Management, 10(3), 189–196.

[169] McGrattan, K. B., Baum, H. R., & Rehm, R. G. (1996). Numerical simulation of smoke plumes from large oil fires. Atmospheric Environment, 30, 4125–4136.

[170] Medonos, S. (1994). Use of advanced methods in integrated safety engineering. In 1994 Offshore

Mechanics and Arctic Engineering (OMAE) conference, Houston, TX.

[171]Meel, A., O'Neill, L. M., Levin, J. H., Seider, W. D., Oktem, U., & Keren, N. (2007). Operational risk assessment of chemical industries by exploiting accident databases. Journal of Loss Prevention in the Process Industries, 20, 113–127.

[172]Mercan, M., Reisman, A., Yolalan, R., & Emel, A. B. (2003). The effect of scale and mode of ownership on the financial performance of the Turkish banking sector: Results of a DEA-based analysis. Socio-Economic Planning Sciences, 37(3), 185–202.

[173]Mili, A., Bassetto, S., Siadat, A., & Tollenaere, M. (2009). Dynamic risk management unveil productivity improvements. Journal of Loss Prevention in the Process Industries, 22, 25–34.

[174]Mohammad Fam, I., Nikoomaram, H., & Soltanian, A. (2012). Comparative analysis of creative and classic training methods in health, safety and environment (HSE) participation improvement. Journal of Loss Prevention in the Process Industries, 25(2), 250–253.

[175]Mosleh, A., & Chang, Y. H. (2004). Model-based human reliability analysis: Prospects and requirements. Reliability Engineering and System Safety, 83, 241–253.

[176]Munteanu, I., & Aldemir, T. (2003). A methodology for probabilistic accident management. Nuclear Technology, 144.

[177]Nedic, D. P., Dobson, I., & Kirschen, D. S. (2006). Criticality in a cascading failure blackout model. Electrical Power and Energy Systems, 28, 627–633.

[178]NFPA 11. (2002). National fire protection association standard: Standard for low-, medium-,and high-expansion foam.

[179]NFPA 30. (1993). National fire protection association standard: Flammable and combustible liquids code.

[180]NORSOK. (2004). NORSOK standard: Well integrity in drilling and well operations, D-010. Norwegian Technology Centre.

[181]Norwegian Petroleum Directorate (NPD). (2004). Website, NPD.

[182]Nuclear Regulatory Commission. (1983). USA, PRA procedure guide, NUREG/CR-2815.

[183]Øien, K. (2001). A framework for the establishment of organizational risk indicators. Reliability Engineering & System Safety, 74(2), 147–167.

[184]Olsen, E., Eikeland, T., & Tharaldsen, J. (2004). Development and validation of a safety culture inventory, to be presented at the EAOHP conference. Berlin, 20–21 November.

[185]OSHA, (2012). Process safety management. Occupational Safety and Health Administration (OSHA) <http://www.osha.gov/> Accessed February 2012.

[186]Owen, D., & Raeburn, G. (1991). Developing a safety, occupational health, and environmental (SOHE) program as part of a total quality program. In Offshore Technology Conference, Houston, Texas.

[187]Papazoglou, I. A., Nivolianitou, Z., Aneziris, O., & Christou, M. (1992). Probabilistic safety analysis in chemical installations. Journal of Loss Prevention in the Process Industries, 5,181–191.

[188]Pate-Cornell, M. E., & Murphy, D. M. (1996). Human and management factors in probabilistic risk analysis: The SAM approach and observations from recent applications. Reliability Engineering and System Safety, 53, 115–126.

[189]Patterson, S. A., & Apostolakis, G. E. (2007). Identification of critical locations across multiple infrastructures for terrorist actions. Reliability Engineering and System Safety, 92,1183–1203.

[190]Persson, H., & Lonnermark, A. (2004). Tank fires. SP Swedish National Testing and Research Institute. SP Report 2004:14, Boras, Sweden.

[191] Pitblado, R. (2010). Global process industry initiatives to reduce major accident hazards. Journal of Loss Prevention in the Process Industries, 24, 57–62.

[192] Pitblado, R. (2011). Global process industry initiatives to reduce major accident hazards. Journal of Loss Prevention in the Process Industries, 24, 57–62.

[193] Pitblado, R., & Fisher, M. (2011). Novel investigation approach linking management system and barrier failure root causes. Paper # 22329. SPE.

[194] Prem, K. P., Ng, D., Pasman, H. J., Sawyer, M., Guo, Y., & Mannan, M. S. (2010). Risk measures constituting a risk metrics which enables improved decision making: Value-at-risk. Journal of Loss Prevention in the Process Industries, 23, 211–219.

[195] Rao, S. M. (1996). The effect of published report of environmental pollution on stock prices. Journal of Financial and Strategic Decisions, 9, 25–32.

[196] Rathnayaka, S., Khan, F., & Amyotte, P. (2011). SHIPP methodology: Predictive accidentn modeling approach. Part I: methodology and model description. Process Safety and Environmental Protection, 89(2), 75–88.

[197] Rausand, M. (2011). Risk assessment: Theory, methods, and applications. Hoboken, NJ: Wiley.

[198] Rausand, M., & Høyland, A. (2004). System reliability theory: Models, statistical methods, and applications (2nd ed.). Hoboken, NJ: Wiley.

[199] Reason, J. (1990). The contribution of latent human failures to the breakdown of complex systems. Philosophical Transactions of the Royal Society of London Series B, Biological Sciences, 327(1241), 475–484.

[200] Reason, J., Hollnagel, E., & Paries, J. (2006). Revisiting the «Swiss cheese» model of accidents. France: EUROCONTROL Experimental Center.

[201] Reason, J. T., Carthey, J., & De Leval, M. R. (2001). Diagnosing "vulnerable system syndrome": An essential prerequisite to effective risk management. BMJ Quality & Safety, 10(Suppl 2), ii21–ii25.

[202] Rinaldi, S. A., Peerenboom, J. P., & Kelly, T. K. (2001). Identifying, understanding, and analyzing critical infrastructure interdependencies. IEEE Control Systems Magazine, 21(6), 11–25.

[203] Robert, B. (2004). A method for the study of cascading effects within lifeline networks. International Journal of Critical Infrastructures, 1(1), 86–99.

[204] Rundmo, T., Hestad, H., & Ulleberg, P. (1998). Organizational factors, safety attitudes and workload among offshore oil personnel. Safety Science, 29, 75–87.

[205] Saati, M. S., Memariani, A., & Jahanshahloo, G. R. (2002). Efficiency analysis and ranking of DMUs with fuzzy data. Journal of Fuzzy Optimization and Decision Making, 11(3), 255–267.

[206] Sanders, R. E. (1999). Chemical process safety learning from case histories (3rd ed.). Amsterdam; Boston: Elsevier Butterworth Heinemann.

[207] Santos-Reyes, J., & Beard, A. N. (2008). A systemic approach to managing safety. Journal of Loss Prevention in the Process Industries, 21, 15–28.

[208] Santos-Reyes, J., & Beard, A. N. (2009). A SSMS model with application to the oil and gas industry. Journal of Loss Prevention in the Process Industries, 22(6), 958–970.

[209] Schönbeck, M., Rausand, M., & Rouvroye, J. (2010). Human and organisational factors in the operational phase of safety instrumented systems: A new approach. Safety Science, 48(3), 310–318.

[210] Shaluf, I. M., & Abdullah, S. A. (2011). Floating roof storage tank boilover. Journal of Loss Prevention in the Process Industries, 24, 1–7.

[211] Shapiro, S. (1990). Piper alpha critique spurs together. London: Business Insurance.

[212] Shebeko, Y. N., Bolodian, I. A., Molchanov, V. P., Deshevih, Y. I., Gordienko, D. M., & Smolin, I. M., et al. (2007). Fire and exploS200sion risk assessment for large-scale oil export terminal. Journal of Loss Prevention in the Process Industries, 20, 651–658.

[213] Shikdar, A. A., & Sawaqed, M. N. (2004). Sawaqed, ergonomics, occupational health and safety in the oil industry: A managers' response. Computers & Industrial Engineering, 47,223–232.

[214] Sklet, S. (2006). Safety barriers: Definition, classification, and performance. Journal of Loss Prevention in the Process Industries, 19(5), 494–506.

[215] Sklet, S., Ringstad, A. J., Steen, A. S., Tronstad, L., Haugen, S., Seljelid, J., et al. (2010). Monitoring of human and organizational factors influencing the risk of major accidents. Paper # 126530. SPE.

[216] Skogdalen, J. E., Khorsandi, J., & Vinnem, J. E. (2012). Evacuation, escape, and rescue experiences from offshore accidents including the Deepwater Horizon. Journal of Loss Prevention in the Process Industries, 25(1), 148–158.

[217] Skogdalen, J. E., Utne, I. B., & Vinnem, J. E. (2011). Developing safety indicators for preventing offshore oil and gas deepwater drilling blowouts. Safety Science, 49(8e9), 1187–1199.

[218] Smith, D. (2002). Health and safety performance of the global E&P industry 2000. In Offshore technology conference.

[219] Sokovic, M., Pavletic, D., & Pipan, K. K. (2010). Quality improvement methodologies – PDCA cycle, RADAR matrix, DMAIC and DFSS. Journal of Achievements in Materials and Manufacturing Engineering, 43(1), 476–483.

[220] S-RCM Training Guide. (2000). Shell-reliability centered maintenance. Shell Global Solution International.

[221] Strutt, J. E., Wei-Whua, L., & Allsopp, K. (1998). Progress towards the development of a model for predicting human reliability. Quality and Reliability Engineering International, 14, 3–14.

[222] Sutton, I. (2012). Offshore safety management, implementing a SEMS program. Waltham, MA: William Andrew.

[223] Takala, J. (1999). Global estimates of fatal occupational accidents, epidemiology, September (vol. 10(5)), from the Occupational Safety and Health Branch. Working Conditions and Environment Department, International Labour Office, 4 Route des Morillons, CH-1211 Geneva 22, Switzerland.

[224] Tanabe, M., & Miyake, A. (2010). Safety design approach for onshore modularized LNG liquefaction plant. Journal of Loss Prevention in the Process Industries, 23, 507–514.

[225] Taylor, M. (April 26, 1990). Plate-fin exchangers offshore—the background. 23.

[226] Tharaldsen, J., Olsen, E., & Eikeland, T. (2004). A comparative study of safety culture, ABB offshore systems compared with other companies on the Norwegian Continental Shelf. Norway: Work Life and Business Development, Rogaland Research.

[227] Thompson, R. C., Hilton, T. F., & Witt, L. A. (1998). Where the safety rubber meets the shop floor: A confirmatory model of management influence on workplace safety. Journal of Safety Research, 29(1), 15–24.

[228] Todinov, M. T. (2003). Setting reliability requirements based on minimum failurefree operating periods. Quality and Reliability Engineering International, 20, 273–287.

[229] Tomas, J. M., Melia, J. L., & Oliver, A. (1999). A cross-validation of a structural equation model of accidents: Organisational and psychological variables as predictors of work safety. Work and Stress, 13(1), 49–58.

[230] TotalElfFina. (2001). Environment and safety report. TotalElfFina.

[231]UK HSE. (1992). Offshore installations (safety case) regulations 1992 (no. 2885, Health and Safety), ISBN 011025869X.

[232]UK HSE. (1996). Preventing slips, trips and falls at work. HSE.

[233]UK HSE. (2001a). Multivariate analysis of injuries data. Offshore technology report 2000/108,Prepared by the University of Liverpool for the HSE, Copyright.

[234]UK HSE. (2001b). Safety culture maturity model. Offshore technology report 2000/049,Prepared by Dr Mark Fleming of The Keil Centre for the HSE, Copyright.

[235]UK HSE. (2002b). Slips, trips and falls from height offshore. Offshore technology report 2002/001, Prepared by BOMEL Ltd. for the HSE, Copyright.

[236]Van Heel, K. A. L., Knegtering, B., & Brombacher, A. C. (1999). Safety lifecycle management. A flowchart presentation of the IEC 61508 overall safety lifecycle model. Quality and Reliability Engineering International, 15, 493–500.

[237]Vautard, R., Ciaisa, P., Fisher, R., Lowry, D., Breon, F. M., & Vogel, F., et al. (2007). The dispersion of the Buncefield oil fire plume. Atmospheric Environment, 41, 9506–9517.

[238]Vesely, W. E., Belhadj, M., & Rezos, J. T. (1993). PRA importance measures for maintenance prioritization applications. Reliability Engineering and System Safety, 43, 307–318.

[239]Vrijling, J. K., & van Gelder, P. H. A. J. M. (1997). Societal risk and the concept of risk aversion. In C. G. Soares (Ed.), European safety and reliability conference Oxford, England. New York, Lisbon, Portugal: Pergamon.

[240]Wang, C. -H., Chuang, C. -CH, & Tsai, C. -CH. (2009). A fuzzy DEAeneural approach to measuring design service performance in PCM projects. Automation in Construction,18(5), 702–713.

[241]Wang, W., & Christer, A. H. (1998). A modelling procedure to optimize component safety inspection over a finite time horizon. Quality and Reliability Engineering International,13(4), 217–224.

[242]Warwick, A. R. (1998). Inherent safe design of floating production, storage and offloading vessels (FPSOs). In Proceeding of 1998 offshore mechanics and arctic engineering conference, Lisbon, Portugal.

[243]WCTMWG (Well Control Training Material Writing Group of Sinopec Group). (2008).Drilling well control technology. Shandong, Dongying: Press of University of Petroleum,China.

[244]Wen, M., & Li, H. (2009). Fuzzy data envelopment analysis (DEA): model and ranking method. Journal of Computational and Applied Mathematics, 223(2), 872–878.

[245]Woo, D. M., & Vicente, K. J. (2003). Socio-technical systems, risk management, and public health: Comparing the North Battleford and Walkerton Outbreaks. Reliability Engineering and System Safety, 80, 253–269.

[246]Wu, D., Yang, Z., & Liang, L. (2006). Efficiency analysis of cross-region bank branches using fuzzy data envelopment analysis. Applied Mathematics and Computation, 181(1), 271–281.

[247]Wu, T. H., Chen, M. S., & Yeh, J. Y. (2010). Measuring the performance of police forces in Taiwan using data envelopment analysis. Evaluation and Program Planning, 33(3),246–254.

[248]Zhuang, J., & Bier, V. M. (2007). Balancing terrorism and natural disastersddefensive strategy with endogenous attacker effort. Operations Research, 55(5), 976–991.

[249]Zimmerman, R. (2004). Decision-making and the vulnerability of interdependent critical infra-structure. IEEE International Conference on Systems, Man and Cybernetics, 5, 4059–4063.

[250]Zutschi, A., & Sohal, A. (2003). Integrated management system: The experience of three Australian organizations. Journal of Manufacturing Technology Management, 16(2),211–232.